电气控制与 PLC 应用
(微课版)

吴延明　刘仲民　郭永吉　主编

清华大学出版社
北 京

内 容 简 介

"电气控制与 PLC 应用"是高等院校电气类专业最重要的专业基础课程之一。该课程整合了过去"工厂电气控制技术"和"可编程控制器原理及应用"两门课程的内容,着眼于培养学生的分析能力和设计能力,充分体现了课程大纲和培养目标。本书共分为 9 章,第 1、2 章讲述常用低压电器和基于继电器接触器控制的典型线路。第 3 章介绍可编程控制及其工作原理。第 4、5 章介绍了西门子 S7-1200 系列 PLC 的基础知识、指令系统及其应用。第 6～8 章属于 PLC 应用的提升部分,分别讲述了模拟量控制及 PID 控制、高速脉冲处理及伺服电机运动控制、PLC 通信及应用;第 9 章讲述电气控制与 PLC 系统的一般分析和设计方法。

本书是一种工程性较强的应用类教材,可作为高等院校电气工程及其自动化、工业自动化、机电一体化等相关专业的教材,也可供相关技术人员作为参考资料使用,同时也可作为电气控制技术专业相关技术人员的自学用书。

图书在版编目(CIP)数据

电气控制与 PLC 应用:微课版/吴延明,刘仲民,郭永吉主编. —北京:清华大学出版社,2023.8

ISBN 978-7-302-64194-0

Ⅰ.①电⋯ Ⅱ.①吴⋯ ②刘⋯ ③郭⋯ Ⅲ.①电气控制—高等学校—教材 ②PLC 技术—高等学校—教材 Ⅳ.①TM571.2 ②TM571.61

中国国家版本馆 CIP 数据核字(2023)第 133633 号

责任编辑:梁媛媛
封面设计:李 坤
责任校对:翟维维
责任印制:宋 林

出版发行:清华大学出版社

  网 址:http://www.tup.com.cn, http://www.wqbook.com
  地 址:北京清华大学学研大厦 A 座   邮 编:100084
  社 总 机:010-83470000   邮 购:010-62786544
  投稿与读者服务:010-62776969, c-service@tup.tsinghua.edu.cn
  质量反馈:010-62772015, zhiliang@tup.tsinghua.edu.cn
  课件下载:http://www.tup.com.cn, 010-62791865

印 装 者:三河市东方印刷有限公司
经 销:全国新华书店
开 本:185mm×260mm 印 张:23.75 字 数:578 千字
版 次:2023 年 8 月第 1 版   印 次:2023 年 8 月第 1 次印刷
定 价:59.80 元

产品编号:098651-01

前　　言

"电气控制与 PLC 应用"是高等院校电气类专业最重要的专业基础课程之一。在新工科背景和工程专业认证 OBE(成果导向教育)理念的指导下，一些课程正在不同程度地整合和改革，本课程整合了过去"工厂电气控制技术"和"可编程控制器原理及应用"两门课程的内容，着眼于以培养学生的分析能力和设计能力为主要目的，充分体现了课程大纲和培养目标。结合我国的电气控制技术的现状和发展方向，本课程在内容上弱化甚至剔除了已经或即将被淘汰的技术，而强化了目前或将来主流的控制技术，如基于 PLC 的软启动器、变频器和伺服电机控制以及 PID 控制、通信与网络等。

本书以西门子主流新产品 S7-1200 PLC 为对象讲述 PLC 的原理、组成、资源、指令及应用。以大量工程实例为载体，理论结合实际，实例结构完整、短小精悍、图文并茂，以图为主，实例讲述中渗透了分析和设计理念，潜移默化中使学生掌握电气控制系统分析和设计方法。从全书内容、结构和形式上看，本书是理论教材、PLC 系统手册和实验教材的结合体。

本书共分为 9 章，第 1、2 章为继电器接触器控制技术部分，该部分以交流电动机为被控对象，讲述常用低压电器和典型控制线路；第 3～5 章为可编程控制器基础部分，讲述可编程控制及其工作原理、西门子 S7-1200 系列 PLC 的硬件和软件基础、指令系统及其应用；第 6～8 章为 PLC 应用的提升部分，分别讲述基于 PLC 控制系统的模拟量控制及 PID 控制技术、高速脉冲处理及伺服电机运动控制技术、通信及网络控制技术；第 9 章为电气控制系统分析和设计部分，讲述电气控制与 PLC 系统的一般分析方法和设计方法。

本书注重实际，强调应用，是一种工程性较强的应用类教材，可作为高等院校电气工程及其自动化、工业自动化、机电一体化等相关专业的教材，也可供相关技术人员作为参考资料使用，同时也可作为电气控制技术专业相关技术人员的自学用书。

本书第 1 章由吴延明、郭永吉编写，第 2～5 章由吴延明编写，第 6～9 章由刘仲民、吴延明编写，全书由吴延明统稿。在本书编写过程中，得到乔平原老师和兰州理工大学电气工程与信息工程学院电气工程系课程组全体老师的大力帮助，在此表示衷心的感谢。

由于编者水平有限，书中难免存在疏漏和不妥之处，敬请广大读者批评指正。

编　者

目　　录

绪　　论

1. 电气控制技术的发展概况

电气控制技术是以电力拖动系统或生产过程为控制对象，以实现生产过程自动化为目的的控制技术。随着科学技术的不断发展，生产工艺的要求和自动化水平的不断提高，电气控制技术经历了从手动到自动、从简单到复杂、从单一到多功能、从硬件控制到软件控制的不断变革。

19 世纪末到 20 世纪初是生产机械电力拖动的初期阶段，通常一台电动机拖动多台设备或多个运动部件，称为集中拖动。直到 20 世纪 30 年代发展到各运动部件分别用不同的电动机拖动，称为分散拖动。在此期间的电气控制都比较简单，主要是采用一些手动电器(如刀开关等)来实现执行电器(如电动机)与电源之间的通断控制。对于电压不高、电流不大的执行电器，开关普遍采用裸露的非封闭形式，因此称为可见断点的开关。对于电压较高及电流较大的执行电器，开关采用封闭形式，降低了电弧的危害。

随着继电器、接触器等电器的逐步诞生，电气控制技术也逐步从手动控制向自动控制的方向发展，到 20 世纪的二三十年代进入到继电器、接触器控制阶段。这种控制方式由操作者发出信号，通过按钮、位置开关、保护电器等接通继电器和接触器电路，实现电动机的启动、停止、正反转、制动、调速和各种保护控制。由于继电器、接触器控制系统技术成熟、简单直接、工作稳定、成本低廉等优点，至今仍然广泛应用于生产现场，如矿山、机床等。

继电器、接触器控制系统属于硬接线逻辑控制，其接线固定、使用单一、体积庞大、功耗大、速度慢，而且难以满足生产工艺的经常变动，因此适用于生产工艺基本不变且不太复杂、自动化水平要求不高的场合。

为了解决生产工艺复杂和经常变动的控制需要，20 世纪 60 年代出现了顺序控制器。它是继电器和半导体元件综合应用的控制装置，以逻辑元件插接方式组成控制系统，通过编码、逻辑组合来改变程序，实现对程序经常变动的控制要求。曾经少量应用于组合机床、自动生产线上。由于这种控制系统总体来说仍属于硬件手段控制，并且体积较大，而且顺序控制器本身存在某些不足，未能获得广泛应用。

1968 年美国 GM(通用汽车)公司，为了适应汽车型号不断更新的要求，提出将计算机的完备性、灵活性、通用性好等优点和继电器、接触器控制系统的简单易懂、操作方便、安全可靠等优点结合起来，希望实现一种能适应工业环境而且编程简单的通用控制装置。1969年美国数字设备公司(DEC)根据 GM 公司的设想研制出第一台可编程逻辑控制器(programmable logic controller，PLC)，并在 GM 公司汽车装配自动生产线上试用成功。从此，电气控制进入到 PLC 控制阶段。

PLC 是以微型计算机为基础的，具有编程、存储、逻辑控制及数值运算等功能，以工业控制为目标，其接线简单、通用性强、编程容易、抗干扰能力强、工作可靠。它一经问世即以强大的生命力占领了传统的控制领域。时至今日，PLC、CAD/CAM(计算机辅助设计/计算机辅助制造)和 Robot(机器人)组成了当代工业自动化应用技术领域的三大支柱，现已广泛应用于工业、农业、国防、科学技术等领域和人们的日常生活中，伴随着科学技术的发展而得到迅猛的发展。

PLC 控制系统属于现代电气控制技术，在原有的继电器接触器控制技术的基础上，综合了计算机、自动控制、精密测量、智能技术、通信技术、网络技术等许多先进科学技术成果，并得到飞速发展。

PLC 的发展方向之一是微型、简易、价廉，以软件程序取代传统的继电器控制；它的另一个发展方向是大容量、高速、高性能、智能化、网络化，对大规模复杂控制系统能进行综合控制。

20 世纪后期，通用变频器的出现也是电气控制领域的一次革命性进步。电力电子技术、计算机技术、自动控制理论等高度结合的变频器的出现，打破了高性能调速系统由直流电机一统天下的局面。其结构简单、维护方便、成本低廉、节能等优点使交流电机一跃成为调速系统的主角。

1978 年汉诺威贸易博览会上正式推出 MAC 永磁交流伺服电动机和驱动系统，标志着交流伺服技术已进入实用化阶段。到 20 世纪 80 年代中后期，许多公司都已有完整的系列产品。伺服电动机和驱动系统的出现使得位置、速度的精准控制成为可能，促进了数控系统和机器人的发展。

20 世纪 70 年代后，电气控制相继出现了直接数字控制(direct digital control，DDC)系统、柔性制造系统(flexible manufacturing system，FMS)、计算机集成制造系统(computer integrated manufacturing system，CIMS)、智能机器人、集散控制系统(也称分布式控制系统，distributed control system，DCS)、现场总线控制系统等多项高新控制技术，形成了从产品设计及制造到生产管理的智能化的完整体系，将自动化生产技术推进到了更高的水平。

综上所述，电气控制技术的发展始终伴随着社会生产规模的不断扩大、生产水平的不断提高而前进，而电气控制技术的进步反过来又促进了社会生产力的进一步提高；同时，电气控制技术又与微电子技术、电力电子技术、检测与传感器技术、机械制造技术等紧密联系在一起。电气控制技术与时俱进、可持续地发展是必然趋势，并将给人类带来更加繁荣的明天。

2. "电气控制与 PLC 应用"课程介绍

"电气控制与 PLC 应用"是高等院校电气类专业的一门实践性很强的专业必修课程。其先修课程主要有"电路""微机原理及接口技术""电子技术基础""电力电子技术""自动控制原理""电机学"和"运动控制系统"等。

电气控制技术涉及面很广，本课程从应用的角度出发，以培养学生对电气控制系统的分析能力和设计能力为主要目的，以电动机或其他执行电器为控制对象，讲述继电器接触器控制系统和可编程控制器控制系统的工作原理、分析、设计方法和实际应用；立足继电器接触器控制系统基础，重点讲述可编程控制器及其应用；紧随控制技术发展方向，顺应时代潮流，结合我国的电气控制技术的现状，在课程内容上弱化甚至剔除了已经或即将被淘汰的技术，如空气阻尼式时间继电器、改变转差率的调速方式等；而强化了目前或将来主流的控制技术，如基于 PLC 为控制核心的软启动器、变频器、伺服电机控制、PID(proportion integration differentiation，比例-积分-微分)控制、通信与网络等。

在新工科背景下，"电气控制与 PLC 应用"在工业生产和其他生产领域占据着越来越重要的位置。在工程认证 OBE(outcome bsed education，成果导向教育)理念指导下，本课程正在发生着不同程度的教学改革。通过本课程的学习，学生应达到以下目标。

(1) 熟悉常用低压电器的结构、原理、用途，能正确使用和选用；熟练掌握三相交流异步电动机典型控制线路、启动、制动、调速控制线路；具备阅读和分析电气控制线路的能力和处理故障的初步能力；掌握电气控制线路的简单设计方法，具备初步设计能力。

(2) 掌握 PLC 的基本结构、基本原理、内部资源和指令系统；熟练掌握开关量逻辑控制程序指令和编程方法，具备阅读和分析开关量逻辑控制系统的能力；掌握 PLC 控制系统的硬件、软件初步设计能力。

(3) 了解电气控制技术的现状和发展方向；了解软启动器、变频器、伺服电机及驱动器等主流工控产品的内部结构和工作原理；学会使用方法，结合实际应用学习编程和调试方法。

(4) 掌握 PLC 模拟量控制和 PID 控制，具备过程控制实际应用中硬件和软件的分析能力和设计能力；了解 PLC 网络和通信功能，掌握主要通信方式的编程和调试方法。

(5) 理论联系实际，综合应用课程知识，培养学生初步具备解决复杂工程问题的能力，增强学生毕业后的适应能力和提高处理现场实际问题的能力。

本课程除理论教学外，还有实验教学、课程设计、生产实习和毕业设计等实践性教学环节，在理论和实践相结合中培养学生的实际应用能力和动手能力。

第1章　常用低压电器

电器是生产机械为满足生产工艺的要求和实现生产过程自动化而构造的电气控制线路和电气设备的基本组成元件。本章主要介绍电气的概念和分类；从组成结构、工作原理、图文符号、技术指标和选型原则等方面介绍常用低压电器；从发展的视角介绍一些新型的电器元件。

1.1　低压电器的基本知识

1.1.1　电器的定义和分类

电器是一种能根据外界的信号和要求，手动或自动地接通、断开电路，以实现对电路或非电对象的切换、控制、保护、检测、变换和调节的电气元件或设备。

低压电器的种类繁多，功能多样，用途广泛，构造及工作原理各不相同，因而有多种分类方法。常见的分类方法如图1-1所示。

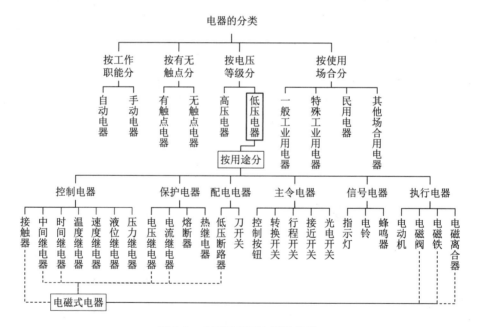

图 1-1　电器及低压电器的分类

工作在交流电压1200V以下、直流电压1500V以下的电器称为低压电器。除了在发电、输配电领域和一些特殊场合使用高压电器之外，其余绝大多数领域的电压等级属于低压范围，因此本书主要介绍常用低压电器及其使用。

在众多的低压电器中，电磁式电器在电气控制线路中使用极为广泛，占比很大，而且有着基本相同的结构组成和工作原理，下面就专门介绍该类电器。

1.1.2　电磁式低压电器的基本结构

利用电磁原理工作，能自动地接通、断开电路，实现对电路的切换、控制、保护、检测、变换和调节的低压电器称作电磁式低压电器。如图 1-1 中标出的接触器、中间继电器、电压继电器、电流继电器和时间继电器等均属于电磁式电器。电磁式低压电器的结构组成和工作原理基本相同，下面以典型代表接触器为例介绍电磁式低压电器的结构组成。

电磁式低压电器的结构组成如图 1-2 所示，各部分功能不同，通常由触点、电磁机构和灭弧装置(电磁式继电器无灭弧装置)三部分组成。图 1-3 所示为电磁式低压电器结构示意图(无灭弧装置)。

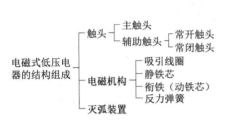

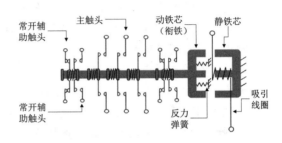

图 1-2　电磁式低压电器的结构组成　　　图 1-3　电磁式低压电器的结构示意图(无灭弧装置)

1. 触头

触头又称为触点，是所有带触点电器的执行部件，起接通与分断电路的作用。触头通常由动、静触点组合而成。要求触头导电、导热性能好，结构还要考虑到适当的灭弧能力。动触点在外力作用下移动，和静触点接通或者断开，用以通断电路。

从接触形式、结构形式、通过电流大小和原始状态等角度可以将触头分为不同的类型。

1) 触点的接触形式

触点的接触形式有点接触、线接触和面接触(如平面对平面)三种，如图 1-4 所示。

三种接触形式中，点接触形式的触点只能用于小电流的电器中，如接触器的辅助触点和继电器的触点；面接触形式的触点允许通过较大的电流，一般在接触表面上镶有合金，以减小触点接触电阻和提高耐磨性，多用于较大容量接触器的主触点；线接触形式的触点接触区域是一条直线，其触点在通断过程中有滚动动作，可以清除触点表面的氧化膜，线接触触点多用于中等容量的触点，如接触器的主触点。

2) 触头的结构形式

触头的结构形式有桥式触头和指形触头两种，如图 1-5 所示。

图 1-5(a)、(b)所示均为双断点桥式触头。桥式触头的优点是：灭弧效果很好；结构紧凑，体积小；冲击能量小，机械寿命长。桥式触头的缺点是：不能自动净化触点处氧化膜，需用银或银的合金材料制成；接触压力小，接触稳定性较低。

图 1-5(c)所示为单断点指形触头。该触头只有一个断口，多用于接触器的主触点。其优点为：闭合、断开过程中有滚滑运动，能自动清除表面的氧化物，触头接触压力大，通断稳定性高。其缺点是：触头开距大，增大了电器体积；通断冲击力大，机械寿命短。

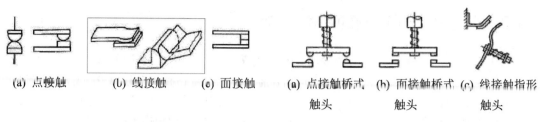

图 1-4　触头的接触形式　　　　　图 1-5　触头的结构形式

3) 主触头和辅助触头

从可靠接通和断开电路的电流大小的角度上，触头分为主触头和辅助触头。主触头用来通断较大电流的电路，如电动机的主电路或其他较大的负载电路。由于用来通断大电流，因此触点接触形式多采用线接触或面接触，导体部分金属材料横截面积大，允许通过大电流。主触头一般有灭弧装置。

并不是所有的有触点电器都有主触头。只有用来通断大电流电路的电器，如接触器、断路器等才有主触头。用来通断小电流的控制电路的电器，如继电器等没有主触头。

辅助触头用来通断小电流电路(一般 5A 以下)，主要用于控制电路中的自锁、互锁等。因为控制的电流较小，所以不需要灭弧装置。

4) 常开触点和常闭触点

按触点在无外力作用下的原始位置时触头的断开和闭合状态，可以将触头分为常开触点和常闭触点。

常开触点又称动合触点，用 NO(normally open)表示。顾名思义，常开触点常态下动、静触点之间断开，是动作后才闭合的触点。反之，常闭触点，即常态下闭合，动作后才断开的触点，用 NC(normally closed)表示。

通常情况下，电器的主触头只有常开触点，辅助触点有常开触点和常闭触点。

2. 灭弧装置

1) 电弧的产生原因

电弧是触头间气体在强电场作用下产生的电离放电现象，即气体被电离后大量的带电质点做定向运动。电弧多发生在触头断开电路的瞬间。电弧是一种自持气体导电(电离气体中的电传导)，其大多数载流子为一次电子发射所产生的电子。触头金属表面因一次电子发射(热离子发射、场致发射或光电发射)导致电子逸出，间隙中气体原子或分子会因电离(碰撞电离、光电离和热电离)而产生电子和离子。另外，电子或离子轰击发射表面又会引起二次电子发射。当间隙中离子浓度足够大时，间隙就会被电击穿而发生电弧。

上面的表述对初学者来说不太容易理解，下面就以触点断开电路瞬间为例进行通俗的解释。

当触点断开电路的瞬间，动、静触点的间隙很小，电路电压几乎全部降落在触点之间，在触点间形成很高的电场强度，导致发生场致发射，阴极发射的自由电子在电场作用下向阳极加速运动，这是电弧产生的初期。高速运动的电子撞击气体原子时产生撞击电离，电离出的电子在向阳极运动的过程中又撞击其他原子，使其他原子电离。撞击电离的正离子则向阴极加速运动撞在阴极上使阴极温度逐渐升高，到达一定温度时，会发生热电子发射。热发射的电子又参与撞击电离。这样，在触头间隙中就形成了炽热的电子流即电弧。

显然，电压越高，电流越大，电弧功率也越大；弧区温度越高，游离程度越激烈，电弧也越强。一般认为，触头断开电流时，电路电压高于 10～20V，电流大于 80～100mA，触头间便会产生电弧。

2) 电弧的危害

由电弧产生的机理可知，电弧会产生高温损坏触头；发出的强光会伤害人员；会延迟断开电路的时间，甚至会妨碍电路及时可靠地分断；距离较近的相间(如接触器)会发生弧光短路；可能引起火灾，尤其在特殊场合(如煤矿井下)，电弧的危害更大。

3) 灭弧方法和常见的灭弧装置

既然电弧的危害很大，必须采取适当且有效的措施，以保护触头，降低它的损伤，提高其分断能力，从而保证整个电器的工作安全可靠。

根据电弧产生和维持的机理，通常采用降温、降压等方法灭弧。常见的灭弧装置有以下几种。

(1) 桥式触头灭弧(电动力吹弧)。

桥式触头在分断时具有电动力吹弧功能。当触头打开时，在断口中产生电弧，同时也产生图 1-6 所示的磁场。根据左手定则，电弧电流受到指向外侧的力 F 的作用，使其迅速离开触头而熄灭。此外，桥式触头有两个断点，断开电路时会产生分压，跟单断点的触头相比，每个断点承担近一半的电路电压，这样有利于熄灭电弧。这种灭弧方法多用于小容量交流电器中，如一般交流继电器和小电流接触器就采用桥式触点灭弧，而不再加设其他灭弧装置。

(2) 磁吹灭弧。

磁吹灭弧的原理是将电弧置于磁场中间，利用磁场力"吹"长电弧，使其进入冷却装置，促使电弧迅速熄灭，如图 1-7 所示。在触头电路中串入吹弧线圈，该线圈产生的磁场由导磁夹板引向触点周围，其方向由右手定则确定(图 1-7 中×所示)。由左手定则可知，电弧在吹弧线圈磁场中受力的作用(方向为 F 所指的方向)，电弧被拉长并被吹入灭弧罩中。引弧角和静触点相连接，引导电弧向上运动，将热量传递给灭弧罩壁，促使电弧熄灭。

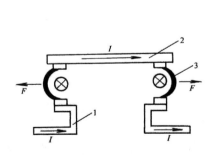

图 1-6　双断口电动力吹弧

1—静触头；2—动触头；3—电弧

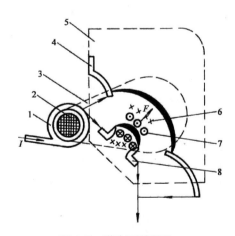

图 1-7　磁吹灭弧原理

1—磁吹线圈；2—铁芯；3—导磁夹板；4—引弧角；
5—灭弧罩；6—磁吹线圈磁场；7—电弧电流磁场；8—动触头

这种灭弧装置是利用电弧电流本身灭弧,电弧电流越大,吹弧能力越强,且不受电路电流方向的影响(当电流方向改变时,磁场方向随之改变,结果电磁力方向不变)。磁吹灭弧广泛地应用于直流接触器中。

(3) 栅片灭弧。

火弧栅是一组薄钢片,它们彼此间相互绝缘,如图 1-8 所示。当电弧进入栅片时被分割成一段段串联的短弧,而栅片就是这些短弧的电极,这就使每段短弧上的电压达不到燃弧电压,电弧迅速熄灭。此外,栅片还能吸收电弧热量,加速电弧的冷却。由于栅片灭弧装置的灭弧效果在交流时要比直流时强得多,因此在交流电器中经常采用。

(4) 窄缝灭弧。

窄缝灭弧是利用灭弧罩的窄缝来实现的。灭弧罩内有一个或数个纵缝,缝的下部宽、上部窄,如图 1-9 所示。当触头断开时,电弧在电动力的作用下进入缝内,窄缝的分割降压、压缩及冷却起游离作用,使电弧熄灭加快。

(5) 灭弧罩。

磁吹灭弧和栅片灭弧都带有灭弧罩,它通常用耐弧陶土、石棉水泥或耐弧塑料制成。灭弧罩既能分隔各路电弧,防止发生弧光短路,又能使电弧与灭弧罩的绝缘壁接触,加速冷却而熄灭。

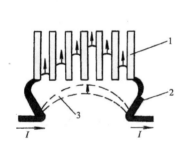

图 1-8　栅片灭弧

1—灭弧栅片;2—触头;3—电弧

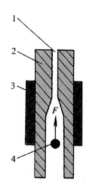

图 1-9　窄缝灭弧

1—纵缝;2—介质;3—磁性夹板;4—电弧

3. 电磁机构

电磁机构是电磁式低压电器特有的感测部分,它将电磁能转化成机械能,带动触头动作。电磁机构由吸引线圈、铁芯、衔铁、反力弹簧等部分组成。

1) 铁芯和衔铁

铁芯(又称静铁芯)、衔铁(又称动铁芯)以及两者间的气隙共同构成磁路。其中,衔铁连接触头系统的动触点部分。当吸引线圈通入电流,会产生磁场并吸引衔铁向铁芯移动,从而带动动触点和静触点接通或断开,以实现通断电路的目的。

根据衔铁的运动方式,磁路可分为直动式和拍合式两种,如图 1-10 所示。直动式电磁机构常用于交流电器,拍合式多用于直流电器。

2) 吸引线圈

吸引线圈的作用是产生磁场,将电能转换成磁场能量。

按通入吸引线圈电流种类的不同，吸引线圈可分为直流线圈和交流线圈，与之对应的有直流电磁机构和交流电磁机构。

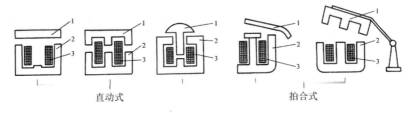

图 1-10　电磁机构的结构形式

1—衔铁；2—铁芯；3—线圈

按接入电路的方式不同，吸引线圈可分为串联(电流)线圈和并联(电压)线圈。串联(电流)线圈串接于电路中，其导线粗、匝数少、阻抗小，只有少量检测电流的电器(如电流继电器等)才使用这类线圈。并联(电压)线圈并联在电路中，其匝数多、导线细，绝大多数的电器(如接触器、中间继电器、电压继电器等)均采用并联线圈。

3) 直流电磁机构和交流电磁机构

直流电磁机构和交流电磁机构在制作工艺和材料上有所区别，如表 1-1 所示。

表 1-1　直流电磁机构和交流电磁机构的区别

比较项目	直流电磁机构	交流电磁机构
线圈电流	直流	交流
铁芯	整块钢材或工程纯铁制成	硅钢片叠铆而成
线圈形式	高而薄的瘦高型，且不设线圈骨架，使线圈与铁芯直接接触，易于散热	线圈设有骨架，使铁芯与线圈隔离并将线圈制成短而厚的矮胖型，这样有利于铁芯和线圈的散热
短路环	无	有

1.1.3　电磁式低压电器的工作原理

电磁式低压电器的工作原理如图 1-11 所示。通过控制电磁机构吸引线圈是否通电，控制触头的闭合或断开，最终实现被控电路通断的目的。

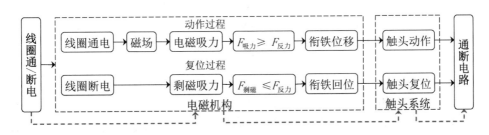

图 1-11　电磁式低压电器的工作原理

显然，电磁式电器能否可靠工作的核心是，吸引线圈通电后产生的电磁吸力、弹簧的反力、吸引线圈断电后的剩磁吸力三者之间的配合关系。这个关系通常用吸力特性和反力特性来表现。

1．吸力特性

吸力特性是电磁机构使衔铁吸合的力与气隙的关系曲线，通常也关注线圈电流与气隙的关系曲线。

根据麦克斯韦电磁吸力公式，电磁机构的电磁吸力近似为

$$F = (10^7 B^2 S)/8\pi = 4 \times 10^5 B^2 S \tag{1-1}$$

其中磁感应强度为

$$B = \varnothing / S \tag{1-2}$$

当截面积 S 为常数时，吸力 F 与磁密强度 B^2 成正比，也与 $\varnothing^2$ 成正比，即

$$F \propto B^2 \propto \varnothing^2 \tag{1-3}$$

电磁机构的磁路中，铁芯和衔铁由高导磁率材料制成，和气隙磁阻相比可忽略不计，因此磁路磁阻关键看气隙的磁阻。气隙的磁导公式为

$$1/R_m = (\mu_0 S)/\delta \tag{1-4}$$

当截面积 S 为常数时，得

$$R_m \propto \delta \tag{1-5}$$

带入磁路定律可得

$$\varnothing = I N / R_m = (I N \mu_0 S)/\delta \tag{1-6}$$

上述各式中：F 为电磁吸力(N)；B 为气隙中磁感应强度(T)；S 为磁极截面积(m^2)；$\varnothing$ 为磁通量；R_m 为气隙磁阻(近似磁路磁阻)；δ 为磁极间气隙长度(m)；μ_0 为真空磁导率(H/m)。

直流电磁机构与交流电磁机构的吸力特性是不同的，下面分别讨论。

1) 直流电磁机构的吸力特性

(1) 电流与气隙长度的关系：$I = f(\delta)$。

直流电磁机构吸引线圈流过直流电流，由直流电流激磁，稳态时，磁路对电路无影响，所以可认为直流电流不受气隙变化的影响，即 $I =$ 常数。

(2) 电磁吸力与气隙长度的关系：$F = f(\delta)$。

因直流电磁机构线圈电流恒定，即其磁势 $I N$ 不受气隙变化的影响，电路在恒磁势下工作，由式(1-6)和式(1-3)可得，此时

$$F \propto B^2 \propto \varnothing^2 \propto 1/R_m^2 \propto 1/\delta^2 \tag{1-7}$$

即直流电磁机构的吸力 F 与气隙长度 δ 的平方成反比。其吸力特性如图 1-12 的曲线所示。可以看出，特性曲线比较陡峭，表明衔铁闭合前后吸力变化很大，气隙越小吸力则越大。

(3) 直流电磁机构的优缺点。

由于直流电磁机构的电流不因气隙而变化，即衔铁闭合前后吸引线圈的电流不变，所以直流电磁机构适合于动作频繁的场合，且吸合后电磁吸力大，工作可靠性高。

但是，直流电磁机构的吸引线圈在断电瞬间，磁势会从 $I N$ 急速下降接近于零。电磁机构的磁通也发生相应的急剧变化，这会在激磁线圈中产生很大的反电势，可达到线圈额定电压的 10～20 倍，极易

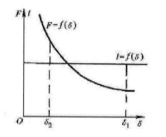

图 1-12　直流电磁机构吸力特性

损坏线圈和驱动电路。为此可增加线圈放电回路,一般采用反并联二极管并加限流电阻(容量小时可以省去电阻)来实现,如图1-13所示。

2) 交流电磁机构的吸力特性

(1) 电磁吸力与气隙长度的关系:$F = f(\delta)$。

交流吸引线圈的阻抗主要取决于线圈的电抗,电阻相对很小,可忽略不计。则

$$U \approx E = 4.44 f \varnothing N \tag{1-8}$$

$$\varnothing = U / (4.44 f N) \tag{1-9}$$

式中:U 为线圈电压(V);E 为线圈感应电势(V);f 为线圈外加电压的频率(Hz);$\varnothing$ 为气隙磁通(Wb);N 为线圈匝数。

由式(1-9)可知,当 f、N、U 均为常数时,$\varnothing$ 也为常数。再由式(1-3)可知,此时电磁吸力 F 为常数,即 F 与 δ 的大小无关。实际上,考虑到漏磁通的影响,F 随 δ 的减小略有增加。其吸力特性如图1-14的曲线所示,可以看出特性曲线比较平坦。

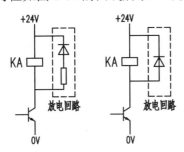

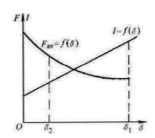

图 1-13 直流线圈放电回路　　　图 1-14 交流电磁机构吸力特性

需要说明一下,因为交流激磁时,电压、磁通都随时间作周期性变化,其电磁吸力 F 也作周期变化,此处 F 为常数是指电磁吸力的幅值不变。

(2) 电流与气隙长度的关系:$I = f(\delta)$。

虽然交流电磁机构的气隙磁通 $\varnothing$ 近似不变,但气隙磁阻 R_m 随气隙 δ 而变化,见式(1-4)。根据磁路定律,见式(1-6),可知,交流激磁线圈的电流 I 与气隙 δ 成正比。

因此,交流电磁机构吸引线圈通电而衔铁尚未动作时(δ 最大),线圈电流将很大。一般 U 形电磁机构其电流可达到吸合后额定电流的5~6倍,E 形电磁机构的电流更高,达10~15 倍。如果衔铁卡住,不能吸合或者频繁动作,交流线圈很可能被烧毁。所以,在可靠性要求高或操作频繁的场合,一般不采用交流电磁机构。

2. 剩磁吸力特性

电磁机构,尤其是直流电磁机构,当切断激磁电流时磁路中会有剩磁存在,因此也会存在剩磁吸力。其吸力特性曲线和交流电磁机构吸力特性曲线相似,但幅值很小,如图1-15所示。

3. 反力特性

反力特性是电磁机构使衔铁释放(复位)的力与气隙长度的关系曲线。电磁机构使衔铁释放的力主要是弹簧的反力(忽略衔铁自身质量),弹簧的反力与其形变的位移 x 成正比,其反力可写成

$$F_{反} = K \cdot x \tag{1-10}$$

电磁机构反力特性曲线如图 1-16 所示。考虑到触头闭合时为了可靠地接通电路,触头需一定量的超行程变形,机构的弹性系数 K 作用陡增,表现在反力曲线的 $0 \sim \delta_2$ 段。

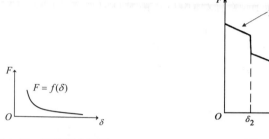

图 1-15　剩磁吸力特性　　　　　　图 1-16　弹簧反力特性

4. 吸力特性与反力特性的配合

为使电磁式电器可靠吸合和释放(分断),吸力特性和反力特性的配合是关键。无论是直流电磁机构,还是交流电磁机构,吸力、反力特性曲线均要满足如图 1-17 所示的关系。

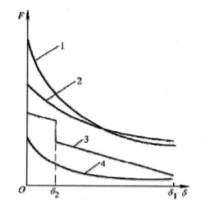

图 1-17　吸力特性与反力特性的配合

1—直流吸力特性;2—交流吸力特性;3—反力特性;4—剩磁吸力特性

吸合过程中,吸力必须全程大于反力。但也不能过大,否则会产生过大的冲击力,影响电器的使用寿命和通断电质量。

释放过程中,尤其对于直流电磁机构,反力必须全程大于剩磁吸力,才能保证衔铁可靠释放。

5. 短路环

由前面的分析可知,交流电磁机构的吸力 F 基本恒定,与气隙 δ 无关。这里所说的恒定只是幅值不变,其实吸力 F 仍然是周期性变化的。因为交流激磁时,$B = B_{max} \sin \omega t$,带入式(1-1),得到瞬时吸力 F_{at},即

$$F_{at} = F_{max}(1 - \cos 2\omega t)/2 \tag{1-11}$$

可见电磁吸力是按两倍于电源频率周期性变化的,如图 1-18 所示。这种情况下,当瞬

时吸力大于反力的时间段时衔铁被吸合，而瞬时吸力小于反力的时间段时衔铁又被释放，如此反复，使衔铁产生强烈的振动并发出噪声，甚至使铁芯松散。

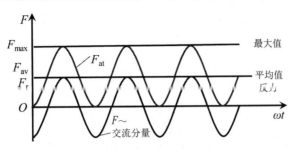

图 1-18　交流电磁机构实际吸力曲线

通常有效克服这种现象的办法是在铁芯端部开一个槽，槽内嵌入称作短路环(或称分磁环)的铜环，如图 1-19 所示。短路环把铁芯中的磁通分为两部分，即不穿过短路环的 $\varnothing_1$ 和穿过短路环的 $\varnothing_2$，其中 $\varnothing_2$ 为原磁通与短路环中感生电流产生的磁通的叠加，且相位上 $\varnothing_2$ 滞后 $\varnothing_1$，$\varnothing_1$ 和 $\varnothing_2$ 各自产生电磁吸力 F_1 和 F_2，两者合力 F 始终大于反力，这样衔铁的振动和噪声就消除了。加短路环后的电磁吸力特性如图 1-20 所示。

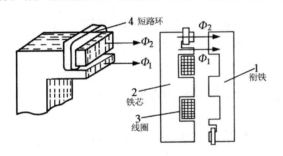
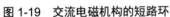

图 1-19　交流电磁机构的短路环

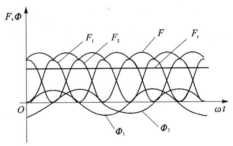

图 1-20　加短路环后的电磁吸力特性

1.2　低压控制电器

低压控制电器是电力拖动控制系统中使用最多的一类电器，主要有接触器、继电器、控制器等，因此经常将传统的电器控制系统称为继电器接触器控制系统。对这类电器的要求是寿命长、体积小、重量轻、动作迅速准确、安全可靠。

1.2.1　接触器

接触器是用来频繁地、远距离地接通或分断电动机主电路或其他负载电路的自动控制电器。其广泛应用于电动机的启停、正反转、调速、制动控制和其他大功率负载控制中，即使在 PLC 控制系统、计算机控制系统、现场总线和网络控制系统大行其道的今天，接触器的特殊作用也无可取代。

根据执行机构的驱动方式不同，接触器有电磁式、气动式和液压式几种，其中以电磁式接触器应用最为广泛。

1. 接触器的结构、工作原理和分类

接触器是最典型也是最完整的电磁式低压电器，前面 1.1.2 小节和 1.1.3 小节讲述的电磁式电器的结构组成和工作原理完全适用于接触器，这里不再赘述。

接触器实物及展开图如图 1-21 所示。

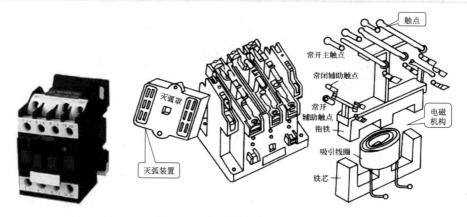

图 1-21　接触器实物及展开图

按接触器主触点通断被控电路中的电流种类分为交流接触器和直流接触器两种(注意：并不是按电磁机构吸引线圈的电流种类来分)。

2. 接触器控制机理

由 1.1.3 小节所描述的电磁式电器的工作原理可知，接触器的控制机理是：通过控制电磁机构吸引线圈是否通电，由触头控制被控电路的通断。其示意图如图 1-22 所示。

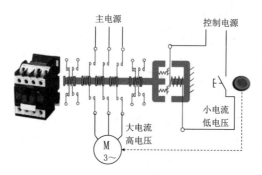

图 1-22　接触器的控制机理

3. 接触器的图形符号和文字符号(KM)

接触器在电路图中的图形符号和文字符号如图 1-23 所示。绘图时电器的图形符号、文字符号均要画出，缺一不可。图形符号根据图纸布局有横向和纵向两种绘制方式，但文字符号要横向布置，以方便阅读。

4. 接触器的技术参数

1) 额定电压(主触点)

接触器额定电压是指主触点的额定电压。常见的电压等级有以下几种。

交流接触器包括 127V、220V、380V、500V 几种。

直流接触器包括 110V、220V、440V 几种。

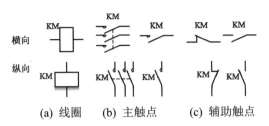

      (a) 线圈   (b) 主触点   (c) 辅助触点

图 1-23　接触器的图形符号和文字符号

2) 额定电流(主触点)

接触器额定电流是指主触点的额定电流。它是在一定的条件(额定电压、使用类别和操作频率等)下规定的，常用的电流等级有以下几种。

交流接触器包括 5A、10A、20A、40A、60A、100A、150A、250A、400A、600A 几种。

直流接触器包括 40A、80A、100A、150A、250A、400A、600A 几种。

3) 吸引线圈额定电压

吸引线圈额定电压是指加在电磁机构线圈上的电压。常见的有以下几种。

交流接触器包括 36V、110V(127V)、220V、380V 几种。

直流接触器包括 24V、48V、220V、440V 几种。

4) 接通和分断能力

主触点在规定条件下可以可靠地接通和分断电流值。在此电流值下，接通电路时主触点不应发生熔焊，分断电路时主触点不应发生长时间燃弧。

接触器的使用类别不同，对主触点的接通和分断能力的要求也不一样，而不同使用类别的接触器可根据其不同控制对象(负载)的控制方式而定。根据低压电器基本标准的规定，其使用类别比较多。但在电力拖动控制系统中，常见的接触器使用类别及其典型用途如表 1-2 所示。

表 1-2　常见的接触器使用类别及其典型用途

电流种类	使用类别	典型用途
交流(AC)	AC1	无电感或微感负载、电阻炉
	AC2	绕线式电动机的启动和分断
	AC3	笼型电动机的启动和分断
	AC4	笼型电动机的启动，反接制动、反向和点动
直流(DC)	DC1	无感或微感负载、电阻炉
	DC3	并励电动机的启动，反接制动、反向和点动
	DC5	串励电动机的启动，反接制动、反向和点动

接触器的使用类别代号通常标注在产品的铭牌上，主触点达到的接通和分断能力为：

● AC1 和 DC1 类允许接通和分断额定电流；

- AC2、DC3 和 DC5 类允许接通和分断 4 倍的额定电流;
- AC3 类允许接通 6 倍的额定电流和分断额定电流;
- AC4 类允许接通和分断 6 倍的额定电流。

5) 额定操作频率

额定操作频率是指接触器每小时的操作次数。交流接触器最高为每小时 600 次,而直流接触器最高为每小时 1200 次。超过操作频率会直接影响接触器的使用寿命,对于交流接触器,还会影响线圈的温升。

5. 接触器的选型

只有根据不同条件正确选用,才能保证接触器可靠运行。接触器选用主要依据以下原则。

1) 接触器种类的选择

接触器的种类根据所控制的负载类型进行选择,交流负载选用交流接触器,直流负载选用直流接触器。

2) 接触器使用类别的选择

根据所控制负载的类型和工作任务选择相应使用类别的接触器,通常依据表 1-2 来选择接触器的使用类别。

3) 额定电压等级的选择

可根据所控制负载的额定电压等级来选择,接触器的额定电压应大于或等于负载的额定电压。

4) 额定电流等级的选择

根据电动机(或其他负载)的功率和操作情况来确定接触器主触点的电流等级。当接触器的使用类别与所控制负载的工作任务相对应时,一般应使主触点的电流等级稍大于或等于所控制的负载电流。若不对应,例如用 AC3 类的接触器控制 AC3 与 AC4 混合类负载时,须降低电流等级使用。

总之,接触器主要是用于控制而不是保护,所以额定电压和电流等级选择时不可选小,应遵循稍大不小的原则,等级稍大除了影响价格和体积外,不会影响使用。

5) 接触器线圈电压等级的选择

线圈电压应和控制电路的电压类型和等级相同。需要强调的是,接触器的线圈电压和额定电压是两个不同的概念。额定电压是针对主触点而言,选择等级稍大的接触器不会影响使用。但是线圈电压必须和控制电路的电压等级和类型相同,否则会导致吸力特性和反力特性配合不当而无法工作,甚至损坏电器。

【思考 1】在直流电磁机构的吸引线圈中通入交流电流(同等级)会怎样?

【思考 2】在标注有吸引线圈额定电压为交流 380V 的线圈上施加交流 220V 的电压会怎样?

6) 接触器额定电流的经验选择法

下面介绍一种在实际工作中选择接触器的简单、便捷、有效的方法。实际生产中,额定电压为 AC380V 的三相笼型电动机是最常用的被控对象,如果知道了电动机的额定功率,则可以用经验法确定电动机的额定电流,从而选择接触器额定电流。对于 5.5kW 以下的电动机,其控制接触器的额定电流约为电动机额定功率数值的 2~3 倍;对于 5.5~11kW 的电动机,其控制接触器的额定电流约为电动机额定功率数值的 2 倍;对于 11kW 以上的电动机，其控制接触器的额定电流约为电动机额定功率数值的 1.5～2 倍。记住这些关系，在实际工作中对迅速选择接触器非常有用。

1.2.2 电磁式继电器

1. 继电器概述

继电器是根据某种输入信号来接通或断开小电流控制电路，以实现远距离控制或保护的自动控制电器。

1) 继电器的特点

● 输入：可以是电流、电压等电量，也可以是温度、时间、速度、压力等非电量。
● 输出：可以是触头的动作或者是电路参数的变化。
● 作用：控制、放大、联锁、保护和调节。
● 特点：额定电流不大于 5A。

2) 继电器的分类

继电器的种类很多，可以从不同的角度去分类。

● 按输入信号的性质分为电压继电器、电流继电器、时间继电器、温度继电器、速度继电器、压力继电器等。
● 按工作原理分为电磁式继电器、感应式继电器、电动式继电器、热继电器和电子式继电器等。
● 按输出形式分为有触点和无触点两类。
● 按用途分为控制用和保护用继电器等。

3) 继电器和接触器的区别

继电器和接触器的区别如表 1-3 所示。

表 1-3 继电器和接触器的区别

比较项目	接 触 器	继 电 器
输入量	电压(电量)	电量或非电量
触头	主触头+辅助触头	辅助触头
用途	主电路、电流大	控制、保护、电流小
灭弧装置	有	无

4) 继电器的输入/输出特性

继电器的输入/输出特性是指描述继电器的输入量(电压、电流或非电量)和输出量(触点状态)之间的关系特性。

继电器在正常工作中，静态时输出量(触头状态)只有两个位置情况，用 y 表示。即动作状态(记作 $y=y_1=1$)和复位状态(记作 $y=0$)。

若用 x 表示继电器的输入量，使触头可靠动作的最小输入量用 x_2 表示，一般称作动作值；使触头可靠复位的最大输入量用 x_1 表示，一般称作返回值。x_1 和 x_2 的比值称为返回系数，即

$$K = x_1 / x_2 \tag{1-12}$$

继电器的输入/输出特性如图 1-24 所示。当输入量 x 由零增至 x_1 以前，输出量 y 为零。当输入量 x 增至 x_2 时，触头动作，即 $y=y_1=1$，x 再增大，y 值保持不变。当 x 减小到 x_1 时，触头复位，即 $y=0$，x 再减小，y 值均为零。

结论：要使触头可靠动作，x 必须大于 x_2。要使触头可靠复位，x 必须小于 x_1。

可见，继电器的输入/输出特性为矩形曲线，称为继电器特性曲线。

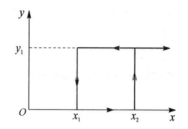

图 1-24　继电器的输入/输出特性

2. 电磁式继电器

电磁式继电器的结构和工作原理与电磁式接触器相似，也是由电磁机构和触点系统组成。

1) 电压继电器

线圈的电压大小控制触点动作的电磁式继电器称作电压继电器。电压继电器分为过电压继电器和欠电压继电器两种，主要用于电路的过电压和欠电压保护。其线圈的匝数多而线径细。使用时电压继电器的线圈并联于被测电路。按线圈电流的种类可分为交流电压继电器和直流电压继电器。

过电压继电器和欠电压继电器最大的不同在于输入/输出特性曲线(继电特性曲线)不同。

对于过电压继电器，当线圈为额定电压时，衔铁不产生吸合动作；只有当线圈电压高于其额定电压的某一值时衔铁才产生吸合动作，用于过电压保护。因为直流电路不会产生波动较大的过电压现象，所以没有直流过电压继电器产品。

对于欠电压继电器，当线圈的承受电压低于其额定电压时，衔铁就产生释放动作。它的特点是释放电压很低，用作低电压保护。

选用电压继电器时，首先要注意线圈电压的种类和电压等级应与控制电路一致。其次，根据在控制电路中的作用(是过电压还是欠电压)选型。最后，要按控制电路的要求挑选触点的类型(是常开还是常闭)和数量。

2) 电流继电器

线圈的电流大小控制触点动作的继电器称作电流继电器。电流继电器分为过电流继电器和欠电流继电器，主要用于电路的过电流和欠电流保护。其线圈的匝数少而线径粗，使用时电流继电器的线圈串联于被测电路。根据线圈的电流种类分为交流电流继电器和直流电流继电器。

过电流继电器和欠电流继电器的输入/输出特性曲线(继电特性曲线)不同。对于过电流继电器，正常工作时，线圈中有负载电流，但不产生吸合动作。当过电流时衔铁才产生吸合带动触点动作。在电力拖动系统中，冲击性的过电流故障时有发生，常采用过电流继电器作为电路的过电流保护。

对于欠电流继电器，正常工作时，由于电路的负载电流大于吸合电流而使衔铁发生吸合动作。当电路的负载电流降低至释放电流时，则衔铁释放。某些负载，如果电流过低或消失会导致严重的后果(如直流电动机的励磁回路断线)，因此往往采用欠电流继电器保护。

选用电流继电器时，首先要注意线圈电压的种类和等级应与负载电路一致。其次，根据对负载的保护作用(是过电流还是低电流)来选用电流继电器的类型。最后，要根据实际情况挑选触点的类型(是常开还是常闭)和数量。

3) 中间继电器

中间继电器其实是电压继电器的一种，在控制电路中起信号传递、放大、切换和逻辑控制等作用。中间继电器也有交流、直流之分。

中间继电器的主要技术参数有额定电压、额定电流、触点对数以及线圈电压种类和规格等。选用时要注意线圈的电压种类和电压等级应与控制电路一致。另外，要根据控制电路的需求来确定触点的形式和数量。当一个中间继电器的触点数量不够用时，也可以将两个中间继电器并联使用，以增加触点的数量。

电磁式继电器实物图片如图 1-25 所示，其图形符号和文字符号如图 1-26 所示。

(a) 电压继电器   (b) 电流继电器   (c) 中间继电器

图 1-25　电磁式继电器的实物照片

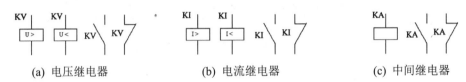

(a) 电压继电器   (b) 电流继电器   (c) 中间继电器

图 1-26　电磁式继电器的图形符号和文字符号

1.2.3　时间继电器

感应部件从得到输入信号(如线圈的通电或断电)开始，经过一定的延时后才输出信号(触点的闭合或断开)的继电器，称作时间继电器。在工业自动化控制系统中，基于时间原则的控制要求非常常见，所以时间继电器是一种最常用的低压控制器件之一。

时间继电器按延时方式分为两种：通电延时型和断电延时型。

通电延时型：接受输入信号(线圈通电)后延迟一定的时间，触点才动作；当输入信号消失(线圈断电)后，触点瞬时复原，即通电延时而断电瞬时(不延时)。

断电延时型：接受输入信号(线圈通电)时，触点瞬时动作；当输入信号消失(线圈断电)后，延迟一定的时间，触点才复原，即通电瞬时(不延时)而断电延时。

时间继电器按工作原理分类，有空气阻尼电磁式(见图 1-27)、电动式、电子式、数字式等。其中空气阻尼电磁式和电动式时间继电器由于体积大、笨拙、延时精度低的缺点，逐渐被市场淘汰。

目前主流的时间继电器基本上是电子式、数字式的。这类时间继电器除执行器件仍为继电器外，其余均由电子元件组成，没有机械部件，因而具有寿命长、精度高、体积小、延时范围大、控制功率小等优点，已得到广泛应用。

电子式时间继电器的品种和类型很多，主要有通电延时型、断电延时型、带瞬动触点的通电延时型等类型。有些电子式时间继电器采用拨码开关设定延时时间，采用显示器件直接显示定时时间和工作状态，具有直观、准确、使用方便等特点。

数字式时间继电器具有延时范围大、调节精度高、功耗小和体积更小的特点，适用于各种需要精确延时的场合以及各种自动控制电路中。这类时间继电器功能特别强，有通电延时、断电延时、定时吸合、循环延时等多种延时形式和多种延时范围供用户选择。

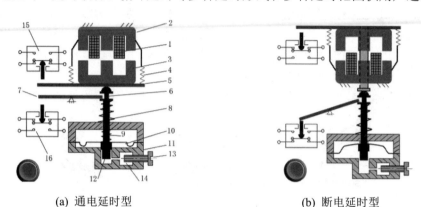

(a) 通电延时型　　　　　　　　　　　(b) 断电延时型

图 1-27　空气阻尼电磁式时间继电器

1—线圈；2—铁芯；3—衔铁；4—反力弹簧；5—推板；6—活塞杆；7—杠杆；8—塔形弹簧；9—弱弹簧；10—橡皮膜；11—空气室壁；12—活塞；13—调节螺杆；14—进气孔；15、16—微动开关

电子式、数字式时间继电器的实物照片如图 1-28 所示，时间继电器的图形符号和文字符号(KT)如图 1-29 所示。

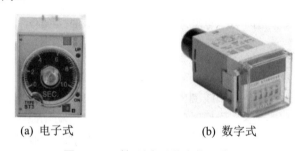

(a) 电子式　　　　　　　　　　(b) 数字式

图 1-28　时间继电器的实物照片

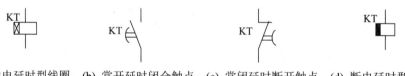

(a) 通电延时型线圈　(b) 常开延时闭合触点　(c) 常闭延时断开触点　(d) 断电延时型线圈

(e) 常开延时断开触点　(f) 常闭延时闭合触点　(g) 常开瞬动触点　(h) 常闭瞬动触点

图 1-29　时间继电器的图形符号和文字符号

1.2.4　速度继电器

速度继电器是根据转动速度大小使触点动作的继电器。常用于转速的检测，在三相交

20

流异步电动机反接制动转速过零时，自动切除反相序电源。

速度继电器主要由转子、定子和触头系统三部分组成。转子是一块永久磁铁，其转轴与被控电动机连接。定子结构与笼型电动机转子的结构相同，由硅钢片叠制而成，并嵌有笼型导条，套在转子外围，且经杠杆机构与触头系统连接，如图 1-30 所示。

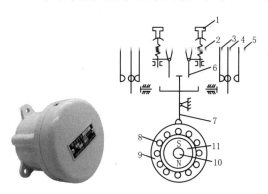

图 1-30 速度继电器实物和示意图

1—螺钉；2—反力弹簧；3—常闭触点；4—动触头；5—常开触点；
6—返回杠杆；7—杠杆；8—定子导体；9—定子；10—转轴；11—转子

当被控电动机旋转时，速度继电器转子随着旋转，永久磁铁形成旋转磁场，定子中的笼型导条切割磁场而产生感应电动势和感应电流，并在磁场作用下产生电磁转矩，使定子随转子旋转方向转动。但由于有返回杠杆挡位，故定子只能随转子转动一定角度。定子的转动经杠杆作用使相应的触头动作，并在杠杆推动触头动作的同时，压缩反力弹簧，其反作用力也阻止定子转动。当被控电动机转速下降时，速度继电器转子的速度也随之下降，于是定子导体内的感应电动势、感应电流、电磁转矩减小。当电磁转矩小于反作用弹簧的反作用力矩时，定子返回到原来的位置，对应触头恢复到原来的状态。

一般感应式速度继电器转轴在 120r/min 左右的转速时触点动作，在 100r/min 以下的转速时触点复位。

速度继电器的图形符号和文字符号(KS)如图 1-31 所示。

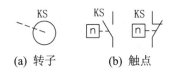

(a) 转子　　　　(b) 触点

图 1-31 速度继电器的图形符号和文字符号

1.2.5 温度继电器、压力继电器和液位继电器

在工业生产和生活中，电气自动控制系统中还经常用到温度继电器、压力继电器和液位继电器，如化工领域、锅炉运行、水处理系统、液压系统等。而且自动化程度越高，这类电器就使用得越多。

1. 温度继电器(ST)

温度继电器是根据外界温度来启闭电气触点的继电器。常用于电机、电器设备及其他行业作温度控制和过热保护。

温度继电器大体上分两种类型,一种是双金属片式温度继电器,另一种是热敏电阻式温度继电器。

双金属片式温度继电器是利用热效应原理工作,就是将两种线膨胀系数不同的金属片以机械辗压方式使之形成一体。膨胀系数大的称为主动片,膨胀系数小的称为被动片。双金属片受热后产生线膨胀,由于两层金属的膨胀系数不同,且两层金属又紧紧地黏合在一起,因此,使得双金属片向被动片一侧弯曲(见图1-32)。由双金属片弯曲产生的机械力便带动触点动作。

热敏电阻式温度继电器的外形同一般晶体管式时间继电器相似,但作为温度感测元件的热敏电阻不装在继电器中,而是装在电动机定子槽内或绕组的端部。这类温度继电器的原理电路图如图1-33所示。热敏电阻是一种半导体器件,根据材料性质分为正温度系数和负温度系数两种。由于正温度系数热敏电阻具有明显的开关特性,且具有电阻温度系数大、体积小、灵敏度高等优点,因此得到广泛应用和迅速发展。

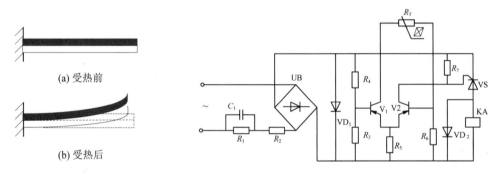

图 1-32　双金属片受热情况　　　　图 1-33　热敏电阻式温度继电器原理电路图

双金属片型温度继电器和其他类型温度控制开关的图形符号和文字符号如图1-34(a)、(b)所示。

(a) 温度继电器(双金属片) (b)温度控制开关　(c) 压力继电器　(d) 液位继电器　(e) 固态继电器

图 1-34　温度继电器、压力继电器、液位继电器和固态继电器的图形符号和文字符号

2. 压力继电器(SP)

压力继电器是利用液体(或气体)的压力来启闭电气触点的液压(或气压)电气转换元件。常用于检测气体和液体压力的变化,实现压力检测与控制。

压力继电器有柱塞式、膜片式、弹簧管式和波纹管式四种结构形式。柱塞式压力继电器(见图1-35)的工作原理是,当从继电器下端进油口进入的液体压力达到调定压力值时,推动柱塞上移,此位移通过杠杆放大后推动微动开关动作。改变弹簧的压缩量,可以调节继电器的动作压力。

压力继电器必须安装在压力有明显变化的地方才能输出电信号。若将压力继电器放在回油路上,由于回油路直接接回油箱,压力没有变化,所以压力继电器也不会工作。

压力继电器的图形符号和文字符号如图 1-34(c)所示。

3. 液位继电器(SL)

液位继电器又称液位开关，就是通过液位来控制线路通断的开关。常用于液位控制或保护电路中。从形式上主要分为接触式和非接触式两种。常用的非接触式开关有电容式液位开关，接触式的浮球式液位开关应用最广泛。电极式液位开关、电子式液位开关、电容式液位开关也可以采用接触式方法实现。

图 1-36 所示为浮球式液位继电器的实物和结构示意图。浮筒置于被测液体中，浮筒的一端有一根磁钢，液体容器外壁装有一对触点，动触点的一端也有一根磁钢，与浮筒一端的磁钢相对应。当锅炉或水柜内的水位降低到极限值时，浮筒下落使磁钢端绕支点 A 上翘。由于磁钢同性相斥的作用，使动触点的磁钢端被斥下落，通过支点 B 使触点 1-1 接通，2-2 断开。反之，水位升高到上限位置时，浮筒上浮使触点 2-2 接通，1-1 断开。显然，液位继电器的安装位置决定了被控的液位。液位继电器价格低廉，主要用于不精确的液位控制场合。液位继电器触点的图形符号和文字符号如图 1-34(d)所示。

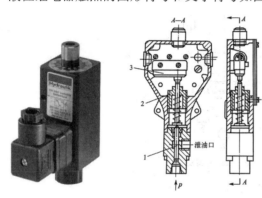

图 1-35　柱塞式压力继电器实物和示意图

1—柱塞；2—调节螺帽；3—微动开关

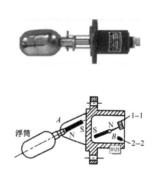

图 1-36　浮球式液位继电器实物和示意图

1.2.6　固态继电器

固态继电器(solid state relay，SSR)是采用固态半导体元件组成的一种新型无触点开关。它利用电子元器件的电、磁和光特性来完成输入与输出的可靠隔离，利用大功率三极管、功率场效应管、单向可控硅和双向可控硅等器件的开关特性，来达到无触点、无火花地接通和断开被控电路。固态继电器的图形符号和文字符号(SSR)如图 1-34(e)所示。

1. 固态继电器的分类

(1) 按切换负载性质分，有直流固态继电器和交流固态继电器。
(2) 按输入与输出之间的隔离分，有光电隔离固态继电器和磁隔离固态继电器。
(3) 按控制触发信号方式分，有过零型和非过零型、有源触发型和无源触发型。

2. 固态继电器的优点和缺点

固态继电器的主要优点有以下几点。

(1) 高寿命，高可靠。因固态继电器是没有机械运动零部件的无触点电器，故其寿命长，可靠性高。

(2) 灵敏度高，控制功率小，可与大多数逻辑集成电路兼容，而无须加缓冲器或驱动器。

(3) 转换速度快，所用时间为几毫秒至几微秒。

(4) 电磁干扰小。

固态继电器没有输入"线圈"，没有触点燃弧和回跳，因而减少了电磁干扰。大多数交流输出固态继电器是一个零电压开关，在零电压处导通，零电流处关断，减少了电流波形的突然中断，从而减少了开关瞬态效应。

尽管固态继电器有众多优点，但与传统的继电器相比，仍有不足之处，如漏电流大、接触电压大、触点单一、使用温度范围窄、过载能力差及价格偏高等。

3. 固态继电器使用注意事项

(1) 固态继电器的选择应根据负载的类型(阻性、感性)来确定，并要采用有效的过压保护装置。

(2) 输出端要采用阻容浪涌吸收回路或非线性压敏电阻吸收瞬变电压。

(3) 过流保护应采用专门保护半导体器件的熔断器或者采用动作时间小于 10ms 的自动开关。

(4) 安装时采用散热器，要求接触良好，且对地绝缘。

(5) 切忌负载侧两端短路，以免固态继电器损坏。

1.3 低压保护电器

低压保护电器主要是对低压控制线路和电气设备进行保护的电器。这类电器的主要技术要求是有一定的通断能力，可靠性要高，反应灵敏。常见的有热继电器、熔断器、断路器、电压继电器、电流继电器等。

1.3.1 热继电器

1. 作用与类型

热继电器是一种利用电流的热效应原理来工作的保护电器，用于电动机的过载保护、断相保护、电流不平衡运行的保护及其他电气设备发热状态的控制。

按极数来分，热继电器有单极、两极和三极式三种类型。按功能来分，三极式热继电器有不带断相保护和带断相保护两种类型，常用于三相交流电动机做过载保护。按热敏感元件和工作原理来分，热继电器有双金属片式、热敏电阻式、易熔合金式等类型。双金属片式热继电器是利用双金属片受热弯曲去推动杠杆使触头动作；热敏电阻式热继电器是利用电阻值随温度变化而变化的特性制成；易熔合金式热继电器是利用过载电流发热使易熔合金熔化而使继电器动作。

2. 结构与原理

如图 1-37 所示，这是双金属片三极式热继电器的实物和结构图。双金属片式热继电器由发热元件、双金属片、触头及动作机构等部分组成。

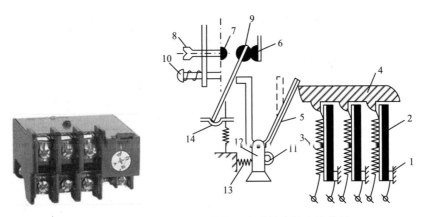

图 1-37　双金属片三极式热继电器的实物和结构图

1—双金属片固定支点；2—双金属片；3—发热元件；4—导板；5—补偿双金属片；6—常闭触点；
7—常开触点；8—复位调节；9—动触点；10—复位按钮；11—调节旋钮；12—支撑件；13—压簧；14—推杆

双金属片是热继电器的感测元件，由两种不同热膨胀系数的金属片经机械碾压而成，受热会发生弯曲。热元件由发热电阻丝做成，串接在电动机的定子绕组中，电动机定子绕组电流即为流过热元件的电流。当电动机正常运行时，热元件产生的热量虽会使双金属片弯曲，但弯曲程度还不足以使继电器动作。当电动机过载时，热元件产生的热量更大，使双金属片弯曲位移增大，经过一定时间后，双金属片弯曲到推动导板，使继电器动作，即常开触点闭合，常闭触点断开。热继电器的常闭触点串联于接触器线圈回路，断开后使接触器线圈失电，接触器的主触点断开电动机的电源以保护电动机。

调节旋钮是一个偏心轮，它与支撑件构成一个杠杆，转动偏心轮，改变它的半径即可改变补偿双金属片与导板的接触距离，因而达到调节整定热继电器动作电流的目的。此外，靠调节复位螺钉来改变常开触点的位置，可使热继电器能工作在手动复位和自动复位两种工作状态。调试手动复位时，在故障排除后要按下按钮，才能使动触点恢复与静触点相接触的位置。

3. 热继电器的图形符号和文字符号(FR)

热继电器的图形符号和文字符号(FR)如图 1-38 所示。

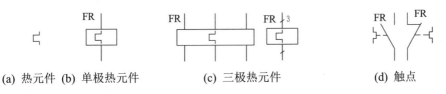

(a) 热元件　(b) 单极热元件　　(c) 三极热元件　　　　　(d) 触点

图 1-38　热继电器的图形符号和文字符号

4. 带断相保护的热继电器及其使用

带断相保护的热继电器是在普通热继电器的基础上增加一个差动机构，对三个电流进行比较。差动式断相保护装置结构原理如图 1-39 所示。热继电器的导板改为差动机构，由上导板、下导板及杠杆组成，它们之间都用转轴连接。图 1-39(a)为通电前机构各部件的位置。图 1-39(b)为正常通电时的位置，此时三相双金属片都受热向左弯曲，但弯曲的程度不够，所以下导板向左移动一小段距离，继电器不动作。图 1-39(c)是三相同时过载的情况，三相双金属片同时向左弯曲，推动下导板向左移动，通过杠杆使常闭触点立即打开。图 1-39(d)是 C 相断线的情况，这时 C 相双金属片逐渐冷却降温，端部向右移动推动上导板向右移动，而另外两相双金属片温度上升，端部向左弯曲，推动下导板继续向左移动。由于上、下导板一左一右移动，产生了差动作用，通过杠杆放大作用，使常闭触点打开。由于差动作用，使热继电器在断相故障时加速动作，实现保护电动机的目的。

因电源本身缺相、一相接线松动或一相熔断器熔断等原因均可造成三相异步电动机缺相故障运行，这是三相异步电动机烧坏的主要原因之一，因此对电动机过载保护的同时还必须要缺相保护。但是，并不是所有的三相异步电动机的缺相保护均需要带缺相保护的热继电器，主要还是要根据电动机绕组连接方式和热继电器的接入方式而定。

如图 1-40(a)所示，热继电器所保护的电动机为 Y 形接法，当线路发生一相断电时，另外两相电流便增大很多。由于线电流等于相电流，流过电动机绕组的电流和流过热继电器的电流增加的比例相同，因此普通的两相或三相热继电器可以对此做出保护。

如图 1-40(b)所示，电动机是△形接法，发生断相时，由于电动机的相电流与线电流不等，流过电动机绕组的电流和流过热继电器的电流增加比例不相同，而热元件又串联在电动机的电源进线中，按电动机的额定电流即线电流来整定，整定值较大。当故障线电流达到额定电流时，在电动机绕组内部，电流较大的那一相绕组的故障电流将超过额定相电流，便有过热烧毁的危险。所以，三角形接法必须采用带断相保护的热继电器。

如图 1-40(c)所示，三相热继电器的热元件分别串联于电动机三相绕组中，然后再接成△形接法，此时流过电动机绕组的电流和流过热继电器的电流相同，因此热继电器按电动机绕组电流整定，这种情况下普通热继电器也可实现断相保护，但是连接比较麻烦。

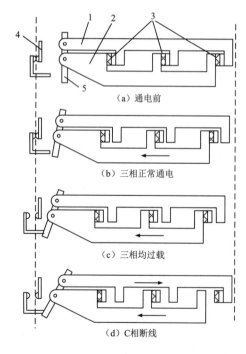

（a）通电前

（b）三相正常通电

（c）三相均过载

（d）C相断线

图 1-39　差动式断相保护热继电器结构原理

1—上导板；2—下导板；3—双金属片；

4—常闭触点；5—杠杆

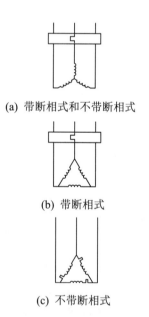

（a）带断相式和不带断相式

（b）带断相式

（c）不带断相式

图 1-40　热继电器与电动机的接入形式

5. 电动机的过载特性与热继电器的保护特性

热继电器用于电动机过载保护，因此在电动机因过载被损坏前热继电器可靠地动作是关键。电动机的过载特性和热继电器的保护特性的配合关系是实现过载保护的保障。

电动机的过载特性是电动机在不超过允许温升的条件下，电动机的过载电流与电动机通电时间的关系。当电动机运行中出现过载电流时，必将引起绕组发热。根据热平衡关系，不难得出在允许温升条件下，电动机通电时间与其过载电流的平方成反比的结论。根据这个结论，可以得知电动机的过载特性具有反时限特性，如图 1-41 所示的曲线 1。

为了适应电动机的过载特性而又起到过载保护作用，要求热继电器也应具有如同电动机过载特性那样的反时限特性。为此，热继电器中必须具有电阻性发热元件，利用过载电流流过电阻发热元件时产生的热效应使感测元件动作，从而带动触点动作来实现保护作用。热继电器中通过的过载电流与其触点动作时间之间的关系，称作热继电器的保护特性，如图 1-41 所示的曲线 2。考虑到各种误差的影响，电动机的过载特性和热继电器的保护特性均为带状曲线。

电动机出现过载时，热继电器的保护特性应在电动机过载特性的邻近下方。这样，如果发生过载，热继电器就会在电动机未达到其允许的过载极限之前动作，切断电动机电源，使之免遭损坏。

6. 热继电器的主要技术参数

热继电器的主要技术参数有额定电压、额定电流、极数、热元件编号以及整定电流调节范围等，如图 1-42 所示。

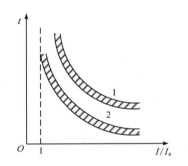

图 1-41　电动机的过载特性与热继电器的保护特性　　图 1-42　热继电器型号含义

1—电动机的过载特性；2—热继电器的保护特性

热继电器的整定电流是指热继电器的热元件允许长期通过又不致引起继电器动作的电流值，对于某一热元件，可通过调节电流旋钮，在一定范围内调节其整定电流。

热继电器在安装方式上有独立安装式、导轨安装式和接插安装式(直接挂接在其配套的接触器上)三种。接插安装式的热继电器和相应的接触器配套使用，使用时直接插入接触器的出线端，方便了电气线路的连接。

7. 热继电器的选用

热继电器选用是否得当，直接影响着对电动机进行过载保护的可靠性。通常选用时应按电动机形式、工作环境、启动情况及负荷情况等几方面综合加以考虑。

(1) 原则上热继电器的额定电流应按电动机的额定电流选择。对于过载能力较差的电动机，其配用的热继电器(主要是发热元件)的额定电流可适当小些。通常，选取热继电器的额定电流(实际上是选取发热元件的额定电流)为电动机额定电流的 60%～80%。

(2) 在不频繁启动的场合，要想保证热继电器在电动机的启动过程中不产生误动作。通常，当电动机启动电流为其额定电流的 6 倍以及启动时间不超过 6s 且很少连续启动时，就可按电动机的额定电流选取热继电器。

(3) 当电动机为重复且短时工作制时，要注意确定热继电器的允许操作频率。因为热继电器的操作频率是很有限的，如果用它保护操作频率较高的电动机，效果很不理想，有时甚至不能使用，必要时可以选用装入电动机内部的温度继电器。

对于可逆运行和频繁通断的电动机，不宜采用热继电器保护。

(4) 对于△形接法电动机，应选用带断相保护装置的热继电器。

1.3.2 熔断器

熔断器是一种当电流超过规定值一定时间后，以它本身产生的热量使熔体熔化而分断电路的电器。它广泛应用于低压配电系统及用电设备中作短路和严重过载保护。

使用时，熔断器串接于被保护的电路中，当电路发生短路故障时，熔断器中的熔体被瞬时熔断而分断电路，起到保护作用。它具有结构简单、体积小、使用和维护方便、分断能力较高、限流性能良好、价格低廉等特点。

1. 结构形式

熔断器一般由熔断管(或座)、熔体、填料及导电部件等部分组成。其中，熔断管一般是由硬质纤维或瓷质绝缘材料制成的封闭或半封闭式管状外壳。熔体装于其内，并有利于熔体熔断时熄灭电弧。熔体是由金属材料制成的，可以是丝状、带状、片状或笼状。除丝状外，其他熔体通常制成变截面结构，目的是改善熔体材料性能及控制不同故障情况下的熔化时间。

熔体材料分为低熔点材料和高熔点材料两大类。目前常用的低熔点材料有锑铅合金、锡铅合金、锌等，高熔点材料有铜、银和铝等。铝比银的熔点低，而比铅、锌的熔点高。铝的电阻率比银、铜的大。铜的熔点最高为 1083℃，而锡的熔点最低为 232℃。对于高分断能力的熔断器通常用铜作主体材料，而用锡及其合金作辅助材料，以提高熔断器的性能。熔体是熔断器的核心部件，它应具备的基本性能是功耗小、限流能力强和分断能力高。填料也是熔断器中的关键材料，目前广泛应用的填料是石英砂。石英砂主要有两个作用，作为灭弧介质和帮助熔体散热，从而有助于提高熔断器的限流能力和分断能力。

熔体串接于被保护电路中，当电路发生短路或过电流时，通过熔体的电流使其发热，当达到熔体金属熔化温度时就会自行熔断。这期间伴随着燃弧和熄弧过程，随之切断故障电路，起到保护作用。因为当电路正常工作时，熔体在额定电流下不应熔断，所以其最小熔化电流必须大于额定电流。最小熔化电流是指当通过熔体的电流等于这个电流值时，熔体能够达到其稳定温度并且熔断。

2. 分类

按结构来划分熔断器有半封闭插入式、螺旋式、无填料密封管式和有填料密封管式。

按用途来划分熔断器有一般工业用熔断器、半导体器件保护用快速熔断器和特殊熔断器(如具有两段保护特性的快慢动作熔断器、自复式熔断器等)。

1) 螺旋式熔断器

螺旋式熔断器系列产品的熔管内装有石英砂或惰性气体，用于熄灭电弧，具有较高的分断能力，并带熔断指示器。当熔体熔断时指示器自动弹出，如图1-43(a)所示。

2) 瓷插式熔断器

瓷插式熔断器主要用于低压分支电路的短路保护，由于其分断能力较小，一般多用于民用和照明电路中，如图1-43(b)所示。

3) 封闭管式熔断器

封闭管式熔断器分为无填料、有填料和快速三种。无填料熔断器在低压电力网和成套配电设备中做短路保护和连续过载保护。其特点是可拆卸，即当熔体熔断后，用户可以按要求自行拆开，重新装入新的熔体。有填料熔断器具有较大的分断能力，用于较大电流的电力输配电系统中，还可以用于熔断器式隔离器、开关熔断器等电器中，如图1-44(a)所示。

4) 自复式熔断器

自复式熔断器是一种新型熔断器。它利用金属钠做熔体，在常温下，钠的电阻很小，允许通过正常的工作电流。当电路发生短路时，短路电流产生高温使钠迅速气化；气态钠电阻变得很高，从而限制了短路电流。当故障消除后，温度下降，金属钠重新固化，恢复其良好的导电性；其优点是能重复使用，不必更换熔体。缺点是它在线路中只能限制故障电流，而不能切断故障电路，如图1-44(b)所示。

5) 快速熔断器

快速熔断器主要用于半导体整流元件或整流装置的短路保护。由于半导体元件的过载能力很低。只能在极短时间内承受较大的过载电流，因此要求短路保护具有快速熔断的能力。快速熔断器的结构和有填料封闭式熔断器基本相同,但熔体材料和形状不同,如图1-44(c)所示。

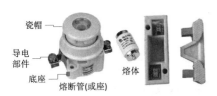

瓷帽
导电部件
底座
熔断管(或座)
熔体

(a) 螺旋式熔断器 (b) 瓷插式熔断器

图 1-43 熔断器的结构

(a) 封闭管式熔断器 (b) 自复式熔断器

(c) 快速熔断器

图 1-44 其他熔断器实物照片

3. 熔断器的保护特性

熔断器的保护特性也称安秒特性，是指熔体的熔化电流与熔化时间之间的关系。它具有反时限特性，如图1-45所示。在保护特性中有一熔体熔断与不熔断的分界线，与此相应的电流就是最小熔化电流 I_r。当熔体通过电流等于或大于 I_r 时，熔体熔断。当熔体通过电流小于 I_r 时，熔体不熔断。根据对熔断器的要求，熔体在额定电流 I_{re} 时绝对不应熔断。

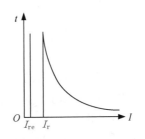

图 1-45 熔断器的保护特性曲线

电气控制与 PLC 应用(微课版)

最小熔化电流 I_r 与熔体额定电流 I_{re} 之比称作熔断器的熔化系数，即 $K_r = I_r / I_{re}$。熔化系数主要取决于熔体的材料、工作温度以及它的结构。当熔体采用低熔点的金属材料(如铅、锡合金及锌等)时，熔化时所需热量小，故熔化系数较小，有利于过载保护。但它们的电阻系数较大，熔体截面积较大，熔断时产生的金属蒸气较多，不利于灭弧，故分断能力较低。当熔体采用高熔点的金属材料(如铝、铜和银等)时，熔化时所需热量大，故熔化系数大，不利于过载保护，而且可能使熔断器过热；然而，它们的电阻系数低，熔体截面积较小，有利于灭弧，故分断能力较高。由此看来，不同熔体材料的熔断器，在电路中起保护作用的侧重点是不同的，即若要使熔断器能保护小过载电流，则熔化系数应低些；为避免电动机启动时的短时过电流，熔体熔化系数应高些。

4. 熔断器的技术参数

1) 额定电压

额定电压是指熔断器长期工作时和分断后能够承受的电压，其值一般等于或大于电气设备的额定电压。

2) 额定电流(I_{ge})

额定电流是指熔断器长期工作时，温升不超过规定值时所能承受的电流。为了减少熔断管的规格，熔断管的额定电流等级比较少，而熔体的额定电流等级比较多，即在一个额定电流等级的熔断管内可以分几个额定电流等级的熔体，但熔体的额定电流最大不能超过熔断管的额定电流。

3) 极限分断能力(I_d)

熔断器在规定的额定电压和功率因数(或时间常数)条件下，能分断的最大电流值为极限分断能力。而在电路中出现的最大电流值一般是指短路电流值。所以，极限分断能力也反映了熔断器分断短路电流的能力。

熔断器的额定电流(I_{ge})、极限分断能力(I_d)、最小熔化电流(I_r)以及熔体额定电流(I_{re})之间的关系是

$$I_d > I_{ge} > I_r > I_{re} \tag{1-13}$$

5. 熔断器的选择

熔断器的选择包括熔断器类型、额定电压、额定电流和熔体额定电流等。

1) 熔断器类型的选择

选择熔断器类型时，主要依据负载的保护特性和短路电流的大小。例如，用于保护照明和电动机的熔断器，一般是考虑它们的过载保护，这时，希望熔断器的熔化系数适当小些。所以，容量较小的照明线路和电动机宜采用熔体为铅锌合金的熔断器(如 RC1A 系列)，而大容量的照明线路和电动机，除过载保护外，还应考虑短路时分断短路电流的能力。若短路电流较小时，可采用熔体为锡质或锌质的熔断器。用于车间低压供电线路的保护熔断器，一般是考虑短路时的分断能力。当短路电流较大时，宜采用具有高分断能力的熔断器。当短路电流相当大时，宜采用有限流作用的熔断器。

2) 熔体额定电流的选择

(1) 用于保护照明或电热设备的熔断器，因负载电流比较稳定，熔体的额定电流一般应等于或稍大于负载的额定电流，即

$$I_{re} \geq I_e \tag{1-14}$$

式中：I_{re} 为熔体的额定电流，I_e 为负载的额定电流。

(2) 用于保护单台长期工作的电动机(即供电支线)的熔断器，考虑电动机启动时不应熔断，即

$$I_{re} \geq (1.5 \sim 2.5)I_e \tag{1-15}$$

式中：I_{re} 为熔体的额定电流，I_e 为电动机的额定电流。轻载启动或启动时间比较短时，系数可取近似值 1.5；重载启动或启动时间比较长时，系数可取近似值 2.5。

(3) 用于保护频繁启动电动机(即供电支线)的熔断器，考虑频繁启动时发热而熔断器也不应熔断，即

$$I_{re} \geq (3 \sim 3.5)I_e \tag{1-16}$$

式中：I_{re} 为熔体的额定电流，I_e 为电动机的额定电流。

(4) 用于保护多台电动机(即供电干线)的熔断器，在出现尖峰电流时不应熔断。通常将其中容量最大的一台电动机启动，而其余电动机正常运行时出现的电流作为其尖峰电流。为此，熔体的额定电流应满足下述关系：

$$I_{re} \geq (1.5 \sim 2.5)I_{emax} + \sum I_e \tag{1-17}$$

式中：I_{emax} 为多台电动机中容量最大的一台电动机的额定电流，$\sum I_e$ 为其余电动机额定电流之和。

(5) 为防止发生越级熔断，上、下级(即供电干线、支线)熔断器间应有良好的协调配合。为此，应使上一级(供电干线)熔断器的熔体额定电流比下一级(供电支线)大 1~2 个级差。

3) 熔断器额定电压的选择

熔断器额定电压的选择应等于或大于所在电路的额定电压。

6. 熔断器的图形和文字符号及型号含义

熔断器的图形和文字符号及型号含义如图 1-46 所示。

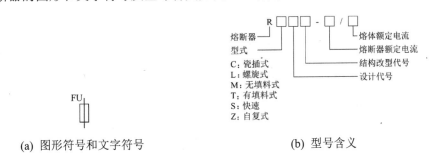

(a) 图形符号和文字符号   (b) 型号含义

图 1-46 熔断器的图、文符号和型号含义

7. 过载与短路、热继电器与熔断器的异同

电气设备的电流保护有两种主要形式：过载延时保护和短路瞬时保护。过载一般是指 10 倍额定电流以下的过电流，而短路则是指超过 10 倍额定电流以上的过电流。过载延时保护和短路瞬时保护有三点不同：一是电流的倍数不同；二是特性不同，过载需要反时限保护特性，而短路则需要瞬时保护特性；三是参数不同，过载要求熔化系数小，发热时间常数大，而短路则要求较大的限流系数、较小的发热时间常数、较高的分断力和较低的过

电压。从工作原理看,过载动作的物理过程主要是熔化过程,而短路则主要是电弧的熄灭过程。

熔断器和热继电器的相同点在于都属于电流保护电器,都具有反时限特性。

熔断器和热继电器的不同点如下。

(1) 熔断器主要用于短路保护,热继电器用于过载保护。

(2) 熔断器利用的是热熔断原理,要求溶体有较高的熔断系数;热继电器利用的是热膨胀原理,要求双金属片有较高的膨胀系数。

(3) 热继电器保护有较大的延迟性,而短路保护要求熔断器的动作必须具有瞬时性。

1.4　低压配电电器

低压配电电器主要用于供电系统电能的输送和分配的电器,也在电力拖动控制系统中广泛使用,用作电源的隔离、电气设备的保护和控制。这类电器的主要技术要求是分断能力强、限流效果好、动稳定及热稳定性能好。这类电器有刀开关、低压断路器、隔离开关等。

1.4.1　刀开关

刀开关又称闸刀开关,是一种手动配电电器,主要作为隔离电源的开关使用,也可以用作不频繁接通和分断电路,如直接控制小容量电动机的场合。刀开关有开启式、封闭式及旋转手柄式等结构形式。

1. 开启式刀开关

开启式刀开关由熔丝、触刀、触点座、操作手柄和底座组成。在使用时进线座接电源端的进线,出线座接负载端导线,靠触刀与触点座的分合来接通和分断电路。刀开关有带熔断器和不带熔断器两种。其实物照片和图形文字符号(QS)如图 1-47 所示。

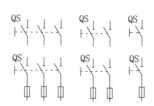

图 1-47　开启式刀开关实物及图形文字符号

2. 封闭式负荷开关

封闭式负荷开关也称铁壳开关,它的灭弧性能、操作性能、通断能力和安全防护性能都优于开启式负荷开关。适用于不频繁接通和分断负载的电路,并能作为线路末端的短路保护,也可用来控制 15kW 以下交流电动机的非频繁直接启动及停止。

封闭式负荷开关主要由刀开关、熔断器和钢板外壳构成。铁壳开关是一种封闭式负荷开关,主要用于多灰尘的场所,适宜小功率电机的启动和分断。它的操作机构装有机械联锁,使盖子打开时手柄不能合闸,或者手柄在合闸的位置上盖子打不开,从而保证了操作的安全;同时,由于操作机构采用了弹簧储能式,加快了开关的通断速度,使电能快速通断，而与手柄的操作速度无关。封闭式负荷开关实物及图形文字符号(QS)如图 1-48 所示。

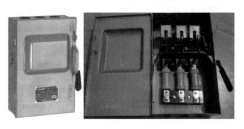

图 1-48　封闭式负荷开关实物及图形文字符号

3. 主要技术参数和选型原则

1) 刀开关的主要技术参数

(1) 额定电压。

(2) 额定电流。

(3) 通断能力：额定电压下接通和分断的最大电流值。

(4) 动稳定电流：在不发生变形、损坏或自动断开的前提下，可以承受的故障短路电流(峰值)。

(5) 热稳定电流：在不发生熔焊前提下，可以承受的故障短路电流(峰值)。

2) 刀开关的选型原则

(1) 刀开关的额定电压应等于或大于线路的额定电压。

(2) 刀开关的额定电流应等于或大于线路的额定电流。

(3) 根据不同的应用场合，选择合适的操作方式。

4. 使用注意事项

(1) 安装时，应垂直安装，合闸时操作手柄向上，不得倒装或平装。

(2) 接线时，电源线接在进线座，负载接在出线座。

(3) 一般情况下，刀开关不带负载操作，若带负载操作，分合闸时动作一定要迅速。

1.4.2　低压断路器

低压断路器俗称自动空气开关(简称空开)，是一种既能手动操作又能自动进行欠压、失压、过载和短路保护的自动开关电器，是低压配电线路和电动机电路中应用非常广泛的一种保护电器。

低压断路器具有操作安全、使用方便、工作可靠、安装简单、动作后(如短路故障排除后)不需要更换元件等优点。因此，它在自动化系统和民用中被广泛使用。在低压配电系统和电力拖动控制线路中，常用它做终端开关或支路开关，所以，现在大部分的使用场合，断路器取代了过去常用的闸刀开关和熔断器的组合。

1. 低压断路器的结构及工作原理

低压断路器主要由触头、灭弧装置、操作机构和各种脱扣器组成。脱扣器包括过电流脱扣器、失压(欠电压)脱扣器、热脱扣器、分励脱扣器和自由脱扣器。图 1-49 所示为低压断路器的实物照片和结构及工作原理示意图。开关是靠操作机构手动或电动合闸的，触头闭合后，自由脱扣器机构将触头锁在合闸位置上。当电路发生故障时，通过各自的脱扣器使自由脱扣机构动作，自动跳闸，实现保护作用。

(a) 低压断路器实物

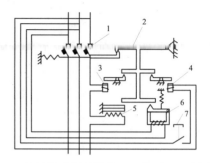

(b) 低压断路器的结构及工作原理示意图

图 1-49　低压断路器的实物和结构及工作原理示意图

1—主触头；2—自由脱扣器；3—过电流脱扣器；4—分励脱扣器；5—热脱扣器；6—失压脱扣器；7—按钮

低压断路器可以通过操作手柄手动合闸和分闸，也可以在故障情况下通过各种脱扣器自动跳闸，有些断路器还可以通过分励脱扣器远距离使其跳闸。

(1) 过电流脱扣器。当流过断路器的电流超过整定值时，过电流脱扣器的吸力克服弹簧的拉力拉动衔铁，使自由脱扣机构动作，断路器跳闸，实现过流、短路保护。

(2) 失压脱扣器。当电源电压为额定电压时，失压脱扣器产生的磁力足以将衔铁吸合，使断路器保持在合闸状态。当电源电压下降到低于整定值或降为零时，在弹簧的作用下衔铁释放，自由脱扣机构动作而切断电源。

(3) 热脱扣器。热脱扣器的作用和工作原理与前面介绍的热继电器相同，即电流过载时，双金属片弯曲使自由脱扣器动作，实现过载保护。

(4) 分励脱扣器。分励脱扣器用于远距离操作。在正常工作时，其线圈是断电的；在需要远程操作时，按下按钮使线圈通电，其电磁机构使自由脱扣机构动作，断路器跳闸。

以上介绍的是自动开关可以实现的功能，但并不是说在每一个自动开关中都全部具有这些功能。比如有的自动开关没有分励脱扣器，有的没有热保护等。但大部分自动开关都具备过电流(短路)保护和失压保护等功能。

低压断路器的图形符号和文字符号如图 1-50 所示。

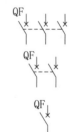

图 1-50　低压断路器图文符号

2. 低压断路器的类型

低压断路器的分类有多种。

按极数分：有单极、两极、三极和四极几种。

按保护形式分：有电磁脱扣器式、热脱扣器式、复合脱扣器式(常用)和无脱扣器式几种。

按分断时间分：有一般式和快速式(先于脱扣机构动作，脱扣时间在 0.02s 以内)两种。

按结构形式分：有塑料外壳式、框架式、模块式几种。

电力拖动与自动控制线路中常用的自动空气开关为塑壳式。塑料外壳式低压断路器又称作装置式低压断路器，具有用模压绝缘材料制成的封闭型外壳，将所有构件组装在一起，用作配电网络的保护和电动机、照明电路及电热器等控制开关。

模块化小型断路器由操作机构、热脱扣器、电磁脱扣器、触头系统、灭弧室等部件组成，所有部件都置于一个绝缘壳中。在结构上具有外形尺寸模块化和安装导轨化的特点。该系列断路器可作为线路和交流电动机等的电源控制开关及过载、短路等保护用，广泛应用于工矿企业、建筑及家庭等场所。

传统的断路器的保护功能是利用了热效应或电磁效应原理，通过机械系统的动作来实现的。智能化断路器的特征是采用了以微处理器或单片机为核心的智能控制器(智能脱扣器)。它不仅具备普通断路器的各种保护功能，同时还具备实时显示电路中的各种电气参数(电流、电压、功率因数等)，对电路进行在线监视、测量、试验、自诊断和通信等功能；还能够对各种保护功能的动作参数进行显示、设定和修改。将电路动作时的故障参数存储在非易失存储器中以便查询。智能化断路器如图 1-51 所示。

智能化断路器有框架式和塑料外壳式两种。框架式智能化断路器主要用于智能化自动配电系统中的主断路器。塑料外壳式智能化断路器主要用在配电网络中分配电能和作为线路及电源设备的控制与保护，也可用作三相笼型异步电动机的控制。

3. 低压断路器的保护特性

低压断路器的保护特性一般分为三段(见图 1-52)，图中 A 为被保护用电设备承受故障电流的能力，随着电流的增大，允许流过电流的时间随之缩短。

图 1-51 智能化断路器

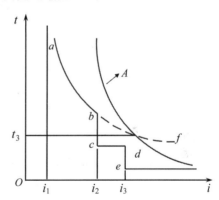

图 1-52 低压断路器的三段式保护特性

1) 第一段过电流保护(过载长延时保护，反时限特性)

低压断路器的过电流保护第一段一般为反时限特性，当通过断路器的电流达到启动电流 i_1 时，保护装置延时启动，其动作时间较长。但当电流超过 i_1 时，电流越大，动作时间越短，但其最短时间也不会少于 t_3，曲线 abf 称为过电流保护的反时限特性，由于其最短时间(图中 t_3)是有限制的，因此也称为有限反时限特性。这一段过电流保护适用于过载保护。

2) 第二段短延时速断保护(短路短延时保护)

过电流保护的第二段是短延时保护，即图 1-52 中 bcd 曲线所示。当电路中的电流达到第二段延时速断保护的启动电流 i_2 时，经过一个很短的延时(例如 0.1～0.4s)立即跳闸。这一段保护适用于发生较小短路电流时动作跳闸。一般这一段保护的动作时间应能调整，如果不能调整则应在订货时间向生产厂家提出具体动作时间，以便合理配备。

3) 第三段瞬动速断保护(短路瞬时保护)

过电流保护的第三段是瞬时动作保护，当短路电流足够大时(图 1-52 中的 i_3)，这一段保护瞬时动作使断路器立即跳闸，其跳闸时间一般只有 0.015～0.06s。

在具体选用低压断路器时，根据用电负荷的特点，可以有三种过电流保护配置方式。

(1) 只有瞬时动作的脱扣器。一般这种脱扣器为电磁式，即只有一种保护。

(2) 具有过载长限时(即反时限特性)和短路短延时，或者过载长延时和短路瞬时动作脱扣器，即具有内段式保护。

(3) 具有过载长延时、短路短延时、特大短路电流瞬时动作的三段式过电流保护。一般在 3～10 倍以上脱扣器额定电流时，延时 0.1～0.4s 跳闸；如果达到 7～20 倍以上额定电流时，则脱扣器瞬时动作跳闸。

4. 低压断路器的主要参数

(1) 额定电压：是指断路器长期工作时的允许电压，通常等于或大于电路的额定电压。

(2) 额定电流：是指断路器长期工作时的允许持续电流。

(3) 通断能力：是指断路器在规定的电压、频率以及规定的线路参数(交流电路为功率因数，直流电路为时间常数)下，所能接通和分断的短路电流值。

(4) 分断时间：是指断路器切断故障电流所需的时间。

5. 低压断路器的选择

(1) 额定电压、电流应等于或大于线路或设备的正常工作电压、电流。

(2) 热脱扣器的整定电流应与所控制的负载电流一致。

(3) 欠压脱扣器的额定电压应等于线路的额定电压。

(4) 过电流脱扣器的额定电流 I_z 应大于或等于线路中的最大负载电流。

对于单台电动机，此额定电流的关系式为

$$I_z \geqslant k I_q \tag{1-18}$$

式中，k 为安全系数，可取 1.5～1.7；I_q 为电动机的启动电流。

对于多台电动机，此额定电流的关系式为

$$I_z \geqslant k I_{qmax} + \sum I_{er} \tag{1-19}$$

式中，k 也可取 1.5～1.7；I_{qmax} 为最大一台电动机的启动电流；$\sum I_{er}$ 为电动机的额定电流之和。

6. 低压断路器使用注意事项

(1) 低压断路器在投入使用之前，按要求整定热脱扣器和过电流脱扣器的动作电流。

(2) 安装时，应把来自电源的母线接到带灭弧侧的端子上，来自电器设备的母线接到另外一侧端子上。

(3) 在正常情况下，每 6 个月应对开关进行一次检修，清除灰尘；电路发生短路故障跳闸后，应立即对触点进行清理，检查触点有无熔焊，清除熔焊的小金属颗粒、粉尘等。

1.5 主 令 电 器

主令电器是自动控制系统中用于发送和转换控制命令的电器。主令电器用于控制电路，不能直接分合主电路。主令电器应用十分广泛，种类较多，本节介绍几种常用的主令电器。

1.5.1　控制按钮、选择开关

控制按钮简称按钮，是一种结构简单且使用广泛的手动电器，在控制电路中用于手动发出控制信号以控制接触器、继电器等。图 1-53(a)所示为控制按钮实物图片。

控制按钮一般由按钮帽、复位弹簧、触点和外壳等部分组成，其结构如图 1-53(d)所示。按钮中触点的形式和数量根据需要可以装配成常开或常闭的形式。接线时，也可以只接常开或常闭触点。当按下按钮时，先断开常闭触点，而后接通常开触点。按钮释放后，在复位弹簧作用下使触点复位。

控制按钮在结构上有按钮式、自锁式、紧急式、钥匙式、旋钮式和保护式等；有些按钮还带有指示灯，可根据使用场合和具体用途来选用。旋钮式和钥匙式的按钮也称作选择开关，有双位选择开关，也有多位选择开关。选择开关和一般按钮的最大区别就是不能自动复位。其中钥匙式的开关具有安全保护功能，没有钥匙的人不能操作该开关，只有把钥匙插入后，旋钮才可被旋转，如图 1-53(b)和图 1-53(c)所示。按钮和选择开关的图形符号和文字符号如图 1-54 所示。

(a) 控制按钮　(b) 选择开关　(c) 钥匙开关　(d) 按钮结构示意图

图 1-53　控制按钮、选择开关的实物照片及结构

1—按钮帽；2—复位弹簧；3—动触头；4—常闭触点的静触头；5—常开触点的静触头

SB｜ SB｜	SA｜	SA｜	SB｜
(a) 控制按钮	(b) 选择开关	(c) 钥匙开关	(d) 蘑菇头按钮(急停按钮)

图 1-54　按钮和选择开关的图形符号和文字符号

控制按钮的主要参数有外观形式、安装孔尺寸、触头数量及触头的电流容量等。

为便于识别各个按钮的作用，避免误操作，通常将按钮帽制成不同颜色，以示区别；其颜色有红、绿、黄、蓝、白等，如红色表示停止按钮，绿色表示启动按钮等，如表 1-4 所示。

表 1-4　控制按钮的颜色及其含义

颜　色	含　义	典型应用
红色	危险情况下的操作	紧急停止
	停止或分断	停止一台或多台电动机，停止一台机器的一部分，使电器元件失电

颜 色	含 义	典型应用
黄色	应急或干预	抑制不正常情况或中断不理想的工作周期
绿色	启动或接通	启动一台或多台电动机,或使电器元件得电
黑色、灰色、白色	无专门指定功能	可用于停止和分断上述以外的任何情况

1.5.2　万能转换开关

万能转换开关是一种多挡式、控制多回路的主令电器。广泛应用于各种配电装置的电源隔离、电路转换、电动机远距离控制等,也常作为电压表、电流表的换相开关,还可用于控制小容量的电动机。

转换开关一般采用组合式结构设计,由操作结构、定位系统、限位系统、接触系统、面板及手柄等组成。接触系统采用双断点桥式结构,并由各自的凸轮控制其通断;定位系统采用棘轮棘爪式结构,不同的棘轮和凸轮可组成不同的定位模式,从而得到不同的开关状态,即手柄在不同的转换角度时,触头的状态是不同的。

图 1-55(a)所示为转换开关的实物照片,转换开关是由多组相同结构的触点组件叠装而成。图 1-55(b)所示为转换开关某一层的结构原理图。触头底座由多层组成,其中每层底座可装多对触头,并由底座中间的凸轮进行控制。由于每层凸轮可做成不同的形状,因此,当手柄转到不同位置时,通过凸轮的作用,可使各对触头按所需要的规律接通和分断。

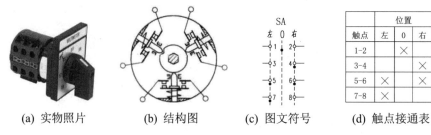

（a）实物照片　　　　（b）结构图　　　（c）图文符号　　（d）触点接通表

图 1-55　万能转换开关的实物照片、结构图、图文符号及触点接通表

转换开关手柄的操作位置是以角度来表示的,不同型号的转换开关,其手柄有不同的操作位置。这可从电气设备手册中万能转换开关的"定位特征表"中查找到。

转换开关的触点在电路图中的图形符号如图 1-55(c)所示。由于其触点的分合状态与操作手柄的位置有关,因此,在电路图中除画出触点圆形符号之外,还应有操作手柄位置与触点分合状态的表示方法。其表示方法有两种,一种是在电路图中画虚线和画"·"的方法,即用虚线表示操作手柄的位置,用有无"·"表示触点的闭合和断开状态。比如,在触点图形符号下方的虚线位置上画"·",则表示当操作手柄处于该位置时,该触点处于闭合状态;若在虚线位置上未画"·",则表示该触点处于断开状态。另一种方法是,在电路图中既不画虚线也不画"·",而是在触点图形符号上标出触点编号,再用接通表表示操作手柄在不同位置时的触点分合状态,如图 1-55(d)所示。在接通表中用有无"×"来表示操作手柄不同位置时触点的闭合和断开状态。转换开关的文字符号用 SA 表示。

转换开关的主要参数有型号、手柄类型、操作图形式、工作电压、触头数量及其电流容量等，使用时请参考产品说明书中的详细说明。

1.5.3　行程开关

行程开关又称作限位开关，是一种利用生产机械运动部件的碰撞来发出控制命令的主令电器，是用于控制生产机械的运动方向、速度、行程大小或位置的一种自动控制器件。

行程开关广泛应用于各类机床、起重机械以及轻工机械的行程控制。当生产机械运动到某一预定位置时，行程开关通过机械可动部分的动作，将机械信号转换为电信号，以实现对生产机械的控制，限制它们的动作和位置，借此对生产机械给以必要的保护。

行程开关按其结构可分为直动式、滚轮式和微动式。其实物照片分别如图 1-56(a)、(b)、(c)所示，行程开关的图形符号和文字符号(SQ)如图 1-56(d)所示。

(a) 直动式　　　(b) 滚轮式　　　(c) 微动式　　　(d) 图形符号和文字符号

图 1-56　行程开关的实物照片及图文符号

直动式行程开关的动作原理与按钮相同。但它的缺点是分合速度取决于生产机械的移动速度；当移动速度低于 0.4m/min 时，触点分断太慢，易受电弧烧损。此时，应采用有盘形弹簧机构瞬时动作的滚轮式行程开关。当生产机械的行程比较小且作用力也很小时，可采用具有瞬时动作和微小行程的微动式行程开关。

1.5.4　接近开关

接近开关又称作无触点行程开关，是一种非接触式的行程开关。它不像机械行程开关那样需要施加机械力，而是当某种物体与之接近到一定距离时，通过其感辨头与被测物体间介质能量的变化来获取信号并发出动作信号。其特点是操作频率高、寿命长，但是测量距离短，抗电磁干扰能力差。

接近开关按工作原理可以分为高频振荡型、电容型、霍耳型等几种类型。

高频振荡型接近开关基于金属触发原理，主要由高频振荡器、集成电路(或晶体管放大电路)和输出电路三部分组成。其基本工作原理是，振荡器的线圈在开关的作用表面产生一个交变磁场，当金属检测体接近此作用表面时，在金属检测体中将产生涡流；由于涡流的去磁作用使感辨头的等效参数发生变化，由此改变振荡回路的谐振阻抗和谐振频率，使振荡停止。振荡器的振荡和停振这两个信号，经整形放大后转换成开关信号输出。其原理框图如图 1-57(b)所示。

电容型接近开关主要由电容式振荡器及电子电路组成。它的电容位于传感器表面，当物体接近时，因改变了其耦合电容值，从而产生振荡和停振使输出信号发生跳变。

霍耳型接近开关由霍耳元件组成，是将磁信号转换为电信号输出，内部的磁敏元件仅对垂直于传感器端面磁场敏感；当磁极 S 正对接近开关时，接近开关的输出产生正跳变，输出为高电平。若磁极 N 正对接近开关时，输出产生负跳变，输出为低电平。

接近开关的实物图片如图 1-57(a)所示，图形符号和文字符号如图 1-57(c)所示。

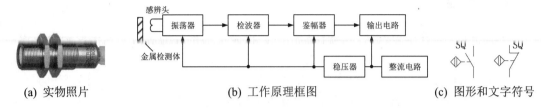

图 1-57　接近开关的实物照片、工作原理框图及图文符号

接近开关的工作电压有交流和直流两种；输出形式有两线、三线和四线三种；晶体管输出类型有 NPN、PNP 两种；外形有方形、圆形、槽形和分离型等多种。接近开关的主要参数有动作行程、工作电压、动作频率、响应时间、输出形式以及触点电流容量等。

1.5.5　光电开关

光电开关是光电式接近开关的简称，也是一种非接触式、无触点开关。光电开关除克服了接触式行程开关存在的诸多不足外，还克服了接近开关的作用距离短、不能直接检测非金属材料等缺点。它具有体积小、功能多、寿命长、精度高、响应速度快、检测距离远以及抗电磁干扰能力强等优点。目前，光电开关已被用作物位检测、液位控制、产品计数、宽度判别、速度检测、定长剪切、孔洞识别、信号延时、自动门传感、色标检出以及安全防护等诸多领域。

光电开关按检测方式可分为反射式、对射式和镜面反射式三种类型。图 1-58(c)所示为反射式光电开关的工作原理框图。图中，由振荡回路产生的调制脉冲经反射电路后，由发光管 PG 辐射出光脉冲。当被测物体进入受光器作用范围时，被反射回来的光脉冲进入光敏三极管；并在接收电路中将光脉冲解调为电脉冲信号，再经放大器放大和同步选通整形，然后用数字积分或阻容积分方式排除干扰，最后经延时(或不延时)触发驱动输出光电开关控制信号。光电开关的实物照片如图 1-58(a)所示，图形符号和文字符号如图 1-58(b)所示。

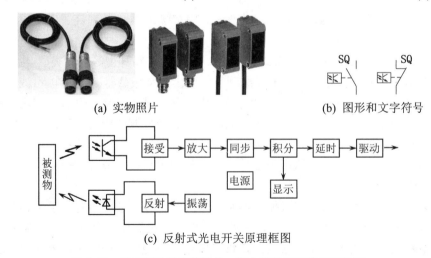

(a) 实物照片　　　　(b) 图形和文字符号

(c) 反射式光电开关原理框图

图 1-58　光电开关的实物照片、图文符号和工作原理框图

1.6 信 号 电 器

信号电器主要用来对电气控制系统中的某些信号的状态、报警信息等进行指示。典型产品主要有指示灯、电铃和蜂鸣器等。

指示灯在各类电器设备及电气线路中做电源指示及指挥信号、预告信号，运行信号、故障信号及其他信号的指示。指示灯主要由壳体、发光体，灯罩等组成。指示灯外形结构多种多样，发光体主要有白炽灯、氖灯和半导体型三种。发光颜色有黄、绿、红、白、蓝等多种，使用时按国标规定的用途选用，如表 1-5 所示。指示灯的主要参数有安装孔尺寸、工作电压及颜色等。指示灯的图形符号和文字符号以及实物照片如图 1-59(a)所示。

表 1-5 指示灯的颜色及其含义

颜 色	含 义	解 释	典型应用
红色	异常或警报	对可能出现危险和需要立即处理的情况进行报警	参数超过规定限制，切断被保护电器，电源指示
黄色	警告	状态改变或变量接近其极限值	参数偏离正常值
绿色	准备、安全	安全运行条件指示或机械准备启动	设备正常运转
蓝色	特殊指示	上述几种颜色未包括的任意一种功能	

电铃和蜂鸣器都属于声响类的指示器件。在警报发生时，不仅需要指示灯指示出具体的故障点，还需要声响器件报警，以便告知在现场的所有操作人员。蜂鸣器一般用在控制设备上，而电铃主要用在较大场合的报警系统。电铃和蜂鸣器的图形符号和文字符号以及实物图片如图 1-59(b)和(c)所示。

(a) 指示灯   (b) 电铃   (c) 蜂鸣器

图 1-59 信号电器的实物照片及图文符号

1.7 执 行 电 器

能够完成某种动作或传动功能的电器称作执行电器。电动机是用得最多的执行电器，除此之外，常用的执行电器还有电磁铁、电磁阀、电磁离合器等。执行电器是电控系统的被控对象，是必不可少的一类电器。

1.7.1 电动机

电动机(motor)是把电能转换成机械能的一种设备，是最常见的执行电器。

1. 电动机的分类

电动机的种类很多，从不同角度分类如下。

(1) 按工作电源：电动机可分为直流电动机和交流电动机两种。

直流电动机按结构及工作原理可分为无刷直流电动机和有刷直流电动机。有刷直流电动机可分为永磁直流电动机和电磁直流电动机。电磁直流电动机可分为串励直流电动机、并励直流电动机、他励直流电动机和复励直流电动机。

交流电动机可分为单相电机和三相电机。

(2) 按结构及工作原理：电动机可分为直流电动机、异步电动机和同步电动机。同步电动机还可分为永磁同步电动机、磁阻同步电动机和磁滞同步电动机。异步电动机可分为感应电动机和交流换向器电动机。感应电动机又分为三相异步电动机、单相异步电动机和罩极异步电动机等。交流换向器电动机又分为单相串励电动机、交直流两用电动机和推斥电动机。

(3) 按启动与运行方式：电动机可分为电容启动式单相异步电动机、电容运转式单相异步电动机、电容启动运转式单相异步电动机和分相式单相异步电动机。

(4) 按用途：电动机可分为驱动用电动机和控制用电动机。驱动用电动机又分为电动工具(包括钻孔、抛光等工具)用电动机、家电(包括洗衣机、电风扇等)用电动机及其他通用小型机械设备(包括各种小型机床、小型机械、医疗器械、电子仪器等)用电动机。

控制用电动机又分为步进电动机和伺服电动机等。

(5) 按转子的结构：电动机可分为笼型感应电动机和绕线转子感应电动机。

(6) 按运转速度：电动机可分为高速电动机、低速电动机、恒速电动机和调速电动机。

常用电动机的实物照片如图 1-60 所示。

(a) 感应电动机　　(b) 伺服电机　　(c) 步进电机　　(d) 直线电机

图 1-60　常用电动机的实物照片

各种电动机中应用最广泛的是交流异步电动机(又称感应电动机)。其使用方便、运行可靠、价格低廉、结构牢固，但功率因数较低，调速也较困难。大容量低转速的动力机常用同步电动机。同步电动机不但功率因数高，而且其转速与负载大小无关，只决定于电网频率，工作较稳定。在要求宽范围调速的场合多用直流电动机。但它有换向器，结构复杂，价格昂贵，维护困难，不适用于恶劣环境。20 世纪 70 年代以后，随着电力电子技术的发展，交流电动机的调速技术渐趋成熟，设备价格日益降低，已开始得到应用。

在精确定位场合，如数控机床和机器人等常用伺服电机和步进电机作为执行电器。伺服电机和步进电机主要靠脉冲来定位，即电机接收到 1 个脉冲，就会旋转 1 个脉冲对应的角度，从而实现精确的定位，精度可以达到 0.001mm。

直线电机是一种将电能直接转换成直线运动的机械能，而不需要任何中间转换机构的传动装置。它可以看成是一台旋转电机按径向剖开，并展成平面而成。最常用的直线电机类型是平板式、U 形槽式和管式。线圈的典型组成是三相，由霍尔元件实现无刷换相。

2. 电动机的图形符号和文字符号

电动机的一般符号如表 1-6 所示，图形符号⊗内的"☆"号用表中的文字符号字母替换。常用电动机的图形符号和文字符号如图 1-61 所示。

表 1-6　电动机的一般符号

图形符号	文字符号	说　明	备　注
	C	旋转变流机	电机一般符号：图形符号内的"☆"号用文字符号字母替换
	G	发电机	
	GS	同步发电机	
	M	电动机	
	MG	能作为发电机或电动机使用的电机	
	MS	同步电动机	
	SM	伺服电机	
	TG	测速发电机	
	TM	力矩电动机	
	IS	感应同步器	

(a) 直流串励电动机

(b) 直流并励电动机

(c) 单相感应电动机(有分相绕组引出端)

(d) 三相笼型感应电动机

(e) 三相绕线式转子感应电动机

(f) 三相永磁同步交流电动机

(g) 步进电机

图 1-61　常用电动机的图形符号和文字符号

1.7.2　电磁执行电器

电磁执行电器都是基于电磁机构的工作原理进行工作的。

1. 电磁铁

电磁铁主要由励磁线圈、铁芯和衔铁三部分组成。当励磁线圈通电后便产生磁场和电磁力，衔铁被吸合，把电能转换为机械能，带动机械装置完成一定的动作。

根据励磁电流的不同，电磁铁分为直流电磁铁和交流电磁铁。电磁铁的主要技术参数有额定行程、额定吸力、额定电压等。选用电磁铁时应考虑这些技术参数，即额定行程应满足实际所需机械行程的要求；额定吸力必须大于机械装置所需的启动吸力。

电磁铁的实物图片及图形符号和文字符号如图 1-62(a)所示。

2. 电磁阀

电磁阀(electromagnetic valve)是用电磁控制的工业设备，是用来控制流体的自动化基础元件，属于执行器，常用于液压、气动、流体控制系统。用在工业控制系统中调整介质的方向、流量、速度和其他参数。电磁阀可以配合不同的电路来实现预期的控制，而控制的精度和灵活性都能够保证。电磁阀有很多种，不同的电磁阀在控制系统的不同位置发挥作用，最常用的是单向阀、安全阀、方向控制阀、速度调节阀等。

电磁阀的实物图片及图形符号和文字符号如图 1-62(b)所示。

3. 电磁制动器

电磁制动器的作用就是快速使旋转的运动停止，即电磁刹车或电磁抱闸。电磁制动器有盘式制动器和块式制动器，一般都由制动器、电磁铁、摩擦片或闸瓦等组成。这些制动器都是利用电磁力把高速旋转的轴抱死，实现快速停车。其特点是制动力矩大、反应速度极快、安装简单、价格低廉；但容易使旋转的设备损坏。所以一般在扭矩不大、制动不频繁的场合使用。

电磁制动器的实物图片及图形符号和文字符号如图 1-62(c)所示。

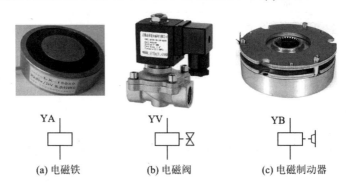

(a) 电磁铁   (b) 电磁阀   (c) 电磁制动器

图 1-62　电磁执行电器的实物照片及图形符号和文字符号

1.8　常用传感器

电气自动化控制系统中往往需要"感知"被控对象的工艺变量，如位移、压力、速度、流量、温度等，并将之反馈到控制系统中进行判断、处理，然后控制执行器完成一定的操作功能。这些"感知"装置的输出形式一般有两种，一是开关量输出，如前面介绍过的速度、温度、压力、液位等继电器，这类信号继电器是以触点的形式(或无触点)表达参数的变化，只有"1"(触点动作)和"0"(触点不动作)两种状态。二是模拟量输出，即连续变化的物理量，这种信号输出形式对于精确控制、连续性控制、过程控制场合非常重要。总之，能够对连续变化的物理量"感知"、显示和输出为标准模拟量信号的电器称为传感器。

传感器是一种将特定的被测量信息按一定规律转换成某种可用输出信号的器件，其基本原理是根据物理学的各种定律和效应、化学原理和固体物理学等理论，将被测量信息转变为电信号或其他所需形式的信息输出，以满足信息的传输、处理、存储、显示、记录和控制等要求。

如图 1-63 所示为传感器组成框图。其实，从功能的角度上，能够输出标准的电压或电流信号的检测装置由传感器和变送器两部分组成。其中传感器包括敏感元件、转换元件等，承担着"感知"、转换的功能；变送器包括变换电路、调零和零点迁移电路、显示、电源等部分，承担着从非标准电信号到标准电信号的变换、输送的功能。但是，目前很多厂家生产的测量产品将传感器和变送器两部分合为一体了，对这种传感器和变送器做成一体式的产品通常统称为传感器或测量仪表。

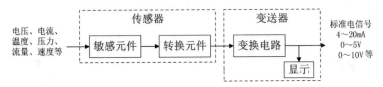

图 1-63　传感器的组成框图

1. 敏感元件和转换元件

敏感元件直接感受被测量，并输出与被测量有确定关系的物理信号，主要有热敏、光敏、气敏、力敏、磁敏、湿敏、声敏、放射线敏感、色敏和味敏等元件。转换元件将敏感元件输出的物理信号转换成电信号。

2. 变送器(变换电路)

变换电路负责对转换元件输出的电信号进行放大调制。转换元件和变换电路一般还需要辅助电源供电。变送器则把传感器的输出信号变换成控制器或控制系统能够使用的统一标准的电压或电流信号。变送器基于负反馈原理设计，它包括测量部分、放大器和反馈部分，其构成原理如图 1-64(a)所示。

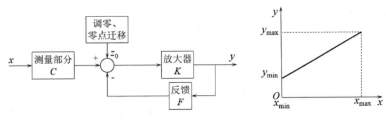

(a) 变送器的组成原理图　　　　(b) 变送器的输入/输出特性

图 1-64　变送器的组成原理图和输入/输出特性

测量部分用以检测被测变量 x 并将其转换成能被放大器接收的输入信号 z_i(电压、电流等信号)。反馈部分则把变送器的输出信号 y 转换成反馈信号 z_f 再回送到输入端。输入 z_i 与调零信号 z_0 的代数和与反馈信号 z_f 进行比较，其差值送入放大器进行放大，并转换成标准输出信号 y。变送器输出与输入之间的关系为

$$y = \frac{K}{1 + KF}(C \cdot x + z_0) \tag{1-20}$$

式中：K 为放大器的放大系数；F 为反馈部分的反馈系数；C 为传感器的转换系数。

从式(1-20)中可以看出，在满足深度负反馈 $KF \gg 1$ 的条件下，变送器输出与输入之间的关系取决于测量部分和反馈部分的特性，而与放大器的特性几乎无关。如转换系数 C 和反馈系数 F 为常数，则变送器的输出与输入之间将保持良好的线性关系，如图 1-64(b)所示。x_{max} 和 x_{min} 分别为被测变量的上限值和下限值，y_{max} 和 y_{min} 分别为输出信号的上限值和下限值。它们与统一标准信号的上限值和下限值相对应。

3. 传感器的种类

常见的传感器有以下几种。

(1) 电阻式传感器：是指把位移、形变、力、加速度、湿度、温度等这些非电物理量转换成电阻值变化的传感器。主要有电阻应变式、压阻式、热电阻、热敏、气敏、湿敏等电阻式传感器件。

(2) 光学传感器：利用光学(如激光)技术进行测量的传感器。它由发光器、光检测器和测量电路组成。光学传感器是新型测量仪表，它的优点是能实现无接触远距离测量、速度快、精度高、量程大、抗干扰能力强等。

(3) 霍尔传感器：是根据霍尔效应制作的一种磁场传感器，广泛地应用于工业自动化技术、检测技术及信息处理等方面。霍尔效应是研究半导体材料性能的基本方法。通过霍尔效应实验测定的霍尔系数，能够判断半导体材料的导电类型、载流子浓度及载流子迁移率等重要参数。

(4) 生物传感器：待测物质经扩散作用进入生物活性材料，经分子识别，发生生物学反应，产生的信息继而被相应的物理或化学换能器转变成可定量和可处理的电信号，再经二次仪表放大并输出，便可知道待测物浓度。按感受的生命物质可分为微生物传感器、免疫传感器、组织传感器、细胞传感器、酶传感器、DNA 传感器等。按敏感器件检测的原理可分为热敏生物传感器、场效应管生物传感器、压电生物传感器、光学生物传感器、声波道生物传感器、酶电极生物传感器、介体生物传感器等。

(5) 视觉传感器：具有从一整幅图像捕获光线的数以千计像素的能力。图像的清晰和细腻程度通常用分辨率来衡量，以像素数量表示。在捕获图像之后，视觉传感器将其与内存中存储的基准图像进行比较，以做出分析。

4. 传感器的主要参数

表征传感器静态特性的主要参数如下。

(1) 线性度：指传感器输出量与输入量之间的实际关系曲线偏离拟合直线的程度。定义为在全量程范围内实际特性曲线与拟合直线之间的最大偏差值与满量程输出值之比。

(2) 灵敏度：输出量的增量与引起该增量的相应输入量增量之比，用 S 表示灵敏度。

(3) 迟滞：在输入量由小到大(正行程)及输入量由大到小(反行程)变化期间其输入输出特性曲线不重合的现象称为迟滞。对于同一大小的输入信号，传感器的正反行程输出信号大小不相等，这个差值称为迟滞差值。

(4) 重复性：指传感器在输入量按同一方向做全量程连续多次变化时，所得特性曲线不一致的程度。

(5) 漂移：指在输入量不变的情况下，传感器输出量随着时间变化，此现象称为漂移。产生漂移的原因有两个方面：一是传感器自身结构参数；二是周围环境(如温度、湿度等)。

(6) 分辨力：当传感器的输入从非零值缓慢增加时，在超过某一增量后输出发生可观测的变化，这个输入增量称为传感器的分辨力，即最小输入增量。

(7) 阈值：当传感器的输入从零值开始缓慢增加时，在达到某一值后输出发生可观测的变化，这个输入值称为传感器的阈值电压。

5. 传感器的选型原则

(1) 种类选择：要进行一个具体的测量工作，首先要考虑采用何种原理的传感器，这需要分析多方面的因素之后才能确定。因为，即使是测量同一物理量，也有多种原理的传感器可供选用，哪一种原理的传感器更为合适，则需要根据被测量的特点和传感器的使用条件考虑以下具体问题：量程的大小；被测位置对传感器体积的要求；测量方式为接触式还是非接触式；信号的引出方法，有线还是非接触测量；传感器的来源，用国产的还是进口的，价格能否承受。

(2) 灵敏度的选择：通常，在传感器的线性范围内，希望传感器的灵敏度越高越好。因为只有灵敏度高时，与被测量变化对应的输出信号的值才比较大，有利于信号处理。但要注意的是，传感器的灵敏度高，与被测量无关的外界噪声也容易混入，也会被放大系统放大，影响测量精度。因此，要求传感器本身应具有较高的信噪比，尽量减少从外界引入的干扰信号。

(3) 频率响应特性：传感器的频率响应特性决定了被测量的频率范围，必须在允许频率范围内保持不失真。实际上传感器的响应总有一定延迟，希望延迟时间越短越好。传感器的频率响应越高，可测的信号频率范围就越宽。

(4) 线性范围和量程：指输出与输入成正比的范围。从理论上讲，在此范围内，灵敏度保持定值。传感器的线性范围越宽，其量程越大，并且能保证一定的测量精度。在选择传感器时，当传感器的种类确定以后首先要看其量程是否满足要求。

(5) 稳定性：传感器使用一段时间后，其性能保持不变的能力称为稳定性。影响传感器长期稳定性的因素除传感器本身结构外，主要是传感器的使用环境。因此，要使传感器具有良好的稳定性，传感器必须要有较强的环境适应能力。

(6) 精度：精度是传感器的一个重要的性能指标，它是关系到整个测量系统测量精度的一个重要环节。传感器的精度越高，其价格越昂贵，因此，传感器的精度只要满足整个测量系统的精度要求就可以，不必选得过高。这样就可以在满足同一测量目的的诸多传感器中选择比较便宜和简单的传感器。如果测量目的是定性分析的，选用重复精度高的传感器即可，不宜选用绝对量值精度高的；如果是为了定量分析，必须获得精确的测量值，就需选用精度等级能满足要求的传感器。

6. 变送器的输出信号类型

变送器按输出信号类型可分为电流输出型和电压输出型两种。

电压输出型变送器具有恒压源的性质，PLC 模拟量输入模块的电压输入端的输入阻抗很高，如果传输距离较远，微小的干扰信号电流在模块的输入阻抗上将产生较高的干扰电压，所以远程传送的模拟电压信号的抗干扰能力较差。但适合于将同一信号送到并联的多个仪表上，且安装简单，拆装其中某个仪表不会影响其他仪表的工作，对输出级的耐压要求降低，从而提高了仪表的可靠性。电压信号的范围为 1～5V、0～10V、-10～+10V，首选为 1～5V、0～10V。

电流输出型变送器具有恒流源的性质，恒流源的内阻很大。PLC 模拟量输入模块的输入为电流时，输入阻抗较低，线路上的干扰信号在模块上产生的干扰电压很低，所以模拟量电流信号适用于远程传输，在使用屏蔽电缆信号线时可达数百米。电流信号的标准范围为 0～10mA、0～20mA、4～20mA，首选为 4～20mA。

电流信号传输与电压信号传输各有特点。电流信号适合于远距离传输，电压信号使仪表可采用"并联制"连接。因此在控制系统中，进出控制室的传输信号采用电流信号，控制室内部各仪表间的联络采用电压信号，即连线的方式是电流传输、并联接收电压信号的方式。

变送器分为二线制和四线制两种。四线制变送器有两根电源线和两根信号线。二线制变送器只有两根外部接线，它们既是电源线又是信号线，电流信号的下限不能为零，但二线制变送器的接线少，传送距离长，在工业中应用更为广泛。

7. 传感器的表示符号

传感器的一般符号由三角形和正方形构成，如图 1-65 所示。三角形轮廓符号表示敏感元件；正方形轮廓符号表示转换元件。传感器一般符号的三角形内应写进表示被测量的限定字母(替代 x)，正方形内应写进表示转换原理的限定符号(替代*)，用以表示传感器的功能。传感器的电气引线，应根据接线图设计需要，从正方形三个边线垂直引出。表 1-7 所示为传感器一般符号限定字母和符号说明。

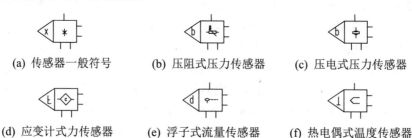

(a) 传感器一般符号　　(b) 压阻式压力传感器　　(c) 压电式压力传感器

(d) 应变计式力传感器　　(e) 浮子式流量传感器　　(f) 热电偶式温度传感器

图 1-65　传感器表示符号

表 1-7　传感器一般符号限定字母和符号说明

图形符号	被测量的限定字母(x)	说　明	转换原理的限定符号(*)	说　明
	p	压力		电阻式
	pd	压差		电容式
	F	力		电位器式
	M	力矩		压阻式
	W	重量		压电式
	ω	角速度		热电偶式
	n	转速		电感式
	α	加速度		浮子式
	q	流量		光伏式
	d	位移		热电阻式
	L	物位		光敏电阻式
	T	温度		应变计式

习题及思考题

1-1　试述电磁式电器的工作原理。

1-2　简述电弧产生的机理、灭弧的方法和原理。

1-3 如何区分常开触点与常闭触点？当电磁式电器的线圈通电或断电时，常开触点与常闭触点是如何动作的？

1-4 简述接触器的用途、结构组成、工作原理。

1-5 接触器的线圈可以串联使用吗？为什么？

1-6 交流电磁机构的接触器吸合前，为什么在线圈中会产生很大的电流冲击？直流电磁机构会不会产生这种现象？为什么？

1-7 简述直流与交流电磁机构的吸力特性及配合关系。

1-8 简述交流电磁机构的铁芯上安装短路环的作用。

1-9 线圈电压为直流 220V 的接触器，误接入 220V 的交流电源会发生什么问题？为什么？

1-10 接触器和中间继电器的区别是什么？

1-11 低压断路器在电路中的作用是什么？一般有哪些脱扣器，其作用分别是什么？

1-12 按钮、行程开关、转换开关及主令控制器在电路中各起什么作用？

1-13 熔断器的额定电流、熔体的额定电流有何区别？如何选择？

1-14 简述热继电器的工作原理、选型依据。Y 形接法和 Δ 形接法的电动机对热继电器的要求有什么不同？

1-15 有时在电动机的主电路中装有熔断器，为什么还要装热继电器？

1-16 两台电动机不同时启动，一台电动机的额定电流为 12A，另一台为 6A，试选型所用的低压断路器(或刀开关，熔断器)、接触器、热继电器。

1-17 简述时间继电器的工作原理，绘制时间继电器的图文符号。

微课视频

扫一扫，获取本章相关微课视频。

1.1.1 电器的定义、分类和常用低压电器　　1.1.2 电磁式低压电器的结构　　1.1.3 电磁式低压电器的工作原理　　1.2.1 接触器

1.2.2 继电器的定义、分类，电磁式继电器　　1.2.3 时间继电器　　1.2.6 速度继电器和固态继电器　　1.3.1 热继电器

1.3.2 熔断器　　1.4 刀开关、低压断路器　　1.5 主令电器

第2章　电气控制线路基础

在电气设备和生产机械中，大多以各类电动机或其他执行电器为被控对象。为实现对被控对象的自动控制或某种特定控制要求，用导线把继电器、接触器、按钮、行程开关、保护元件、电机等器件连接起来的线路，通常称作电气控制线路，以满足生产工艺的要求和实现生产过程自动化。

本章以电动机为被控对象，以电气原理图的形式讲述最典型的电气控制线路，主要包括如下三部分内容：一是生产工艺和生产过程中使用最多的典型线路的电气原理图、工作原理、分析和设计方法。二是介绍广泛应用的三相鼠笼式异步电动机运行的三个阶段(启动、调速、制动)的工作原理、控制分类、基本控制线路以及分析、设计方法。并从应用的角度介绍主流的、新型的电机装置软启动器和变频器的使用。三是通过实际案例的形式总结、归纳电气控制线路的分析方法和设计方法。

2.1　电气图纸及绘制原则

图纸是工程的国际通用语言，电气图纸是电气控制工程的通用语言。为了表达生产机械电气控制系统的结构、原理等设计意图，便于电气系统的安装、调试、使用和维修，将电气控制系统中各电器元件及其连接线路用一定的图形表达出来，这就是电气图纸。

电气图纸一般有三种：电气原理图、电器布置图和电气安装接线图。电气原理图表达电气系统的工作原理，是最重要的图纸，也是其他图纸的基础。电器布置图、电气安装接线图为工艺图纸。电气图纸是根据国家标准，用规定的图形符号和文字符号及规定画法绘制的图纸。

2.1.1　电气制图相关国标

电气原理图中电气元件的图形符号和文字符号必须符合国家标准规定。我国在参照国际电工委员会(IEC)和国际标准化组织(ISO)所颁布标准的基础上制定了 GB/T 4728《电气简图用图形符号》、GB/T 6988《电气技术用文件的编制》等电气制图相关的国家标准。

本书附录 B 列出了部分常用的图形符号。

1. 电气制图相关的国家标准

电气制图及电气图形、文字符号的国家标准主要包括以下四个方面。
- 电气技术用文件的编制。
- 电气简图用图形符号。
- 电气设备用图形符号。
- 与电气制图有关的其他相关国家标准。

1) 电气制图国家标准 GB/T 6988：《电气技术用文件的编制》
电气制图国家标准 GB/T 6988 等同或等效采用国际电工委员会 IEC 有关的标准。这个国家标准的发布和实施使我国在电气制图领域的工程语言及规则得到统一，并使我国与国际上通用的电气制图领域的工程语言和规则协调一致。

GB/T 6988《电气技术用文件的编制》旧的版本有 6 个部分，现行版本有如下两个部分。

GB/T 6988.1—2008　第 1 部分：规则。

GB/T 6988.5—2006　第 5 部分：索引。

有关以上电气制图国家标准的详细资料可参见中国标准出版社出版的《电气制图国家标准汇编》一书。

2) 《电气简图用图形符号》国家标准 GB/T 4728

GB/T 4728《电气简图用图形符号》国家标准共有 13 项，现行版本发布于 2018～2022 年，是 GB 4728《电气图用图形符号》的修订版，属于国家推荐标准。这 13 个国家标准都是等同采用最新版本的国际电工委员会 IEC617 系列标准修订后的新版国家标准。

GB/T 4728《电气简图用图形符号》国家标准由以下 13 部分组成。

GB/T 4728.1—2018　第 1 部分：一般要求。

GB/T 4728.2—2018　第 2 部分：符号要素、限定符号和其他常用符号。

GB/T 4728.3—2018　第 3 部分：导体和连接件。

GB/T 4728.4—2018　第 4 部分：基本无源元件。

GB/T 4728.5—2018　第 5 部分：半导体管和电子管。

GB/T 4728.6—2022　第 6 部分：电能的发生与转换。

GB/T 4728.7—2022　第 7 部分：开关、控制和保护器件。

GB/T 4728.8—2022　第 8 部分：测量仪表、灯和信号器件。

GB/T 4728.9—2022　第 9 部分：电信：交换和外围设备。

GB/T 4728.10—2022　第 10 部分：电信：传输。

GB/T 4728.11—2022　第 11 部分：建筑安装平面布置图。

GB/T 4728.12—2022　第 12 部分：二进制逻辑元件。

GB/T 4728.13—2022　第 13 部分：模拟元件。

有关以上电气简图用图形符号国家标准的详细资料可参见中国标准出版社出版的《电气简图用图形符号国家标准汇编》一书。

3) 《电气设备用图形符号》国家标准 GB/T 5465

《电气设备用图形符号》是指用在电气设备上或与其相关的部位上，用以说明该设备或部位的用处和作用的标志。GB/T 5465 由以下两部分组成。

GB/T 5465.1—2009　第 1 部分：概述与分类。

GB/T 5465.2—2008　第 2 部分：图形符号。

4) 与电气制图有关的相关国家标准

电气制图中除了电器的图形和文字符号、导线等要素外，还有图纸标题栏、明细栏、图纸幅面、字体等绘图要素，同样也有对应的国家标准，主要有下面的 10 项。但在电气制图及其图形符号的国家标准中所引用的国家标准和国际标准还有很多，可以参见相关的标准，这里不一一列举。

GB/T 4026—2019《人机界面标志标识的基本和安全规则　设备端子、导体终端和导体的标识》。

GB/T 4884—1985《绝缘导线的标记》。

GB/T 5094—2018《工业系统、装置与设备以及工业产品 结构原则与参照代号》。

GB/T 7159—1987《电气技术中的文字符号制订通则》(已废止)。

GB/T 10609.1—2008《技术制图 第 1 部分：标题栏》。

GB/T 10609.2—2009《技术制图 第 2 部分：明细栏》。

GB/T 14689—2008《技术制图 图纸幅面和格式》。

GB/T 14691—1993《技术制图 字体》。

GB/T 16679—2009《工业系统、装置与设备以及工业产品 信号代号》。

GB/T 18135—2008《电气工程 CAD 制图规则》。

以上与电气制图相关的国家标准详细资料可参见中国标准出版社出版的《电气制图国家标准汇编》一书中的相关标准部分。

2. 常用电器图、文符号国家标准的演变和现状

常用电器图形符号新国标 GB/T 4728，该标准新旧版本变化不是很大，过渡顺理成章。文字符号的国标 GB/T 7159—1987《电气技术中文字符号制订通则》在 2005 年 10 月作废，现在没有替代标准。不过有两个参考标准适用，分别为 GB/T 20939—2007《技术产品及技术产品文件结构原则字母代码按项目用途和任务划分的主类和子类》和 GB/T 5094.2—2018《工业系统、装置与设备以及工业产品结构原则与参照代号第 2 部分：项目的分类与分类码》。比如接触器文字符号在 GB/T 7159—1987 标准中为 KM，而在 GB/T 20939—2007 标准中为 QA。

常用电器图形、文字符号新旧标准对照表见附录。

虽然文字符号的 GB/T 7159—1987 标准已废止，但因为参考标准 GB/T 20939—2007 和已废止的 GB/T 7159—1987 差别太大，没有延续性，过渡起来难度大。因为习惯的原因，电气工程师业内两种标准并行使用，而且沿用 GB/T 7159—1987 者更多。

目前国内高校电气类教材中沿用 GB/T 7159—1987 标准的文字符号的居多，因此本书中仍用标准 GB/T 7159—1987 的文字符号。

必须要强调的是，GB/T 7159—1987 已经废止，迟早要退出历史舞台。对于电气工程师，尤其对于初学者来说，必须掌握新的国标符号，还要清楚旧国标符号，只有这样才能无障碍地阅读新旧标准的电气图纸。但是，新工程的设计中要鼓励使用新国标符号。

2.1.2　电气原理图及绘制原则

1. 电气原理图

电气原理图是电气系统图中最重要的图纸，用来表明电气系统的工作原理、系统构成和各电器元件的作用及相互之间的关系的一种电气图纸。电气原理图按国标电气符号和特定的绘制原则绘制，具有结构简单，层次分明的特点。

电气原理图的目的是便于阅读和分析控制线路，采用电器元件展开形式绘制。它包括所有电器元件的导电部件和接线端子，但并不按照电器元件的实际布置位置来绘制，也不反映电器元件的实际大小。电气原理图是电气控制系统设计的核心，对于分析原理、排除电路故障、程序编写是十分有益的。

图 2-1 所示为 CW6132 型车床电气原理图，下面以此图为例说明电气原理图的绘制原则。

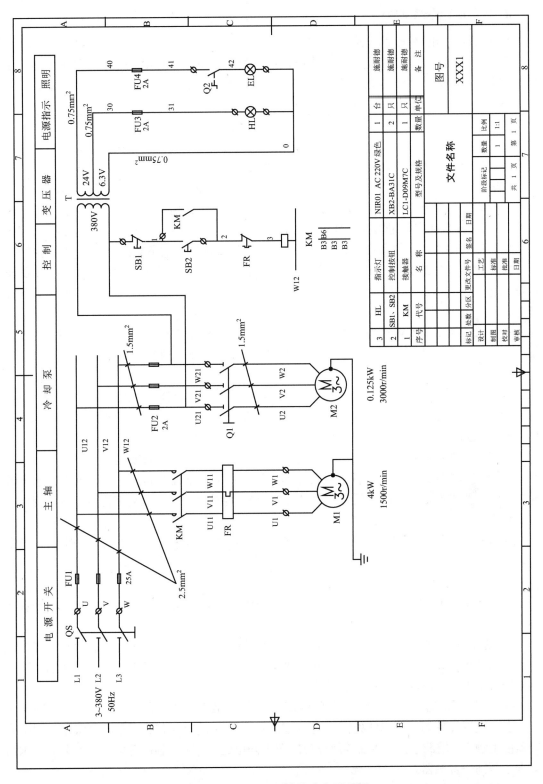

图 2-1　CW6132 型车床电气原理图

2. 电气原理图绘制原则

1) 组成：主电路+辅助电路

电气原理图一般由主电路和辅助电路两部分组成。主电路是电气控制线路中大电流通过的部分，包括从电源到电动机之间相连的电器元件，一般由组合开关、主熔断器、接触器主触点、热继电器的热元件和电动机等组成。

辅助电路是控制线路中除主电路以外的电路，其流过的电流比较小。辅助电路包括控制电路、照明电路、信号电路和保护电路。其中控制电路是由按钮、接触器和继电器的线圈及辅助触点、热继电器触点、保护电器触点等组成。

CW6132 型车床电气原理图中横向划分 1、2、3 区域的部分为主电路部分。4、5、6 区域的部分为辅助电路，其中 4 区域为控制电路，5、6 区域为信号显示电路。

2) 图形元素都应采用国标符号绘制

电气原理图中所有的图形元素，如电器元件、导线等均需按国家标准规定的符号绘制。并不按照电器元件的实际布置位置来绘制，也不反映电器元件的实际大小，而且只绘制出跟电气相关的部分(如线圈、触点等)，并按展开的形式绘制，旨在便于阅读和使图纸条理清晰。

在图 2-1 所示的 CW6132 型车床电气原理图中，接触器 KM 只绘制出所需的主触点、辅助触点、线圈等部分，而且根据图纸的各部分功能分布在不同的区域。

3) 图纸布局和元件方向

电气原理图的布局应根据便于阅读的原则安排。主电路和辅助电路一般按左右布局(左主右辅)，或上下布局(上主下辅)。无论主电路还是辅助电路，均按功能布置，尽可能按动作顺序从上到下、从左到右排列。

电气原理图中的电器元件可以垂直方向放置，也可以水平方向放置。一般情况下，在左主右辅布局的图纸中，元器件为垂直方向放置；在上主下辅的布局中，元器件为水平方向放置。水平方向放置的图形符号顺时针旋转 90° 为垂直方向，但文字符号一般不旋转，更不可倒置。

图纸布局和元器件方向跟图纸幅面、图纸内容等因素有关，但更主要取决于设计者个人习惯和设计风格。

4) 电器编号规则

(1) 电气原理图中的各电器均以国家标准符号的形式存在，图形符号、文字符号缺一不可。

(2) 系统中经常需要多个同类电器，对于同类器件，一般在其文字符号后加数字序号来区别。如 CW6132 型车床电气原理图中有两个按钮，可用 SB1、SB2 文字符号区别；四个熔断器可用 FU1~FU4 文字符号编号方式。

(3) 当同一电器元件的不同部件(如线圈、触点)分散在不同位置时，为了表示是同一元件，要在电器元件的不同部件处标注统一的文字符号。如 CW6132 型车床电气原理图中接触器的主触点、辅助触点、线圈等部分分散在不同位置，但只要各部分的文字符号均为 KM 就表示是同一接触器。

5) 电器的可动部分—自然状态

电气原理图中，所有电器的可动部分均按没有通电或没有外力作用时的自然状态画出。

可动部分的自然状态有以下几种情况。

(1) 继电器、接触器等电器的触点是其线圈不通电时的触点状态。

(2) 控制器按手柄处于零位时的状态。

(3) 按钮、行程开关等触点按未受外力作用时的状态。

(4) 热继电器等保护类电器未处于保护的状态。

(5) 断路器、刀开关等电器未合闸状态。

……

6) 导线交点画法

电气原理图中，应尽量减少线条交叉。当出现不可避免的导线交叉时，下面三种情况各自不同。

(1) "T"形连接点默认导线相连，在导线交点处可以画实心圆点，也可以不画。

(2) "+"形连接点，交点处画实心圆点表示导线相连；交点处不画实心圆点表示导线不相连。

(3) 非 90°的斜线连接点，和"+"形连接点相同处理。

3. 图幅分区及元件索引

1) 图幅规格

(1) 幅面：绘制电气图纸时，一般根据图纸规模、复杂程度、详细程度等因素选择图纸幅面。考虑到目前基本上都是计算机绘图，为了便于打印和装订，尽量选用较小幅面。

图纸幅面应遵循国家标准 GB/T 14689—2008《技术制图 图纸幅面和格式》。

(2) 标题栏：应遵循国家标准 GB/T 10609.1—2008《技术制图 第 1 部分：标题栏》。

(3) 明细栏：应遵循国家标准 GB/T 10609.2—2009《技术制图 第 2 部分：明细栏》。

(4) 字体：应遵循国家标准 GB/T 14691—1993《技术制图 字体》。

2) 图幅分区

为了便于确定图上的内容、补充、更改和组成部分等的位置，一般将图纸幅面进行区域划分。分区的方法是将图幅纵横均匀划分成 m×n 个区块，分区纵横编号分列于四周边框处。每个分区内竖边方向用大写字母，横边方向用阿拉伯数字分别编号。编号的顺序从标题栏相对的左上角开始。如 CW6132 型车床电气原理图(见图 2-1)竖向均匀分为 A～F，横向分为 1～8。分区数应该是偶数。每一分区的长度不小于 25mm，不大于 75mm。分区代号用该区域的字母和数字组合表示，如 B4、C3。

3) 元件关联位置索引

电气原理图中的交流接触器与继电器，因线圈、主触头、辅助触头所起作用各不相同，为清晰地表明电气原理图工作原理，这些部件通常绘制在各自发挥作用的支路中。在幅面较大的复杂电气原理图中，为检索方便，就需在电磁线圈图形符号下方标注电磁线圈的触头索引代号。

符号位置的索引用图号、页次和图区编号的组合索引法，索引代号的组成如图 2-2 所示。当某一元件相关的各符号元素出现在不同图号的图纸上，且当每个图号仅有一页图纸时，索引代号中可省略"页号"及分隔符"·"。当某一元件相关的各符号元素出现在同一图号的图纸上，且该图号有几张图纸时，可省略"图号"和分隔符"/"。当某一元件相关的各符号元素出现在只有一张图纸的不同图区时，索引代号只用"图区号"表示。

对于接触器，触头索引代号分为左中右三栏；对于继电器，触头索引代号分为左右两栏，具体内容如图 2-2 所示。

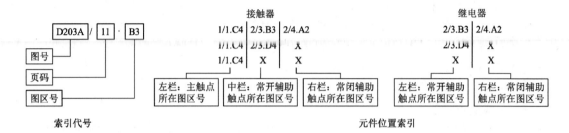

图 2-2　元件关联位置索引

2.1.3　电器布置图及绘制原则

1. 电器布置图概述

电器布置图是用来表明电气设备上所有电器和用电设备的实际位置，是电气控制设备制造、装配、调试和维护必不可少的技术文件。

布置图通常包括控制柜与操作台(箱)内部布置图，以及控制柜与操作台(箱)面板布置图。图 2-3 所示为 CW6132 型车床电气设备安装布置图。

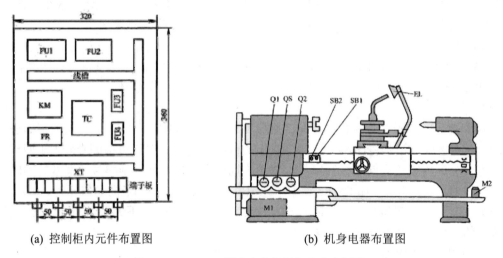

(a) 控制柜内元件布置图　　　　　　　(b) 机身电器布置图

图 2-3　CW6132 型车床电气设备安装布置图

2. 电器布置图的绘制原则

(1) 控制柜与操作台(箱)等设备的外形轮廓用细实线绘出。

(2) 可见的和需要表达清楚的电器元件及设备，用粗实线绘出其简单的外形轮廓，并标明其实际的安装位置。

(3) 电器元件及设备代号必须与有关电路图和设备清单上所用的代号相一致。

3. 元件布置的注意事项

(1) 体积大和较重的电器元件应安装在电器安装板的下方，而发热元件应安装在电器安装板的上面。

(2) 强电、弱电应分开，弱电应屏蔽，防止外界干扰。

(3) 需要经常维护、检修、调整的电器元件安装位置不宜过高或过低。

(4) 电器元件的布置应考虑整齐、美观、对称，外形尺寸与结构类似的电器安装在一起，以利于安装和配线。

(5) 电器元件的布置不宜过密，应留有一定间距，如用走线槽，应加大各排电器间距，以利于布线和维修。

2.1.4 电气接线图及绘制原则

电气接线图是表示电气设备或装置连接关系的简图，主要用于电气设备安装接线、线路检查、线路维修和故障处理。

接线图和接线表主要用于安装接线、线路检查、线路维修和故障处理。它们必须符合电气设备的电路图、装配图和施工图的要求，并且清晰地表示各个电器元件和设备的相对安装位置及它们之间的电连接关系。它对于设备制造和使用都是必不可少的。

电气接线图应该标出设备和电器元件的相对位置、项目代号、端子号、导线号、导线类型、导线截面积、屏蔽和导线绞合等情况，以及其他需补充说明。

电气接线图的绘制原则如下：

① 同一电器元件各部件必须画在一起，位置与实际安装位置一致；

② 不在同一控制柜上的电器元件的电气连接必须通过端子板进行连接；

③ 走向相同的多根导线可用单线表示；

④ 连接导线应标明规格、型号、根数和穿线管的尺寸。

图 2-4 所示为 CW6132 型车床电气接线图。

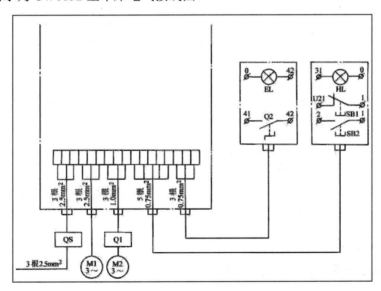

图 2-4　CW6132 型车床电气接线图

有关电气制图更丰富的知识需要大家在以后的实践中继续学习，使理论(规则、原理等)和实际相结合，不断提高电气控制系统的设计水平。

2.2　三相异步电动机的基本控制线路

用导线将继电器、接触器、按钮、行程开关、保护元件等器件和被控对象(电机或其他执行电器)按一定的要求连接起来,并实现某种特定控制要求的电路称为电气控制线路。

在电气设备和生产机械中,大多以各类电动机或其他执行电器为被控对象。三相鼠笼式异步电动机由于结构简单、价格便宜、坚固耐用等优点获得了广泛的应用,在生产实际中占到了使用电动机的 80%以上。三相鼠笼式异步电动机是感应电动机的一种,是靠同时接入 380V 三相交流电流(相位差为 120°)供电的一类电动机,由于三相异步电动机的转子与定子旋转磁场以相同的方向、不同的转速旋转,存在转差率,所以叫三相异步电动机。三相异步电动机转子的转速低于旋转磁场的转速,转子绕组因与磁场间存在着相对运动而产生电动势和电流,并与磁场相互作用产生电磁转矩,实现能量变换。如图 2-5 所示,这是三相鼠笼式异步电动机的外形图、剖面图、接线盒以及旋转磁场工作原理。

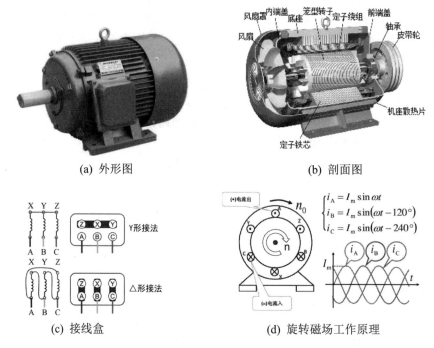

图 2-5　三相鼠笼式异步电动机的外形图、剖面图、接线盒、旋转磁场工作原理

三相鼠笼式异步电动机的基本控制线路大都由继电器、接触器和按钮等有触点的电器组成。因此,三相鼠笼式异步电动机的基本控制线路是电气控制的基础,也是任何一个电气工程师需要熟记于心的电路。

2.2.1　单向全压启动控制线路

电动机通电后由静止状态逐渐加速到稳定运行状态的过程称为电动机的启动。电动机的启动有两种方式:直接启动(或全压启动)和降压启动。下面讲述三相鼠笼式异步电动机单向全压启动控制。

1. 使用场合和优缺点

直接启动是启动时加在电动机定子绕组上的电压为额定电压，又称全压启动。直接启动是一种简单、可靠、经济、启动时间短、启动力矩大的启动方法。在实际生产中全压启动是使用最多的启动方式，适用于电机容量较小，要求不高的场合。

但由于直接启动时，电动机启动电流 I 为额定电流的 4～7 倍。过大的启动电流一方面会造成电网电压显著下降，直接影响在同一电网工作的其他电动机及用电设备正常运行；另一方面电动机频繁启动会严重发热，加速线圈老化，缩短电动机的寿命。

2. 刀开关(或断路器)手动控制

在三相交流电源和电动机之间只用闸刀开关或用断路器手动控制电动机的启动和停止，如图 2-6(a)(b)所示。图中这两种手动正转控制线路虽然所用电器很少，线路比较简单，但闸刀开关不宜带负载操作。而断路器是切断电流的装置，构造上也不适合用于频繁开关负载，因此在启动、停车频繁的场合，使用这种手动控制方法既不方便，也不安全，操作劳动强度大，要启动或停止电动机必须到现场操作，不能在远距离进行自动控制。

为了实现自动控制，目前广泛采用按钮、接触器等电器来控制电动机的运转。

3. 点动控制

主电路在断路器和电动机之间再连接电磁接触器，控制电路是用按钮、接触器控制电动机运转的最简单的点动控制电路。点动控制适合于短时间的启动操作，在生产设备调整工作状态时应用。

所谓点动控制是指按下按钮，电动机就得电运转；松开按钮，电动机就失电停转。其电气原理图如图 2-6(c)所示。图中的点动控制电路是由断路器 QF、熔断器 FU、启动按钮 SB、接触器 KM 及电动机 M 组成。其中一些部件的作用说明如下。

(1) 配线用断路器，作为电源开关，在接通、切断电源电压的同时，也起到了过电流保护的作用。

(2) 电动机正常启停控制使用电磁接触器。

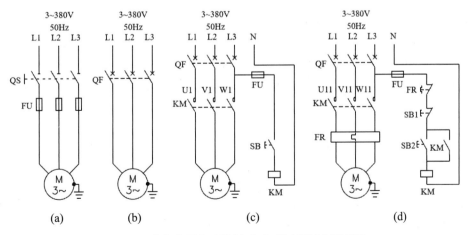

图 2-6　单向全压启动控制(含启-保-停控制)原理图

(3) 用按钮开关等电流容量小的小型操作开关，可以断开或闭合具有大电流容量的触点的电磁接触器,所以能够安全地控制大容量的电动机。

(4) 因为按钮开关等小型操作开关可以使用,所以把那些按钮开关集中到一个地方,能从远处集中地进行运转操作。

单向全压启动点动控制是本书第一个继电器接触器控制系统线路,为了帮助初学者理解电路原理和电气原理图画法,将电气原理图用近似实物接线的示意图表示出来,如图 2-7 所示。这种示意图看起来比较直观,初学者易学易懂,但画起来却很麻烦,特别是对一些比较复杂的控制电路,由于所用电器较多,画成接线示意图的形式反而使人觉得繁杂难懂,很不实用。因此,控制电路通常不画接线示意图,而是采用国家统一规定的电气图形符号和文字符号,画成控制电路原理图,原理图在设计部门和生产现场都得到了广泛的应用。

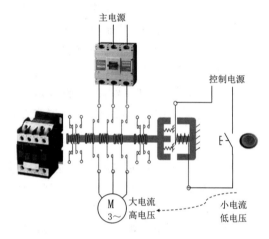

图 2-7　点动控制实物示意图

4. 单向连续控制(启-保-停控制)

采用点动控制电动机启动后不能连续运转,为实现电动机的连续运转,可采用接触器自锁正转控制电路,又称启-保-停控制电路,如图 2-6(d)所示。

1) 主电路

主电路由空气开关 QF、接触器 KM 的主触点、热继电器 FR 的热元件和电动机 M 构成。其中:断路器 QF 用来通、断电源,并实现短路等保护;接触器 KM 的主触点控制电动机启停;热继电器 FR 的热元件感应电机电流,起过载保护功能。

该电路是三相异步电动机单向运行、直接启动中最常用的主电路,其结构简单、保护齐全。

2) 控制电路

控制电路由熔断器 FU、热继电器 FR 的常闭触点、停止按钮 SB1、启动按钮 SB2、接触器 KM 的常开触点以及它的线圈组成。

启-保-停控制电路是最基本的电动机控制线路,是组成复杂控制电路的最基础单元电路,是电气工程师应该熟记于心的控制电路之一。

3) 工作原理及操作过程

由三相鼠笼式异步电动机的启-保-停控制主电路可知,空气开关 QF、热继电器 FR 的热元件等电器起配电和保护的作用,正常情况下电动机的启停控制本质上依靠接触器 KM 的主触点的通断状态。而接触器的主触点和辅助触点的动作由电磁机构带动，即取决于接触器线圈是否得电。因此，控制电路的功能主要就是对接触器线圈的控制，而且继电器接触器控制系统的控制功能也取决于控制电路。

下面介绍启-保-停控制正常运行情况下的操作过程。

(1) 启动过程(启)的步骤如下：

(2) 运转过程(保)的步骤如下：

(3) 停止过程(停)的步骤如下：

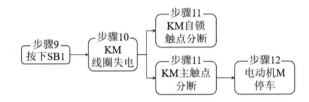

4) 自锁

控制电路中并联于启动按钮 SB2 的接触器 KM 常开辅助触点所起的功能称为自锁。所谓自锁就是这种依靠接触器或继电器本身辅助触点使其线圈保持通电的现象，起自锁作用的触点称为自锁触点。图 2-6(d)所示电路中，正是因为自锁触点的自锁功能，才使得松开启动按钮 SB2 后电动机 M 保持运转。

5) 保护功能

(1) 短路保护。

由断路器 QF 实现电路的短路保护，熔断器 FU 单独作为控制电路的短路保护。

(2) 过载保护。

电动机在运行过程中，如果长期负载过大、启动操作频繁或者缺相运行等，都可能使电动机定子绕组的电流增大，超过其额定值。在这种情况下，断路器或熔断器往往并不熔断，从而引起定子绕组过热使温度升高，若温度超过允许温升会使绝缘损坏，缩短电动机的使用寿命，严重时甚至会使电动机的定子绕组烧毁。因此，对电动机还必须采取过载保护措施。过载保护是指电动机出现过载时能自动切断电动机电源，使电动机停转的一种保护。最常用的过载保护是由热继电器来实现的。

热继电器的过载保护功能并不是由热继电器直接切断主电路，而是借助接触器切断主电路，达到了过载保护的目的。

过载保护电路的操作过程如下：

我们知道,在照明、电加热等一般电路里,熔断器 FU 既可以作短路保护,也可以作过载保护。但对三相异步电动机控制电路来说,熔断器只能用作短路保护。这是因为三相异步电动机的启动电流很大(全压启动时的启动电流能达到额定电流的 4~7 倍),若用熔断器作过载保护,则选择熔断器的额定电流就应等于或略大于电动机的额定电流,这样电动机在启动时,由于启动电流大大超过了熔断器的额定电流,使熔断器在很短的时间内熔断,造成电动机无法启动。所以熔断器只能作短路保护,其额定电流应取电动机额定电流的 1.5~3 倍。热继电器在三相异步电动机控制电路中也只能作过载保护,不能作短路保护。这是因为热继电器的热惯性大,即热继电器的双金属片受热膨胀弯曲需要一定的时间。当电动机发生短路时,由于短路电流很大,热继电器还没来得及动作,供电电路和电源设备可能已经损坏。而在电动机启动时,由于启动时间很短,热继电器还未动作,电动机已启动完毕。总之,热继电器与熔断器两者所起作用不同,不能相互代替。

(3) 欠压、失压(零压)保护。

欠压保护是指当电路电压下降到某一数值时,电动机能自动脱离电源电压停转,避免电动机在欠压下运行的一种保护。

欠压保护的必要性:当电路电压下降时,电动机的转矩随之减小,电动机可能"堵转",以致损坏电动机,发生事故。

图 2-6(d)所示电路中,并没有使用欠电压继电器来直接实现欠压保护,而是采用接触器自锁控制电路就可避免电动机欠压运行。当电路电压下降到一定值(一般指低于额定电压 85%以下)时,接触器线圈两端的电压也同样下降到此值,从而使接触器线圈磁通减弱,产生的电磁吸力减小。当电磁吸力减小到小于反作用弹簧的拉力时,动铁芯被迫释放,带动主触点、自锁触点同时断开,自动切断主电路和控制电路,电动机失电停转,达到了欠压保护的目的。

失压保护是指电动机在正常运行中,由于外界某种原因引起突然断电时,能自动切断电动机电源,当重新供电时,保证电动机不能自行启动。在实际生产中,失压保护是很有必要的。例如,当机床(车床)在运转时,由于其他电气设备发生故障引起突然断电,电动机被迫停转,与此同时机床的运动部件也跟着停止了运动,切削刀具的刃口便卡在工件表面上。如果操作人员没有及时切断电动机电源,又忘记退刀,那么当故障排除恢复供电时,电动机和机床便会自行启动运转,可能导致工件报废或人身伤亡事故。采用接触器自锁控制电路,由于接触器自锁触点和主触点在电源断电时已经断开,使控制电路和主电路都不能接通,所以在电源恢复供电时,电动机就不能自行启动运转,保证了人身和设备的安全。

但是,上述毕竟是一种间接的欠压、失压(零压)保护,三相不平衡欠压或失压(零压)保护的情况下有可能保护失效。因此,在要求不高的场合广泛使用,要求较高的场合还是应该使用欠电压继电器保护。

2.2.2 正反转控制线路

1. 使用场合及原理

各种生产机械常常要求具有上下、左右、前后等相反方向的运动，如机床工作台的往复运动、夹具的夹紧和松开、电梯的升降运动等。要实现这些相反方向的运动就要求电动机能可逆运行。电动机从正向旋转转换到反向旋转，以及从反向旋转转换到正向旋转的运行控制称为电动机的正反转控制。

由电动机的工作原理可知，三相异步电动机的三相电源进线中任意两相对调，电动机即可反向运转。因此，三相异步电动机的正反转控制其实就是借助接触器等改变定子绕组相序的控制过程。

2. 正反转手动控制线路

图 2-8 所示为正反转手动控制线路，该电路将三相电源经过空气开关 QF 和转换开关 SA 接入电动机三相绕组。该电路中的电器元件均为手动操作电器，因此无需控制电路。

电动机正反转的绕组电源相序由转换开关 SA 切换，SA 有三个挡位，分别为正转、停转和反转。需要电动机正转时，先将 SA 置于正转位置(触点 3 和 4 接通，触点 5 和 6 接通)，再合上 QF，此时电机接入正相序的电源，电机正转。需要电动机反转时，先将 SA 置于反转位置(触点 1 和 2 接通，触点 7 和 8 接通)，再合上 QF，此时电机接入反相序的电源，电机反转。

因为转换开关构造上不适合用于频繁开关负载，因此在操作频繁、电机容量较大的场合，使用这种手动控制方法既不方便，也不安全，操作劳动强度大，要操作电动机必须到现场操作，不能在远距离进行自动控制。这种手动正反转线路只用于小电机、不频繁操作、临时简易的场合，如工地临时电钻、搅拌机等，在正规的场合还是要用接触器实现正反转控制。

3. 接触器联锁的正反转控制

生产现场的电动机正反转控制中除了极少量采用前面所述的转换开关手动正反转控制之外，绝大多数使用两个接触器调换接入电动机的电源相序。

1) 主电路

图 2-9(a)所示为正反转控制主电路，其中断路器 QF 用来通、断电源，并实现短路等保护，热继电器 FR 起过载保护功能。两个接触器实现调换电源相序，接触器 KM1 吸合时，电动机接入正相序电源，电机 M 正转。接触器 KM2 吸合时，电源 L1、L3 交换，电动机接入反相序电源，电机 M 反转。

2) 控制电路

控制电路是对两个接触器 KM1 和 KM2 线圈的控制，下面分三种情况介绍正反转控制。

(1) 无互锁正反转控制(不能使用)。

首先需要强调的是如图 2-9(b)所示的无互锁正反转控制有安全隐患，实际中不能使用。此控制电路由两个接触器的起-保-停控制组成，热继电器 FR 的常闭触点和停止按钮 SB1 公用。两套起-保-停控制中没有制约关系，一个接触器得电吸合的情况下，按下反方向启动按钮也可以使反方向接触器得电吸合。当接触器 KM1 和 KM2 同时得电吸合时，主电路电源通过两个吸合的主触点短路,这是严重事故。主电路图中的虚线就是这种短路事故情况。

(2) "正-停-反"控制(KM 互锁)。

如图 2-9(b)所示的无互锁正反转控制实际中不能使用的原因是正反转接触器 KM1 和 KM2 同时得电吸合会造成主电路短路事故。为了避免这种事故,接触器 KM1 和 KM2 决不允许同时得电吸合,图 2-10(b)所示控制电路就可以实现如此要求。

图 2-10(b)是在无互锁正反转控制线路的基础上,分别在 KM1 和 KM2 的线圈回路中串联对方接触器的常闭触点,使得 KM1 得电吸合后,串联于 KM2 线圈回路中的 KM1 常闭触点断开,彻底杜绝了 KM2 线圈得电的可能性;反之亦然。这样具有相互制约关系的设计在电气控制线路中称为"互锁"。

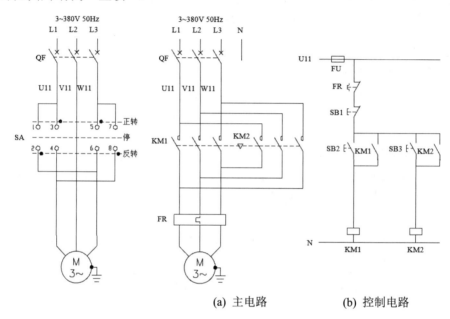

(a) 主电路 (b) 控制电路

图 2-8　正反转手动控制　　　图 2-9　正反转控制(无互锁)

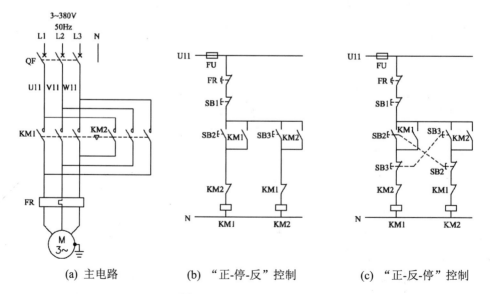

(a) 主电路　　　(b) "正-停-反"控制　　　(c) "正-反-停"控制

图 2-10　正反转控制线路

所谓"互锁"，就是一个接触器得电吸合时，通过其常闭辅助触点使另一个接触器不能得电吸合。实现互锁作用的常闭触点称为互锁触点。

下面介绍本电路操作过程(提前合上断路器 QF)。

正转操作过程的步骤如下：

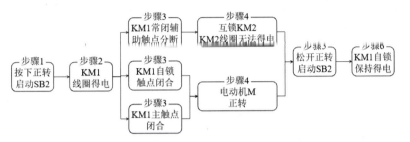

停止操作过程的步骤如下：

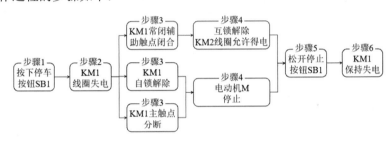

反转操作过程的步骤如下：

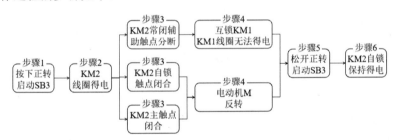

因为 KM 互锁触点的存在，KM1 线圈得电后电动机正转，彻底断开了 KM2 线圈回路，即使按下反向启动按钮 SB3 也不能使 KM2 线圈得电。这种情况下，反转电动机只能先按下停止按钮 SB1 停止正转，解除互锁，然后按下 SB3 才能使 KM2 线圈得电，电动机反转；反之亦然。因此这种电路正反转切换时必须经过停止的过程，通常称作"正-停-反"控制，适用于电机方向切换不频繁的场合。

(3) "正-反-停"控制(SB+KM 双重互锁)。

前面介绍的"正-停-反"控制线路，虽然能保证安全可靠，但缺点是切换方向之间必须经过停止操作过程，在频繁改变方向的场合操作不便，如起重机调整位置。为克服此线路的不足，可采用启动按钮和接触器双重互锁的正反转控制线路，如图 2-10(c)所示。

这种双重互锁的正反转控制线路中，启动按钮 SB2 和 SB3 换成复合按钮，按钮的常闭触点串联于反方向接触器线圈回路中，跟接触器互锁组成双重互锁。该电路兼有安全可靠和操作方便的优点，在频繁改变电机方向的场合广泛使用。

该电路可以实现不按停止按钮，直接按反向按钮就能使电动机从正转切换成反转，所以这个电路称作"正-反-停"控制。其操作过程如下(提前合上断路器 QF)：

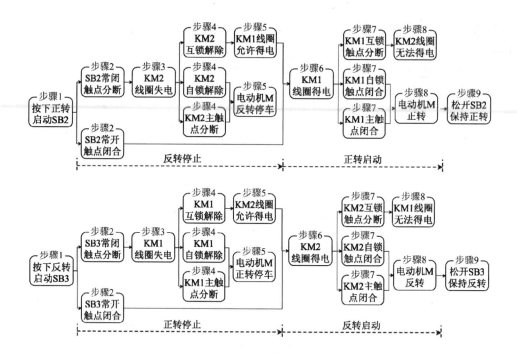

2.2.3 点动连续控制线路

点动控制是指按下按钮后电动机得电运行,当松开按钮后电动机失电停止运行(一点一动)。连续控制是指按下按钮后电动机得电运行,当手松开后,由于接触器利用常开辅助触头自锁,电动机保持得电运行,只有按下停止按钮后电动机才会失电停止运行。

点动和连续控制的关键在于有无自锁,控制电路中如果有自锁其作用就能连续,若无自锁则只能点动。

在生产实践中,有的生产机械需要点动控制,有的生产机械既需要连续控制,又需要点动控制。图 2-11 所示为能实现点动和连续的几种控制线路。

图 2-11(a)所示为主电路,这里不再赘述。图 2-11(b)所示为最基本的点动控制。该电路没有接触器 KM1 的自锁触点,按下按钮 SB,KM1 的线圈通电,电动机 M 启动运行;松开按钮 SB,KM1 的线圈断电释放,电动机 M 停止运转。

图 2-11(c)所示是用转换开关 SA 实现的点动和连续控制线路。当需要点动控制时,只要把开关 SA 拨至断开位置,切断自锁回路,由按钮 SB2 来进行点动控制。当需要连续运行时,只要把开关 SA 拨至闭合位置,将 KM1 的自锁触点接入,即可实现连续控制。

图 2-11(d)所示为电路中增加了一个复合按钮 SB3 来实现点动和连续控制。需要点动控制时,按下点动按钮 SB3,其常闭触点先断开自锁电路,常开触点后闭合,KM1 的线圈通电,电动机启动运转;当松开点动按钮 SB3 时,其常开触点先断开,常闭触点后闭合,KM1 的线圈断电释放,电动机 M 停止运转。图中由按钮 SB2 和 SB1 来实现连续控制。

特别需要说明的是,复合按钮 SB3 的常开触点和常闭触点的动作顺序是能否实现点动控制的关键。只有按下按钮瞬间常闭触点先断开,常开触点后闭合;松开按钮瞬间常开触点先复位断开,常闭触点后复位闭合,才能实现预期的点动控制,不过绝大多数的复合按钮均是这种顺序动作。

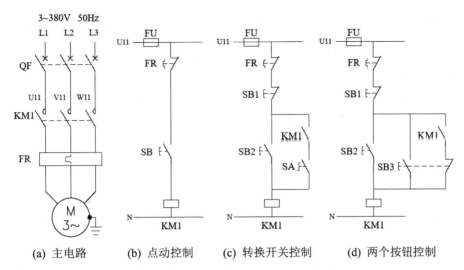

(a) 主电路　　(b) 点动控制　　(c) 转换开关控制　　(d) 两个按钮控制

图 2-11　电动机点动与连续运转控制电路

2.2.4　多地控制线路

为了操作方便或其他原因，有些机械和生产设备，需要在两地或两个以上的地点进行操作。如重型龙门刨床，有时在固定的操作台上控制，有时需要站在机床四周用悬挂按钮控制；又如有些生产机械需要在机旁就地和中控室远程两地操作。

要在两地进行控制，就应该有两组按钮，而且这两组按钮的连接原则必须是：接通电路使用的常开按钮要并联，即逻辑"或"的关系；断开电路使用的常闭按钮应串联，即逻辑"与非"的关系。这一原则也适用于三地或更多地点的控制。图 2-12 所示就是实现的三地控制线路，表 2-1 所示是三地控制按钮分配表。

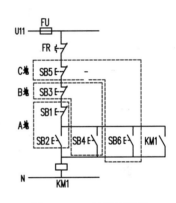

图 2-12　三地控制线路

表 2-1　三地控制按钮分配表

地　点	停止按钮	启动按钮
A 地	SB1	SB2
B 地	SB3	SB4
C 地	SB5	SB6

2.2.5　顺序控制线路

生产实践中由于工艺要求或安全考虑，有些运动部件之间需要按顺序工作。譬如大部分机床要求润滑泵电动机启动后主拖动电动机才允许启动，以保证先给齿轮箱提供润滑油。还有多级皮带运输机中为了防止物品堆积，保证多级皮带顺序启动，逆序关闭。

顺序控制分多种情况,有些只要求先后顺序,但动作之间没有严格的时间要求,这种顺序控制简单地称为按动作顺序控制。还有些不但要保证先后顺序而且需要严格的时间限制,这种称为按时间顺序控制。

1. 按动作顺序控制线路

按动作顺序控制线路是指两个或两个以上的电机,启动或停止时遵循要求的先后顺序。即一台电机启动(或停止)之后另一台电机才允许启动(或停止)。

1) 顺序启动

【例 2-1】某生产机械的两个运动部件由两台三相交流异步电动机驱动,分别为 M1 和 M2。要求只有 M1 启动后才允许 M2 启动。

解:

① 主电路设计。

按 2.2.1 节所述单向全压启动控制线路的思路设计电动机 M1 和 M2 的主电路,如图 2-13(a) 所示。

② 控制电路设计。

控制电路的基础部分依然参考 2.2.1 节所述起-保-停控制思路设计两个接触器 KM1 和 KM2 的控制线路(见图 2-13(b)),然后增加顺序控制部分。

工艺要求只有电动机 M1 启动后才允许电动机 M2 启动,换句话说,如果电动机 M1 没有启动,即使按下电动机 M2 的启动按钮也无法启动 M2。为满足如此要求,只需在 KM2 线圈回路中串联 KM1 的常开触点即可(图中标①处)。

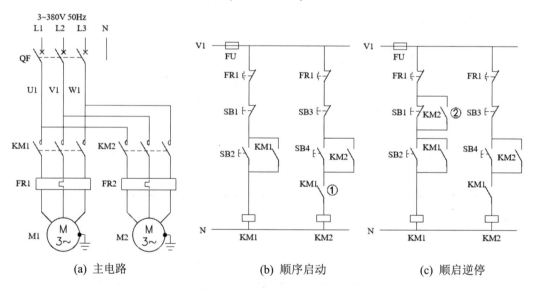

(a) 主电路   (b) 顺序启动   (c) 顺启逆停

图 2-13 动作顺序控制线路

顺序启动控制规律:后启动的接触器线圈回路中串联先启动接触器的常开辅助触点。这种触点接入线圈回路中,形成制约关系的设计称为联锁。前面讲过的互锁也属于联锁的范畴。

图 2-13(b)所示的工作过程如下:

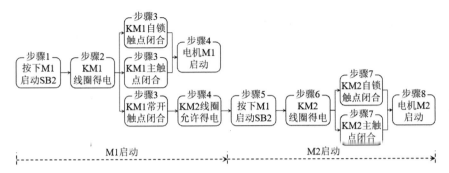

2) 顺序停止

【例 2-2】上例中两台电动机 M1 和 M2，除了按 M1、M2 顺序启动外，还要求先停止 M2 后才可停止 M1，即顺启逆停控制。

解：

先停止 M2 后才可停止 M1，换句话说，如果电动机 M2 没有停止，即使按下 M1 的停止按钮也无法停止 M1。为满足如此要求，只需将 KM2 的常开触点并联在停止按钮 SB1 的两端，使得 M2 电机运行(KM2 线圈得电)时，闭合的 KM2 的常开触点短接 SB1 而无法停止 M1，如图 2-13(c)中标②处。

顺序停止控制规律：后停的接触器线圈回路中，在停止按钮上并联先停接触器的常开辅助触点。

如果电动机 M1 和 M2 均运行的情况下，按要求的顺序停车的操作过程如下：

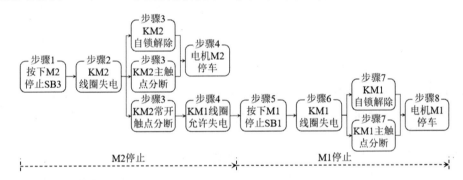

2. 按时间顺序控制线路

按时间顺序控制线路是指采用时间继电器，按时间顺序控制两个或两个以上的电机的启动或停止。即一台电动机启动(或停车)t 秒后，另一台电动机自动启动(或停车)。这种将时间参量引入控制线路中的设计通常称为时间控制。

【例 2-3】某生产机械的两个运动部件由两台三相交流异步电动机驱动，分别为 M1 和 M2。要求：按启停按钮操作 M1 启动，开始计时，延时 t 秒后 M2 自动启动。

解：

系统要求电动机 M1 启动 t 秒后，电动机 M2 自动启动，这可利用时间继电器的延时闭合常开触点来实现。

图 2-14 所示是采用时间继电器、按时间顺序启动的控制线路。按启动按钮 SB2，接触器 KM1 的线圈通电并自锁，电动机 M1 启动，同时时间继电器 KT 的线圈也通电。定时 t 秒到，时间继电器延时闭合的常开触点闭合，接触器 KM2 的线圈通电并自锁，电动机 M2

启动，同时接触器 KM2 的常闭触点切断了时间继电器 KT 的线圈电源。

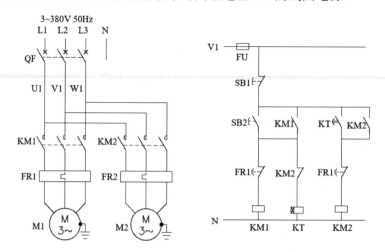

图 2-14 按时间顺序控制线路

具体工作过程如下：

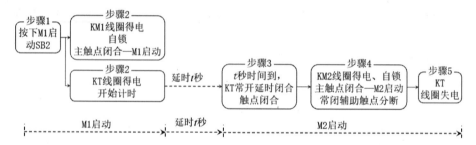

按时间顺序控制线路的关键是时间继电器的使用，初学者设计时间继电器的线路时有一定难度，容易出错。时间继电器的使用有一定技巧和原则，下面以本例控制线路为例说明。

(1) 确定计时起点。

在时间顺序控制线路中确定延时起点非常重要，由时间继电器工作原理可知，电磁机构线圈通电时刻延时机构才开始启动延时。因此确定何时开始延时其实就是确定何时使时间继电器线圈通电。例 2-3 中 t 秒延时的起点是 M1 启动时刻，控制电路中 KM1 线圈通电时刻可以作为 M1 启动的标志，因此将 KT 线圈和 KM1 线圈并联。

(2) 延时期间 KT 线圈不能失电。

由通电延时型时间继电器工作原理可知，电磁机构线圈一旦失电延时机构瞬时复位。如果延时时间未到，KT 线圈失电，则延时触点就来不及动作，从而起不到延时的作用。例 2-3 中因为 KM1 的自锁作用使得 KT 线圈在延时期间不会失电。

(3) 定时完成尽量使 KT 失电。

时间继电器的作用是延时，并在设定延迟时间到后触发预期事件。一旦预期事件被触发，时间继电器的使命就完成了，此时最好使其线圈失电，以延长器件寿命，减少功耗。在本例中 KT 线圈串联 KM2 常闭触点就起这样的作用，使用 KT 的目的是延时启动 M2，当 KM2 的线圈通电，其主触点闭合，M2 开始启动，此时通过 KM2 常闭触点的分断使 KT 线圈失电。

2.2.6　自动循环控制线路

在生产实践中，有些生产机械的工作台需要自动往复运动，如龙门刨床、导轨磨床等。最常见的自动往复循环控制线路，以电动机正反转控制为基础，在运动部件运行轨道上增设行程开关实现自动往返循环运动，这种利用行程开关实现往复运动控制的称作行程控制。

【例2-4】有一机床工作台由三相交流异步电动机驱动，要求工作台自动往复循环运动，如图2-15所示。试按行程原则设计自动循环控制线路。

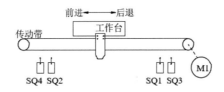

图 2-15　自动往复循环运动示意图

对图2-15所示内容说明如下：

① 工作台往返运动由三相交流异步电动机正反转实现；

② SQ1和SQ2分别是后退和前进方向终点的行程开关，挡块碰到时电机换向；

③ SQ3和SQ4分别为后退和前进方向保护用行程开关，安装位置分别为SQ1和SQ2的稍外侧，当SQ1和SQ2失效而被碰到时，电动机停止。

解：

思路：参考三相交流异步电动机正反转控制(正-反-停)思路设计主电路和控制电路基础部分，然后按行程原则结合类似多地控制的思路增加自动往返循环控制和保护部分。

(1) 主电路如图2-16左图所示。

(2) 往复循环控制部分如图2-16右图所示。

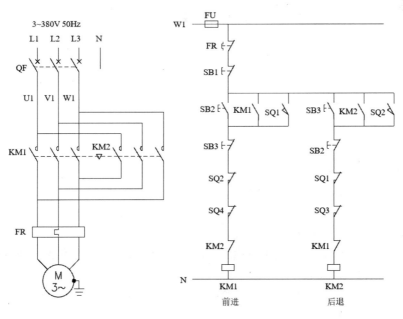

图 2-16　自动往复循环运动控制线路

由 2.2.4 节多地控制的描述可知，分布在两地的两组按钮的连接原则是，接通电路使用的常开按钮要并联，即逻辑"或"的关系；断开电路使用的常闭按钮应串联，即逻辑"与非"的关系。那么本例中我们可以将按钮和行程开关看成是两地控制。仅就前进方向而言，按钮组为 SB2(启)和 SB3(停)，行程开关组为 SQ1(启)和 SQ2(停)，设计电路时将 SB2 和 SQ1 的常开触点并联，将 SB3 和 SQ2 的常闭触点串联；后退方向同理。

控制线路如图 2-16 所示，工作过程如下：

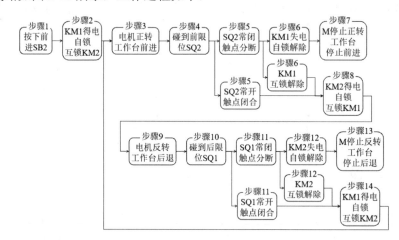

(3) 超限保护部分。

正常情况下工作台在 SQ1 和 SQ2 两点之间往返循环运动，不会碰到 SQ3 和 SQ4，一旦被碰到，说明已发生故障。这时只要求运动停止，而无需换向。因此串联 SQ3 和 SQ4 的常闭触点用于停止。

2.3 三相异步电动机降压启动控制线路

2.3.1 三相异步电动机启动控制概述

1. 三相异步电动机启动方式

电动机的启动有两种方式：直接启动(或全压启动)和降压启动。

直接启动因为控制简单、可靠、经济、启动迅速、启动力矩大等优点在实际生产中使用广泛。但由于电动机直接启动电流为额定电流的 4～7 倍，过大的启动电流会影响电机使用寿命，也会造成电网电压下降而影响同一电网其他设备工作，因此直接启动适用于电机容量较小，要求不高的场合。

一般根据电源容量、启停频繁程度、负载性质等因素作为启动方式的选择依据，通常认为只需满足下述三个条件中的一条即可采用直接启动，否则需采用降压启动方式。

(1) 容量在 7.5kW 以下的三相异步电动机均可采用。

(2) 电动机在启动瞬间造成的电网电压下降不大于电源电压正常值的 10%，对于不经常启动的电动机可放宽到 15%。

(3) 可用经验公式粗估电动机是否可直接启动，如果电动机的启动电流倍数 (I_{st}/I_N) 小于下式右边的数值时，可直接启动。

$$\frac{I_{\text{st}}}{I_{\text{N}}} = \frac{3}{4} + \frac{\text{变压器容量(kVA)}}{4 \times \text{电动机功率(kW)}}$$

2. 常用的降压启动方法

降压启动是指在启动时降低加在电动机定子绕组上的电压，启动后再将电压恢复到额定值，使之在正常电压下运行。降压启动虽然可以减小启动电流，但同时也减小了启动转矩，仅适用于空载或轻载下启动，控制也较复杂。

常用的降压启动方法有定子串电阻(或电抗)、星形-三角形(Y-△)、自耦变压器、延边三角形、软启动器、变频器等。

2.3.2　星形-三角形(Y-△)降压启动控制线路

1. 星形-三角形(Y-△)降压启动原理

如果接入三相异步电动机的电源不变，三相异步电动机定子绕组在星形接法下启动和三角形接法下直接启动，情况有所不同，如图 2-17 所示。电动机启动时接成 Y 形，加在每相定子绕组上的启动电压只有△形接法直接启动时的 $1/\sqrt{3}$，启动电流为直接采用△形接法时的 1/3，启动转矩也只有△形接法直接启动时的 1/3。

星形-三角形(Y-△)降压启动是指正常运行时定子绕组接成三角形的三相异步电动机，启动时将电动机定子绕组接成星形，即启动时加到电动机的每相绕组上的电压为额定值的 1/3，从而减小了启动电流对电网的影响。当转速接近额定转速时，定子绕组改接成三角形，使电动机在额定电压下正常运转。

星形-三角形(Y-△)降压启动的优点是星形启动电流降为原来三角形接法直接启动时的 1/3，启动电流约为电动机额定电流的 2 倍左右，启动电流特性好、结构简单、价格低。缺点是只用于正常运行时为三角形接法的电动机，降压比固定，转矩特性差，有时不能满足启动要求，适用于电动机空载或轻载启动的场合。

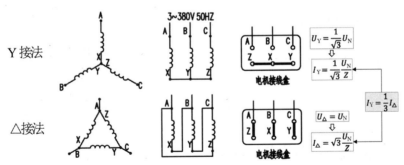

图 2-17　星形-三角形(Y-△)绕组连接图

2. Y-△降压启动控制线路

图 2-18 所示为 Y-△降压启动控制线路，该线路按时间原则的思想设计。启动电动机前合上自动开关 QF1，按下启动按钮 SB2，接触器 KM1、KM3 与时间继电器 KT 的线圈同时得电，接触器 KM3 的主触点将电动机接成星形，并经过 KM1 的主触点接至电源，电动机 Y 形降压启动。当 KT 的延时时间到，KM3 线圈失电，KM2 线圈得电，电动机主回路换接

成△接法，电动机投入正常运转。

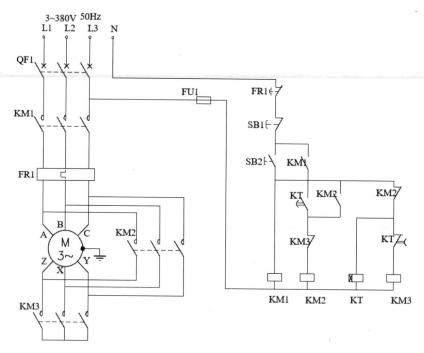

图 2-18 Y-△降压启动控制线路

Y-△降压启动过程：

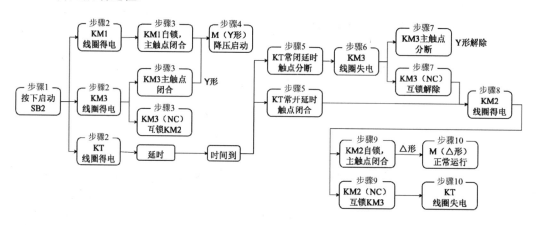

2.3.3 自耦变压器降压启动控制

1. 自耦变压器降压启动原理

自耦变压器降压启动是指电动机启动时，利用自耦变压器来降低加在电动机定子绕组上的启动电压；待电动机启动后，再使电动机与自耦变压器脱离，从而在全压下正常运行。

自耦变压器的高压边投入电网，低压边接至电动机，有几个不同电压比的分接头供选择。设自耦变压器的变比为 k，一次侧电压为 U_1，二次侧电压为 $U_2 = U_1 / k$，二次侧电流 I_2(即通过电动机定子绕组的线电流)也按正比减小。又由变压器一次侧、二次侧的电流关系知

$I_1 = I_2 / k$，可见一次侧电流(即电源供给电动机的启动电流)比直接流过电动机定子绕组的要小，即此时电源供给电动机的启动电流为直接启动时的$1/k^2$倍，转矩也降为$1/k^2$倍，如图 2-19 所示。

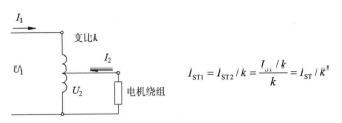

$$I_{ST1} = I_{ST2} / k = \frac{I_{\cup 1} / k}{k} = I_{ST} / k^2$$

图 2-19　自耦变压器降压启动原理

I_{ST1}：自耦变压器降压启动时的电流；　I_{ST}：直接启动时的电流；　k：自耦变压器的变比

自耦变压器降压启动方式的优点是启动时对电网冲击小，功率损耗小，可选配变比。缺点是自耦变压器相对结构复杂，体积大，价格高，不允许频繁启动。主要用于较大容量的电动机空载或轻载启动的场合。

2. 自耦变压器降压启动控制线路

图 2-20 所示为自耦变压器降压启动控制线路，同样采用时间原则设计。合上自动开关 QF1 的前提下，按下启动按钮 SB2，接触器 KM1 与时间继电器 KT 的线圈同时得电，自耦变压器原边通电，产生的低于电源电压的副边电压接入电机绕组，开始降压启动。当 KT 的延时时间到，KM1 线圈失电，KM2 线圈得电，电动机绕组施加电源电压，电动机投入正常运转。

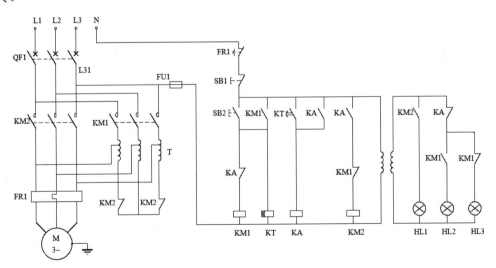

图 2-20　自耦变压器降压启动控制线路

线路中使用中间继电器 KA 的目的是增加 KM2 的触点数量。指示灯 HL1 点亮表示电机启动结束进入全压运行阶段；HL2 表示降压启动阶段；HL3 表示电机停止状态。

自耦变压器降压启动过程的步骤如下：

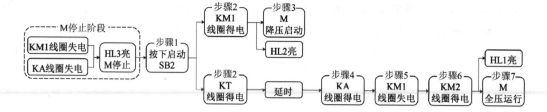

2.3.4　串电阻(电抗器)降压启动控制线路

定子绕组串接电阻降压启动是指在电动机启动时，把电阻串接在电动机定子绕组与电源之间，通过电阻的分压作用来降低定子绕组上的启动电压；待启动后，再将电阻短接，使电动机在额定电压下正常运行。由于电阻上有热能损耗，如用电抗器则体积、成本又较大，因此该方法很少用。串电阻(电抗器)降压启动控制线路如图 2-21 所示。

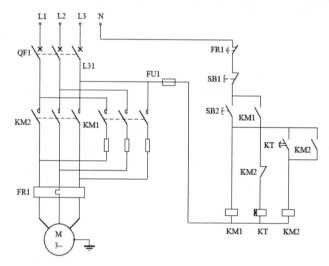

图 2-21　串电阻(电抗器)降压启动控制线路

2.3.5　软启动器

三相异步电动机启动控制中，无论是直接启动，还是定子串电阻、星形-三角形(Y-△)、自耦变压器等降压启动，虽然线路比较简单、经济，但其启动电流冲击一般还是较大，启动转矩较小而且固定不可调(见表 2-2)，对于要求较高的场合往往难以满足。

表 2-2　电动机的启动方式与参数范围

启动方式	启动电流 (额定电流倍数)	启动转矩 (额定转矩倍数)
直接启动	4～8	0.5～1.5
定子串电阻	4.5	0.5～0.75
星形-三角形(Y-△)	1.8～2.6	0.5
自耦变压器	1.7～4	0.4～0.85

基于电力电子技术的软启动器的出现很好地解决了三相异步电动机传统启动方式的缺点，随着软启动器价格的逐渐降低，目前广泛应用于启动要求较高的各类生产现场。软启动器采用电子启动方法，具有软启动功能，启动电流、启动转矩可调节，另外还具有电动机过载保护等功能。除此之外，软启动器还能在电动机停车阶段发挥作用，具有软停车功能。

1. 软启动器的工作原理

软启动器是一种专门用于电动机启动和停车控制的电子装置，其基本原理是利用晶闸管的移相控制原理(见图 2-22)，通过控制晶闸管的导通角，改变其输出电压(见图 2-23)，达到通过调压方式来控制启动电流和启动转矩的目的。软启动器可以预先设置不同的启动模式，通过检测主电路电流并反馈，构成闭环控制其输出电压，实现不同的启动特性。待启动完成，软启动器自动控制旁路，电动机全压运行。

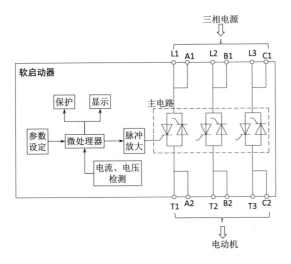

图 2-22　软启动器内部原理框图

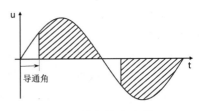

图 2-23　单相输出波形

软启动器还具有对电动机和软启动器本身的热保护、限制转矩和电流冲击、三相电源不平衡、缺相、断相等保护功能，可实时检测并显示如电流、电压、功率因数等参数。

2. 软启动器的启动模式

一般软启动器可以通过预先设定的启动模式，控制加到电动机上的电压来控制电动机的启动电流和转矩，从而得到不同的启动特性，以满足不同的负载特性要求，如图 2-24 所示。

1) 斜坡升压启动方式

斜坡升压启动方式一般可设定启动初始电压 U 和启动时间 t。这种启动方式属于开环控制方式。在电动机启动过程中，电压线性逐渐增加，在设定的时间内达到额定电压。这种启动方式主要用于一台软启动器并接多台电动机，或电动机功率远低于软启动器额定值的应用场合。

2) 转矩控制及启动电流限制启动方式

转矩控制及启动电流限制启动方式一般可设定启动初始力矩 T_{q0}、启动阶段力矩限幅

T_{LI}、力矩斜坡上升时间 t 和启动电流限幅 I_{LI}。这种启动方式引入电流反馈，通过计算间接得到负载转矩，属于闭环控制方式。由于控制目标为转矩，故软启动器输出电压为非线性上升。图 2-24 同时给出启动过程中转矩 T、电压 U、电流 I 和电动机转速 n 的曲线，其中转速曲线为恒加速度上升。

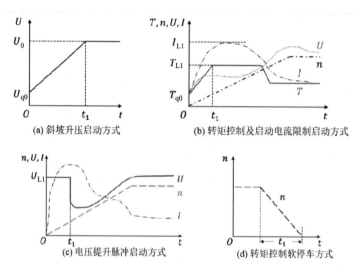

图 2-24 软启动器的启动模式

在电动机启动过程中，保持恒定的转矩使电动机转速以恒定加速度上升，实现平稳启动。在电动机启动的初始阶段，启动转矩逐渐增加，当转矩达到预先所设定的限幅值后保持恒定，直至启动完毕。在启动过程中，转矩上升的速率可以根据电动机负载情况调整设定。斜坡陡，转矩上升速率大，即加速度上升速率大，启动时间短。当负载较轻或空载启动时，所需启动转矩较低，可使斜坡缓和一些。由于在启动过程中，控制目标为电动机转矩，即电动机的加速度，即使电网电压发生波动或负载发生波动，经控制电路自动增大或减小启动器的输出电压，也可以维持转矩设定值不变，保持启动的恒加速度。此种控制方式可以使电动机以最佳的启动加速度、以最快的时间完成平稳的启动，是应用最多的启动方式。

3) 电压提升脉冲启动方式

电压提升脉冲启动方式一般可设定电压提升脉冲限幅 U_{LI}。升压脉冲宽度一般为 5 个电源周波，即 100ms。在启动开始阶段，晶闸管在极短时间内按设定升压幅值启动，可得到较大的启动转矩，此阶段结束后，转入转矩控制及启动电流限制启动。该启动方法适用于重载并需克服较大静摩擦的启动场合。

4) 转矩控制软停车方式

通常电动机停车时采用直接切断电动机电源的自由停车方式。但许多场合不允许电动机自由停车，如高层建筑中楼宇的水泵系统，要求电动机逐渐停机，采用软启动器可满足这一要求。

软停车方式通过调节软启动器的输出电压逐渐降低直至切断电源，这一过程时间较长且一般大于自由停车时间，故称作软停车方式。转矩控制软停车方式，是在停车过程中，匀速调整电动机转矩的下降速率，实现平滑减速。减速时间 t 一般是可设定的。

5) 制动停车方式

当电动机需要快速停机时，软启动器具有能耗制动功能。在实施能耗制动时，软启动器向电动机定子绕组通入直流电，由于软启动器是通过晶闸管对电动机供电，因此很容易通过改变晶闸管的控制方式而得到直流电。一般可设定制动电流加入的幅值 I_{L1} 和时间 t_1，但制动开始到停车时间不能设定，时间长短与制动电流有关，应根据实际应用情况，调节加入的制动电流幅值和时间来调节制动时间。

3. 软启动器的应用举例

下面以 TE 公司生产的 Altistart46 型软启动器为例，介绍软启动器的典型应用。Altistart46 型软启动器具有斜坡升压、转矩控制及启动电流限制、电压提升脉冲三种启动方式，还具有转矩控制软停车、制动停车、自由停车三种停车方式。具有完善的保护功能，如热保护、限制转矩和电流冲击、缺相、断相和电动机运行中过流等保护功能并提供故障输出信号。

Altistart46 型软启动器主要参数的设置范围如表 2-3 所示，主要端子如表 2-4 所示。

表 2-3　Altistart46 型软启动器的参数可调范围

参数	启动电流	启动转矩	加速力矩斜坡时间	减速力矩斜坡时间	制动转矩	电压提升脉冲幅值	过流跳闸值
可调范围	2～5 倍额定值	15%～100%	1～60s	1～60s	0%～100%	50%～100%	50%～300%

表 2-4　Altistart46 型软启动器的端子及功能说明

端 子	功 能
L1/A1 L2/B1 L3/C1	主电源(L1、L2、L3 为软启动器主电源进线端子；A1、B1、C1 分别和 L1、L2、L3 相连，用于连接旁路接触器)
T1/A2 T2/B2 T3/C2	连接电机的端子(T1、T2、T3 为连接电动机的出线端子；A1、B1、C1 分别和 T1、T2、T3 相连，用于连接旁路接触器)
C，400	控制电源
STOP	停止软启动器
RUN	运行软启动器
PL	逻辑输入的电源
L+	逻辑输出的电源
COM	逻辑输入、逻辑输出及模拟输出的共用端
R1A，R1C	继电器 R1 的常开触点(上电且正常时触点闭合，故障时断开)
R2A，R2C	继电器 R2 的常开触点，启动器旁路接触器的控制(启动完成时触点闭合)

图 2-25 所示控制线路可实现电动机单向运行、软启动、软停车或自由停车控制线路功能。图中 KM1 为进线接触器，KM2 为旁路接触器。旁路接触器的作用是当启动完成后，

内部继电器 KA2 常开触点闭合，KM2 接触器线圈吸合，电动机转由旁路接触器 KM2 触点供电，同时将软启动器内部的功率晶闸管短接，电动机通过接触器由电网直接供电。但此时过载、过流等保护仍起作用，KA1 相当于保护继电器的触点。SB1 和 SB2 为停车和启动按钮，SB3 为紧急停车按钮。当按下 SB3 时，接触器 KM1 失电，软启动器内部的 KA1 和 KA2 触点复位，使 KM2 失电，电动机自由停转。

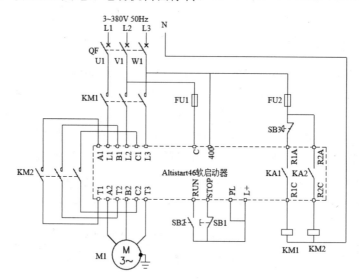

图 2-25　软启动器控制线路

由于带有旁路接触器，该电路有如下优点：在电动机运行时可以避免软启动器产生的谐波；软启动器仅在启动和停车时工作，可以避免长时间运行使晶闸管发热，延长了其使用寿命。

电动机软启动过程的步骤如下：

软停车过程的步骤如下：

急停或故障停车过程的步骤如下：

2.4　三相异步电动机制动控制线路

电动机切断电源后，虽然失去动力，但因为惯性作用不会马上停止转动，而是减速转动一段时间才会完全停下来，通常这种停车现象称为自由停车。这种停车方式对于准确定位或要求快速定位的生产机械是不适宜的，如万能铣床、起重机的吊钩等。实现生产机械的这种要求就需要对电动机进行制动。

制动就是给电动机一个与转动方向相反的转矩使它迅速停转(或限制其转速)。制动的方法一般分为机械制动和电气制动。利用机械装置使电动机断开电源后迅速停转的方法称为机械制动。机械制动常用的方法有电磁抱闸和电磁离合器制动。电气制动是电动机产生一个和转子转速方向相反的电磁转矩，使电动机的转速迅速下降。三相交流异步电动机常用的电气制动方法有能耗制动、反接制动和回馈制动。

2.4.1 反接制动控制线路

1. 反接制动原理

反接制动是当电动机正常运转需制动停车时，利用改变电动机电源的相序，使定子绕组产生相反方向的旋转磁场，从而产生制动转矩的一种制动方法。

由于反接制动期间电动机绕组施加了反相序电源，转子与旋转磁场的相对速度接近于两倍的同步转速，所以定子绕组中流过的反接制动电流相当于全电压直接启动时电流的两倍。因此反接制动特点之一是制动迅速、效果好，但冲击大，通常仅适用于 10kW 以下的小容量电动机。

采用反接制动方法时一定注意以下两点。

① 为了减小冲击电流，通常要求串接一定的电阻以限制反接制动电流，这个电阻称作反接制动电阻。

② 反接制动时，在电动机转速接近于零时，要及时切断反相序的电源，以防止电动机反向再启动。通常采用与电动机的轴相连的速度继电器来判断电动机的零速点。当电动机正常运转时，速度继电器的常开触点闭合允许制动；当电动机停车转速接近于零时，速度继电器的常开触点断开，切断接触器的线圈电路，从而切断电动机电源。

2. 反接制动控制线路

图 2-26 所示为三相异步电动机单向运行反接制动控制线路。线路中采用速度继电器来检测电动机的速度变化。当转速≥120 r/min 时速度继电器触点动作，当转速≤100 r/min 时，其触点恢复原位。

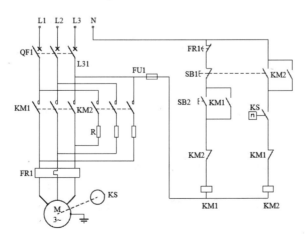

图 2-26 三相异步电动机单向运行反接制动控制线路

启动过程的步骤如下:

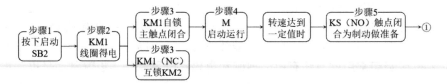

停止(反接制动)过程的步骤如下:

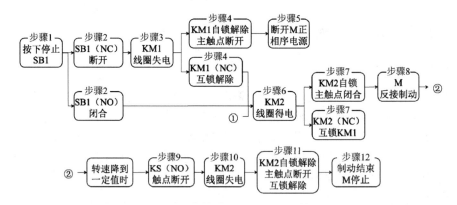

3. 可逆反接制动控制线路(无制动电阻)

图 2-27 所示为无制动电阻的可逆反接制动控制线路。图中 KS-Z 为速度继电器 KS 的正转速度检测触点,当正转且速度达到一定值时,KS-Z 常开触点闭合,常闭触点断开;KS-F 为速度继电器 KS 的反转速度检测触点,当反转且速度达到一定值时,KS-F 常开触点闭合,常闭触点断开。可逆反接制动控制工作过程类似于单向反接制动控制,这里不再赘述。

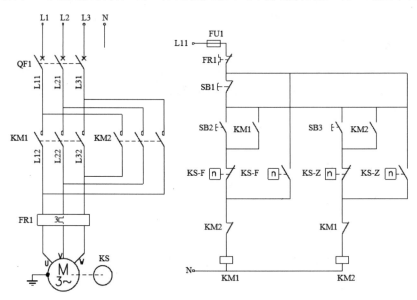

图 2-27　可逆反接制动控制线路(无制动电阻)

2.4.2 能耗制动控制线路

1. 能耗制动原理

能耗制动是指需要电动机停车时，先切断电动机的交流电源，随后向电动机两相定子绕组通入直流电，使定子中产生一个恒定的静止磁场，这样做惯性运转的转子因切割磁力线而在转子绕组中产生感应电流，又因受到静止磁场的作用，产生电磁转矩，正好与电动机的转向相反，使电动机受制动迅速停转。由于这种制动方法是在定子绕组中通入直流电以消耗转子惯性运转的动能来进行制动的，所以称为能耗制动。

能耗制动的优点是制动准确、平稳，且能量消耗较小；缺点是需附加直流电源装置，设备费用较高，制动力较弱，在低速时制动力矩小。所以，能耗制动一般用于要求制动准确、平稳的场合。

由于直流电产生的静止磁场无法使停止转动的转子旋转，因此能耗制动可以采用时间控制原则，即用时间继电器进行控制；也可以采用速度控制原则，即用速度继电器进行控制。

2. 能耗制动控制电路

能耗制动线路中通常采用交流电源变压后全波整流方式提供能耗制动的直流电源。

1) 时间控制原则的能耗制动控制线路

图 2-28 所示为三相异步电动机单向运行能耗制动控制电路，该电路利用时间继电器来进行自动控制。其中直流电源由整流变压器副边单相桥式整流器供给，电阻 R 是用来调节直流电流的，从而调节制动强度。

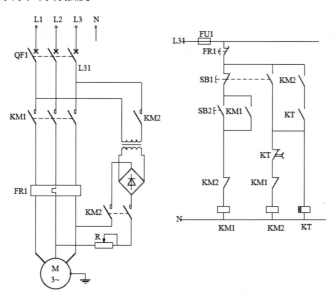

图 2-28 三相异步电动机单向运行能耗制动控制电路(时间控制原则)

启动时的步骤如下：

制动时的步骤如下:

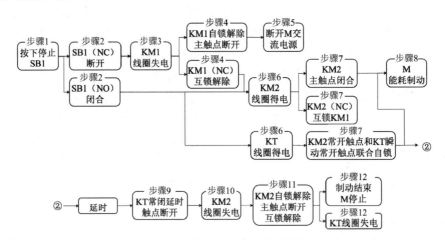

2) 速度控制原则的能耗制动控制线路

图 2-29 所示为速度控制原则的能耗制动控制线路。按下启动按钮 SB2 时，接触器 KMl 线圈通电并自锁，电动机 M 通电旋转。此时速度继电 KS 的常开触点闭合，为能耗制动做准备。停车时，按下停止按钮 SB1，其常闭触点断开，接触器 KM1 线圈断电，电动机 M 脱离交流电源。由于此时电动机的惯性转速还很高，KS 的常开触点仍然处于闭合状态，所以，当 SB1 常开触点闭合时，能耗制动接触器 KM2 线圈通电并自锁，其主触点闭合，电动机定子绕组接入直流电源，电动机进入能耗制动状态，电动机转速迅速下降。当电动机转速低于速度继电器动作值时，速度继电器常开触点复位，接触器 KM2 线圈电路被切断，能耗制动结束。

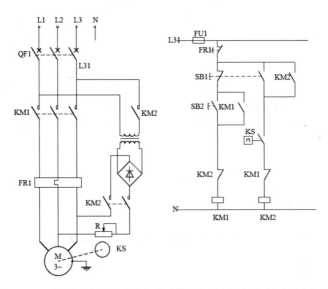

图 2-29 三相异步电动机单向运行能耗制动控制电路(速度控制原则)

2.5 三相异步电动机调速控制线路

三相异步电机的调速是指在同一负载下人为改变电动机的转速。在很多领域中，为了实现节能、自动控制、提高产品质量和生产效率，往往要求电动机可调速，如轧钢机、鼓风机、机床、电梯等。从广义上讲，电动机调速可分为两大类，一是定速电动机与变速联轴节配合调速，这种方式一般采用机械式(或油压式)变速器、电磁转差离合器，缺点是调速范围小和效率低，该技术逐步被淘汰，本书不做赘述。二是电动机直接调速，该方式是目前广泛应用于工业自动控制领域中的调速方式。三相异步电动机的转速公式：

$$n = n_0(1-s) = \frac{60f_1}{p}(1-s) \tag{2-1}$$

式中：n_0 为同步转速；s 为转差率；f_1 为电源频率；p 为极对数。

由此可知，要改变电动机的转速，有三种方式：变频调速、变极调速和变转差率调速。

① 改变极对数 p 的变极调速。

② 改变转差率 s 的降压调速。

③ 改变电动机供电电源频率 f_1 的变频调速。

其中，变极调速控制最简单，价格便宜但不能实现无级调速，而且仅用于可以改变极对数的变速电机。变频调速控制最复杂，但性能最好，随着其成本日益降低，目前已广泛应用于工业自动控制领域中。

2.5.1 双速电机的变极调速

变极电机是一种可改变极数的交流电机，通常为感应电机。转子一般为笼型，定子绕组结构为单绕组或槽内有几套独立绕组。前者改变接法，后者选用某一套绕组，能使电机形成不同的极数以获得几种不同的转速，如双速、三速或四速等。

1. 双速电机变极方法及原理

电动机变极采用电流反向法。下面以双速变极电机的单相绕组为例来说明变极原理。如图 2-30 所示，这是极数等于 4(即 $p=2$)时的一相绕组的展开图，绕组由相同的两部分串联而成，两部分各称作半相绕组，一个半相绕组的末端 X1 与另一个半相绕组的首端 A2 相连接。极数等于 2(即 $p=1$)时，半相绕组并联，两个半相绕组的电流方向相反，则磁极数目相对于串联时减少一半。由此可见，改变磁极数目是将半相绕组的电流反向来实现的。电机转子磁极数能自动跟随定子极对数变化。

因此，变极调速的设计思想是通过接触器触点改变电动机绕组的接线方式来达到调速的目的。

根据三相变极电机出厂时低速接法的不同有两种变极方法：△-YY 变极接法和 Y-YY 变极接法，如图 2-31 所示。

低速运行时，电动机三相绕组端子的 U1、V1、W1 端接入三相电源(U2、V2、W2 悬空)。在高速运行时，U2、V2、W2 端接入三相电源(U1、V1、W1 短接)。对于出厂时低速接法为△接法的变极电机，这种方式适合于恒功率负载。对于出厂时低速接法为 Y 接法的变极电机，这种方式适合于恒功率负载。因为各相绕组在空间相差的机械角度是固定不变的，电角度则随磁极数目改变而改变。例如磁极数目减少一半，使各相绕组在空间相差的电角度增加一倍，原来相差 120°电角度的绕组，现在相差 240°。如果相序不变，气隙磁场就要反转，这会使电动机因变极而改变旋转方向，因此变极后必须改变绕组的相序。

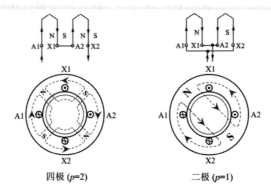

图 2-30　双速变极电机的单相绕组不同接法改变极对数

　　双速电动机调速线路简单、维修方便；缺点是其调速方式为有级调速。变极调速通常要与机械变速配合使用，以扩大其调速范围。双速电动机调速的优点是可以适应不同负载性质的要求，如需要恒功率时可采用△-YY 接法，如需要恒转矩调速时采用 Y-YY 接法。

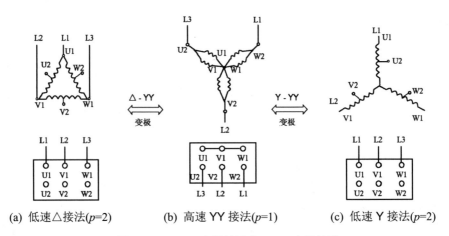

图 2-31　△-YY 变极接法和 Y-YY 变极接法

2. 双速电机变极调速控制线路

1) △-YY 变极调速控制线路

　　图 2-32 所示为双速电机△-YY 变极调速控制线路，当接触器 KM1 得电吸合，而 KM2 和 KM3 不吸合时，电动机三相绕组端子的 U1、V1、W1 端接入三相电源(U2、V2、W2 悬空)，此时三相绕组为△接法，极对数 $p=2$，电机低速运行；当 KM1 不吸合，而 KM2 和 KM3 得电吸合时，绕组端子的 U2、V2、W2 端接入反相序三相电源(U1、V1、W1 短接)，此时三相绕组为 YY 接法，极对数 $p=1$，电机高速运行。

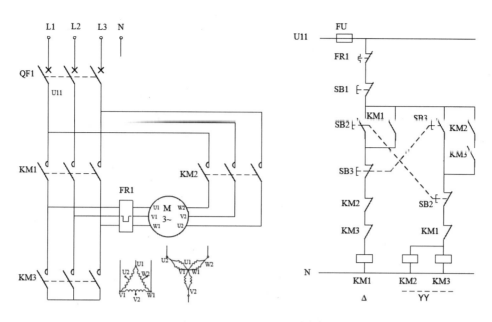

图 2-32 △-YY 变极调速控制线路

低速运行过程的步骤如下：

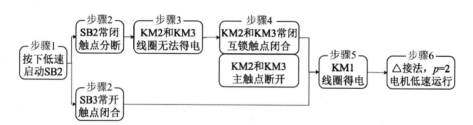

高速运行过程的步骤如下：

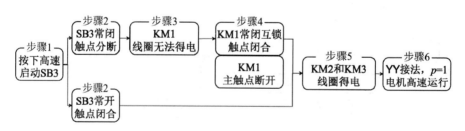

(2) Y-YY 变极调速控制线路

图 2-33 所示为双速电机 Y-YY 变极调速控制线路，选择开关 SA 操作切换速度，SA 有三个挡位，分别为高速、停车、低速。当接触器 KM1 得电吸合，而 KM2 和 KM3 不吸合时，电动机三相绕组端子的 U1、V1、W1 端接入三相电源(U2、V2、W2 悬空)，此时三相绕组为 Y 接法，极对数 $p=2$，电机低速运行；当 KM1 不吸合，而 KM2 和 KM3 得电吸合时，绕组端子的 U2、V2、W2 端接入反相序三相电源(U1、V1、W1 短接)，此时三相绕组为 YY 接法，极对数 $p=1$，电机高速运行；当 SA 拨至停车位时，KM1、KM2、KM3 均不吸合，电机停止。

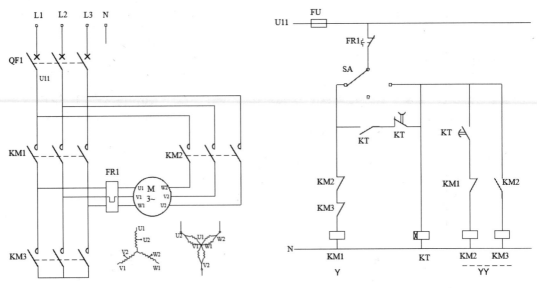

图 2-33 Y-YY 变极调速控制线路

低速运行过程的步骤如下:

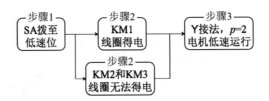

高速运行时,先低速(Y 接法,极对数 $p=2$)启动,然后切换至高速运行(YY 接法,极对数 $p=1$),目的是限制启动电流。采用时间继电器 KT 的时间控制原则设计。其具体操作过程如下:

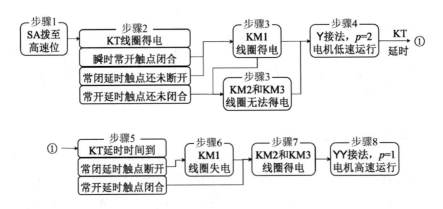

2.5.2   变频器与变频调速

由式(2-1)可知,交流电动机转速 n 与电机供电频率 f 成正比的关系,因此改变供电频率可以实现交流电动机调速控制,这就是变频调速。将工频电源(50Hz 或 60Hz)变换成频率可变的交流电源，以实现交流电机变频调速的电子设备称为变频调速器(简称变频器)。

因为受限于大功率电力电子器件的实用化问题技术瓶颈，直到 20 世纪 80 年代变频调速才取得了长足的发展。除此之外，微处理器的发展、变频控制方式的深入研究使得变频控制技术实现了高性能、高可靠性。在异步电动机调速控制中，变频调速的性能最好，调速范围广、效率高、稳定性好。

基于变频器的变频调速有以下特点。

① 使用标准电动机(如无须维护的笼型电动机)。

② 连续调速(无级调速)。

③ 可通过电子回路改变相序、改变转速方向。

④ 启动电流小，可调节加减速度。

⑤ 节能效果显著。

⑥ 保护功能齐全(如过载保护、短路保护、过电压和欠电压保护)。

目前，变频调速的应用领域非常广泛，如工业领域中的风机、泵、搅拌机、挤压机、精纺机和压缩机、各类机床、机械加工中心等；民用领域中的电梯、中央空调、恒压供水等；随着小型变频器的价格日益降低，甚至在家用电器中也普遍应用，如变频控制的冰箱、洗衣机、空调等。

关于变频调速技术的理论知识，如变频技术原理、矢量控制、直接转矩控制，在"运动控制系统"或"交流调速系统"以及"电力拖动及控制系统"等课程中详细讲述，本书不再赘述。本书主要从使用角度简述变频器的原理、组成、类型等，最后以示例的形式简要介绍变频器的使用和变频调速控制线路。

1. 通用变频器的工作原理

变频器是利用电力电子器件的通断作用将工频电源变换(50Hz 或 60Hz)为另一频率的电能控制装置，是集电力电子、微处理器控制等技术于一身的综合性电气产品。能够适用于所有负载的变频器，就是通用变频器。专门为某类特殊负载设计的变频器为专用变频器。

通用变频器为实现变频的功能，一般是先用整流器将频率和电压均固定的交流电变换成直流电，直流中间电路对整流电路的输出进行平滑滤波，再用逆变器将直流电逆变成频率和电压均可调的交流电。

变频器主要用于交流电机的变频调速控制。对交流异步电动机进行调速控制时，电动机的主磁通应保持额定值不变。若磁通太弱，铁芯利用不充分，同样的转子电流下，电磁转矩小，电动机的负载能力下降；若磁通太强，铁芯发热，波形变坏。那么如何实现磁通不变呢？

根据三相异步电动机定子每相电动势的有效值为

$$E_1 = 4.44 f_1 N_1 K_1 \Phi_m \tag{2-2}$$

式中，E_1 为定子绕组感应电动势的有效值(单位：V)；f_1 为定子绕组感应电动势频率(单位：Hz)；N_1 为定子每相绕组的匝数；K_1 为定子绕组的绕组系数；Φ_m 为每极磁通量(单位：Wb)。

如果不计定子阻抗压降，则

$$U \approx E_1 = 4.44 f_1 N_1 K_1 \Phi_m \tag{2-3}$$

若端电压 U 不变，则随着 f_1 的升高，气隙磁通 Φ_m 将减小，又从转矩公式

$$T = C_M \Phi_m I_2 \cos\varphi_2 \tag{2-4}$$

可以看出，磁通 Φ_m 的减小势必导致电动机允许输出转矩 T 下降。同时，电动机的最大转矩也将降低，严重时会使电动机堵转；若维持端电压 U 不变，而减小 f_1，则气隙磁通将增加。这就会使磁路饱和，励磁电流上升，导致铁损急剧增加，这也是不允许的。因此在许多场合，要求在调频的同时改变定子电压 U，以维持 Φ_m 接近不变。下面分两种情况说明。

(1) 基频以下的恒磁通变频调速。

为了保持电动机的负载能力，应保持气隙主磁通 Φ_m 不变，这就要求降低供电频率的同时降低感应电动势，保持 $E_1 / f_1 =$ 常数，即保持电动势与频率之比为常数进行控制，这种控制又称为恒磁通变频调速，属于恒转矩调速方式，其机械特性如图 2-34(a)所示。由于 E_1 难以直接检测和直接控制，可以近似地保持定子电压 U 和频率 f_1 的比值为常数，即保持 $U / f_1 =$ 常数。这就是恒压频比控制方式，是近似的恒磁通控制。频率很低时，定子阻抗压降不能忽略，因此 T_{emax} 太小将限制电机的带载能力，此时采用定子压降补偿，适当地提高电压 U，可以增强带载能力。

因此，基频以下变频调速控制原则应遵循降速、降频、恒磁、降压。

(2) 基频以上的弱磁通变频调速。

频率由额定值向上增大时，电压 U 由于受额定电压 U_N 的限制不能再升高，只能保持 $U = U_N$ 不变，这样必然会使主磁通随着 f 的上升而减小，相当于直流电动机弱磁通调速的情况，即近似的恒功率调速方式，其机械特性如图 2-34(b)所示。

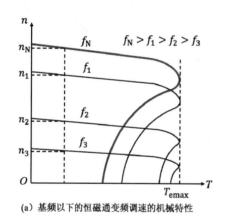

(a) 基频以下的恒磁通变频调速的机械特性

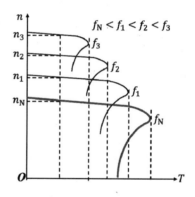

(b) 基频以上的弱磁通变频调速的机械特性

图 2-34　变频调速的机械特性

因此，基频以上变频调速控制原则应遵循升速、升频、恒压、降磁。

综上所述，异步电动机的变频调速必须按照一定的规律，同时改变其定子电压和频率，基于这种原理构成的变频器即所谓的 VVVF(variable voltage variable frequency，变压变频)调速控制，这也是通用变频器(VVVF)的基本原理。

根据 U 和 f 的不同比例关系，将有不同的变频调速方式。保持 $U / f_1 =$ 常数 的比例控制方式适用于调速范围不太大或转矩随转速下降而减小的负载，例如，风机、水泵等；保持 T 为常数的恒磁通控制方式适用于调速范围较大的恒转矩性质的负载，例如，升降机械、搅拌机、传送带等；保持 P 为常数的恒功率控制方式适用于负载随转速的增高而变轻的负载，例如，主轴传动、卷绕机等。

2. 变频器的分类

1) 根据变流环节分类

(1) 交-直-交变频器。

交-直-交变频器是间接式变频器，即先把恒压恒频的交流电整流成直流电，再把直流电逆变成电压和频率均可调的三相交流电(见图 2-35)。由于把直流电逆变成交流电的环节比较容易控制，所以该方法在频率的调节范围和改善变频后电动机的特性方面都具有明显的优势。大多数变频器都属于交-直-交型。

图 2-35　通用变频器原理示意图

(2) 交-交变频器。

交-交变频器是直接式变频器，把恒压恒频的交流电直接变换成电压和频率均可调的交流电，如图 2-36 所示。看上去相比交-直-交变频器少了变换成直流的中间环节，但实际上控制要更加复杂，所用电力电子器件也更多。通常由三相反并联晶闸管可逆桥式变流器组成。它具有过载能量强、效率高、输出波形好等优点；但同时存在着输出频率低(最高频率小于电网频率的 1/2)、使用功率器件多、功率因数低等缺点。该类变频器只在低转速、大容量的系统，如轧钢机、水泥回转窑等场合使用。

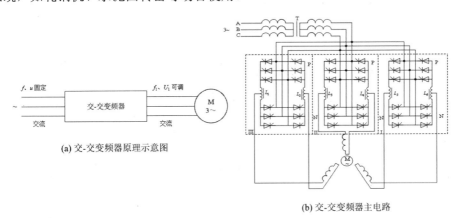

(a) 交-交变频器原理示意图

(b) 交-交变频器主电路

图 2-36　交-交变频器

2) 根据直流电路的滤波方式分类

(1) 电压型变频器。

电压源型逆变器(voltage source inverter，VSI)，直流环节采用大电容滤波，因而直流电压波形比较平直，在理想情况下是一个内阻为零的恒压源，输出交流电压是矩形波或阶梯波，有时简称电压型逆变器(见图 2-37)。对负载电动机来说，变频器是一个交流电源，在不超过容量的情况下，可以驱动多台电动机并联运行。

(2) 电流型变频器。

电流源型逆变器(current source inverter，CSI)，直流环节采用大电感滤波，直流电流波形比较平直,相当于一个恒流源,输出交流电流是矩形波或阶梯波,或简称电流型逆变器(见图 2-38)。其突出特点是容易实现回馈制动,调速系统动态响应快。适用于频繁急加减速的大容量电动机的传动系统。

图 2-37　电压型变频器原理示意图　　　图 2-38　电流型变频器原理示意图

3. 通用变频器的组成

通用变频器大多是交-直-交电压型变频器,一般由主电路、控制电路和保护电路等部分组成。变频器的系统组成框图和主要外部端口组成如图 2-39 和图 2-40 所示。

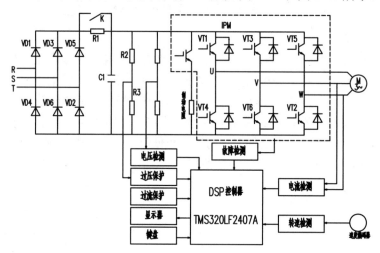

图 2-39　变频器的系统组成框图

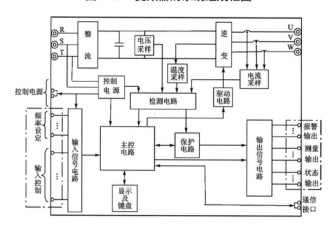

图 2-40　变频器的主要外部端口

1) 主电路

主电路用来完成电能的转换(整流和逆变),图 2-39 所示电路中最上部流过大电流的部分,它进行电力变换,为电动机提供调频调压电源。主电路由三部分组成:将交流工频电源变换为直流电的"变流器部分"，吸收在变流器部分和逆变器部分产生的电压脉冲的"平滑回路部分"和将直流电重新变换为交流电的"逆变器部分"。

主电路的外部接口分别是连接外部电源的标准电源输入端(可以是三相或单相)，以及为电动机提供变频变压电源的输出端(三相)。中间直流引出端子，用于连接制动单元和制动电阻。

2) 控制电路

控制电路是指用以实现信息的采集、变换、传送和提供控制信号的电路。其核心是由一个高性能的主控制器组成的主控电路，它通过接口电路接收检测电路和外部接口电路传送来的各种检测信号和参数设定值，根据其内部事先编制的程序进行相应的判断和计算，为变频器其他部分提供各种控制信息和显示信号。采样检测电路完成变频器在运行过程中的各部分的电压、电流、温度等参数的采集任务。键盘/显示部分是变频器自带的人机界面，完成参数设置、命令信号的发出以及显示各种信息和数据。控制电源为控制电路提供稳定的高可靠性的直流电源。

输入/输出接口部分也属于控制电路部分，是变频器的主要外部联系通道。输入信号接口主要如下。

① 频率信号设定端给定电压或电流信号来设置频率。

② 输入控制信号端不同性能、不同厂家的变频器，控制信号的配置可能稍有不同。该类信号主要用来控制电动机的运行、停止、正转、反转和点动等，也用来进行频率的分段控制。其他的控制信号还有紧急停车、复位、外接保护等。

输出信号接口主要如下。

① 状态信号端一般为晶体管输出。状态信号主要是变频器运行信号和频率达到信号等。

② 报警信号端一般为继电器输出。当变频器发生故障时，继电器动作，输出触点接通。

③ 测量信号端供外部显示仪表测量、显示频率信号和电流信号等。

3) 保护电路

保护电路除了用于防止因变频器主电路的过压、过流引起的损坏外，还应保护异步电动机及传动系统等。

4. 变频器的控制方式

1) V/f 控制

控制机理：改变频率的同时控制变频器输出电压，使电动机的磁通保持一定，在较广范围内调速运转时，电动机的功率因数和效率不下降。这就是控制电压 V 与频率 f 之比，所以称为 V/f 控制。

其特点如下：

● 开环控制。

● 调速范围窄，通常在 1：10 左右的调速范围内使用。

● 急加速、减速或负载过大时，抑制过电流能力有限。

● 不能精密控制电动机实际速度，不适合用于同步运转场合。

2) 矢量控制

机理：矢量控制(vector control，VC)，通过坐标变换(三相—两相变换和同步旋转变换)，按转子磁链定向法将交流异步电动机等效为直流电机，将电机定子电流分解为相互解耦的励磁分量和转矩分量，利用直流电机的双闭环控制思想进行调速。实质是对电机系统的解耦控制，即将供给异步电动机的定子电流在理论上分成两部分：产生磁场的电流分量(磁场电流)和与磁场相垂直产生转矩的电流分量(转矩电流)。该磁场电流、转矩电流与直流电动机的磁场电流、电枢电流相当。

其特点如下：

● 需要使用电动机参数，一般用作专用变频器。

● 调速范围在 1∶100 以上。

● 速度响应性极高，适合于急加速、减速运转和连续四象限运转，适用于任何场合。

3) 直接转矩控制

直接转矩控制技术(direct torque control，DTC)是继矢量控制技术之后发展起来的又一高性能的新型交流变频调速技术，1985 年由德国鲁尔大学的 Depenbrock 教授提出，它避开了矢量控制中的两次坐标变换，直接在定子坐标系上计算电机转矩与定子磁链，通过转矩的砰砰控制，使转矩得到迅速的控制。

机理：直接转矩控制方法的基本思路是把电机与逆变器看作一个整体，采用空间电压矢量分析方法在定子坐标系上进行磁链、转矩计算，通过选择逆变器不同的开关状态直接对转矩进行控制。

其特点如下：

● 转矩和磁链的控制采用双位式砰-砰控制器，省去了旋转变换和电流控制，简化了控制器的结构。

● 选择定子磁链作为被控量，提高了控制系统的鲁棒性。

● 可以获得快速的转矩响应。

● 定子坐标系下分析电机的数学模型，直接控制磁链和转矩。

关于变频调速控制方式更详细的内容，请参考《运动控制系统》《交流调速系统》《电力拖动及控制系统》等参考文献。

5. 变频器的主要技术参数

输入侧主要额定数据如下。

● 额定电压：国内中小容量变频器为三相 380V，单相 220V。

● 额定频率：国内为 50Hz。

输出侧主要额定数据如下。

● 额定电压：额定输出规定为输出电压中的最大值。

● 额定电流：允许长时间通过的最大电流。

● 额定容量：额定输出电压 × 额定输出电流。

● 配用电机容量：带动连续不变负载时能配用的最大电机容量。

● 输出频率范围：通常以最大输出频率和最小输出频率表示。

对变频器设置和调试时的主要参数有控制方式、频率给定方式、加减速方式、频率上下限。

6. 变频器的选择

1) 种类选择

目前市场上的变频器，大致可分为三类，用户应根据生产机械的具体情况进行选择。

① *V/f* 控制方式的变频器，也称简易变频器。该类变频器成本较低，使用较为广泛。

② 自适应功能更加完善的高性能变频器，用于对调速性能较高的场合。

③ 专门针对某种类型的机械而设计的专用变频器，如泵、风机用变频器，电梯专用变频器，起重机械专用变频器，张力控制专用变频器等。

2) 容量选择

变频器容量的选择实质是选择其额定电流，总的原则是变频器的额定电流大于或等于拖动电机的额定电流。

在选择变频器容量时，有以下情况需要考虑。

● 变频器驱动的是单一电动机，还是驱动多个电动机。

● 驱动多个电动机时，是同时启动，还是分别启动。

● 变频器驱动单一的电动机并且是软启动时，变频器额定电流选择为电动机的额定电流的 1.05～1.1 倍。

● 变频器驱动多台电动机时，多数情况下也是分别单独进行软启动。这时候变频器额定电流的选择为多个电动机中最大电动机额定电流的 1.05～1.1 倍即可。

7. 变频器的主要功能

1) 频率给定功能

有三种方式可以完成变频器的频率设定。

① 面板设定方式：通过面板上的按键完成频率给定。

② 端子给定方式：通过控制外部的模拟量或数字量端口，将外部的频率设定信号送给变频器。数字量信号接口通过开关量方式的多段速给定控制。模拟量信号接口给定频率时，一般有 0～5V、0～10V 等电压信号和 0～20 mA 或 4～20 mA 的电流信号给定。

③ 通信接口方式：可以通过通信接口，如 RS-485、PROFIBUS 等进行远程的频率给定。

2) 升速、降速和制动控制

可以通过预置升/降速时间和升/降速方式等参数来控制电动机的升/降速，利用变频器的升速控制可以很好地实现电动机的软启动。

升/降速通常有线性方式、S 形方式和半 S 形方式。

制动控制方式通常有两种：一是斜坡制动，按照用户设定的下降曲线停车；二是能耗制动，在变频器中使用直流制动，要进行制动电压、制动时间和制动起始频率的设定。适用于惯性较大的负载。

3) 控制功能

变频器可以由外部的控制信号或可编程控制器等控制，也可以按预先设置好的程序完成控制。大部分场合变频器需要和可编程控制器一起组成控制系统，只有在比较简单的调速控制场合才单独使用。

4) 保护功能

变频器实现的保护功能主要有过电流保护、过电压保护、欠电压保护、变频器过载保护、防止失速保护、主器件自保护和外部报警输入保护等。

8. 变频器的操作方式

1) 面板操作

变频器几乎均自带数字操作器面板，可以对变频器进行设定操作，如设定电动机的运行频率、运转方式、*V/f* 类型、加减速时间等。数字面板有若干个操作键，如运行键、停止键、上升键和下降键。面板按键可以操作启动、停止电动机，还可以设定参数。数字操作器面板通常配有 6 位或 4 位数字显示器，它可以显示变频器的运行状态，如电流、频率、转速等，还可以显示功能代码及各功能代码的设定值。

2) 远程操作

远程操作是一个独立的操作单元，它利用计算机的串行通信功能，不仅可以完成数字操作器所具有的功能，而且可以实现数字操作器不能实现的一些功能。特别是在系统调试时，利用远程操作器可以对各种参数进行监视和调整，比数字操作器功能强，而且更方便。

3) 端子操作

控制端子包括频率指令模拟设定端子、运行控制操作输入端子、报警端子和监视端子等。

9. 变频器的使用与变频调速控制线路

下面以三菱变频器 FR-F540 为例说明变频器的使用以及基于 FR-F540 的变频调速控制线路。关于 FR-F540 详细说明请参阅《三菱变频调速器 FR-F500 使用手册》，下面仅简要介绍示例线路中用到的部分功能。FR-F540 变频器各部分及外形如图 2-41 所示，主回路端子和部分控制端子如表 2-5 和表 2-6 所示。

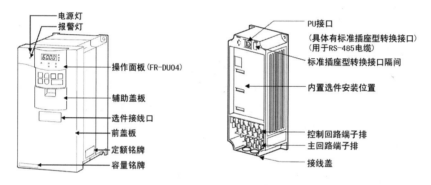

图 2-41 FR-F540 外形及各部分

表 2-5 FR-F540 主回路端子

端子记号	端子名称
R S T	交流电源输入
U V W	变频器输出(接三相交流电机)
R1，S1	控制回路电源
P，N	连接制动单元
P，P1	连接改善功率因数 DC 电抗器

表 2-6　控制端子(部分)

类　　型		端子记号	端子名称
输入信号	启动接点	STF	正转启动
		STR	反转启动
		SD	公共输入端子(漏型)
模拟	频率给定	10	频率设定用电源
		2	频率设定(电压)
		4	频率设定(电流)
		5	频率设定公共端
输出信号	接点	A、B、C	异常输出
	脉冲	FM	指示仪表用
	模拟	AM	模拟信号输出

【例 2-5】使用 FR-F540 变频器设计变频调速控制线路。要求如下：

① 控制柜和现场操作箱两地控制。

② 仅单向运行(正转)。

③ 频率给定方式为两地电位器给定。

解：

(1) 主电路及控制端子控制线路。

图 2-42 所示为主电路及控制端子控制线路。正转启停由继电器 KA1 的触点控制。线号 31、33、35 分别接变频器的 10、2、5 端子，用于频率给定。FM、SD 端子接转速表。端子 A、C 为故障继电器接点。

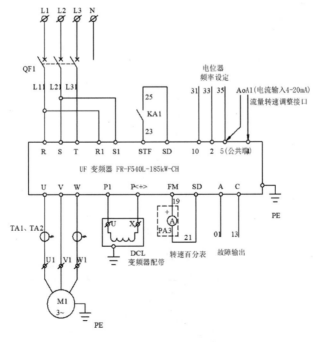

图 2-42　主电路及控制端子控制线路

(2) 电流测量及频率给定线路。

电流测量及频率给定线路如图 2-43 所示，电流表 PA1、PA2 分别安装于控制柜和现场操作箱两地。频率给定电位器 RP1、RP2 也分别安装于控制柜和现场操作箱两地，由 SA 选择开关切换。虚线框内的元件安装于现场控制箱内。

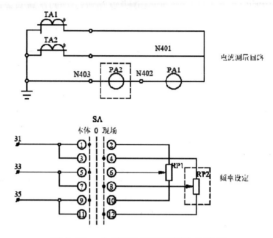

图 2-43　电流测量及频率给定线路

(3) 继电器控制线路。

继电器控制、显示、故障保护及声光报警线路如图 2-44 所示，虚线框内的元件安装于现场控制箱内。指示灯 HG1、HG2 为两地电源指示。KA1 为启停控制继电器，当线圈得电时，接在变频器端子 STF 和 SD 上的触点闭合，变频器开始控制电动机正转；KA1 的线圈失电电机停止；电机运行状态由 KA1 的另一对触点控制的指示灯 HR1、HR2 两地显示。

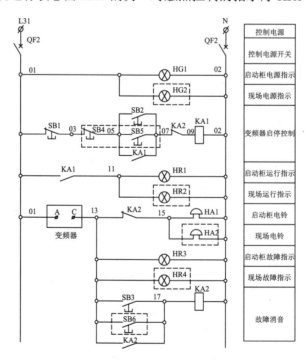

图 2-44　继电器控制线路

当变频器检测到故障，其内部的继电器闭合，引出的输出端子 A、C 接通，两地的蜂鸣器 HA1、HA2 响起，同时指示灯 HR3、HR4 点亮，声光报警。此时，按下两地的消声按钮 SB3 或 SB6，继电器 KA2 的线圈得电，其常闭按钮断开，蜂鸣器停止鸣响，报警指示灯依然点亮，直到变频器故障排除。

综上所述，可以看出继电器控制的变频调速系统主要还是用于功能要求简单的调速场合，而且手动给定频率(本例中用电位器给定)。在功能复杂、自动化程度要求高的场合难以胜任，还是要借助 PLC 等程序控制器实现较为合理。

习题及思考题

2-1 绘制自动往复循环控制线路，并简述其工作过程。

2-2 简述 Y-△降压启动工作原理，分析图 2-18 电路工作过程。

2-3 简述反接制动工作原理，分析图 2-26 电路工作过程，说明在反接制动控制中为何使用速度继电器。

2-4 设计两台交流异步电动机控制线路，要求如下：两台电动机互不影响地独立操作，能同时控制两台电动机的启动与停止，当一台电动机发生过载时，两台电动机均应停止。

2-5 设计三台交流异步电动机控制电路，要求第一台电动机启动 10s 后，第二台启动。运行 5s 后，第一台电动机停止的同时使第三台电动机启动。再运行 15s 后，电动机全部停止。电动机采用直接启动。

2-6 有一台三级皮带运输机，分别由三台交流异步电动机 M1、M2、M3 拖动，动作顺序如下：启动时要求按 M1、M2、M3 顺序，停止时按 M3、M2、M1 顺序，要求上述动作有一定时间间隔，并要求有必要的保护措施。

2-7 某三相笼型异步电动机单向运转，要求启动电流不能过大，制动时要快速停车。试设计主电路和控制电路，并要求有必要的保护。

2-8 有一小车由交流异步电动机拖动，其动作程序如下：小车由原位开始前进，到终端后自动停止，在终端停留 2min 后自动返回原位停止，在前进或后退途中任意位置都能停止或启动。

2-9 三相笼型异步电动机的调速方法有哪几种？变频调速有哪两种控制方式？变频器主要由哪几部分组成？

2-10 某机床主轴由一台三相笼型异步电动机拖动，润滑油泵由另一台三相笼型异步电动机拖动，均采用直接启动，试设计主电路和控制电路，并对设计的电路进行简单说明。工艺要求如下：

(1) 主轴必须在润滑油泵启动后，才能启动。

(2) 主轴为正向运转，为调试方便，要求能正、反向点动。

(3) 主轴停止后，才允许润滑油泵停止。

(4) 具有必要的电气保护。

第 3 章　PLC 及其工作原理

可编程控制器是在继电器控制和计算机技术的基础上发展而来，逐渐成为以微处理器为核心，并融合了自动控制、计算机和通信等技术的新型工业控制装置，目前已是现代工业自动化的三大技术支柱之一。

本章简述了可编程控制器的产生、定义和发展，详细描述了 PLC 的硬件和软件构成。通过和其他各类控制系统比较，阐述了可编程控制器的特点及应用领域，并重点讲述 PLC 的工作原理。

3.1　PLC 概述

3.1.1　PLC 的产生和定义

1. PLC 的产生

20 世纪 60 年代可编程控制器诞生之前，工业生产中广泛使用的电气自动控制系统是继电器-接触器控制系统。这种系统是用导线将器件按一定的要求连接起来实现特定的控制要求，我们通常把这种由导线连接决定器件间逻辑关系的控制方式叫作接线逻辑。

接线逻辑控制系统具有结构简单、容易掌握、价格便宜，能满足大部分场合的逻辑控制要求，在工业电气控制领域长期占据主导地位。但是，继电器-接触器控制系统也存在明显的缺点：设备体积庞大、可靠性差、功能弱，难以实现复杂的控制。尤其是这种接线逻辑控制要改变逻辑关系只能通过改变接线，因此，当生产工艺或对象改变时，原有的接线甚至整个控制系统都要更换，所以通用性和灵活性差，建造周期长。

为了克服基于接线逻辑的继电器-接触器控制系统的缺点，人们曾试图用基于软件逻辑的小型计算机来实现工业电气自动控制，但由于价格高，输入输出电路信号及容量不匹配，编程复杂难以掌握，可靠性难以突破等原因，一直未能得到推广应用。

随着现代工业控制规模的不断扩大，自动化、智能化程度的不断提高，控制工艺复杂度的不断增加，更新周期不断缩短，继电器-接触器控制系统愈来愈难以胜任如此背景下的控制要求。新型的控制系统的出现是时代的要求，也是必然的结果，可编程控制器就是在这种背景下应运而生的。

20 世纪 60 年代，汽车生产流水线的自动控制系统就是继电器-接触器控制的典型代表。当时汽车的每一次改型都直接导致继电接触器控制装置的重新设计和安装。随着生产的发展，汽车型号更新的周期愈来愈短，这样，继电接触器控制装置就需要经常重新设计和安装，十分费时、费工、费料。为了改变这一现状，美国通用汽车公司(GM)公开招标，要求用新的控制装置取代继电接触器控制装置，并提出了十项招标指标(被称为著名的"GM 十条")，内容如下：

(1) 编程方便，现场可修改程序。

(2) 维修方便，采用模块化结构。

(3) 可靠性高于继电接触器控制装置。

(4) 体积小于继电接触器控制装置。

(5) 数据可直接传入管理计算机。

(6) 成本可与继电接触器控制装置竞争。

(7) 输入可以是交流 115V。

(8) 输出为交流 115V、2A 以上，能直接驱动电磁阀、接触器等。

(9) 在扩展时，原系统只要很小变更。

(10) 用户程序存储器容量至少能扩展到 4 KB。

"GM 十条"其实就是将继电器-接触器控制系统的结构简单、容易掌握、价格低廉的优点与计算机控制的功能强大、灵活性、通用性好的优点结合起来，将接线逻辑转变为能应用于工业现场的软件逻辑的设想。因此可编程控制器源于继电器控制技术，但基于电子计算机。

1969 年，美国数字设备公司(DEC)根据"GM 十条"研制出第一台型号为 PDP-14 的控制器，在美国通用汽车自动装配线上试用，获得了成功。它基于集成电路和电子技术，首次采用程序化的手段应用于电气控制，这就是第一代可编程控制器。这种新型的工业控制装置以其简单易懂、操作方便、可靠性高、通用灵活、体积小、使用寿命长等一系列优点，很快地在美国其他工业领域推广应用。到 1971 年，已经成功地应用于食品、饮料、冶金、造纸等工业领域。

可编程控制器诞生初期是以实现逻辑控制功能为主，被命名为可编程逻辑控制器，英文名称为 programmable logic controller，简称 PLC。后来随着功能的不断拓宽，不再局限于当初的逻辑控制，数据处理、运动控制、模拟量控制以及通信网络等都成了这种控制器的基本功能，因此强调逻辑控制的可编程逻辑控制器名称太过片面了，所以更名为可编程控制器，英文名称为 programmable controller，简称 PC。但是，早于可编程控制器的个人计算机(personal computer)也简称 PC，二者属于同一领域，为了区别，通常可编程控制器的简称沿用 PLC。

2. PLC 的定义

PLC 从诞生之日起，发展非常迅速，其定义也经历了多次变动。2003 年国际电工委员会(IEC)发布(1992 年发布第 1 稿)的可编程控制器国际标准 IEC61131-1(通用信息)中对可编程控制器给出了最新定义：

可编程控制器是一种数字运算操作的电子系统，专为在工业环境下应用而设计。它采用了可编程的存储器，用来在其内部存储执行逻辑运算、顺序控制、定时、计数和算术运算等操作指令，并通过数字式和模拟式的输入和输出控制各种类型机械或生产过程。可编程控制器及其有关外围设备，都按易于与工业系统连成一个整体、易于扩充其功能的原则设计。

该定义重点说明了三个概念：

(1) PLC 是什么：PLC 是数字运算操作的电子系统，也是一种计算机。

(2) 能干什么(功能)：能完成逻辑运算、顺序控制、定时、计数和算术运算等操作，它还具有数字量和模拟量输入和输出的功能。

(3) 设计原则：直接应用于工业环境，具有很强的抗干扰能力、广泛的适应能力和应用范围。并且非常容易与工业系统连成一体，易于扩充其功能。

3.1.2 PLC 的发展

1. PLC 的发展历程

自 1969 年美国数字设备公司(DEC)研制出世界上第一台 PLC 并在通用汽车公司(GM)生产线上大获成功后，PLC 因易学易用、操作方便、可靠性高和使用寿命长等优点在工业中得到了广泛应用。同时，这一新技术也受到其他国家的重视。1971 年日本引进这项技术，很快研制出日本第一台 PLC；欧洲于 1973 年研制出第一台 PLC；我国从 1974 年开始研制，1977 年国产 PLC 正式投入工业应用。

进入 20 世纪 80 年代以来，随着电子技术的迅猛发展，以 16 位和 32 位微处理器构成的微机化 PLC 得到快速发展，使得 PLC 在设计、性能价格比以及应用方面有了突破，不仅控制功能增强、功耗和体积减小、成本下降、可靠性提高及编程和故障检测更为灵活方便，而且随着远程 I/O 和通信网络、数据处理和图像显示的发展，PLC 已经普遍用于控制复杂的生产过程。PLC 已经成为工业自动化的三大支柱(PLC、工业机器人、CAD/CAM)之一。

PLC 发展至今经历了五个阶段(见图 3-1)。

图 3-1   PLC 的发展历程

(1) 初级阶段：这个时期的 PLC 功能简单，主要完成一般的继电器控制系统的功能，即顺序逻辑、定时和计数等，编程语言为梯形图。

(2) 崛起阶段：这个阶段的 PLC 在其控制功能方面增强了很多，例如数据处理、模拟量的控制等。

(3) 成熟阶段：这个时期 PLC 应用范围不断扩大，在冶炼、加工、造纸、烟草、纺织、污水处理等大型的控制系统中得到广泛应用。对这些大规模、多控制器的应用场合，就要求 PLC 控制系统必须具备通信和联网功能。这个时期的 PLC 顺应时代要求，在大型的 PLC 中一般都扩展了遵守一定协议的通信接口。

(4) 飞速发展阶段：这个时期是 PLC 发展最快的时期，年增长率一直都保持在 30%～40%之间。模拟量处理功能和网络通信功能的提高，使 PLC 控制系统在过程控制领域也开始大面积使用。随着芯片技术、计算机技术、通信技术和控制技术的发展，PLC 的功能得到了进一步的提高，现在 PLC 不论从体积上、功能上、价格上，还是从内在的性能(速度、存储容量等)、实现的功能(运动控制、通信网络、多机处理等)方面都远非过去的 PLC 可比。

(5) 开放性、标准化阶段：其实关于 PLC 开放性的工作在 20 世纪 80 年代就已经展开，但由于受到各大公司的利益的阻挠和技术标准化难度的影响，这项工作进展得并不顺利，所以，PLC 诞生后的近 30 年时间里，各个 PLC 在通信标准、编程语言等方面都存在着不兼容的地方，这为在工业自动化中实现互换性、互操作性和标准化都带来了极大的不便。现在随着可编程序控制器国际标准 IEC 61131 的逐步完善和实施，特别是 IEC 61131-3 编程语言标准的推广，使得 PLC 真正进入了一个开放性和标准化的时代。

2. PLC 的发展趋势

近年来，PLC 发展的明显特征是产品的集成度越来越高，工作速度越来越快，功能越来越强，使用越来越方便，运行越来越可靠。除此之外，PLC 的发展趋势还有以下几个方面。

1) 向微型化、专业化的方向发展

虽然目前小型 PLC 无论从体积上、价格上、功能上等方面与过去相比已经不能同日而语，但是主要还是应用于工业领域，在家电或者极小型的控制系统中很少使用。究其原因是这种极小型、专业系统中的 PLC 性价比仍然不高。

随着数字电路集成度的提高，元器件体积的减小和质量的提高，PLC 结构更加紧凑，设计制造水平在不断进步。微型 PLC 的价格便宜，性价比不断提高，很适合于单机自动化或组成分布式控制系统。有些微型 PLC 的体积非常小，如三菱公司的 FX_{0N}、FX_{2N}，西门子 S7-200SMART 系列均为超小型 PLC。微型 PLC 的体积虽小，功能却很强，过去一些大中型 PLC 才有的功能如模拟量的处理、通信、PID 调节运算等，均可以被移植到微型的 PLC 上。

2) 向大型化、高速度、高性能方向发展

为满足大规模、复杂系统进行综合性的自动控制的需求。大中型 PLC 向着大容量、智能化和网络化发展，使之能与计算机组成集成控制系统。

在工作速度上，如三菱的 AnA 系统大型 PLC 使用了 32 位微处理器，即顺序控制专用芯片，其扫描一条基本指令的时间为 $0.15\mu s$。在控制算法方面，除了使传统经典算法(如 PID)更加智能外，某些 PLC 还具有模拟量模糊控制、自适应、参数整定功能，使调试时间减少，控制精度提高。系统设计方面用于监控、管理、编程的人机接口和图形工作站的功能日益加强。如西门子公司的 TISTAR 和 PCS 工作站使用的 APT (应用开发工具)软件，是面向对象的配置设计、系统开发和管理工具软件，它使用工业标准符号进行基于图形的配置设计。自上而下的模块化和面向对象的设计方法，大大地提高了配置效率，降低了工程费用，系统的设计开发自始至终体现了高度结构化的特点。

3) 编程语言日趋标准

和个人计算机的通用编程语言不同，虽说 PLC 的第一编程语言是梯形图，但是不同厂家的 PLC，甚至同一厂家不同系列的 PLC 的具体的指令系统和表达方式并不一致，因此各公司的 PLC 互不兼容。梯形图之外其他编程语言情况更甚。为了解决这一问题，国际电工委员会 IEC 于 1994 年 5 月公布了 PLC 标准(IEC 61131)，其中的第三部分(IEC 61131-3) 是 PLC 的编程语言标准。标准中共有五种编程语言：顺序功能图(SFC) 是一种结构块控制程序流程图，梯形图和功能块图是两种图形语言，此外还有两种文字语言指令表和结构文本。除了提供几种编程语言可供用户选择外，标准还允许编程者在同一程序中使用多种编程语言，这使编程者能够选择不同的语言来适应特殊的工作。截至目前，PLC 厂家都在向 IEC 61131-3 标准靠拢，但是不同厂家的产品之间的程序转换仍有一个过程。

4) 与其他工业控制产品更加融合

PLC 与个人计算机、集散控制系统(DCS)和计算机数控(CNC)在功能和应用方面相互渗透、互相融合，使控制系统的性价比不断提高。目前的趋势是采用开放式的应用平台，即网络、操作系统、监控及显示均采用国际标准或工业标准,把不同厂家的 PLC 产品连接在一个网络中运行。

德国倍福(Beckhoff)公司的 CX 系列嵌入式控制器将 PC 和 PLC 相融合,其工业自动化控制软件 TwinCAT 除了支持 IEC 61131-3 的五种自动化编程语言外,还可以使用 C/C++进行编程,甚至可以利用 Matlab 的模型库和调试工具来创建控制模型,然后把创建好的模型导入到 TwinCAT3 中,从而更容易地进行复杂控制算法的开发和优化。

西门子公司的 PCS7 系统是 DCS 和 PLC 相融合的产物,基于过程自动化,从传感器、执行器到控制器,再到上位机,自下而上形成完整的 TIA(全集成自动化)架构。

欧姆龙(Omron)公司新出品的 NJ 系列 PLC 将运动、逻辑和视觉集于一体,将组成机械所需的各种控制设备汇集于一体,使用一个软件 Sysmac Studio 即可进行控制。

5) PLC 的软件化与 PC 化

目前已有多家厂商推出了在 PC 上运行的可实现 PLC 功能的软件包,也称为"软 PLC"。所谓软 PLC,即以通用操作系统和 PC 为软硬件平台,用软件实现传统硬件 PLC 的控制功能,即将 PLC 的控制功能封装在软件内,运行于 PC 环境中。这样的控制系统在实现硬件 PLC 相同功能的同时,也具备了 PC 机的各种优点。软 PLC 的性能价格比比传统的"硬 PLC"更高,是 PLC 的一个发展方向。如 GE 的 RX7i 和 RX3i 使用的就是工控机用的赛扬 CPU,主频已经达到 1GHz。

3.1.3 PLC 的应用

目前,PLC 已在工业领域的各行各业广泛应用,如汽车、钢铁、石油、化工、纺织、交通运输、环保等,其应用场合可以说是无处不在。而且随着 PLC 性能价格比的不断提高,其应用范围还将不断扩大。总体来说,PLC 主要用于逻辑顺序控制、运动控制、过程控制、远程控制及信息处理,最终目的是实现系统工作自动化、网络化、信息化及智能化。

1. 系统控制自动化

系统控制自动化是指不用或很少用人为干预,系统能自行工作、实现系统自身的功能。自动化是增加产量、提高质量、降低成本和劳动强度、保障生产安全等的保证,也是实现网络化、信息化及智能化的基础。

1) 逻辑、顺序控制

逻辑、顺序控制是 PLC 应用最广泛的领域,如注塑机、印刷机械、组合机床、装配生产线、包装生产线、电镀车间及电梯控制线路等。使系统按设定的逻辑关系有序的工作,是系统工作最基本的控制,也是离散生产过程最常用的控制。这类控制是 PLC 的初衷,也是 PLC 的强项,在逻辑、顺序控制领域,至今还没有别的控制器能够取代。

2) 运动控制

PLC 使用专用的指令或运动控制模块,对直线运动或圆周运动进行控制,可实现单轴和多轴位置控制,使运动控制与顺序控制功能有机地结合在一起。PLC 的运动控制功能广泛地应用于各种机械,如机床、成形机械、装配机械、机器人等场合。

PLC 用于运动控制的优势在于一是成本低,二是进行运动控制的同时,还可进行其他控制。有些 PLC 厂家在运动控制功能上开发力度很大,甚至推出在运动控制上更具优势的新型的 PLC 和相应软件，如倍福公司的 CX 控制器、欧姆龙公司的 NJ 系列 PLC 等，使得用 PLC 进行运动控制已变得很容易，在相当程度上，可以代替价格比其昂贵的数控系统。

3) 过程控制

过程控制是指对温度、压力、流量等连续变化的模拟量的闭环控制，PLC 通过模拟量 I/O 模块，实现 PID (比例-积分-微分)控制。目前的 PLC 一般都有 PID 控制功能，有些 PLC 还具有自整定等功能。因此 PLC 过程控制已经广泛地应用于轻工、化工、机械冶金、电力、建材等行业的温度、液位、压力、流量控制等场合。

2. 系统控制网络化

系统控制网络化是指将不同控制任务、空间位置、对象性质的相对自治的分布站点通过网络通信连成一个控制系统整体，形成"集中管理、分散控制"的分布式控制系统。网络化既是自动化发展的趋势，也是实现工厂自动化、远程监控的基础。

在系统控制网络化中，PLC 扮演着承上启下、左右贯通的重要角色，发挥着至关重要的作用。对下层，它可对现场设备实施控制或采集现场数据；对上层，它可向上位机传送或接受控制信息；对中层，可与其他 PLC 相互控制或交换数据。

3. 系统控制信息化

系统控制信息化是指系统的行为与行为效果量(数字)化、检测、采集、处理、存储、显示与传送。用 PLC 控制这些信息是很方便的，而且还可确保信息的实时、准确与可靠。如一个工厂实现信息化，可把工厂的生产与原料管理、产品销售结合，做到供、产、销无缝链接，进而实现按市场需求生产，按生产需要进料。这样，工厂即可实现零库存管理，工厂的资源、资金将得到充分利用，其效益会提高很多，这也是当今管理工作追求的目标。

4. 系统控制智能化

目前，用 PLC 实现系统控制智能化仅仅是开始，但也初见端倪，如很多品牌的 PLC 已经具有自学习、自整定功能的 PID 控制，在无数学模型的情况下调试 PID 非常有用。还有的 PLC 具有自动初始化系统、自整定系统工作参数、自调整系统工况、自调整工作模式、自诊断、自修复功能，能记录、判断、应对非正常情况，或能对非正常情况的处理提供必要的信息。

随着系统自动化、远程化、信息化的推进，系统也越来越复杂。系统控制智能化既是实现系统控制自动化、网络化及信息化的要求，也是系统控制自动化、网络化及信息化技术进步的必然趋势。

3.1.4 PLC 的特点

PLC 自诞生至今得到了飞速发展，其原因除了工业自动化的客观需要外，更重要的是 PLC 自身的独特优势，较好地解决了工业控制领域中的问题，主要表现在以下几个方面。

1. 抗干扰能力强，可靠性高

和继电器控制系统、计算机控制系统相比，PLC 控制系统具有抗干扰能力强，可靠性高的优点，表现在以下几个方面。

(1) 硬件方面：PLC 采用了一系列提高可靠性的措施。例如，采用可靠性高的工业级元件和先进的电子加工工艺(SMT)制造，对干扰采用屏蔽、隔离和滤波等便于维修的设计，使可靠性得到提高。

(2) 软件方面：PLC 具有强大的自诊断功能，一旦系统的软硬件发生异常情况，CPU 会立即采取有效措施，以防止故障扩大。通常 PLC 具有看门狗功能。

(3) 无触点软元件：PLC 控制系统中大量的开关动作由无触点的半导体电路完成，因此大大降低了因为器件老化、接触不良以及触点抖动等现象造成的故障。PLC 不需要大量的活动部件和电子元件，接线大大减少，与此同时，系统的维修简单，维修时间缩短，使可靠性得到提高。

(4) 可靠性设计：例如冗余设计、掉电保护、故障诊断、报警、运行信息显示、信息保护及恢复等，使可靠性得到提高。

上述技术措施结合良好的制造工艺，使得 PLC 具有超强的可靠性和抗干扰能力，平均无故障时间达到 3～5 万小时以上。大型 PLC 还可以采用由双 CPU 构成的冗余系统及由三CPU 构成的表决系统，使可靠性进一步提高。

2. 控制系统结构简单，易于操作

各 PLC 的生产厂家均有各种系列化、模块化、标准化的 PLC 产品，用户可根据生产规模和控制要求选用合适的产品，在端子上接入输入输出信号线，即可满足大部分控制系统的要求。因此 PLC 控制系统结构简单，通用性强，当系统控制要求发生变化时，只需修改软件即可满足新的要求。

PLC 的易操作性主要表现在以下几个方面。

(1) 操作方便：对 PLC 的操作包括程序的输入和程序更改。现在 PLC 的编程大部分可以用电脑直接进行，编程软件功能强大，智能性好，可以在线编辑和更改，人机交互友好，易学易用，操作方便。

(2) 编程方便：PLC 有多种程序设计语言可以使用，对现场电气人员来说，由于梯形图与电气原理图相似，因此，梯形图很容易理解和掌握。使用语句表编程时，由于编程语句是功能的缩写，便于记忆，并且与梯形图有一一对应的关系，所以有利于编程人员的编程操作。功能图表语言以过程流程进展为主线，十分适合设计人员与工艺专业人员设计思想的沟通。功能模块图和结构化文本语言编程方法具有功能清晰、易于理解等优点，而且与DCS 组态语言统一，受到广大技术人员的重视。

(3) 维修方便：PLC 所具有的自诊断功能对维修人员的技术要求降低，维修人员可以根据有关故障代码的显示和故障信号灯的提示等信息或通过编程器和 HMI 屏幕的设定，直接找到故障所在的部位，为迅速排除故障和修复节省了时间。

3. 功能强大、使用灵活

现在 PLC 几乎能满足所有的工业控制领域的需要。PLC 控制系统可大可小，能轻松完成单机控制系统、批量控制系统、制造业自动化中的复杂逻辑顺序控制、流程工业中大量的模拟量控制，以及组成通信网络、进行数据处理和管理等任务。

PLC 在使用灵活性方面主要表现如下。

(1) 编程的灵活性：PLC 采用的标准编程语言有梯形图、指令表、功能图表、功能模块

图和结构化文本编程语言等。使用者只要掌握其中一种编程语言就可进行编程，编程方法的多样性使编程更方便。由于 PLC 系统是存储逻辑系统，当系统控制要求发生变化时，只需修改软件即可满足新的要求。这种编程的灵活性是继电器控制系统和数字电路控制系统所不能比拟的。

(2) 扩展的灵活性：系列化、模块化、标准化的 PLC 产品，用户可根据生产规模和控制要求灵活选用，以满足各种控制系统的要求，也满足容量的扩展、功能的扩展、应用和控制范围的扩展。也可以通过多台 PLC 的通信来扩大容量和功能，甚至可以与其他的控制系统如 DCS 或上位机的通信来扩展其功能，并与外部设备进行数据交换。这种扩展的灵活性大大方便了用户。

(3) 操作的灵活性：设计工作量、编程工作量和安装施工的工作量的减少，使操作变得十分方便和灵活，监视和控制变得很容易。在继电器控制系统中所需的一些操作得到简化，不同生产过程可采用相同的控制台和控制屏等。

4．易学易用、建造周期短

(1) 编程简单易学：PLC 的生产厂家充分考虑到现场技术人员的技能和习惯，可采用梯形图或面向工业控制的简单指令形式。梯形图与继电器原理图很相似，直观、易懂和易掌握，不需要学习专门的计算机知识和语言。设计人员可以在设计室设计、修改和模拟调试程序，非常方便。

(2) 硬件接线少，易于安装调试：PLC 是面向用户的设备，针对不同的工业现场信号(如交流或直流、开关量或模拟量、电压或电流、脉冲或电位及强电或弱电等)有相应的 I/O 模块与工业现场的器件或设备(如按钮、行程开关、接近开关、传感器及变送器、电磁线圈和控制阀等)直接连接。另外，为了提高操作性能，它还有多种人-机对话的接口模块；为了组成工业局部网络，有多种通信联网的接口模块等。

(3) 编程软件功能强大，调试方便：梯形图语言是与继电接触器电路图类似的一种编程语言，这种编程语言形象直观，再结合编程软件强大的在线监控功能，使得调试过程直观方便、调试时间缩短。

3.1.5　PLC 的分类

1．按硬件结构形式分类

1) 整体式 PLC

整体式 PLC 又称为单元式或箱体式 PLC。整体式 PLC 的 CPU 模块、I/O 模块和电源装在一个箱体机壳内，结构非常紧凑，体积小、价格低，小型 PLC 采用整体式结构(见图 3-2)。整体式PLC提供多种不同I/O点数的基本单元和扩展单元供用户选用，基本单元内包括CPU模块、I/O 模块和电源，扩展单元内只有 I/O 模块和电源，基本单元和扩展单元之间用扁平电缆或其他方式连接。整体式 PLC 一般配有许多专用的特殊功能单元，如模拟量 I/O 单元、位置控制单元、数据输入输出单元等，使 PLC 的功能得到扩展。如欧姆龙公司的 C20P、C40P、C60P，三菱公司的 FX 系列，东芝公司的 EX20/40 系列和西门子公司的 S7-200 SMART、S7-1200 系列等，都属于整体式 PLC。

2) 模块式 PLC

模块式 PLC 是一种积木式结构，大、中型 PLC 和部分小型 PLC 采用模块式结构。模块式 PLC 用搭积木的方式组成系统，由框架和模块组成。模块插在模块插座上，模块插座焊在框架中的总线连接板上。PLC 厂家备有不同槽数的框架供用户选用，如果一个框架容纳不下所选用的模块，可以增设一个或数个扩展框架，各框架之间用 I/O 扩展电缆相连。有的 PLC 没有框架，各种模块安装在基板上。用户可以选用不同档次的 CPU 模块、品种繁多的 I/O 模块和特殊功能模块，对硬件配置的选择余地较大，维修时更换模块也很方便，但缺点是体积比较大。如欧姆龙公司的 C200H，AB 公司的 PLC5 系列产品、MODICON984 系列产品，西门子公司的 S7-300、S7-400PLC 机，都属于模块式 PLC。图 3-3 所示为模块式 PLC 的示意图。

图 3-2　整体式 PLC

图 3-3　模块式 PLC

2. 按 I/O 点数容量分类

可编程控制器实现对外部设备的控制，其输入与输出的数目之和称作 PLC 的输入/输出点数，简称 I/O 点数。I/O 点数是 PLC 最重要的技术参数之一，也是决定 PLC 价格的最重要因素。按 I/O 点数将 PLC 可分为小型、中型和大型三种，其实这种划分没有十分严格的界限，随着 PLC 技术的飞速发展，某些小型 PLC 也具有中型或大型 PLC 的功能。

1) 小型 PLC(含微型 PLC)

小型 PLC 的 I/O 点数一般在 256 点以下。现在的小型 PLC 还具有较强的通信能力和一定量的模拟量处理能力。这类 PLC 的特点是价格低廉、体积小巧，适合于控制单机设备和开发机电一体化产品。如欧姆龙公司的 C20P，三菱公司的 FX 系列，东芝公司的 EX20/40 系列和西门子公司的 S7-200 SMART、S7-1200 系列等，都属于小型 PLC。

2) 中型 PLC

中型 PLC 一般采用模块化结构，其 I/O 点数一般在 256～2048 点之间。中型 PLC 不仅具有极强的开关量逻辑控制功能，而且通信联网功能和模拟量处理能力更强大。中型机的指令比小型机更丰富，中型机适用于复杂的逻辑控制系统以及连续生产线的过程控制场合。如欧姆龙公司的 C200H，AB 公司的 PLC5 系列产品，西门子公司的 S7-300，都属于模块式 PLC。

3) 大型 PLC

一般 I/O 点数在 2048 点以上的 PLC 称为大型 PLC。程序和数据存储容量最高分别可达 10 MB，具有强大的计算、控制、调节功能，还具有强大的网络结构和通信联网能力，有些大型 PLC 还具有冗余能力(如西门子公司的 S7-400H)。它配备多种智能板，构成多功能的控制系统。大型机适用于大型设备自动化控制、过程自动化控制、过程监控系统，以及流水生产线控制等场合。

3.1.6 PLC 知名品牌

目前，世界上有 200 多家 PLC 厂商，1000 多种的 PLC 产品。PLC 产品可按地域分成四大流派。

(1) 欧洲流派：德国的西门子(Siemens)、倍福(Beckhoff)、路斯特(LTI Motion)，法国的施耐德(Schneider)，瑞士的 ABB，都是欧洲著名的 PLC 制造商。德国的西门子的电子产品以性能精良而久负盛名，很早就进入我国市场并占据较高的市场占有率。西门子 PLC 主要产品是 S5、S7 系列。S7 系列是西门子公司在 S5 系列 PLC 基础上近年推出的新产品，其性价比高，其中 S7-1200 系列属于微型 PLC、S7-300 系列属于中小型 PLC、S7-400 系列属于中高性能的大型 PLC。

(2) 美国流派：美国有 100 多家 PLC 厂商，我国市场上常见的有 A-B 公司、通用电气(GE)公司、莫迪康(Modicon)公司、德州仪器(TI)公司、西屋公司等。其中 A-B 公司是美国最大的 PLC 制造商，其产品约占美国 PLC 市场的一半。A-B 公司产品的大、中型 PLC 产品是 PLC-5 系列，小型 PLC 产品有 SLC500 系列等。

(3) 日本流派：我国工控领域使用小型 PLC 的国外品牌中日本产品最多。日本有许多PLC 制造商，如三菱(Mitsubishi)、欧姆龙(Omron)、松下、富士、日立、东芝等，在世界小型 PLC 市场上，日本产品占有很高的份额。三菱和欧姆龙的 PLC 是较早进入中国市场的产品，三菱的小型 PLC 有 FX0S、FX1S、FX0N、FX1N 及 α 系列等产品，大中型 PLC 有 A系列、QnA 系列、Q 系列。欧姆龙的小型 PLC 有 P 型、H 型、CPM1A 系列、CPM2A 系列、CPM2C、CQM1 等，中型 PLC 有 C200H、C200HS、C200HX、C200HG、C200HE、CS1系列，大型 PLC 有 C1000H、C2000H、CV(CV500/CV1000/CV2000/CVM1)等。

(4) 国产系列：自 20 世纪 70 年代后期进入中国以来，PLC 已经广泛地用于工业生产中几乎每一个角落。我国 PLC 市场虽然在很大程度上被国外品牌占据，但近年来国产 PLC 有了长足的发展。经过多年来的技术积累和市场开拓，国产 PLC 正处于蓬勃发展的时期。

目前，国内 PLC 生产厂家有 30 余家，其中和利时、台达、凯迪恩、德维森、永宏、汇川、信捷、海为等厂商都在健康地成长。

3.2 PLC 的硬件系统

3.2.1 PLC 的硬件组成

PLC 实质上是一种用于工业控制的专用计算机，其硬件组成与普通计算机大致相同，由 CPU、存储器、输入输出单元、通信接口、扩展接口和电源等部分组成，如图 3-4 所示。但为了便于接线、扩展、操作与维护，提高抗干扰能力和可靠性，其结构又与普通计算机有所区别。

3.2.2 CPU(中央处理器)

与通用计算机一样，CPU 是 PLC 的核心部件，它完成 PLC 所进行的逻辑运算、数值计算及信号变换等任务,并发出管理、协调 PLC 各部分工作的控制信号。

CPU 主要作用如下。

(1) 程序、数据:用户程序和数据的接受与存储。

(2) 输入采样:用扫描方式通过输入接口采样现场信号,并存入输入映像寄存器。

(3) 系统诊断:监测和诊断电源、PLC 内部电路的工作状态和用户编程过程中的语法错误等。

(4) 程序执行:从存储器逐条读取用户指令,完成各种数据的运算、传送和存储等功能。

(5) 输出刷新:根据数据处理的结果,刷新有关标志位的状态和输出映像寄存器的内容,再经由输出接口电路实现控制。

PLC 中所采用的 CPU 随机型不同而异,通常有三种:通用微处理器(如 8086、80286、80386 等)、单片机和位片式微处理器。小型 PLC 大多采用 8 位、16 位微处理器或单片机做 CPU,价格低、通用性好。中型 PLC 大多采用 16 位、32 位微处理器或单片机作为 CPU,如 8086、96 系列单片机,集成度高、运算速度快、可靠性高。大型 PLC 大多采用高速位片式微处理器,灵活性强、速度快、效率高。

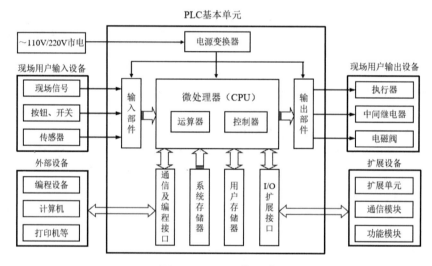

图 3-4　PLC 硬件组成

3.2.3　存储器

PLC 运行所需的程序分为系统程序及用户程序,存储器也分为系统存储器和用户存储器两部分。PLC 存储器结构如图 3-5 所示。

1. 系统存储器

系统存储器用来存放 PLC 生产厂家编写的系统程序,并固化在只读存储器 ROM 内,用户不能更改。

2. 用户存储器

用户存储器包括用户程序存储区和数据存储区两部分。用户程序存储区存放针对具体控制任务,用规定的 PLC 编程语言编写的控制程序。用户程序存储区的内容可以由用户任意修改或增删。用户程序存储器的容量一般代表 PLC 的标称容量,通常小型 PLC 的标称容量小于 8KB,中型 PLC 的标称容量小于 64KB,大型 PLC 的标称容量在 64KB 以上。用户数据存储区用于存放 PLC 在运行过程中所用到的和生成的各种工作数据。用户数据存储区包括输入数据映像区、输出数据映像区、定时器、计数器的预置值和当前值的数据区以及存放中间结果的缓冲区等。这些数据是不断变化的,并不需要长久保存,因此采用随机读写存储器 RAM。当供电电源关掉后,RAM 的内容会丢失,因此在实际使用中通常为其配备掉电保护电路。当正常电源关断后,由备用电池为它供电,保护其存储的内容不丢失。

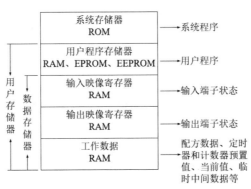

图 3-5　PLC 存储器结构

3.2.4　输入输出接口电路

输入输出(I/O)接口电路是 PLC 与工业控制现场各类信号连接的通道,起着 PLC 与被控对象间传递输入输出信息的作用。PLC 的 I/O 接口电路有两个基本要求:信号匹配的标准化和良好的抗干扰能力。

(1) 信号匹配的标准化:工业现场情况复杂,实际生产过程中的信号也多种多样,如电平高低、电压电流类型、信号范围等可能不同,若要 PLC 采集、处理、控制这些信号,就要求 PLC 的 I/O 接口电路的信号标准化,如采用交流 220V、直流 24V、0～10V、4～20mA 等标准化信号。尽可能降低信号转换所带来的经济成本和故障率,提高可靠性。

(2) 良好的抗干扰能力:为了提高抗干扰能力,一般的 I/O 模块都有光电隔离装置。在数字量 I/O 模块中广泛采用由发光二极管和光电三极管组成的光电耦合器,在模拟量 I/O 模块中通常采用隔离放大器。

PLC 具有多种 I/O 模块,常见的有开关量(数字量)I/O 模块和模拟量 I/O 模块,以及具有特殊功能的智能模块。

1. 开关量输入(DI)

开关量输入(digital input,DI)接口电路(或模块)是 PLC 接受控制现场开关量信号(如按钮、选择开关、行程开关以及其他一些开关量传感器的信号)的通道。产生开关量信号的电器可以是有触点电器,如控制按钮、行程开关、压力继电器、温度继电器等,也可以是无触点电器,如接近开关、光电开关等;可以是有源触点,如开关量传感器等,也可以是无源的。如果是无触点电器和有源触点,要注意电流方向和信号匹配问题。

为了提高抗干扰能力,PLC 开关量输入电路一般都有滤波和隔离电路,广泛采用的是光电耦合器。PLC 开关量输入电路每个通道均会有一个发光二极管指示灯,当有信号输入时发光二极管点亮,便于观察和维修。

为了匹配现场信号,PLC 开关量输入接口一般有直流、交流和交/直流输入三种类型可供选择,如图 3-6 所示。使用最多的是直流信号输入,输入电源可由外部提供,如西门子公司的 S7-1200,也有 PLC 内部供电的,如三菱公司的 FX0N。

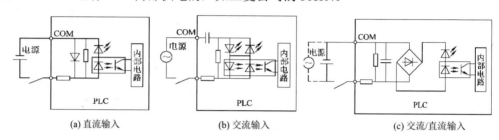

(a) 直流输入　　　　　(b) 交流输入　　　　　(c) 交流/直流输入

图 3-6　PLC 开关量输入接口电路原理图

2. 开关量输出(DO)

开关量输出(digital output,DO)接口电路(或模块)是 PLC 根据用户程序运算结果控制现场开关量负载(如接触器线圈、电磁阀、电磁铁、指示灯等)的通道。PLC 产生的输出开关量控制信号正是经过开关量输出电路驱动负载,如电动机的启停和正反转、阀门的开闭、设备的进退、升降等。

开关量输出接口通常有三种类型:继电器输出型、晶体管输出型和晶闸管输出型(见图 3-7)。输出电路一般都采用电气隔离技术,电源由外部提供,输出电流在 0.5~2A 之间,可以直接驱动常用的接触器线圈或电磁阀。每一路开关量输入通道有一个发光二极管指示输出状态。

(1) 继电器输出型:逻辑控制的项目中最常见,输出电源可以是交流,也可以是直流,输出频率不高,负载电流可达 2A。

(2) 晶体管输出型:通断频率高,适合于运动控制系统,如伺服电机、步进电机的高频脉冲输出等场合,输出电路电源只能是直流,负载电流最小,一般为 0.5A。

(3) 晶闸管输出型:适合于通断频率要求较高的场合,电源可以是交流,现在这种电路使用较少。

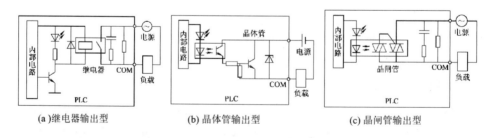

(a)继电器输出型　　　　　(b) 晶体管输出型　　　　　(c) 晶闸管输出型

图 3-7　PLC 开关量输出接口电路原理图

具体选用哪种输出类型的接口电路要根据被控负载的容量、通断频率、电源类型等因素而定。

通断频率:晶体管输出型＞晶闸管输出型＞继电器输出型

负载电流：继电器输出型＞晶闸管输出型＞晶体管输出型

3. 模拟量输入(AI)

模拟量输入(analog input，AI)接口电路(或模块)是 PLC 采集现场的、标准的、连续变化的信号的通道，即把现场连续变化的模拟量标准信号转换成适合 PLC 内部处理的由若干位二进制数字表示的信号。

模拟量输入接口一般接受标准的模拟量信号，如 0～10V、0～5V、-10～+10V 等电压信号，4～20mA、0～20mA 等电流信号，有些 PLC 还直接接受模拟量非标准信号模块，如热电阻、热电偶模块等。现在的现场传感器，如压力传感器、温度传感器、流量传感器、力传感器等一般都自带变送器，直接输出可供 PLC 接受的标准模拟量信号。

模拟量输入接口一般由滤波、隔离、多路分选、A/D 转换和存储等环节组成。性能指标主要有模拟量规格、数字量位数、转换路数、转换时间等。

4. 模拟量输出(AO)

模拟量输出(analog output，AO)接口电路(或模块)是 PLC 根据用户程序运算结果将多位数字量信号转换为相应的标准模拟量信号输出，控制现场模拟量对象，如阀门的开度、变频器频率给定等。

模拟量输出接口一般由光电隔离、D/A 转换和信号驱动等环节组成。输出信号为标准的模拟量信号，如电压信号 0～10V、0～5V、-10～+10V 等，电流信号 4～20mA、0～20mA 等。

5. 特殊功能输入输出

除了上述的四种基本 I/O 接口电路外，现在的 PLC 还有一些具有特殊功能的接口模块，如高速计数模块、通信接口模块、温度控制模块、PID 控制模块和位置控制模块等。这类接口模块一般都有独立的处理器，在 PLC 的 CPU 协调控制下相对独立工作，实现特定功能。这类模块的类型、品种与规格越多，PLC 系统的灵活性越好，实现越简单，调试更容易。

3.2.5　电源、扩展接口、通信接口

1. 电源

PLC 的电源一般包括两部分：工作电源和后备电池。

(1) 工作电源：PLC 一般使用 220V 的交流电源或 24V 直流电源，内部的开关电源为 PLC 的中央处理器、存储器等电路提供 5V、±12V、24V 等直流电源，整体式的小型 PLC 还提供定容量的直流 24V 电源，供外部有源传感器(如接近开关)使用。PLC 的电源部件有很好的稳压措施，因此对外部电源稳定性要求不高，允许电源输入电压范围宽(如 20.4～28.8VDC 或 85～264 VAC)，PLC 电源还有体积小、效率高、抗干扰能力强的特点。

对于整体式 PLC，电源部件通常封装到机壳内，模块式 PLC 则多采用电源模块的形式。

(2) 后备电池：为了防止在工作电源故障或外部电源停电的情况下，PLC 内部程序和数据等重要信息丢失，PLC 一般用锂电池做停电时的后备电源。

2. 扩展接口

对于整体式 PLC，扩展接口用于将扩展单元或功能模块与基本单元相连，使 PLC 的配

置更加灵活，以满足不同控制系统的需要。

3. 通信接口

PLC 通过通信接口可以与显示设定单元、触摸屏、编程器相连，提供方便的人机交互途径，也可以与其他的 PLC、计算机以及现场总线网络相连，组成多机系统或工业网络控制系统。

3.3 PLC 的软件系统

3.3.1 PLC 的软件系统构成

PLC 的软件系统包括系统程序和用户程序两部分(见图 3-8)。

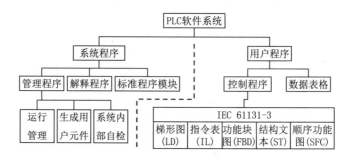

图 3-8 PLC 的软件系统构成

1. PLC 的系统程序

PLC 的系统程序是由 PLC 生产厂家编写的，并固化在 ROM 内，用户不能更改。它使 PLC 具有基本的功能，能够完成 PLC 设计者规定的各项工作。系统程序的内容主要包括三部分：系统管理程序、用户指令解释程序和标准程序模块与系统调用管理程序。

系统管理程序用以完成 PLC 运行相关时间分配、存储空间分配(生成用户元件)管理和系统自检等工作。

用户指令的解释程序用以完成用户指令变换为机器码的工作。

标准程序模块是 PLC 厂家编写的具有特定功能的标准程序，封装成功能块或指令盒的形式，用户在程序中可灵活调用，如 PID 程序功能块、运动控制功能块等。因为标准程序模块功能的不断优化和完善，大大地拓宽了 PLC 的应用范围，增强了 PLC 的编程灵活性，降低了对程序员编程能力的要求，同时使程序设计更加优化和方便。标准程序模块的种类和数量也是衡量 PLC 性能的一项指标。

2. PLC 的用户程序

用户程序又称为应用软件、用户软件，是由用户根据控制要求，采用 PLC 专用的程序语言编写的具有特定控制功能的程序。用户程序是可以改变的，可方便地上传、下载、编辑、修改、在线监视等操作。只有加载了用户程序的 PLC 才具有控制功能。

编辑、修改、监视用户程序的设备有专用编程器和个人计算机(内装编程软件)等。专用编程器只能编程某一个 PLC 生产厂家的 PLC，使用范围有限，寿命短、功能弱，价格较高，使用越来越少了。

现在的趋势是以个人计算机作为编程系统的硬件平台,内装由 PLC 厂商提供的编程软件,功能强大、直观易学,尤其是在复杂的程序的编辑和调试中这种编程系统是不二的选择。

3.3.2 PLC 的编程语言

个人计算机的通用编程语言,如 BASIC、C、FORTRAN 以及 Visual C++、Visual Basic 等,不受计算机品牌、厂家的限制,具有良好的兼容性和可移植性。PLC 的情况有所不同,其编程语言是专用的,不同厂家的 PLC,甚至同一厂家不同系列的 PLC 的具体的指令系统和表达方式并不一致,因此各公司的 PLC 互不兼容,也无法轻松移植。因此,国际电工委员会 IEC 于 1994 年 5 月公布了 PLC 标准(IEC 61131),其中的第三部分(IEC 61131-3)是 PLC 的编程语言标准。标准中共有五种编程语言:顺序功能图(SFC)、梯形图(LD)、功能块图(FBD)、指令表(IL)、结构文本(ST)。目前,PLC 厂家都在向 IEC 61131-3 标准靠拢,但是不同厂家的产品之间的程序通用、移植还没有做到,这是 PLC 控制系统最被人诟病的原因之一。

1. 梯形图(LD)

梯形图(ladder diagram,LD)是最早使用的一种 PLC 的编程语言,它是从继电器控制系统原理图演变而来,继承了继电器接触器控制系统中的基本工作原理和电气逻辑关系的表示方法。梯形图与继电器控制系统原理图的基本思想是一致的,只是在使用符号和表达方式上有一定区别。它的最大特点就是直观、清晰、简易易学,特别适合熟悉继电器电路图的电气工程技术人员,在逻辑、顺序控制系统中得到了广泛的使用,其优势是其他编程语言无法比拟的,被称为 PLC 第一编程语言。图 3-9 所示为继电器控制电路图和 PLC 梯形图程序比较。

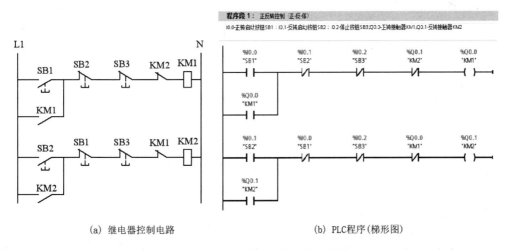

(a) 继电器控制电路   (b) PLC程序(梯形图)

图 3-9　继电器控制电路图和 PLC 梯形图程序比较

从图 3-9 中可见,梯形图和继电器控制系统原理图非常相似,程序结构酷似阶梯而得名。根据编程标准规定,梯形图的语言元素有母线、触点、线圈或功能块,以及逻辑连线,如

表 3-1 所示。

表 3-1　继电器控制系统原理图和 PLC 梯形图对应表

	继电器控制系统原理图	梯形图
常开触点	─ ╱ ─	─┤├─
常闭触点	─╱─	─┤/├─
线圈	─[□]─	─( )─ 或 ─○─
文字符号	SB、SQ、KA、KM 等	I0.0、M2.1、Q3.5 等
	电源线	母线
	电流	能流

　　梯形图源于继电器控制系统原理图，继承了工控领域电气工程师的知识体系和理解习惯，具有逻辑顺序控制中编程易学好用、调试直观方便的特点。虽然表达形式上和继电器控制系统酷似，但是，梯形图毕竟是一种程序，是编程语言元素和结构的逻辑组合的一种图形化表达方式，并非现实电路，因此两者之间仍然存在许多差异。继电器控制系统原理图和梯形图组成要素如图 3-10 所示。

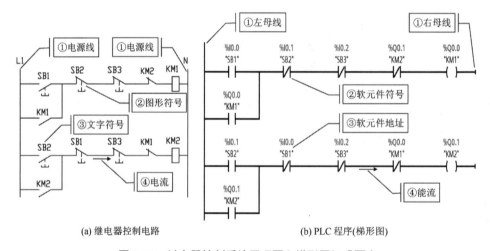

(a) 继电器控制电路　　　　　　　(b) PLC 程序(梯形图)

图 3-10　继电器控制系统原理图和梯形图组成要素

　　1) 软元件

　　不同于继电器控制系统电路中的物理电器，梯形图中的语言元素(触点、线圈等)并不是现实物理触点和线圈，而是 PLC 内部具有一定功能的存储器单元，称之为"软元件"。

　　(1) 触点。

　　梯形图中的触点不是现场物理开关的触点，它们对应输入映像寄存器、输出映像寄存器或数据寄存器中的相应位的状态。

　　① 取位操作：梯形图中的触点是对寄存器中的相应位的读取操作，并和与之相连的其他触点逻辑组合，为其后的线圈、功能块的执行建立逻辑条件。常开触点是取位操作，常闭触点应理解为位取反操作。当位状态为 TRUE(1)时，触点保持原始状态；当位状态为 FALSE(0)时，触点处于反转(动作)状态，如表 3-2 所示。

表 3-2　位状态与程序触点状态的关系

位状态	程序触点	通断状态	能流能否通过
0	常开触点	断开	不能
	常闭触点	闭合	能
1	常开触点	闭合	能
	常闭触点	断开	不能

② 数量不限：既然触点是对寄存器的位状态的读取操作，那么可以无数次读取而不影响相应位的状态，体现在梯形图中就是同一触点无数次使用，这与物理电器触点有限的情况不同。

(2) 线圈。

梯形图中的输出线圈也不是物理线圈，不能用它直接驱动现场执行机构。输出线圈的状态对应映像寄存器相应位的状态而不是现场电磁开关的实际状态。

① 赋值(写位)操作：梯形图中触点是对寄存器中的相应位的赋值(写)操作。如果能流通过输出线圈(理解为线圈得电)，则输出位赋值为 TRUE(1)。如果没有能流通过输出线圈(理解为线圈失电)，则输出位赋值为 FALSE(0)。

② 线圈唯一：既然线圈是对寄存器的位的赋值操作，那么程序中会出现两次或两次以上的同一线圈，这种现象称为“双线圈”，就意味着同一扫描周期中对该位多次赋值，后面的赋值会覆盖前面的内容，因此程序中同一个线圈只能出现一次。

2) 母线

梯形图中的母线对应继电器控制系统原理图中的电源线，垂直分列于梯形图的两侧，左右母线之间是触点的逻辑组合和线圈输出。梯形图是程序而非电路，其工作不需要电压，其中也没有电流，因此母线的存在纯粹就是继承了继电器控制系统原理图的历史习惯，为了便于理解，有些编程软件中没有了右母线。

3) 能流

能流或能量流是为了便于分析和调试梯形图程序而引入的一个概念，类似于实际电路中的电流，可以理解为虚拟的电流。梯形图中的能流只能从左到右、自上而下流动，不允许倒流。触点闭合则能流可以通过，触点断开则能流被阻断；对于线圈，能流到达线圈，线圈得电，相应存储器位被赋值为 TRUE(1)；没有能流到达线圈，线圈失电，则相应存储器位被赋值为 FALSE(0)。

2. 指令表(IL)

指令表(instruction list，IL)又称语句表，与计算机汇编语言相似，常被计算机专业的技术人员使用。指令表程序中的一条指令一般由助记符和操作数组成，也有些指令没有操作数。图 3-11 所示为西门子 S7-200 PLC 的语句表程序。

指令表语言编程方法在繁杂的计算、数据处理、跳转和循环等程序控制中有一定的优势，在逻辑控制中不直观的缺陷比较突出，而且不同的 PLC 的语句表语言差别很大，通用性不如梯形图。目前大多 PLC 编程软件中梯形图和语句表可直接转换，还可以混合使用，取长补短。

3. 功能块图(FBD)

功能块图(function block diagram，FBD)是一种类似于数字逻辑门电路的编程语言，有数字电路基础的人很容易掌握。该编程语言用类似于门或门的方框来表示逻辑运算关系，方框的左侧为逻辑运算的输入变量，右侧为逻辑运算的输出变量，输入、输出端的小圆圈表示"非"运算，方框被"导线"连接在一起，信号从左向右流动，如图 3-12 所示为功能块图的实例。个别微型 PLC 模块(如西门子公司的"LOGO!"逻辑模块)使用功能块图编程语言，除此之外，很少有人使用功能块图编程语言。

图 3-11　语句表程序　　　　　　　　图 3-12　功能块图程序实例

4. 顺序功能图(SFC)

顺序功能图(sequential function chart，SFC)一种描述顺序控制系统的图解表示方法，是专为工业顺序控制程序设计的一种功能说明性语言。它能完整地描述控制系统的工作过程、功能和特性，是分析、设计电气控制系统控制程序的重要工具。

顺序功能图体现了一种编程思想，在顺序控制的编程中有很重要的意义。顺序功能图的组成要素：步、有向连线(转移方向)、转移、转移条件、步动作。

根据工艺过程，将一个工作周期划分为若干顺序相连的步。分析每步完成的动作以及向下一步转移的条件和方向，用有向连线按顺序将各步连起来，以表达整个流程，如图 3-13所示。

5. 结构文本(ST)

结构文本(structured text，ST)是一种类似于计算机高级语言的编程方式，它的语法规范接近计算机中的 PASCAL 语言。西门子的 SCL(structured control language，结构化控制语言)实现了 IEC 61131-3 标准中定义的 ST 语言(结构化文本)的 PLCopen 初级水平，如图 3-14所示。

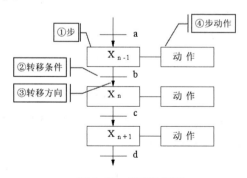

图 3-13　顺序功能图

```
1  "R_TRIG_DB_1"(CLK:="Start",
2                Q=>"Flag");
3  IF "Flag" THEN
4      "Motor" := TRUE;
5  END_IF;
6  "F_TRIG_DB_1"(CLK:="Start",
7                Q=>"Flag1");
8  IF "Flag1" THEN
9      "Motor" := FALSE;
10 END_IF;
```

图 3-14　结构文本

结构文本(ST)编程对工程设计人员要求较高,需要其具备一定的计算机高级语言的知识和编程技巧。

由于结构文本(ST)编程语言是高级语言,所以其非常适合以下任务。

① 复杂运算功能。

② 复杂数学函数。

③ 数据管理。

④ 过程优化。

由于结构文本(ST)具备的优势,其在编程中的应用越来越广泛,有的 PLC 厂家已经将结构化文本作为首推编程语言。

综上所述,梯形图(LD)在逻辑、顺序、开关量控制中的优势无可比拟,结构文本(ST)在复杂运算、数据管理、过程优化方面优势突出,顺序功能图(SFC)在顺序控制中易学好用、结构清晰,因此各种编程语言取长补短、混合使用应该是最好的结果,目前很多品牌的 PLC 编程中已经有混合编程的编程软件,如西门子博图软件。

3.3.3 用户程序结构

一般情况下 PLC 的用户程序由三部分构成:用户程序、数据块和参数块。

1. 用户程序

在一个控制系统中用户程序是必须有的,用户程序在存储器空间中也称作组织块,它处于最高层次,可以管理其他块,可以使用各种语言(如 STL、LAD 或 FBD 等)编写用户程序。不同机型的 CPU 其程序空间容量也不相同,即对用户程序的长短有规定,但程序存储器的容量对一般场合使用来说已足够了。

用户控制程序可以包含一个主程序、若干子程序和若干中断程序。主程序是必须的,而且只能有一个,子程序和中断程序的有无和多少是可选的,它们的使用要根据具体使用情况来决定。在重复执行某项功能的时候,子程序是非常有用的;当特定的情况发生需要及时执行某项控制任务时,中断程序又是必不可少的。程序结构示意如图 3-15 所示。

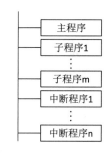

图 3-15 PLC 用户程序结构

2. 数据块

数据块为可选部分,它主要存放控制程序运行所需的数据。数据块不一定在每个控制系统的程序设计中都使用,但使用数据块可以完成一些有特定数据处理功能的程序设计,比如为变量指定初始值。

3. 参数块

参数块存放的是CPU组态数据,如果在编程软件或其他编程工具上未进行CPU的组态,则系统以默认值进行自动配置。在有特殊需要时,用户可以对系统的参数块进行设定,比如有特殊要求的输入、输出设定、掉电保持设定等,但大部分情况下使用默认值。

3.4 PLC 的工作原理

3.4.1 PLC 控制系统组成

为了有助于初学者理解PLC控制系统的组成、工作方式及原理,下面以一个简单实例(电动机起-保-停控制)为例,通过和继电器控制系统相比较的形式来阐述。

1. 继电器控制系统

对于交流电动机的起-保-停控制,继电器控制系统主要由两部分组成:主电路和控制电路,如图 3-16(a)和(b)所示。

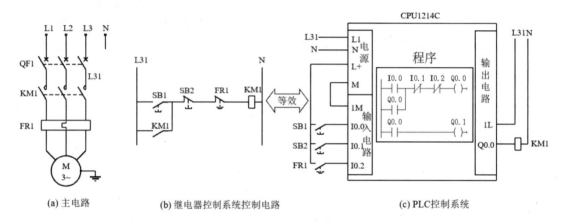

图 3-16 PLC 控制系统与继电器控制系统的比较

显然,继电器控制系统是一种"接线逻辑"系统,其控制电路的器件和接线决定了控制功能,一旦接线完成系统功能也随之确定,若要改变控制功能只能通过改变器件和改变接线实现,如图 3-17 所示。

2. PLC 控制系统的组成

从图 3-16(a)和(c)可以看出,PLC 控制系统一般由三部分组成:主电路、PLC 的输入/输出(I/O)电路和控制程序。其中 PLC 的输入/输出(I/O)电路包括输入电路和输出电路。

(1) 主电路:无论继电器控制系统、PLC 控制系统,还是其他的控制系统,主电路一般都是相同的。

(2) PLC 的输入电路:是将现场输入设备(如各类开关、传感器等)的信号接到 PLC 的输入端子上,PLC 按一定的时间间隔周期性地采集输入信号,并将结果存入输入映像寄存器中,供程序使用。

(3) PLC 的输出电路:PLC 的输出控制信号通过输出端子控制输出设备的电路,常见的输出设备包括接触器线圈、电磁阀、电磁铁、指示灯等。

(4) 用户程序:针对具体的控制对象和控制要求,运用某种编程语言编写的控制程序,通过编程器或其他编程设备写入 PLC 的程序存储器中。

PLC 是一种有存储功能的程序控制器,通过执行存储器中的程序来实现控制功能。这样的控制方式称为存储逻辑控制系统或者程序控制系统。PLC 控制系统也需要接线，这些接线大部分是 PLC 输入输出电路接线，因为 PLC 专门为工业现场的特殊设计，其输入输出电路接线简单、方便、规律。但是，需要强调的是，这些 PLC 输入输出电路接线只是 PLC 与被控系统的信号交互的通路，并不承担控制的功能，也不体现逻辑关系，这点是和继电器控制系统不同的，而真正承担控制任务的是用户程序。图 3-18 所示为 PLC 控制系统示意图。因此，在不改变 PLC 硬件和接线的情况下，改变用户程序即可改变控制功能，以适应不同控制任务的需要，通用性强，使用灵活。

综上所述，继电器控制系统和 PLC 控制系统因为工作原理的不同，系统组成也有所不同。但是对于相同的被控对象和相同的控制要求，两者又是等效的，可以相互替代。基于控制功能的角度上，PLC 控制系统的输入电路、控制程序、输出电路三者结合起来，和继电器控制系统中的控制电路是等效的，在某些场合下是可以相互替代的。

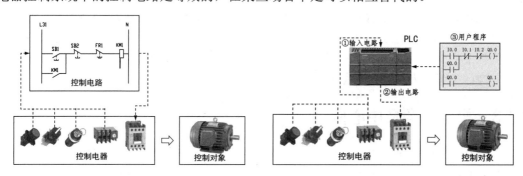

图 3-17　继电器控制系统控制电路　　　　　图 3-18　PLC 控制系统示意图

3.4.2　PLC 循环扫描的工作方式

继电器控制系统是接线逻辑的并行运行的工作方式，即在执行过程中，如果一个继电器的线圈通电，则该继电器的所有常开和常闭触点，无论处在控制线路的什么位置，都会立即动作，除了器件动作时间外，工作方式可以认为没有时间延迟。

微型计算机虽然也是存储逻辑系统，但是微型计算机运行程序时，一旦执行到 END 指令，程序就会运行结束，不会自动循环，除非使用循环指令。

PLC 的工作方式很特殊，它既不同于继电器控制系统，也不同于微型计算机的工作方式。PLC 采用的是集中输入、集中输出，周期性循环扫描的工作方式，即 CPU 是以分时操作方式来处理各项任务的，每一瞬间只能做一件事，所以 PLC 是按特定规则和顺序周期性循环运行的，属于串行工作方式。

图 3-19 所示的流程图表达了 PLC 工作的全过程，整个过程可分为上电处理、循环扫描、出错处理三部分。

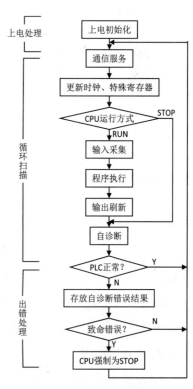

图 3-19　PLC 工作过程流程图

(1) 上电处理：上电后对 PLC 系统进行一次初始化，包括硬件初始化、I/O 模块配置检查、停电保持范围设定、系统通信参数配置及其他初始化处理等。

(2) 循环扫描：先完成输入处理，其次完成与其他外设的通信处理，再次进行时钟、特殊寄存器更新。当 CPU 处于 STOP 方式时，转入执行自诊断检查。当 CPU 处于 RUN 方式时，还要完成用户程序的执行和输出处理，再转入执行自诊断检查。

从 PLC 工作过程流程图可以看出，当 PLC 上电后，处于正常运行时，它将不断重复图中的循环扫描过程，因此第二部分循环扫描过程是 PLC 工作过程的最核心部分。而在这个过程中，除了短暂的特殊时段(如上/下载程序、人为停止等)外，绝大多数情况下 PLC 是处于 RUN 运行模式，因此 RUN 模式下的循环扫描过程是 PLC 工作过程的核心中的核心，也是 PLC 工作原理的实质所在，更是初学者透彻理解 PLC 的关键。后面 3.4.3 小节将详细讲述这个过程，巩固和加强读者对该过程的理解。

(3) 出错处理：PLC 每扫描一次，执行一次自诊断检查，确定 PLC 自身的动作是否正常，如 CPU、电池电压、程序存储器、I/O 和通信等是否异常或出错。当检查出异常时，CPU 面板上的 LED 及异常继电器会接通，在特殊寄存器中会存入出错代码；当出现致命错误时，CPU 被强制为 STOP 方式，所有的扫描便停止。

3.4.3　扫描周期及中心内容

根据 3.4.2 节的介绍，PLC 上电后，除了发生故障外，绝大多数的时间内处于 RUN 运行模型下正常工作。在这种情况下，PLC 的工作过程就只在扫描过程阶段不断地周期性循环。从 PLC 工作过程流程图可知，如果对远程 I/O、特殊模块、更新时钟和通信服务、自诊断等分支的环节暂不考虑，这样扫描过程就只剩下"输入采样""程序执行"和"输出刷新"三个阶段了。这三个阶段是 PLC 扫描过程或者工作过程的中心内容，也正是这三个阶段体现出 PLC 的工作原理的本质。

概括而言，PLC 是按集中输入、集中输出，周期性循环扫描的方式进行工作的，每一次扫描所用的时间称作扫描周期或工作周期，而扫描周期主要由输入采样阶段、程序执行阶段和输出刷新阶段三部分组成。

图 3-20 所示是 PLC 工作过程及扫描周期的简单示意图，其输入信号(按钮等)连接到 PLC 的输入端，PLC 综合各个信号的状态，执行用户程序，计算出的逻辑结果由其输出端输出，通过接触器控制电动机的动作。图中形象地描述了 PLC 的周期性循环扫描工作方式，在一个扫描周期中，PLC 主要依次完成输入采样、程序执行、输出刷新工作，并且一直周而复始地循环这些过程，直到关机或者出现致命错误。

PLC 运行正常时，扫描周期的长短与 CPU 的运算速度、I/O 点的情况、用户应用程序的长短及编程情况等有关。不同指令其执行时间是不同的，从零点几微秒到上百微秒不等，故选用不同指令所用的扫描时间将会不同。若用于高速系统要缩短扫描周期时，可从软硬件上同时考虑。但是，考虑到现在的 CPU 速度高，所以像过去编程那样从用户软件使用指令上来精打细算地节省扫描时间已显得不重要了。

1. 输入采样阶段

PLC 在输入采样阶段，首先按顺序扫描所有输入端子，并将各输入状态存入相对应的输入映像寄存器中，此时输入映像寄存器被刷新，这个过程称作输入采样，或称集中输入。输入采样阶段结束后系统进入程序执行阶段，在此阶段和输出刷新阶段，输入映像寄存器与外界隔离，无论输入信号如何变化，其内容保持不变，直到下一个扫描周期的输入采样阶段，才重新写入输入端的新内容。所以，一般来说，输入信号的宽度要大于一个扫描周期，或者说输入信号的频率不能太高，否则很可能造成信号的丢失。

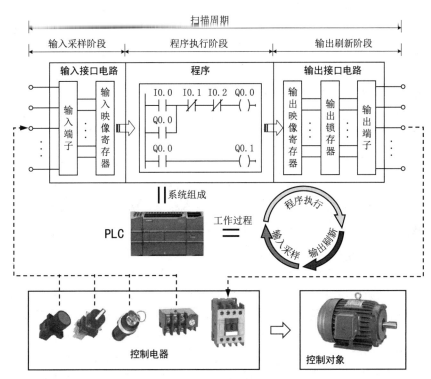

图 3-20　PLC 工作过程与扫描周期示意图

2. 程序执行阶段

PLC 完成了输入采样后进入到程序执行阶段。在此阶段，CPU 按顺序从 0 号地址开始的程序进行逐条扫描执行(执行顺序表现为从左到右、从上到下)，并分别从输入映像寄存器、输出映像寄存器以及其他软元件映像寄存器中获得所需的数据进行运算处理。再将程序执行的结果写入输出映像寄存器和其他软元件映像寄存器中保存。但这个结果在全部程序未被执行完毕之前不会送到输出端子上，也就是物理输出是不会改变的。本阶段扫描时间取决于程序的长度、复杂程度和 CPU 的性能。

3. 输出刷新阶段

在执行到 END 指令，即执行完用户所有程序后，PLC 会将输出映像寄存器中的内容送到输出锁存器中，最后经过输出端子集中输出，驱动用户设备。在下一个输出刷新阶段开始之前，输出锁存器的状态不会改变，从而相应输出端子的状态也不会改变。本阶段扫描时间取决于输出模块的数量。

3.4.4 循环扫描工作方式的几点说明

1. PLC 对输入/输出的处理原则

根据上述工作特点，可以归纳出 PLC 在输入/输出处理方面必须遵守的一般原则。

(1) 输入映像寄存器的数据取决于各输入点在输入采样阶段的接通和断开状态。就这点来说，输入映像寄存器的数据不能由程序改写，即程序中不可出现写输入软元件的指令。

(2) 程序执行结果取决于用户程序和输入/输出映像寄存器的内容及其他软元件映像寄存器的内容。

(3) 输出映像寄存器的数据取决于输出指令的计算结果。

(4) 输出锁存器中的数据，由上一次输出刷新期间输出映像寄存器中的数据决定。

(5) 输出端子的接通和断开状态，由输出锁存器决定。

2. PLC 响应延迟问题

PLC 是按集中输入、集中输出、周期性循环扫描的方式工作的，周期性重复着输入采样、程序执行、输出刷新三个阶段。即 CPU 是以分时操作方式来处理各项任务的，每一瞬间只能做一件事，属于串行工作方式。

由此可见，PLC 的输入端子信号的改变不能立刻引起输出端子的响应，必然要经历一段时间延迟。例如，一个按钮的输入信号的改变在输入采样阶段被读入，要经历程序执行阶段，直到输出刷新阶段才能在输出端子上输出响应，这是时间延迟最短的情况，也要延迟将近一个扫描周期。那么延迟更严重的情况，例如一个按钮的输入信号的改变刚好在输入采样阶段之后，那么这个信号只有在下一个扫描周期才能被读入，同样要经过下个周期的程序执行阶段和程序刷新阶段，这样响应延迟达到几乎两个扫描周期。

显然，PLC 响应延迟时间取决于扫描周期，扫描周期通常由三个因素决定，一是 CPU 的时钟速度；二是 I/O 模块的数量；三是程序的长度和指令的使用。考虑到现在的 CPU 速度高，一般的 PLC 执行容量为 1K 的程序需要的扫描时间是 1~10ms。这么高的运行速度，PLC 的响应延迟问题就显得微不足道，绝大多数的场合是可以忽略的，比如现实中一个按动开关控制按钮可能要经历数十个甚至数百个扫描周期。

3. PLC 的立即输入、输出功能

一般的 PLC 都有立即输入和立即输出功能。

1) 立即输入功能

立即输入适用于要求对反应速度很严格的场合，例如几毫秒的时间对于控制来说十分关键的情况下。立即输入时，PLC 立即挂起正在执行的程序，扫描输入模块，然后更新特定的输入状态到输入映像表，最后继续执行剩余的程序，立即输入的示意图如图 3-21 所示。

2) 立即输出功能

所谓立即输出功能就是输出模块在处理用户程序时，能立即被刷新。PLC 临时挂起(中断)正常运行的程序，将输出映像表中的信息输送到输出模块，立即进行输出刷新，然后再回到程序中继续运行，立即输出的示意图如图 3-22 所示。注意，立即输出功能并不能立即刷新所有的输出模块。

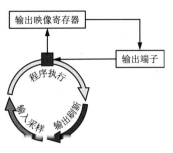
图 3-21 立即输入示意图

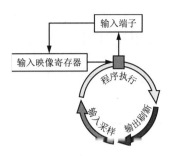
图 3-22 立即输出示意图

3.5 PLC 与其他控制系统的区别

3.5.1 与继电器控制系统的区别

PLC 诞生的初衷和设计理念都源于继电器控制系统,其信号的输入/输出形式及控制功能等方面有许多相同之处,尤其是 PLC 的梯形图与传统的电气原理图非常相似。但是,PLC 毕竟是一种特殊的计算机系统,因此在工作原理和运行机制等方面与继电器控制系统有着本质的不同,主要区别如表 3-3 所示。

表 3-3 PLC 控制系统与继电器控制系统的区别

	继电器控制系统	PLC 控制系统
控制逻辑	接线逻辑:其接线多而复杂、体积大、功耗大、故障率高,改动困难,灵活性和扩展性很差	存储逻辑:灵活性和扩展性都很好
工作方式	并行工作方式	集中输入、集中输出、周期性循环扫描的工作方式
可靠性和可维护性	机械触点多、连线也多,触点开闭时会受到电弧的损坏,并有机械磨损,寿命短,因此可靠性和可维护性差	PLC 由程序来实现控制逻辑,触点少、体积小、寿命长、可靠性高。有故障自检和动态监控功能,为现场调试和维护提供了方便
控制速度	逻辑依靠触点的机械动作实现控制,工作频率低,触点的开闭动作一般在几十毫秒数量级。另外,机械触点还会出现抖动问题	PLC 是由程序指令控制半导体无触点控制,速度极快,一般一条用户指令的执行时间在微秒数量级,且不会出现抖动
定时控制	时间继电器存在定时精度不高,定时范围窄,调整时间困难等问题	PLC 定时器精度高,定时范围几乎没有限制,程序中设置定时值,软件定时
设计与施工	设计、施工、调试必须依次进行,周期长,而且修改困难。工程越大,这一点就越突出	现场施工和控制程序的设计可以同时进行,周期短,且调试和修改都很方便
性价比	控制简单、规模很小的逻辑控制场合继电器控制系统价格上占优势。大规模、复杂控制,尤其在过程控制、运动控制、通信网络等领域性价比下降,而且程度越高这种劣势越突出	简单、规模很小的逻辑控制场合价格高于继电器系统。复杂、规模大以及过程控制、运动控制、通信网络等领域性价比提高,而且程度越高这种优势越突出

3.5.2 与 IPC 控制系统的区别

20 世纪 90 年代初中期流行的 IPC(Industrial PC)控制系统现在使用的不是很多了,但它在那个特定的时期内起到了非常重要的作用。过去 PLC 处理过程控制任务的性价比较低,而 FCS(Fieldbus Control System,现场总线控制系统)又处于使用的初级阶段,在小型的过程控制系统中,使用 DCS 确实是大马拉小车,这使基于 IPC+ISA/PCI 总线+Windows/NT 技术的控制系统得到了广泛的应用。今天嵌入式 IPC 已和原来的 IPC 有了天壤之别,它们已走入到了 PAC(Programmable Automation Controller,可编程自动化控制器)时代。基于现场总线技术、PLC 技术和开放式结构的 IPC 在今天也有一定的应用市场。

和传统的 IPC 控制系统相比,由于 PLC 的硬件系统和软件系统都采用了许多抗干扰措施,所以其抗干扰能力比 IPC 控制系统强;梯形图编程语言也远比 IPC 的高级语言和汇编语言简单;操作更简单和方便。

3.5.3 与单片机控制系统的区别

PLC 控制系统和单片机控制系统在不少方面有较大的区别,如表 3-4 所示。

表 3-4 PLC 控制系统与单片机控制系统的区别

	单片机控制系统	PLC 控制系统
本质区别	基于芯片级的系统,属于底层开发	基于板级或模块级的系统,厂家成品 PLC 及模块的选购和二次开发
使用场合	适合于在家电产品(冰箱、空调等)、智能化仪器仪表、玩具和批量生产的控制器产品等场合使用	PLC 控制系统适合在单机电气控制系统、工业控制领域的制造业自动化和过程控制中使用
使用过程	先设计硬件系统,画硬件电路图,制作印刷电路板,购置元器件,焊接电路板,进行硬件调试,进行抗干扰设计和测试等大量的工作。汇编或高级编程语言设计程序,门槛较高,调试繁杂	设计硬件系统,购置 PLC 和相关模块,进行外围电气电路设计和连接,不必操心 PLC 内部电路及可靠性、抗干扰问题。硬件工作量不大。软件设计采用 IEC61131-3 编程语言,相对易学好用。编程软件功能强大,系统调试方便、迅捷、高效
使用成本	成本低:以底层开发做起,量越大成本越低	成本高:PLC 及模块选购,成本和数量关系不大

3.5.4 与 DCS、FCS 控制系统的区别

1. 三大系统的主要特点

PLC、DCS、FCS 是目前工业自动化领域所使用的三大控制系统。

1) DCS 控制系统

DCS (Distributed Control System,集散控制系统,也称分布式控制系统)是集

4C(Communication,Computer,Control,CRT，通信、计算机、控制、图像显示)技术于一身的监控系统。它主要用于大规模的连续过程控制系统中，如石化、电力等，在 20 世纪 70 年代到 90 年代末占据主导地位。

(2) PLC 控制系统

PLC 是为了取代传统的继电器控制系统而开发的，所以它最适合在以开关量为主的系统中使用。由于计算机技术和通信技术的飞速发展，使得大型 PLC 的功能极大地增强，以至于它后来能完成 DCS 的功能。另外加上它在价格上的优势，所以在许多过程控制系统中 PLC 也得到了广泛的应用。

(3) FCS 控制系统

FCS 基于现场总线技术，以其彻底的开放性、全数字化信号系统和高性能的通信系统给工业自动化领域带来了"革命性"的冲击，其核心是总线协议，基础是数字化智能现场设备，本质是信息处理现场化。

2. 目前 PLC、DCS 和 FCS 系统之间的融合

每种控制系统都有它的特色和长处，在一定时期内，它们相互融合的程度可能会大大超过相互排斥的程度。这三大控制系统也是这样，比如 PLC 在 FCS 系统中仍是主要角色，许多 PLC 都配置上了总线模块和接口，使得 PLC 不仅是 FCS 主站的主要选择对象，也是从站的主要装置。DCS 系统也不甘落后，现在的 DCS 系统把现场总线技术包容了进来，对过去的 DCS 系统的 I/O 控制站进行了彻底的改造。编程语言也采用标准化的 PLC 编程语言。第四代的 DCS 系统既保持了其可靠性高、高端信息处理功能强的特点，也使得底层真正实现了分散控制。目前在中小型项目中使用的控制系统比较单一和明确，但在大型工程项目中，使用的多半是 DCS、PLC 和 FCS 的混合系统。

习题及思考题

3-1 PLC 最适合在什么场合应用？试举例说明。

3-2 简述 PLC 的硬件组成和软件组成。各部分主要作用是什么？

3-3 与继电器控制系统、单片机控制系统、DCS 和 FCS 比较，说明 PLC 的特点。

3-4 PLC 是按什么样的工作方式进行工作的？它的循环过程分哪几个阶段？在每个阶段主要完成哪些控制任务？

3-5 简述 PLC 的工作原理。

3-6 PLC 输入和输出电路各分几类？各有何特点？

第4章 S7-1200 PLC 基础

本章主要讲述 S7-1200 PLC 的硬件组成、系统扩展方法、内部器件资源以及技术性能指标，这是衡量各种不同型号 PLC 产品性能的依据，也是根据实际需求选择和使用 PLC 的依据。此外，还重点阐述 S7-1200 PLC 的数据类型、寻址方式，简要介绍编程语言、程序结构以及编程软件，为后续章节的指令系统和设计、分析 PLC 控制系统打下坚实的基础。

4.1 S7-1200 PLC 概述

SIMATIC S7-1200 是德国西门子公司生产的一款小型 PLC，实现了模块化和紧凑型设计，功能强大、适合各种单机小型自动化系统、小型运动控制系统、过程控制系统。

可扩展性强、灵活度高的设计，可实现最高标准工业通信的通信接口以及一整套强大的集成技术功能，使该控制器成为完整、全面的自动化解决方案的重要组成部分。

S7-1200 PLC 在 SIMATIC S7 家族中定位于 S7-200 PLC 和 S7-300 PLC 产品之间，如图 4-1 所示。

S7-1200 PLC 具有集成 PROFINET 接口、强大的集成工艺功能和灵活的可扩展性等特点，为各种工艺任务提供了简单的通信和有效的解决方案。

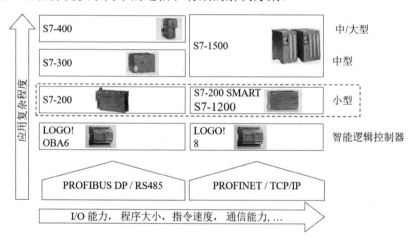

图 4-1 S7-1200 PLC 在 SIMATIC S7 家族中的定位

4.2 S7-1200 PLC 的硬件系统

S7-1200 PLC 属于小型 PLC，具有模块化、结构紧凑、功能全面等特点。其主机的基本结构是整体式，主机上有一定数量的输入/输出(I/O)点，一个主机单元(CPU 模块)就是一个系统。它还可以进行灵活的扩展，如果 I/O 点不够，则可增加 I/O 扩展模块；如果需要其他特殊功能，如特殊通信或定位控制等，则可以增加相应的功能模块。

一个完整的硬件系统组成如图 4-2 所示。

S7-1200 PLC 的硬件主要包括电源模块、CPU 模块、信号模块、通信模块和信号板(CB 和 SB)。S7-1200 PLC 最多可以扩展 8 个信号模块和 3 个通信模块，最大本地数字 I/O 点数为 284 个，最大本地模拟 I/O 点数为 69 个。通信模块安装在 CPU 模块的左侧，信号模块安装在 CPU 模块的右侧，西门子早期的 PLC 产品，扩展模块只能安装在 CPU 模块的右侧。

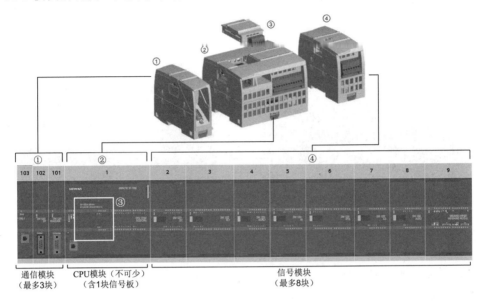

图 4-2   S7-1200 PLC 的硬件系统

① 通信模块/处理器(CM/CP)；② CPU 模块；③ 信号板/通信板/电池板(SB/CB/BB)；④ 信号模块(SM)

4.2.1   CPU 模块

S7-1200 的 CPU 模块又称主机模块、基本单元或主机单元，它本质上就是一个整体式的 PLC 系统。将微处理器、电源、数字量输入/输出电路、模拟量输入输出电路、PROFINET 以太网接口、高速运动控制功能组合到一个设计紧凑的外壳中。每块 CPU 模块内可以安装一块信号板，安装以后不会改变 CPU 模块的外形和体积。

S7-1200 集成的 PROFINET 接口用于与编程计算机、HMI (人机界面)、其他 PLC 或其他设备通信。此外它还通过开放的以太网协议支持与第三方设备的通信。

1. CPU 模块外观

S7-1200 CPU 有五种型号，除了尺寸不同外，不同型号的 CPU 模块外观及面板(见图 4-3)是相似的，主要有以下部分：

(1) 电源接口：用于向 CPU 模块供电的接口，有交流和直流两种供电方式。

(2) 存储卡插槽：位于上部保护盖下面，用于安装 SIMATIC 存储卡。

(3) 接线连接器：也称为接线端子，位于保护盖下面。接线连接器具有可拆卸的优点，便于 CPU 模块的安装和维护。

(4) 板载 I/O 的状态 LED：通过板载 I/O 的状态 LED 指示灯(绿色)的点亮或熄灭，指示各输入或输出的状态。

(5) 集成以太网接口(PROFINET 连接器)：位于 CPU 的底部，用于程序下载、设备组网。这使得程序下载更加方便快捷，节省了购买专用通信电缆的费用。

(6) 运行状态 LED：用于显示 CPU 的工作状态，如运行状态、停止状态和强制状态等。

(7) 左侧扩展接口：用于连接通信模块的总线连接器(左侧)。

(8) 右侧扩展接口：用于连接信号模块或特殊功能模块的总线连接器(右侧)。

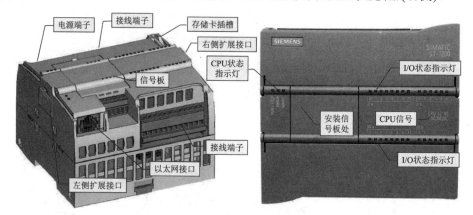

图 4-3   S7-1200 PLC 的 CPU 模块外形图

2. CPU 模块型号及含义

目前，S7-1200 PLC 的 CPU 有 5 类：CPU 1211C、CPU 1212C、CPU 1214C、CPU 1215C 和 CPU 1217C。每类 CPU 模块又细分为 3 种规格：DC/DC/DC、DC/DC/RLY 和 AC/DC/RLY (见表 4-1)，印刷在 CPU 模块的外壳上。其含义如图 4-4 所示。

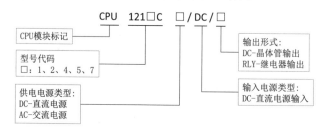

图 4-4   S7-1200 CPU 模块型号的含义

表 4-1   S7-1200 CPU 的 3 个版本

版　本	电源电压	DI 输入电压	DQ 输出电压	DQ 输出电流
DC/DC/DC	DC 24V	DC 24V	DC 24V	0.5A，MOSFET
DC/DC/RLY	DC 24V	DC 24V	DC 5～30V，AC 5～250V	2A，DC 30W /AC 200W
AC/DC/RLY	AC 85～264V	DC 24V	DC 5～30V，AC 5～250V	2A，DC 30W/AC 200W

比如 CPU 1214C AC/DC/RLY 的含义是：型号为 CPU 1214C 模块，供电电压是交流电，范围为 85～264V；输入电源是直流 24V；输出形式是继电器输出。

2. S7-1200 CPU 的技术规范

S7-1200 CPU 的技术规范如表 4-2 所示。

表 4-2 S7-1200 CPU 的技术规范

特征		CPU 1211C	CPU 1212C	CPU 1214C	CPU 1215C	CPU 1217C
物理尺寸/mm		90×100×75		110×100×75	130×100×75	150×100×75
用户存储器	工作/KB	50	75	100	125	150
	负载/MB	1	2	4		
	保持性/KB	10				
本地板载 I/O	数字量(D)	6 入/4 出	8 入/6 出	14 入/10 出		
	模拟量(A)	2 路输入			2 路输入/2 路输出	
过程映像 大小	输入(I)	1024 个字节				
	输出(Q)	1024 个字节				
位存储器(M)		4096 个字节		8192 个字节		
信号模块(SM 扩展)		无	2	8		
信号板(电池/通信板)		1				
通信模块(CM)，左侧扩展		3				
高速计数器	总计	最多可配置 6 个，使用任意内置或 SB 输入的高速计数器				
	1MHz					Ib.2～Ib.5
	100 kHz /80kHz	Ia.0～Ia.5				
	30 kHz /20kHz		Ia.6～Ia.7	Ia.6～Ib.5		Ia.6～Ib.1
脉冲输出	总计	最多可配置 4 个，使用任意内置或 SB 输出的脉冲输出				
	1MHz					Qa.0～Qa.3
	100kHz	Qa.0～Qa.3				Qa.4～Qb.1
	20kHz		Qa.4～Qa.5	Qa.4～Qb.1		
存储卡		SIMATIC 存储卡(选件)				
实时时钟保持时间		通常为 20 天，40℃时最少为 12 天(免维护超级电容)				
PROFINET 以太网通信口		1			2	
实数数学运算执行速度		2.3μs/指令				
布尔运算执行速度		0.08μs/指令				

3. CPU 模块外接线

S7-1200 PLC 是系列产品，具体型号较多，规格各不相同。接线方式虽然类似但不尽相同，下面仅以 CPU 1214C AC/DC/RLY 为例进行介绍，其余规格产品请读者参考相关手册(如《SIMATIC S7-1200 可编程控制器系统手册》)。

图 4-5 所示为 CPU 1214C AC/DC/RLY 模块的外部接线图举例，图中标出的①～⑤处是 CPU 模块不同功能部分的接线，下面分别说明。

1) 供电电源(图 4-5 中标注①)

L1、N 端子是供电电源 120/240VAC 输入端，允许范围为 85～264VAC。DC/DC/DC、DC/DC/RLY 两类 PLC 供电电源应接直流 24V 电源。接地端和保护接地线相连。

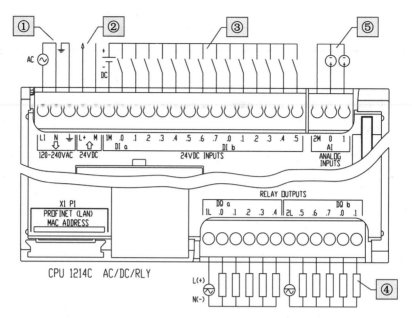

图 4-5　CPU 1214C AC/DC/RLY 模块的外部接线图

2) 传感器电源(图 4-5 中标注②)

传感器电源是 PLC 提供给现场传感器的电源，属于输出电源，由 L+、M 两端子和传感器电源端子相连，输出直流 24V DC/400mA 电源。

3) 数字量输入(DI)接线(图 4-5 中标注③)

图 4-5 中所画的触点全为继电器常开触点，实际上要根据具体情况而定，可以是按钮、行程开关、选择开关等电器的触点，也可以是开关型传感器(光电开关、接近开关等)的无触点端子，可以是常开触点，也可以是常闭触点。

"1M"是输入端的公共端子，与 24V DC 电源相连，电源有两种连接方法，对应 PLC 的漏型和源型两种输入接法。当电源的负极与公共端子"1M"相连时，为漏型输入接法；当电源的正极与公共端子"1M"相连时，为源型输入接法。如果接入的是开关型无触点传感器，要具体视传感器类型是 NPN 还是 PNP 的情况，选择采用何种输入接法。

4) 数字量输出(DO)接线(图 4-5 中标注④)

图 4-5 中所画的数字量负载全为电阻，实际上要根据具体情况而定，极少接电阻负载，大多数是接接触器、继电器、电磁阀、电磁铁等电器的线圈或者指示灯等。

数字量输出的接线与输出类型有关，晶体管输出型要求所接负载为直流，所需输出电源为直流 24V。而继电器输出型负载直流、交流均可，所需电源根据负载类型和电压等级选择直流或交流。

数字量输出一般采用分组输出的形式，即将数字量输出分成若干组，每组设有独立的公共端子。CPU 1214C AC/DC/RLY 的 10 点数字量输出分成两组，第一组 DQa.0～DQa.4 共 5 点，对应公共端"1L"；第二组 DQa.5～DQb.1 共 5 点，对应公共端"2L"。不同组的输出独立，可以是直流电源，也可以是交流电源，而且每组电源的电压大小可以不同，接直流电源时，CPU 模块没有方向性要求。但是同组的输出点必须是相同的电源和电压等级。因此分组输出使用更加灵活，适应能力更强。

5) 模拟量输入输出(AI/AO)接线(图 4-5 中标注⑤)

S7-1200 CPU 模块本体集成了 2 路模拟量输入电路(1215C/1217C 两型号 CPU 模块还集成了 2 路模拟量输出电路)。模拟量输入通道的量程范围是 0～10V。模拟量输出通道的量程范围是 0～20mA。

CPU 1214C AC/DC/RLY 的模拟量输入端子的接线如图 4-5 中⑤处所示。模拟量输入端子一般与各类模拟量的传感器或变送器相连接，图中的"+"和"-"代表传感器的正信号端子和负信号端子。

【例 4-1】有一台 CPU 1215C(AC/DC/RLY)，设计 PLC 硬件接线，输入输出设备如下：

① DI：两个按钮(NO、NC 各 1 个)；1 只三线 PNP 接近开关；一只二线 PNP 接近开关。

② DO：接触器 1 只；电磁阀 1 只；指示灯 1 只。

③ AI：三线制变送器(0～10V)1 只。

④ AO：比例伺服阀(0～20mA)1 只。

解：首先查阅《SIMATIC S7-1200 可编程控制器系统手册》CPU 1215C AC/DC/RLY 的接线图示例(见图 4-6)。还要查阅系统中所需器件(接近开关、变送器、比例阀等)的相关说明书和接线图示例，弄清器件原理和接线规则。最后根据实际情况设计电路。

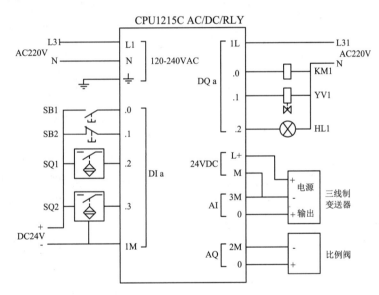

图 4-6　例 4-1 的 I/O 接线图

对于数字量输入信号设备中按钮是干接点，对电流方向、电压等级没有特殊要求，主要考虑接近开关。公共端"1M"接电源的负极。对于三线 PNP 接近开关，只要将其正、负极分别与电源的正、负极相连，将信号线与 PLC 的"I0.2"相连即可；而对于二线 PNP 接近开关，只要将电源的正极与其正极相连，将信号线与 PLC 的"I0.3"相连即可。

对于数字量输出电路主要根据被控对象考虑负载电源的交流/直流性质和电压等级，一般情况下尽量选型相同电源的负载，避免二次转换，节省成本，提高可靠性。本例中假设接触器线圈和电磁阀线圈以及指示灯均为交流 220V。

模拟量输入来自三线制变送器(0～10V)，变送器电源由 PLC 本体集成的传感器电源"L+"和"M"端子提供，变送器 0～10V 输出信号"+"和 PLC 模拟量输入"0"相连，模拟量输入公共端"3M"接电源"M"。

模拟量输出端"0"和"2M"与比例伺服阀的 0～20mA 控制输入端相连,注意信号极性。

4.2.2 信号模块(SM)

S7-1200 PLC 的 CPU 模块本体上集成了一定数量的输入/输出(I/O)点,本质上就是一个完整系统。但是 CPU 模块集成的 I/O 点非常有限,只能完成点数要求不多的控制系统。如果 CPU 模块 I/O 点不够,则可增加 I/O 扩展信号模块,最多可扩展 8 个信号模块。如果需要其他特殊功能,如特殊通信或定位控制等,则可以增加相应的功能模块。

S7-1200 PLC 的信号模块型号和规格如表 4-3 所示(表中*代表"个"或"路")。

表 4-3 S7-1200 信号模块(SM)型号及规格

	I/O	型 号	规 格	订 货 号
数字量	DI	SM 1221	8*24V DC 输入	6ES7 221-1BF30-0XB0
			16*24V DC 输入	6ES7 221-1BH30-0XB0
	DO	SM 1222	8*继电器输出	6ES7 222-1HF30-0XB0
			8*24V DC 输出	6ES7 222-1BF30-0XB0
			16*继电器输出	6ES7 222-1HH30-0XB0
			16*24V DC 输出	6ES7 222-1BH30-0XB0
	DI/DO	SM 1223	8*24V DC 输入/8*继电器输出	6ES7 223-1PH30-0XB0
			8*24V DC 输入/8*24V DC 输出	6ES7 223-1BH30-0XB0
			16*24V DC 输入/16*继电器输出	6ES7 223-1PL30-0XB0
			16*24V DC 输入/16*24V DC 输出	6ES7 223-1BL30-0XB0
模拟量	AI	SM 1231	4*模拟量输入	6ES7 231-4HD30-0XB0
			8*模拟量输入	6ES7 231-4HF30-0XB0
			4*16 位热电阻模拟量输入	6ES7 231-5PD30-0XB0
			4*16 位热电偶模拟量输入	6ES7 231-5QD30-0XB0
	AO	SM 1232	2*模拟量输出	6ES7 232-4HB30-0XB0
			4*模拟量输出	6ES7 232-4HD30-0XB0
	AI/AO	SM 1234	4*模拟量输入/2*模拟量输出	6ES7 234-4HE30-0XB0

1. 数字量信号模块

S7-1200 PLC 的数字量信号模块比较丰富,包括数字量输入模块(SM 1221)、数字量输出模块(SM 1222)、数字量输入/输出模块(SM 1223)。

2. 模拟量模块

模拟量模块包括模拟量输入模块(SM 1231)、模拟量输出模块(SM 1232)、模拟量输入/输出模块(SM 1234),还有热电阻和热电偶模拟量输入模块(SM 1231)。关于模拟量模块本书第 6 章 6.1.1 节(S7-1200 模拟量控制)中有详细讲解,这里不再赘述。

3. 信号模块功耗、电流消耗

功耗/W、电流消耗(SM 总线)/mA、电流消耗(24V DC)用于系统扩展时电流容量的计算。虽然从 S7-1200 CPU 模块资源管理的右侧最多可扩展 8 个模块，但实际上还要考虑所扩展模块的功耗、总线电流消耗和 24V DC 电流消耗。扩展模块的功耗和电流消耗的总和不得超过 CPU 模块所能提供的容量。不同的信号模块的功耗、电流消耗各不相同，如 SM 1234 AI 4×13 位/AQ 2×14 位模块的功耗、电流消耗如表 4-4 所示，其他模块查阅 S7-1200 系统手册。

表 4-4　信号模块的功耗、电流消耗

技术数据	SM 1234 AI 4×13 位/AQ 2×14 位
功耗	2.4W
电流消耗(SM 总线)	80mA
电流消耗(24V DC)	60mA(无负载)

4. 信号模块接线

图 4-7(a)所示为 SM 1234 AI 4×13 位/AQ 2×14 位模块的接线图，其余模块接线查阅相关手册。

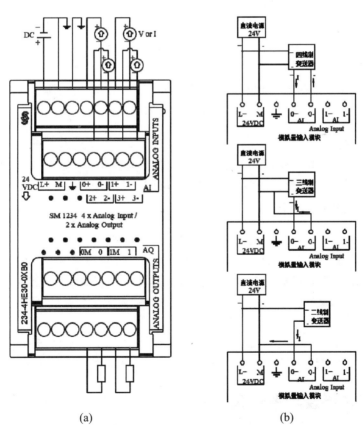

(a)　　　　　　　　　　　　　(b)

图 4-7　信号模块的接线图

模拟量信号变送器分四线制、三线制和二线制三种。四线制变送器有两根电源线和两根信号线。三线制变送器的电源正极和信号输出的正极分开,但公用一个负极。两线制变送器只有两根外部接线,它们既是电源线,也是信号线。直流电源串接在回路中,有的二线制变送器通过隔离式安全栅供电。二线制变送器的接线少,信号可以远距离传输,在工业中应用广泛。图 4-7(b)所示为二线制和四线制变送器和 PLC 模拟量模块连接方法。

4.2.3　信号板(SB)

S7-1200 PLC 的 CPU 上可安装信号板,S7-200/300/400 PLC 没有这种信号板。目前有模拟量输入板、模拟量输出板、数字量输入板、数字量输出板、数字量输入/输出板和通信板。如 SB 1223 DI 2×24V DC/DQ 2×24V DC 接线图如图 4-8 所示。

4.2.4　通信模块(CM)

S7-1200 PLC 通信模块安装在 CPU 模块的左侧,最多三块。S7-1200 PLC 通信模块规格较为齐全,主要有串行通信模块 CM 1241、紧凑型交换机模块 CSM 1277、PROFIBUS-DP 主站模块 CM 1243-5、PROFIBUS-DP 从站模块 CM 1242-5、GPRS 模块 CP 1242-7 和 I/O 主站模块 CM 1278。

4.2.5　其他模块

1. 电源模块

S7-1200 PLC 电源模块(PM1207)是为 S7-1200 PLC 提供稳定电源,其输入为 120/230 V AC(自动调整输入电压范围),输出为 24V DC/2.5 A。

2. 电池板(BB 1297)

S7-1200 的电池板(BB 1297)适用于实时时钟的长期备份。它可插入 S7-1200 CPU(固件版本 3.0 及更高版本)的单个板插槽中。必须将 BB 1297 添加到设备组态并将硬件配置下载到 CPU 中,BB 才能正常工作。

3. 存储卡

存储卡可以组态为多种形式,如图 4-9 所示。

(1) 程序卡:将存储卡作为 CPU 的外部装载存储器,可以提供一个更大的装载存储区。

(2) 传送卡:复制一个程序到一个或多个 CPU 的内部装载存储区而不必使用 STEP 7 Basic 编程软件。

(3) 固件更新卡:更新 S7-1200 CPU 固件版本(对 V3.0 及之后的版本不适用)。

此外,还有 TS 模块和仿真模块,限于篇幅,在此不再赘述。

4.2.6　系统扩展及功率预算

CPU 有一个内部电源,用于为 CPU 本身和任何扩展模块供电以及满足其他 24V DC 用户的功率要求。S7-1200 有三种类型的扩展模块。

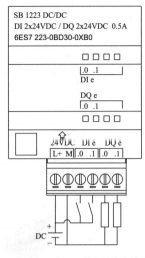

图 4-8　SB 1223 信号板的接线图　　　图 4-9　存储卡及安装示意图

(1) 信号模块(SM)安装在 CPU 右侧。在不考虑功率预算的情况下，每个 CPU 可允许的最大信号模块数如下。

● CPU 1214C、CPU 1215C 和 CPU 1217C 允许有 8 个信号模块。

● CPU 1212C 允许有两个信号模块。

● CPU 1211C 不允许有任何信号模块。

(2) 通信模块(CM)安装在 CPU 左侧。若不考虑功率预算，任何 CPU 都允许最多 3 个通信模块。

(3) 信号板(SB)、通信板(CB)和电池板(BB)安装在 CPU 顶部。任何 CPU 最多允许使用 1 个信号板、通信板或电池板。

以上是在不考虑功率预算的情况下，每个 CPU 可允许扩展的最大模块数。但实际上，每个扩展模块的功率消耗都是由 CPU 模块提供的，功率预算是必须要考虑的。原则是：扩展模块的功率要求的总和不得超出 CPU 的功率预算，如果超出则必须拆除一些扩展模块直到其功率要求在功率预算范围内，如表 4-5 所示。

【例 4-2】一个 CPU 1214C AC/DC/RLY、一个 SB 1223 2*24V DC 输入/2*24V DC 输出、一个 CM 1241、三个 SM 1223 8DC 输入/8 路继电器输出以及一个 SM 1221 8DC 输入的配置为例，给出了功率要求计算办法。该示例一共有 48 个输入和 36 个输出。

解：该 CPU 已分配驱动内部继电器线圈所需的功率。功率预算计算中无需包括 CPU 模块内部继电器线圈的功率要求。

本例中的 CPU 为 SM 提供了足够的 5V DC 电流，但没有通过传感器电源为所有输入和扩展继电器线圈提供足够的 24V DC 电流。I/O 需要 456mA，而 CPU 只提供 400mA。该安装额外需要一个至少为 56mA 的 24V DC 电源以运行所有包括的 24V DC 输入和输出。

由本例可知，PLC 的允许扩展模块的数量受限于 CPU 的管理能力之外，还要受限于功耗预算，一般情况下，5V DC 电源容量足够，24V DC 电源容量不够，这种情况下可以使用外部 24V DC 电源为模块的输入输出供电。

第 4 章　S7-1200 PLC 基础

137

表 4-5　功率预算

CPU 功率预算		5V DC	24V DC
CPU 1214C AC/DC/RLY		1600mA	400mA
减			
系统要求		5V DC	24V DC
CPU 1214C，14 点输入			14×4mA=56mA
1 个 SB 1223 2×24V DC 输入/2×24V DC 输出		50mA	2×4mA=8mA
1 个 CM 1241 RS422/485，5V 电源		220mA	
3 个 SM 1223	5V 电源	3×145mA=435mA	
	8 点输入		3×8×4mA=96mA
	8 个继电器线圈		3×8×11mA=264mA
1 个 SM 1221	5V 电源	1×105mA=105mA	
	8 点输入		8×4mA=32mA
总要求		810mA	456mA
等于			
电流差额		5V DC	24V DC
总电流差额		790mA	(-56mA)

4.3　S7-1200 PLC 的编程基础

4.3.1　S7-1200 PLC 的存储区

S7-1200 PLC 的存储区包括三个基本区域，即装载存储器、工作存储器(RAM)和系统存储器(RAM)，如表 4-6 所示。

表 4-6　S7-1200 PLC 的存储区

存 储 区	内 容
装载存储器	动态装载存储器(RAM)
	可保持装载存储器(EEPROM)
工作存储器(RAM)	用户程序，如逻辑块、数据块
系统存储器(RAM)	过程映像 I/O 表
	位存储器、定时器、计数器
	局域数据堆栈、块堆栈
	中断堆栈、中断缓冲区

1. 装载存储器

装载存储器用于非易失性地存储用户程序、数据和配置信息。项目被下载到 CPU 后，首先存储在装载存储器中。每个 CPU 都具有内部装载存储器。该内部装载存储器的大小取决于所使用的 CPU。该内部装载存储器可以用外部存储卡来替代。如果未插入存储卡，CPU 将使用内部装载存储器；如果插入了存储卡，CPU 将使用该存储卡作为装载存储器。但是，可使用的外部装载存储器的大小不能超过内部装载存储器的大小，即使插入的存储卡有更多空闲空间。该非易失性存储区能够在断电后继续保持。

类比个人计算机，可以简单理解装载存储器类似于计算机的硬盘。

2. 工作存储器

工作存储器是易失性存储器，集成在 CPU 中的高速存取的 RAM 存储器，用于存储 CPU 运行时的用户程序和数据，如组织块、功能块等。CPU 会将一些项目内容从装载存储器复制到工作存储器中。该易失性存储器的内容将在断电后丢失，而在恢复供电时由 CPU 恢复。

类比个人计算机，可以简单理解工作存储器类似于计算机的内存条。

3. 系统存储器

系统存储器是 CPU 为用户程序提供的存储器组件，被划分为若干个地址区域。使用指令可以在相应的地址区内对数据直接进行寻址。系统存储器用于存放用户程序的操作数据，例如过程映像输入/输出、位存储器、数据块、局部数据、I/O 输入输出区域和诊断缓冲区等。

S7-1200 PLC 的 CPU 的系统存储器地址分配如表 4-7 所示。在用户程序中使用相应的指令可以在相应的地址区直接对数据进行寻址。

表 4-7　系统存储器地址分配

地 址 区	符 号	描 述	接口
输入过程映像	I	输入采样阶段，CPU 读取输入，并存于输入过程映像区	有
物理输入区	I :P	不经过程映像区立即读取 CPU、SB 和 SM 上的物理输入点	
输出过程映像	Q	程序指令改写此区域，输出刷新阶段，输出到输出模块	有
物理输出区	Q :P	不经过程映像区立即写出 CPU、SB 和 SM 的物理输出点	
标识位存储区	M	用来保存中间操作状态或其他控制信息	
局部数据区	L	暂时存储或给子程序传递参数，局部变量只在本单元有效	
数据块	DB	存放中间结果，或用来保存与工序或任务有关的其他数据	

1) 输入过程映像(I)

输入映像区的每一位对应一个数字量输入点，在每个扫描周期的开始(输入采样阶段)，CPU 对输入点进行采样，并将采样值存于输入映像寄存器中。CPU 在接下来的本周期各阶段不再改变输入映像寄存器中的值，直到下一个扫描周期的输入处理阶段进行更新。

输入过程映像(I)可以按位、字节、字或双字来存取过程映像输入区中的数据，输入寄存器等效电路如图 4-10 所示。真实的回路中当按钮闭合，线圈 I0.0 得电，经过 PLC 内部电路的转化，使得梯形图中常开触点 I0.0 闭合，理解这一点很重要。

2) 输出过程映像(Q)

输出映像区的每一位对应一个数字量输出点，在扫描周期的末尾(输出刷新阶段)，CPU 将输出映像寄存器的数据传送给输出模块，再由后者驱动外部负载。

输出过程映像区是由 PLC 内部程序的指令改写，其状态传送给输出电路，再由输出电路对应的硬触点来驱动外部负载，输出寄存器等效电路如图 4-10 所示。当梯形图中的线圈

Q0.0 得电,经过 PLC 内部电路的转化,使得真实回路中的常开触点 Q0.0 闭合,从而使得外部设备线圈得电,理解这一点很重要。

输出过程映像(Q)可以按位、字节、字或双字来存取输出过程映像区中的数据。

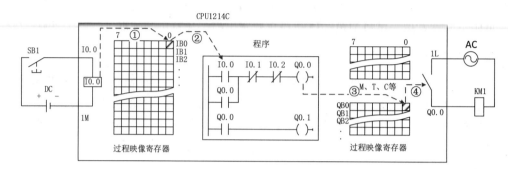

图 4-10　输入/输出过程映像(I/Q)工作过程

3) 标识位存储区(M)

标识位存储区是 PLC 中数量较多的一种存储区,一般的标识位存储区与继电器控制系统中的中间继电器相似。标识位存储区不能直接驱动外部负载,这点请初学者注意,负载只能由过程映像输出区的外部触点驱动。标识位存储区的常开与常闭触点在 PLC 内部编程时,可无限次使用。M 的数量根据不同型号的 PLC 而不同。可以用位存储区来存储中间操作状态和控制信息,并且可以按位、字节、字或双字来存取位存储区。

4) 局部数据区(L)

局部数据区位于 CPU 的系统存储器中,其地址标识符为"L"。包括函数、函数块的临时变量、组织块中的开始信息、参数传递信息以及梯形图的内部结果。在程序中访问局部数据区的表示法与输入相同。局部数据区的数量与 CPU 的型号有关。

局部数据区和标识位存储区(M)很相似,但只有一个区别:标识位存储区 M 是全局有效的,而局部数据区只在局部有效。全局是指同一个存储区可以被任何程序存取(包括主程序、子程序和中断服务程序),局部是指存储器区和特定的程序相关联。

5) 数据块(DB)

数据块可以存储在装载存储器、工作存储器以及系统存储器中(块堆栈),共享数据块的标识符为"DB"。数据块的大小与 CPU 的型号相关。数据块默认为掉电保持,不需要额外设置。

6) 物理输入区

物理输入区位于 CPU 的系统存储器中,其地址标识符为":P",加在输入过程映像区地址的后面。不经过过程映像区的扫描,程序访问物理区时,直接将输入模块的信息读入,并作为逻辑运算的条件。

7) 物理输出区

物理输出区位于 CPU 的系统存储器中,其地址标识符为":P",加在输出过程映像区地址的后面。不经过过程映像区的扫描,程序访问物理区时,直接将逻辑运算的结果(写出信息)写出到输出模块。

另外,还可以组态保持性存储器,用于非易失性地存储限量的工作存储器值。保持性存储区用于在断电时存储所选用户存储单元的值。发生掉电时,CPU 留出了足够的缓冲时间来保存几个有限的指定单元的值，这些保持性值随后在上电时进行恢复。

S7-1200 PLC 存储区的强制、保持性如表 4-8 所示。

表 4-8　S7-1200 PLC 存储区的强制、保持性

地 址 区	符 号	强 制	保 持 性
输入过程映像	I		
物理输入区	I_:P	是	
输出过程映像	Q		
物理输出区	Q_:P	是	
标识位存储区	M		是
局部数据区	L		
数据块	DB		是

4.3.2　S7-1200 PLC 的寻址方式

PLC 中存取数据时都是按地址存取，每个存储单元都有自己的地址，要存取数据就要先找到地址，而这个过程就是寻址。

S7-1200 PLC 的存储单元按字节进行编址，无论所寻址的是何种数据类型，通常应指出它所在存储区域内的字节地址。每个单元都有唯一的地址，这种直接指出元件名称的寻址方式称作直接寻址。

SIMATIC S7 CPU 中可以按照位、字节、字和双字对存储单元进行寻址，如表 4-9 所示。

表 4-9　S7-1200 PLC 的 I、Q、M、L 的寻址方式

寻址方式	长 度	描 述	寻址格式	存储区标识
位	1 位	字节中的位，0 和 1 两种取值，表示开关量(数字量) 如触点的断开和接通，线圈的通电和断电	Ax.y	输入过程映像 I
字节	8 位	8 位二进制数组成一个字节，PLC 基本存储单元	ABx	物理输入 I_:P 输出过程映像 Q
字	16 位	由地址连续的 2 个字节组成，字地址编号为地址小的字节地址编号	AWx	物理输出 Q_:P 标识位存储区 M
双字	32 位	由地址连续的 4 个字节组成(2 个连续的字组成)，双字地址编号为地址小的字节地址编号	ADx	局部数据 L

注：位(bit)、字节(byte，B)、字(word，W)、双字(double word，DW)

表中：A 为存储区标识符，可以是输入过程映像 I、物理输入 I_:P、输出过程映像 Q、物理输出 Q_:P、标识位存储区 M、局部数据 L、数据块 DB。

B、W、D 表示数据长度，B(字节)、W(字)、D(双字)。

x 为字节地址。

y 为位地址。

1. 位寻址

PLC 用户程序中逻辑控制需用到位逻辑指令，位逻辑指令大多采用位寻址方式，位寻

址的数据类型为 Bool (布尔)型。在编程软件中，Bool 变量的值 2#1 和 2#0 用英语单词 TRUE(真)和 FALSE(假)来表示。常用来表示开关量(数字量)，如触点的断开和接通，线圈的通电和断电等。

位(bit)寻址格式如图 4-11 所示。如 I3.2 表示输入过程映像寄存器 I 第 3 字节中的第 2 位；I2.0:P 表示立即读取物理输入第 2 字节中的第 0 位；Q1.4 表示输出过程映像寄存器 Q 第 1 字节中的第 4 位；Q1.1:P 表示立即写出物理输出第 1 字节中的第 1 位；M4.3 表示标识位寄存器 M 第 4 字节中的第 3 位(见图 4-12)；L5.4 表示局部变量寄存器 L 第 5 字节中的第 4 位。

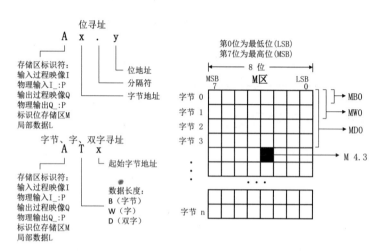

图 4-11 寻址格式   图 4-12 存储单元示意图

2. 字节、字、双字寻址

字节(byte，B)、字(word，W)、双字(doubleword，DW)寻址均属于多位二进制数据的寻址方式，寻址格式如图 4-11 所示。存储单元示意图如图 4-12 所示，图中 M0.0～M0.7 八位二进制数组成字节 MB0，MB0 和 MB1 两个字节组成字 MW0，MB0～MB3 四个字节(或者 MW0 和 MW2 两个字)组成双字 MD0。

(1) 字节(byte，B)由 8 位二进制数组成，例如 I3.0～I3.7 组成了输入字节 IB3，B 是 Byte 的缩写。

(2) 字(word，W)由相邻的两个字节组成，例如字 MW100 由字节 MB100 和 MB101 组成。MW100 中的 M 为区域标识符，W 表示字。

(3) 双字(double word，DW)由两个字(或 4 个字节)组成，双字 MD100 由字节 MB100～MB103 或字 MW100、MW102 组成，D 表示双字。

3. 数据块 DB 的寻址

数据块 DB 也可以按照位、字节、字和双字的方式寻址，寻址格式如表 4-10 所示。如 DB1.DBX0.1 表示 DB1 的第 0 字节中的第 1 位；DB1.DBB1 表示字节寻址 DB1 的第 1 字节；DB1.DBW2 表示 DB1 的第 2、3 字节组成的字寻址；DB1.DBD4 表示对 DB1 双字寻址，双字由第 4、5、6、7 字节组成。

表 4-10 S7-1200 PLC 的数据块 DB 的寻址方式

寻址方式	长 度	寻址格式
位	1 位	DB[数据块编号].DBX[字节地址].[位地址]
字节	8 位	DB[数据块编号].DBB[起始字节地址]
字	16 位	DB[数据块编号].DBW[起始字节地址]
双字	32 位	DB[数据块编号].DBD[起始字节地址]

表 4-11 所示是 S7-1200 PLC 寻址方式示例。

表 4-11 S7-1200 PLC 寻址方式示例

地 址 区	符 号	寻址方式举例			
		位	字节	字	双字
输入过程映像	I	I0.0	IB2	IW4	ID6
物理输入	I :P	I0.0:P	IB2:P	IW4:P	ID6:P
输出过程映像	Q	Q10.0	QB12	QW14	QD16
物理输出	Q :P	Q10.0:P	QB12:P	QW14:P	QD16:P
标识位存储区	M	M100.1	MB102	MW104	MD106
局部数据	L	L0.0	LB2	LW4	LD6
数据块	DB	DB1.DBX0.1	DB1.DBB1	DB1.DBW2	DB1.DBD4

4. S7-1200 PLC 寻址时需要注意的问题

S7-1200 PLC 寻址需要注意以下几点。

1) 地址编号规则

用组成字的编号小的字节作为字的编号，如 MB50 和 MB51 两个字节组成一个字，则这个字的编号为 MW50。

用组成双字的编号最小的字节的编号作为双字的编号，如 QB2～QB5 四个字节组成一个双字，则双字的编号为 QB2，如图 4-13 所示。

2) "高地址，低字节"的规律

【例 4-3】如果给 MB200 字节中赋值 16#12，给 MB201 赋值 16#34，求 MW200 的值。

解：根据 S7-1200 PLC 字、双字寻址的"高地址，低字节"的规律，在组成 MW200 字的两个字节中，高字节为 MB200，低字节为 MB201，则 MW200=16#1234，如图 4-14 所示。

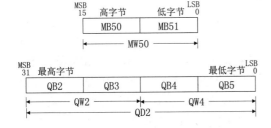

图 4-13 字、双字地址编号规则

图 4-14 "高地址，低字节"的示例

3) 防止地址重叠

字和双字寻址时，如果地址编号不合理造成地址重叠现象，会引起数据错误。下面用一个实例说明这种现象。

【例 4-4】S7-1200 某段程序中，给 QD2 双字赋值 16#12345678，其他程序段中又分别向 QW3 赋值 16#1234，QB4 赋值 16#12，QD3 赋值 16#12345678。请列出每次赋值后 QD2、QW3、QB4、QD3 中数据的变化，并给出解决问题的办法。

解：根据前面关于 S7-1200 的寻址规则，本例中 QD2、QW3、QB4、QD3 寻址出现了地址重叠现象，它们的字节组成如表 4-12 所示。在这种情况下，每次程序赋值后，会将重叠字节改写(覆盖以前的数据)，因此会使不希望改变的字节、字和双字的数据发生变化，引起程序错误。如向 QW3 赋值 16#1234 后，会使以前 QD2=16#12345678 的值改写为 16#12123478，这是不希望出现的。

表 4-12　字节、字、双字寻址地址重叠的后果

字节组成		QD2	QW3	QB4	QD3		执行后(16#)			
次序	程序赋值(16#)	QB2	QB3	QB4	QB5	QB6	QD2	QW3	QB4	QD3
上电	初始化清零	00	00	00	00	00	00000000	0000	00	00000000
1	12345678→QD2	12	34	56	78		12345678	3456	56	34567800
2	1234→QW3		12	34			12123478	1234	34	12347800
3	12→QB4			12			12121278	1212	12	12127800
4	12345678→QD3		12	34	56	78	12123456	1234	34	12345678

寻址时的地址重叠现象是初学者常见的问题，避免的方法是合理指定字节、字、双字的地址编号。如在程序中使用过 QD2 双字，就不能再出现 QB2～QB5 字节，也不能出现使用这些字节组成的字或双字(如 QW1～QW5、QD0～QD5)。所以，如果程序中使用字、双字较多时，一般字的地址间隔指定，如 MW0、MW2、MW4、…；双字地址间隔 4，如 MD100、MD104、MD108、…。

【例 4-5】某初学者编写的梯形图如图 4-15 所示，请分析该段程序能否正常工作？问题出在哪儿？

解：这个程序的逻辑是正确的(编程软件语法检测不出问题)，但这个程序在实际运行时，并不能正常采集数据。由程序段 2 可知，触点 M12.1 控制着采集数据并将模拟量存入字 MW12 中。而 M12.1 由程序段 1 采集启停控制。这个初学者的初衷是，程序段 1 的 I1.0 和 I1.1 控制采集启停，采集的模拟量数据存入 MW12 中。但实际上 MW12 由 MB12 和 MB13 组成，而 MB12 由 M12.0～M12.7 组成，由此可见 M12.1 其实是 MW12 的一位，因此当转换结果存入 MW12 时会改写 M12.1，如果正好改写为 FALSE(0)时采集就自动停止了。

初学者很容易犯类似的错误。读者可将 M12.1 改为 M10.1 即可，只要避开 MW12 中包含的 16 个位(M12.0～M12.7 和 M13.0～M13.7)都可行。

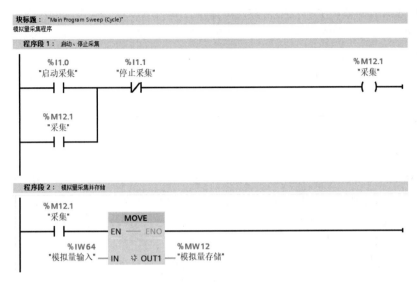

图 4-15 数据采集错误示例

4) 符号操作数和绝对操作数

STEP 7 简化了符号编程。通常，可在 PLC 变量表、数据块中创建变量，也可在 OB、FC 或 FB 的接口中创建变量。这些变量包括名称、数据类型、偏移量和注释。此外，在数据块中，还可设定起始值。在编程时，通过在指令参数中输入变量名称，可以使用这些变量。也可以选择在指令参数中输入绝对操作数(存储区、大小和偏移量)。以下各部分的实例介绍了如何输入绝对操作数。程序编辑器会自动在绝对操作数前面插入%字符。可以在程序编辑器中将视图切换到以下几种视图之一：符号、符号和绝对，或绝对。

4.3.3 S7-1200 PLC 的数据类型

1. 数制与码制

1) 数制

数制也称计数制，是用一组固定的符号和统一的规则来表示数值的方法。通常采用的数制有十进制、二进制、八进制和十六进制。

(1) 二进制。

二进制数的 1 位(bit)只能取 0 和 1 两个不同的值，可以用来表示开关量的两种不同的状态，例如触点的断开和接通、线圈的通电和断电、灯的亮和灭等。在梯形图中，如果该位是 1，表示对应的位编程元件(例如位存储器 M 和过程映像输出位 Q)的线圈"通电"，其常开触点接通，常闭触点断开，以后称该编程元件为 TRUE 或 1 状态；如果该位为 0，则对应的编程元件的线圈和触点的状态与上述的相反，称该编程元件为 FALSE 或 0 状态。

西门子的二进制表示方法是在数值前加前缀 2#，例如 2#1001 1101 1001 1101 就是 16位二进制常数。十进制的运算规则是逢十进一，二进制的运算规则是逢二进一。

(2) 十六进制。

十六进制的十六个数字是 0～9 和 A～F(对应于十进制中的 10～15)，每个十六进制数字可用 4 位二进制表示，例如 16#A 用二进制表示为 2#1010。B#16#、W#16#和 DW#16#分别表示十六进制的字节、字和双字常数,例如 W#16#13AF 为十六进制的字常数。在数字后面加"H"也可以表示十六进制数,例如 16#13AF 可以表示为 13AFH。十六进制的运算规则是逢十六进一。

掌握二进制和十六进制之间的转化,对于学习西门子 PLC 来说是十分重要的。

2) 码制

码制即编码体制,在数字电路中主要是指用二进制数来表示非二进制数字以及字符的编码方法和规则。常用的码制有 BCD 码、循环码、补码、ASCII 码等。

(1) BCD 码。

BCD (Binary-Coded Decimal)是二进制编码的十进制数的缩写,BCD 码用 4 位二进制数表示一位十进制数。BCD 码也称二进码十进数,BCD 码可分为有权码和无权码两类。其中,常见的有权 BCD 码有 8421 码、2421 码、5421 码,无权 BCD 码有余 3 码、余 3 循环码、格雷码。8421BCD 码是最基本和最常用的 BCD 码。

8421BCD 码和四位自然二进制码相似,各位的权值为 8、4、2、1,故称为有权 BCD 码。8421BCD 码每一位 BCD 码允许的数值范围为 2#0000~2#1001,对应于十进制数 0~9(见表 4-13)。BCD 码各位之间的关系是逢十进一,4 位二进制有 16 种组合,但 BCD 码只用到前十个,而后六个(2#1010~2#1111)没有在 BCD 码中使用。

表 4-13　不同数制的数的表示方法

十进制	十六进制	二进制	BCD 码	十进制	十六进制	二进制	BCD 码
0	0	0000	0000 0000	8	8	1000	0000 1000
1	1	0001	0000 0001	9	9	1001	0000 1001
2	2	0010	0000 0010	10	A	1010	0001 0000
3	3	0011	0000 0011	11	B	1011	0001 0001
4	4	0100	0000 0100	12	C	1100	0001 0010
5	5	0101	0000 0101	13	D	1101	0001 0011
6	6	0110	0000 0110	14	E	1110	0001 0100
7	7	0111	0000 0111	15	F	1111	0001 0101

BCD 码的最高 4 位二进制数用来表示符号,负数为 1,正数为 0。一般负数和正数的最高 4 位二进制数分别为 1111 或 0000。16 位 BCD 码字的范围是-999~+999。32 位 BCD 码双字的范围是-9999999~+9999999。十进制的数字转换成 BCD 码是很容易的,下面举例说明。

【例 4-6】请说明十进制数 296、-413 两数的 16 位和 32 位 BCD 码和整数格式分别怎么存放的。

解:数据不同码制的二进制编码各自不同,如图 4-16 所示,例如十进制数 296 的 16 位 BCD 码是 W#16#0296,转换成二进制数是 W#2#0000 0001 0010 1000,转换成十六进制数是 W#16#0128。这是要特别注意的。

-413 的 BCD 码为 W#16#F413,转换成二进制数是 W#2#1111 1110 0110 0011,转换成十六进制数是 W#16#FE63。

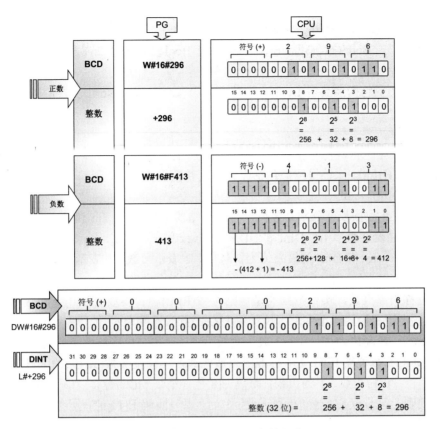

图 4-16　BCD 码和整数存放格式

(2) ASCII 码。

ASCII 码(American Standard Code for Information Interchange，美国信息交换标准代码)由美国国家标准局(ANSI)制定，它已被国际标准化组织(ISO)定为国际标准(ISO 646 标准)。ASCII 码用来表示所有的英文大/小写字母、数字 0～9、标点符号和在美式英语中使用的特殊控制字符。数字 0～9 的 ASCII 码为十六进制数 30H～39H，英文大写字母 A～Z 的 ASCII 码为 41H～5AH，英文小写字母 a～z 的 ASCII 码为 61H～7AH。

2. S7-1200 PLC 的数据类型及分类

数据的类型决定了数据的属性，例如数据长度和取值范围等，用于指定数据元素的大小以及如何解释数据。每个指令参数至少支持一种数据类型，而有些参数支持多种数据类型。

S7-1200 CPU 在程序运行过程中，数据是通过变量来存储和传递的。变量有两个要素：名称和数据类型。对程序块或者数据块的变量声明时，都要包含这两个要素。

TIA 博途软件中的数据类型分为三大类：基本数据类型、复合数据类型和其他数据类型。

1) 基本数据类型

基本数据类型是根据 IEC 61131-3(国际电工委员会指定的 PLC 编程语言标准)来定义的，每个基本数据类型具有固定的长度且不超过 64 位。

基本数据类型最为常用，细分为位和位串、整数、字符、定时器及日期和时间数据类型。每一种数据类型都具备关键字、数据长度、取值范围和常数表等格式属性。以下分别介绍。

(1) 位和位串(Bool、Byte、Word、DWord)。

位数据类型为 Bool (布尔)型,在编程软件中,Bool 变量的值 2#1 和 2#0 常用 TRUE (真)和 FALSE (假)来表示。

位串数据类型包括字节型(Byte)、字型(Word)和双字型(DWord)。它们的常数一般用十六进制数表示。

(2) 整数。

整数数据类型包括有符号整数和无符号整数。有符号整数包括短整数型(SInt)、整数型(Int)和双整数型(DInt)。无符号整数包括无符号短整数型(USInt)、无符号整数型(UInt)和无符号双整数型(UDInt)。

SInt 和 USInt 数据长度分别是 8 位,占用存储器 1 个字节。Int 和 UInt 数据长度分别是 16 位,占用存储器 2 个字节。DInt 和 UDInt 数据长度分别是 32 位,占用存储器 4 个字节。有符号整数 SInt、Int 和 Dint 的最高位为符号位,1 表示负数,0 表示正数。

(3) 浮点数。

实数也称为浮点数,实数数据类型包括实数(Real)和长实数(LReal)。实数(Real)数据长度为 32 位,占用存储器 4 个字节。长实数(LReal)数据长度为 64 位,占用存储器 8 个字节。浮点数有正负,最高位为符号位,1 表示负数。

S7 CPU 的实数遵循 IEEE 754 标准浮点数格式,单精度实数(32 位)的二进制排列规则:符号位 S(1 位,0 为正数,1 为负数)+阶码 E(8 位)+尾数 M(23 位)。双精度实数(64 位)的二进制排列规则:符号位 S(1 位,0 为正数,1 为负数)+阶码 E(11 位)+尾数 M(52 位)。

IEEE 754 标准浮点数格式:浮点数 = 符号位·尾数·$2^{阶码}$

阶码 E 是用移码表示的指数部分,移码是指浮点数表示法中的指数域的编码值为指数的实际值加上某个固定的值,IEEE 754 标准规定该固定值为 $2^{e-1}-1$,其中的 e 为存储指数的比特的长度。如单精度实数(32 位)的指数偏移值为+127,而双精度实数(64 位)的指数偏移值为+1023。也就是说,单精度实数(32 位)的阶码:E=移码=指数的实际值+127,双精度实数(64 位)的阶码:E=移码=指数的实际值+1023。

尾数 M 用原码表示,根据 IEEE 754 二进制的尾数规格化方法,其格式如下:1.f。由于最高位总是 1,因此省略,称隐藏位。隐含的"1"是一位整数,在浮点格式中表示出来的23 位尾数是纯小数,用原码表示,其实尾数表示范围比实际存储的多一位。

对于这样的单精度实数(32 位),IEEE 754 有 5 种类型浮点数据,如表 4-14 所示。

表 4-14　IEEE 754 的 5 种类型浮点数

S(符号位)	E(阶码)	M(尾数)	意　义
0/1	0	0	±0
0/1	0	非 0	非规格化数
0/1	1～254	任意	规格化数
0/1	255	0	±无穷大
0/1	255	非 0	NaN(非法)

按 IEEE 754 标准浮点数格式,单精度实数(32 位)的数据范围为-3.402823e+38 到-1.175495e-38、±0、+1.175495e-38 到+3.402823e+38。浮点数的优点是用很小的存储空间(4B)

可以表示非常大和非常小的数。PLC 输入和输出的数值大多是整数(例如模拟量输入值和模拟量输出值)，用浮点数来处理这些数据需要进行整数和浮点数之间的相互转换，需要注意的是，浮点数的运算速度比整数运算的速度慢得多。

　　整数和实数的存储格式如图 4-17 所示，图中只列出 DInt 和 Real 两种数据类型的存储格式。其他数据类型仅位数不同，不再赘述。

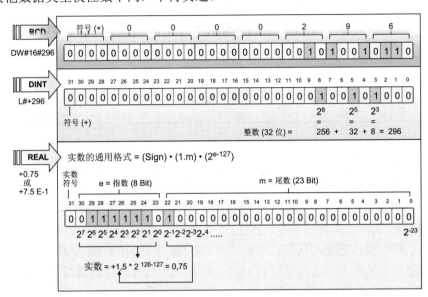

图 4-17　双整数型(DInt)和实数(Real)数据存放格式

　　(4) 字符。

　　字符数据类型有 Char(字符)和 WChar(宽字符)，数据类型 Char 的操作数长度为 8 位，在存储器中占用 1 个字节。Char 数据类型以 ASCII 格式存储单个字符。数据类型 WChar(宽字符)的操作数长度为 16 位，在存储器中占用 2 个字节。WChar 数据类型存储以 Unicode 格式存储的扩展字符集中的单个字符，但只涉及整个 Unicode 范围的一部分。控制字符在输入时，以美元符号表示。

　　(5) 时间与日期。

　　① Time(IEC 时间)。Time 是 IEC 格式时间数据类型，它是有符号双整数，占用 4 个字节，其单位为 ms，格式类似 T#+5d_5h_5m_5s_5ms，其中的 d、h、m、s、ms 分别为天、小时、分钟、秒和毫秒。不需要指定全部时间单位，例如，T#5h10s 和 T#500h 均有效。

　　取值范围为 T#-24d_20h_31m_23s_648ms～T#+24d_20h_31m_23s_647ms。

　　② Date(IEC 日期)。Date(IEC 日期)为 16 位无符号整数存储，其操作数为十六进制格式，格式类似 D#2016-12-31，被解释为对应于自 1990 年 1 月 1 日(基础日期)以来的天数，用以获取指定日期。编辑器格式必须指定年、月和日。

　　③ TOD(Time_Of_Day)。TOD(Time_Of_Day)数据作为无符号双整数值存储，被解释为自指定日期的凌晨 0 时算起的毫秒数(凌晨 0 时=0ms)。其常数必须指定小时(24 小时/天)、分钟和秒，毫秒是可选的。

　　④ DTL(日期和时间长型)。按本书的分类，DTL(日期和时间长型)数据类型归为复合数据类型，但是 DTL 也是属于日期和时间数据类型，故放在此处介绍，如表 4-15 所示。

表 4-15 DTL 结构的元素

Byte	组件	数据类型	值范围
0	年	UINT	1970—2554
1			
2	月	USINT	1～12
3	日	USINT	1～31
4	星期	USINT	1(星期日)～7(星期六)
5	小时	USINT	0～23
6	分	USINT	0～59
7	秒	USINT	0～59
8	纳秒	UDINT	0～999 999 999
9			
10			
11			

DTL(日期和时间长型)数据类型使用 12 个字节的结构保存日期和时间信息。12 个字节为年(占 2B)、月、日、星期的代码、小时、分、秒(各占 1B)和纳秒(占 4B),均为 BCD 码。星期日、星期一～星期六的代码分别为 1～7。可以在块的临时存储器或者 DB 中定义 DTL 数据。必须在 DB 编辑器的"起始值"(Start value)列为所有组件输入一个值。

DTL(日期和时间长型)数据类型的格式:DTL#年-月-日-时:分:秒.纳秒

数据范围:DTL#1970-01-01-00:00:00.0～DTL#2554-12-31-23:59:59.999 999 999。

DTL 的每一部分均包含不同的数据类型和值范围。指定值的数据类型必须与相应部分的数据类型相一致。

表 4-16 所示为基本数据类型取值范围及格式示例。

表 4-16 基本数据类型取值范围及格式

变量类型	符号	位数	取值范围	常数格式示例
位	Bool	1	1、0	TRUE、FALSE 或 2#1、2#0
字节	Bytc	8	16#00～16#FF	16#12,B#16#AB
字	Word	16	16#0000～16#FFFF	16#ABCD,W#16#B001
双字	DWord	32	16#0O00 0000～16#FFFF FFFF	DW#16#0246 8ACE
短整数	SInt	8	-128～127	123,-123
整数	Int	16	-32768～32767	12573,-12573
双整数	DInt	32	-2147483648～2147483647	12357934,-12357934
无符号短整数	USInt	8	0～255	123
无符号整数	UInt	16	0～65535	12321
无符号双整数	UDInt	32	0～4294967295	12345678
浮点数(实数)	Real	32	-3.402823E+38～-1.175495E-38、±0、+1.175495E-38～+3.402823E+38	12.45,-3.4,-1.2E+12,3.4E-3

变量类型	符号	位数	取值范围	常数格式示例
长浮点数	LReal	64	-1.7976931348623158e+308～ -2.2250738585072014e-308、±0、 +2.2250738585072014e-308 ～+1.7976931348623158e+308	12345.123456789，-1.2E+40
IEC 时间	Time	32	T#-24d20h31m23s648ms～ T#+24d20h31m23s647ms	T#10d20h30m20s630ms
日期	Date	16	D#1990-1-1～D#2169-06-06	D#2016-10-31
实时时间 TOD	Time_Of_Day	32	TOD#00:00:00.000～TOD#23：59：59.999	TOD#10:20:30.400
日期和时间长型	DTL	12B	DTL#1970-01-01-00:00:00.0～ DTL#2554-12-31-23:59:59.999 999 999	DTL#2016-10-16-20:30:20.250
字符	Char	8	16#00～16#FF(ASCII 字符集)	'A'，'t'
宽字符	WChar	16	16#0000～16#FFFF(Unicode)	WCHAR#a'
BCD 数字格式不能用作数据类型，但它们受转换指令支持，故将其列入此处				
BCD 码	BCD16	16	-999～+999	-123，13
	BCD32	32	-9999999～+9999999	-1234567，1234567

2) 复合数据类型

复合数据类型是一种由其他数据类型组合而成的，或者长度超过 32 位的数据类型，TIA 博途软件中的复合数据类型包含 DTL(日期和时间长型)、String(字符串)、WString(宽字符串)、Array(数组类型)、Struct(结构类型)和 UDT(PLC 数据类型)，复合数据类型相对较难理解和掌握，以下分别介绍。

(1) 字符串和宽字符串。

① String(字符串)。String(字符串)数据类型存储一串单字节字符，该字符串最多由 254 个字符组成。每个变量的字符串最大长度可由方括号中的关键字 STRING 指定(如：STRING[4])。如果省略了最大长度信息，则为相应的变量设置 254 个字符的标准长度。在内存中，STRING 数据类型的变量比指定最大长度多占用两个字节的标题(1 个字节的最大总字符数、1 个字节的当前字符数)。字符最多 254 的字符串占用 256 个字节长。

字符串常数'CAT'或 String#'CAT'的存放格式如表 4-17 所示。

表 4-17　字符串常数'CAT'的 STRING[10]的存放格式

总字符数	当前字符数	字符 1	字符 2	字符 3	…	字符 10
10	3	'C' (16#43)	'A' (16#41)	'T' (16#54)	…	
字节 0	字节 1	字节 2	字节 3	字节 4	…	字节 11

② WString(宽字符串)。数据类型为 WString(宽字符串)的操作数存储一个字符串中多个数据类型为 WChar 的 Unicode 字符。如果不指定长度，则 WString(宽字符串)的长度为预置

的最大值 65534 个字符。在宽字符串中，可使用所有 Unicode 格式的字符。这意味着也可在字符串中使用中文字符。

和 String 数据类型的存放格式相似，WString 数据类型占用字长为总字符数加 2。第一个字包含最大总字符数，下一个字包含总字符数，接下来的字符串可包含多达 65534 个字。WString 数据类型中的每个字可以是 16#0000～16#FFFF 之间的任意值。表 4-18 所示为 WString[500]数据类型存放格式示例。

表 4-18　WString[500]数据类型存放格式示例

总字符数	当前字符数	字符 1	字符 2～299	字符 300	...	字符 500
500	300	'ä' (16#0084)	...	'M' (16#004D)	...	
字 0	字 1	字 2	字 3～300	字 301	...	字 501

(2) Array(数组类型)。

Array(数组类型)表示一个由固定数目的同一种数据类型元素组成的数据结构。允许使用除了 Array 之外的所有数据类型。

Array(数组类型)在变量声明中的格式为：Array[lo .. hi]of type

其中，lo 为数组的起始(最低)下标；hi 为数组的结束(最高)下标；type 为数据类型，例如 BOOL、SINT、UDINT。

在数组声明中，下标限值定义在 Array 关键字之后的方括号中。下限值必须小于或等于上限值。一个数组最多可以包含 6 维，并使用逗号隔开维度限值。例如：数组 Array [1..20] of Real 的含义是包括 20 个元素的一维数组，元素数据类型为 Real；数组 Array [1..2，3..4] of Char 含义是包括 4 个元素的二维数组，元素数据类型为 Char。

数组元素通过下标进行寻址。寻址格式：Array 编号[i, j]。

示例：数组地址 ARRAY1[0]表示寻址 ARRAY1 元素 0；ARRAY2[1，2] 表示寻址 ARRAY2 元素[1，2]；ARRAY3[i, j]表示如果 i=3 且 j=4，则对 ARRAY3 的元素[3，4]进行寻址。

(3) Struct(结构类型)。

该类型是由不同数据类型组成的复合型数据，通常用来定义一组相关数据。

【例 4-7】某系统中，有多个电机的控制要求相似，各电机控制需反馈速度、设定频率、启动、停止、运行五个变量，试建立一个结构类型的变量，包含电机控制的五个参数。

解：新建全局数据块 DB，建立一个名为 Motor_Struct 的 Struct 数据类型变量。在此结构变量中新建如表 4-19 所示的变量。

表 4-19　Struct(结构类型)示例

	名　称	数据类型	起　始　值	注　释
▼	Motor_Struct	Struct		
■	Speed	Real	0	反馈速度
■	Frequency	Real	0	设定频率
■	Start	Bool	false	启动按钮

名 称	数据类型	起 始 值	注 释
■ Stop	Bool	false	停止按钮
■ Run	Bool	false	运行状态

(4) UDT(PLC 数据类型)。

PLC 数据类型为自定义数据类型，是由不同数据类型组成的复合型数据。与 Struct(结构类型)不同的是，PLC 数据类型是一个模板，可用来定义在程序中多次使用的数据结构。如上例中电机五个参数变量构成的结构数据可以自定义成 PLC 数据类型(自定义类型名称：motor)，后续新建变量时数据类型列表中会多出现一个"motor"的类型选项。

PLC 数据类型的创建方法如图 4-18 所示。

图 4-18   PLC 数据类型的创建方法

3) 其他数据类型

除了基本数据类型和复合数据类型外，S7-1200 PLC 还包括指针、参数类型、系统数据类型和硬件数据类型等。

(1) Variant 指针类型。

Variant 类型的参数是一个可以指向不同数据类型变量的指针。Variant 指针可以是一个元素数据类型的对象，例如 INT 或 Real。也可以是一个 String、DTL、Struct 数组、UDT 或 UDT 数组。Variant 指针可以识别结构，并指向各个结构元素。Variant 数据类型的操作数在背景 DB 或 L 堆栈中不占用任何空间，但是将占用 CPU 上的存储空间。

Variant 类型的变量不是一个对象，而是对另一个对象的引用。Variant 类型的各元素只能在函数的块接口中声明，因此，不能在数据块或函数块的块接口静态部分中声明。例如，因为各元素的大小未知，所引用对象的大小可以更改。Variant 数据类型只能在块接口的形参中定义。

后面第 8 章通信程序中会经常用到 Variant 指针类型，Variant 指针的属性如表 4-20 所示。

表 4-20　Variant 指针的属性

长度(字节)	表示方式	格　式	示例输入
0	符号	操作数	MyTag
		DB_name.Struct_name.element_name	MyDB.Struct1.pressure1
	绝对	操作数	%MW10
		DB_number.Operand Type Length	P#DB10.DBX10.0 INT 12

(2) 系统数据类型。

系统数据类型(SDT)由系统提供并具有预定义的结构。系统数据类型的结构由固定数目的可具有各种数据类型的元素构成。不能更改系统数据类型的结构。系统数据类型只能用于特定指令。系统数据类型及其用途如表 4-21 所示。

表 4-21　系统数据类型列表

类　型	长度	描　述
IEC_TIMER	16	定时器结构，用于 TP、TOF、TON 和 TONR 指令
IEC_SCOUNTER	3	计数器结构，其计数为 SINT 数据类型，用于 CTU、CTD 和 CTUD 指令
IEC_USCOUNTER	3	计数器结构，其计数为 USINT 数据类型，用于 CTU、CTD 和 CTUD 指令
IEC_COUNTER	6	计数器结构，其计数为 INT 数据类型，用于 CTU、CTD 和 CTUD 指令
IEC_UCOUNTER	6	计数器结构，其计数为 UINT 数据类型，用于 CTU、CTD 和 CTUD 指令
IEC_DCOUNTER	12	计数器结构，其计数为 DINT 数据类型，用于 CTU、CTD 和 CTUD 指令
IEC_UDCOUNTER	12	计数器结构，其计数为 UDINT 数据类型，用于 CTU、CTD 和 CTUD 指令
ERROR_STRUCT	28	编程或 I/O 访问错误的错误信息结构，用于 GET_ERROR 指令
CONDITIONS	52	定义的数据结构，定义了数据接收开始和结束的条件，用于 RCV_GFG 指令
TCON_Param	64	指定数据块结构，用于存储通过工业以太网(PROFINET)进行的开放式通信的连接说明
VOID	-	VOID 数据类型不保存任何值。如果输出不需要任何返回值，则使用。例如，如果不需要错误信息，则可以在输出 STATUS 上指定 VOID 数据类型

(3) 硬件数据类型。

硬件数据类型由 CPU 提供。可用硬件数据类型的数目取决于 CPU。根据硬件配置中设置的模块存储特定硬件数据类型的常量。在用户程序中插入用于控制或激活已组态模块的指令时，可将这些可用常量用作参数。部分硬件数据类型及其用途如表 4-22 所示。

表 4-22　部分硬件数据类型列表

数据类型	基本数据类型	描　述
HW_ANY	WORD	任何硬件组件(如模块)的标识
HW_IO	HW_ANY	I/O 组件的标识
HW_SUBMODULE	HW_IO	中央硬件组件的标识
HW_INTERFACE	HW_SUBMODULE	接口组件的标识
HW_HSC	HW_SUBMODULE	高速计数器的标识，此数据类型用于 CTRL_HSC 指令
HW_PWM	HW_SUBMODULE	脉冲宽度调制的标识，此数据类型用于 CTRL_PWM 指令
HW_PTO	HW_SUBMODULE	高速脉冲的标识，此数据类型用于运动控制
AOM_IDENT	DWORD	AS 运行系统中对象的标识
EVENT_ANY	AOM_IDENT	用于标识任意事件
EVENT_ATT	EVENT_ANY	用于标识可动态分配给 OB 的事件，此数据类型用于 ATTACH 和 DETACH 指令
EVENT_HWINT	EVENT_ATT	用于标识硬件中断事件
OB_ANY	INT	用于标识任意 OB
OB_DELAY	OB_ANY	用于标识发生延时中断时调用的 OB，此数据类型用于 SRT_DINT 和 CAN_DINT 指令
OB_CYCLIC	OB_ANY	用于标识发生循环中断时调用的 OB
OB_ATT	OB_ANY	用于标识可动态分配给事件的 OB，此数据类型用于 ATTACH 和 DETACH 指令
OB_PCYCLE	OB_ANY	用于标识可分配给"循环程序"事件类别事件的 OB
OB_HWINT	OB_ATT	用于标识发生硬件中断时调用的 OB
OB_DIAG	OB_ANY	用于标识发生诊断错误中断时调用的 OB
OB_TIMEERROR	OB_ANY	用于标识发生时间错误时调用的 OB
OB_STARTUP	OB_ANY	用于标识发生启动事件时调用的 OB
PORT	UINT	用于标识通信端口，此数据类型用于点对点通信
CONN_ANY	WORD	用于标识任意连接
CONN_OUC	CONN_ANY	用于标识通过工业以太网(PROFINET)进行开放式通信的连接

以上就是 S7-1200 CPU 的全部数据类型，无论对于编写程序还是阅读程序，理解和掌握这些数据类型都至关重要。

【例 4-8】请指出以下数据的含义：DINT#45、45、C#45、t#45s、P#M0.0 Byte 10、P#DB10.DBX10.0 INT 12。

解：①DINT#45：表示有符号双整数 45。②45：表示整数 45。③C#45：表示计数器中的预置值 45。④t#45s：表示 IEC 定时器中定时时间为 45s。⑤P#M0.0 Byte 10：表示从 MB0 开始的 10 个字节。⑥P#DB10.DBX10.0 INT 12：表示数据块 DB10 中，从字节 10 开始的 12 个整数。

4.3.4　S7-1200 PLC 的程序结构

S7-1200 PLC 编程采用块(BLOCK)的概念,即将程序分解为独立的、自成体系的各个部件,块类似子程序的功能,但类型更多、功能更强大。在工业控制中,程序往往是非常庞大和复杂的,采用块的概念便于大规模程序的设计和理解,可以设计标准化的块程序进行重复调用,程序结构清晰明了,修改方便,调试简单。采用块结构显著地增加了 PLC 程序的组织透明性、可理解性和易维护性。

1. PLC 的块

S7-1200 PLC 的块包括组织块(OB)、功能块(FB)、功能(FC)和数据块(DB)。各种块(除组织块 OB 外)的数目和代码的长度是与 CPU 不相关的,而组织块的数目则与 CPU 的操作系统相关。用户程序中块的说明如表 4-23 所示。

表 4-23　PLC 的块

块(Block)	简 要 描 述
组织块(OB)	操作系统与用户程序的接口,决定用户程序的结构
功能块(FB)	用户编写的包含经常使用的功能的子程序,有背景数据块
功能(FC)	用户编写的包含经常使用的功能的子程序,无背景数据块
数据块(DB)	存储用户数据的数据区域

1) 组织块(OB)

组织块(OrganizationBlock,OB)是操作系统和用户程序之间的接口。组织块只能由操作系统来启动。各种组织块由不同的事件启动,且具有不同的优先级,而循环执行的主程序则在组织块 OB1 中。

每个组织块必须有一个唯一的 OB 编号,123 之前的某些编号是保留的,其他 OB 的编号应大于等于 123。CPU 中特定的事件触发组织块的执行,OB 不能相互调用,也不能被 FC 和 FB 调用。只有启动事件才可以启动 OB 的执行,如表 4-24 所示。

(1) 程序循环组织块。

程序循环 OB 在 CPU 处于 RUN 模式时循环执行。用户在其中放置控制程序的指令以及调用其他用户块。允许使用多个程序循环 OB,它们按编号顺序执行。OB1 是默认循环组织块,其他程序循环 OB 必须标识为 OB123 或更大。需要连续执行的程序存在循环组织块中。

OB1 组织块很特殊,是主程序,编程软件组态了 CPU 模块后自动产生,默认名称为 Main,是用户程序必不可少的一个 OB。CPU 循环执行操作系统程序,在每一次循环中,操作系统程序调用一次 OB1。因此 OB1 中的程序也是循环执行的。

(2) 启动组织块。

启动组织块(Startup)在 PLC 的工作模式从 STOP 切换到 RUN 时执行一次。完成启动组织块扫描后,将执行主程序循环组织块(如 OB1)。

启动组织块主要用来系统初始化,如初始化程序循环 OB 中的某些变量。执行完启动 OB 后,开始执行程序循环 OB。可以有多个启动 OB,默认的为 OB100,其他启动 OB 的编号应大于等于 123。

(3) 中断组织块。

中断处理用来实现对特殊内部事件或外部事件的快速响应。如果没有中断事件出现，CPU 循环执行 OB1 和它调用的块。如果出现中断事件，例如诊断中断和时间延迟中断等，因为 OB1 的中断优先级最低，操作系统在执行完当前程序的当前指令(即断点处)后，立即响应中断。CPU 暂停正在执行的程序块，自动调用一个分配给该事件的组织块(即中断程序)来处理中断事件。执行完中断组织块后，返回被中断的程序的断点处继续执行原来的程序。

这意味着部分用户程序不必在每次循环中处理，而是在需要时才被及时地处理。处理中断事件的程序放在该事件驱动的 OB 中，如表 4-24 所示。

表 4-24　事件与 OB

事件类别	OB 编号	OB 数目	启动事件	优先级(默认)
程序循环程序	1,≥123	≥1	启动或结束上一个程序循环 OB	1
启动	100,≥123	≥0	STOP 到 RUN 的转换	1
延时中断	≥20	≤4	延时时间结束	2~24(3)
循环中断	≥30		等长总线循环时间结束	2~24(8)
硬件中断	≥40	≤50	上升沿(最多 16 个)	2~26(18)
			下降沿(最多 16 个)	
			HSC：计数值=参考值(最多 6 次)	
			HSC：计数方向变化(最多 6 次)	
			HSC：外部复位(最多 6 次)	
诊断错误中断	82	0 或 1	模块检测到错误	2~26(5)
其他				

循环中断组织块是很常用的，所谓循环中断就是经过一段固定的时间间隔中断用户程序，等周期执行的程序可以在循环中断组织块中编写，如 PID 控制、定时采集等。

硬件中断组织块(如 OB40)用于快速响应信号模块(SM)和通信处理器的信号变化。硬件中断被模块触发后，操作系统将自动识别是哪一个槽的模块和模块中哪一个通道产生的硬件中断。硬件中断 OB 执行完后，将发送通道确认信号。

除了上述的中断之外，S7-1200 还有延时中断、状态中断、更新中断、制造商或配置文件特定的中断、诊断错误中断、拉出/插入中断、机架错误、时间错误等多种中断，这里不再一一赘述。

2) 功能块(FB)

功能块(function block，FB)类似于子程序，是属于用户编程的块。调用功能块(FB)时，需要指定背景数据块(DB)，背景数据块是功能块专用的存储区。调用时背景数据块被自动打开，可以在用户程序中或通过人机界面接口访问这些背景数据。CPU 执行 FB 中的程序代码，将块的输入、输出参数和局部静态变量保存在背景数据块中。

调用同一个 FB 时使用不同的背景 DB，可以控制不同的对象。这些 DB 虽然具有相同的数据结构，但具体数值可以不同。S7-1200 的某些指令(例如符合 IEC 标准的定时器和计数器指令)实际上是 FB，在调用它们时需要指定配套的背景 DB。

3) 功能(FC)

功能(Function，FC)和功能块 FB 都是属于用户编程的子程序。FC 和 FB 不同的是，FC 是一种不带"存储区"的逻辑块，即没有指定的 DB 块。FC 的临时变量存储在局部数据堆栈中，当 FC 执行结束后，这些临时数据就丢失了。要将这些数据永久存储，FC 要使用共享数据块或者位存储区。

FC 仅在被其他程序调用时才执行，可以简化程序代码和减少扫描时间。用户可以将不同的任务编写到不同的 FC 中去，同一 FC 可以在不同的地方被多次调用。

4) 数据块(DB)

数据块(Data Block，DB)用于存储用户数据及程序中间变量。数据块没有指令，STEP 7 按变量生成的顺序自动地为数据块中的变量分配地址。

新建数据块时，默认状态是优化的存储方式，且数据块中存储的变量是非保持的。数据块占用 CPU 的装载存储区和工作存储区，与标识存储器的功能类似，都是全局变量，不同的是，M 数据区的大小在 CPU 技术规范中已经定义，且不可扩展，而数据块存储区由用户定义，最大不能超过工作存储区或装载存储区。S7-1200 PLC 的非优化数据最大数据空间为 64KB。而优化的数据块的存储空间要大得多，但其存储空间与 CPU 的类型有关。

有的程序中(如有的通信程序)，只能使用非优化数据块，多数的情形可以使用优化和非优化数据块，但应优先使用优化数据块。

按照功能分，数据块 DB 可以分为：全局数据块、背景数据块。

① 全局数据块：存储供所有的代码块使用的数据，所有的 OB、FB 和 FC 都可以访问它们。

② 背景数据块：存储的数据供特定的 FB 使用，背景数据块中保存的是对应的 FB 的输入、输出参数和局部静态变量。FB 的临时数据(Temp) 不是用背景数据块保存的。

③ 基于数据类型的数据块：用户定义数据类型、系统数据类型和数组类型。

2. 程序结构

TIA 博途软件编程方法有三种：线性化编程、模块化编程和结构化编程。

1) 线性化编程

线性化编程就是将整个程序放在循环控制组织块 OB1 中，CPU 循环扫描执行 OB1 中的全部指令(见图 4-19)。其特点是程序结构简单，不带分支，不涉及功能块、功能、数据块、局域变量和中断等较复杂的概念，容易入门。但由于所有指令都在一个块中，程序的某些部分可能不需要多次执行，而扫描时，重复扫描所有的指令会造成资源浪费、执行效率低。

通常不建议采用线性化编程的方式，除非是程序非常简单。

2) 模块化编程

模块化编程是将程序分为不同的逻辑块，每个块中包含完成某部分任务的功能指令。组织块 OB1 中的指令决定块的调用和执行，被调用的块执行结束后，返回到 OB1 中程序块的调用点，继续执行 OB1，该过程如图 4-19 所示。其特点是易于分工合作，调试方便。由于逻辑块有条件调用，所以提高了 CPU 的效率。模块化编程中 OB1 起着主程序的作用，功能(FC)或功能块(FB)控制着不同的过程任务相当于主循环程序的子程序。模块化编程中被调用块不向调用块返回数据。

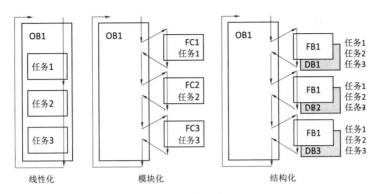

图 4-19　PLC 编程结构类型

3) 结构化编程

结构化编程是通过抽象的方式将复杂的任务分解成一些能够反映过程的工艺、功能或可以反复使用的可单独解决的小任务，然后将类似或者相关的任务归类，在功能或者功能块中编程，形成通用的解决方案。程序运行时所需的大量数据和变量存储在数据块中。某些程序块可以用来实现相同或相似的功能。这些程序块是相对独立的，它们被 OB1 或其他程序块调用。结构化编程中被调用块和调用块之间一般有数据交换和共享。

建议用户在编程时可以根据实际工程特点采用结构化编程方式，通过传递参数使程序块重复调用，使其结构清晰、调试方便。

图 4-20 所示为 OB 调用一级 FB 或 FC 的情况，实际上根据需要可以嵌套调用。

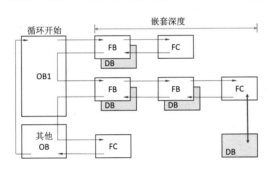

图 4-20　结构化编程中嵌套调用

安全程序使用二级嵌套。因此，用户程序在安全程序中的嵌套深度为四。

初学者容易混淆模块化和结构化两种编程方式，下面通过一个实例简述两者的区别。首先要说明的是，这里只针对 S7-1200 PLC 编程方式，可能与其他的计算机高级语言编程课程中介绍会有所不同。

S7-1200 PLC 的模块化编程是一种程序结构，相对于线性编程而言的。结构化体现一种程序设计的思想，其基本原则是：划分模块、分而治之，结构化编程首先是模块化的。模块化和结构化都需要用户程序分解成多个模块，但两者分解模块的思路有所不同。结构化编程一般按相对独立、相对完整的子系统划分，强调的是子系统的通用性、重复性，子模块中还可以分解更小的模块，嵌套调用。结构化编程中被调用块一般需要数据返回，所以 FB 居多。

模块化编程大多是把程序简单分解成多个模块，被调用块一般不需要返回数据。

【例 4-9】假设有一个 PLC 控制系统，系统中包含 10 个十字路口交通灯控制，每个交通灯的控制要求(时间、灯数、手自动等)各有所不同。硬件电路设计已完成，I/O 地址已分配。

假如将 10 套交通灯的控制分配给 10 个编程员分别编程，中间有人做协调，保证每个人编程中全局变量、程序块编号等使用不冲突，系统集成的时候将每个交通灯程序作为一个 FB 或 FC，在 OB1 中调用。这种程序结构就是模块化结构，但每个块程序不尽相同，通用性不强，也无需交换数据。

另一种方法是，仔细研究各路交通灯控制要求，编写一个通用的交通灯程序块 FB(或者嵌套的多个块)，将时间、灯数、手自动等不同的信息参数化，放入背景数据块中。主程序 OB1 中重复调用 10 次该 FB，指定 10 个不同的背景数据块，每个背景数据块中赋予不同的参数对应 10 路交通灯。这种编程思想就是典型的结构化编程。这种方式程序代码少，通用性好，调试方便，尤其是重复的功能越多，优势越明显。但是这种编程门槛高，需要编程人员有更丰富的编程经验。

3. 结构化编程的一般步骤

用户在设计一个 PLC 系统时有多种多样的设计方法，本节中推荐如下操作步骤。

(1) 分解控制过程或机械设备至多个子部分。

(2) 生成每个子部分的功能描述。

(3) 设计安全回路。

(4) 基于每个子部分的功能描述设计，为每个子部分设计电气及机械部分，分配开关、显示/指示设备，绘制图纸。

(5) 为每个子部分的电气设计分配模块，指定模块输入/输出地址。

(6) 生成程序输入/输出中需要的地址的符号名。

(7) 为每个子部分编写相应的程序，单独调试这些子程序。

(8) 设计程序结构，联合调试子程序。

(9) 项目程序差错/改进。

习题及思考题

4-1 S7-1200 系列 PLC 的硬件系统主要由哪些部分组成？软件系统主要由哪些部分组成？

4-2 简述 S7-1200 系列 PLC 的存储区分类。各自的作用是什么？

4-3 S7-1200 系列 PLC 的寻址方式有哪几种？举例说明。

4-4 一个控制系统需要 12 点数字量输入、30 点数字量输出、7 路模拟量输入和 2 路模拟量输出。试为该系统选择合适的 CPU 模块和信号模块，并绘制 I/O 接线图。

4-5 PLC 中的内部编程资源(即软元件)为什么被称作软继电器？其主要特点是什么？S7-1200 系列 PLC 中有哪些软元件？

4-6 S7-1200 PLC 的编程语言有哪几种？各有什么特点？

4-7 S7-1200 PLC 的程序包括哪几部分？其中的用户程序中又包含哪些部分？

4-8 S7-1200 PLC 的程序块有哪几种？各自特点是什么？

第 5 章　S7-1200 PLC 指令系统

S7-1200 的指令从功能上大致可分为基本指令、扩展指令、工艺指令、通信指令等几大类。其中基本指令包括位逻辑运算、定时器操作、计数器操作、比较操作、数学函数、移动操作、转换操作、程序控制指令、字逻辑运算、移位和循环等。扩展指令包括日期和时间、字符串+字符、分布式 I/O、中断、诊断等。工艺指令包括高速计数、PID 控制、运动控制。通信指令包括 Modbus、USS、GPRS 等。

TIA Portal 软件支持梯形图(LAD)、功能块图(FBD)、结构化控制语言(SCL)三种编程语言。其中应用最多的是梯形图编程语言,也是初学者容易掌握的编程语言。下面重点学习梯形图编程语言。

5.1　位逻辑指令

位逻辑指令处理的对象为二进制位信号。位逻辑指令扫描信号状态为 1 和 0,并根据布尔逻辑对它们进行组合,所产生的结果(1 或 0)称为逻辑运算结果(result of logic operation,RLO),存储在状态字的 RLO 中。

S7-1200 系列 PLC 位逻辑指令包括触点与线圈指令、置位和复位指令、RS 和 SR 触发器、跳变沿检测指令等。

5.1.1　触点与线圈指令

触点与线圈指令如表 5-1 所示。

表 5-1　触点与线圈指令

梯形图	指令名称	参　数	数据类型
"IN" —┤├—	常开触点		
"IN" —┤/├—	常闭触点		
—┤NOT├—	取反 RLO	IN、OUT	BOOL
"OUT" —( )—	赋值		
"OUT" —(/)—	赋值取反		

1. 指令介绍

1) 常开触点和常闭触点

常开触点:在指定的位为 1 状态(ON)时闭合,为 0 状态(OFF)时断开。

常闭触点：在指定的位为 1 状态(ON)时断开，为 0 状态(OFF)时闭合。

可将触点相互连接并创建用户自己的组合逻辑。以串联方式连接的触点创建 AND 逻辑程序段。以并联方式连接的触点创建 OR 逻辑程序段。

如果用户指定的输入位使用存储器标识符 I(输入)，则从过程映像寄存器中读取位值。控制过程中的物理触点信号会连接到 PLC 上的 I 端子。CPU 扫描已连接的输入信号并持续更新过程映像输入寄存器中的相应状态值。

立即读：通过在 I 偏移量后加上 ":P"(例如："%I3.4:P")，可执行立即读取物理输入。对于立即读取，直接从物理输入读取位数据值，而非从过程映像中读取。立即读取不会更新过程映像。

2) NOT 逻辑反相器

取反 RLO(逻辑运算结果)：NOT 触点没有操作参数，仅取反能流输入的逻辑状态。如果没有能流流入 NOT 触点，则会有能流流出。如果有能流流入 NOT 触点，则没有能流流出。

3) 赋值和赋值取反(输出线圈和反向输出线圈)

赋值和赋值取反(输出线圈和反向输出线圈)指令写入输出位的值。

"赋值"指令是用来置位指定操作数的。如果线圈输入的逻辑运算结果(RLO)的信号状态为 1，则将指定操作数的信号状态置位为 1。如果线圈输入的信号状态为 0，则将指定操作数复位为 0。

"赋值取反"指令，可将逻辑运算的结果(RLO)进行取反，然后将其赋值给指定操作数。线圈输入的 RLO 为 1 时，复位操作数为 0。线圈输入的 RLO 为 0 时，操作数的信号状态置位为 1。

从能流的概念可以这样理解：如果有能流通过输出线圈，则输出位设置为 1。如果没有能流通过输出线圈则输出位设置为 0。如果有能流通过反向输出线圈则输出位设置为 0。如果没有能流通过反向输出线圈则输出位设置为 1。

如果用户指定的输出位使用存储器标识符 Q，则 CPU 接通或断开过程映像寄存器中的输出位，同时将指定的位设置为等于能流状态。控制执行器的输出信号连接到 CPU 的 Q 端子。在 RUN 模式下，CPU 系统将连续扫描输入信号，并根据程序逻辑处理输入状态，然后通过在过程映像输出寄存器中设置新的输出状态值进行响应。CPU 系统会将存储在过程映像寄存器中的新的输出状态响应传送到已连接的输出端子。

立即写：通过在 Q 偏移量后加上 ":P"(例如："%Q3.4:P")，可指定立即写入物理输出。对于立即写入，将位数据值写入过程映像输出并直接写入物理输出。

2. 应用举例

【例 5-1】触点线圈类指令举例。

在如图 5-1 所示的位逻辑指令组成的梯形图中，按线圈指令划分，每个线圈指令和与其相连的触点类指令组合构成一个逻辑函数。输出为线圈，输入为触点组合。如例中线圈 Q0.0 和 M10.2 的逻辑函数关系式为

$$\overline{Q0.0} = \overline{\left(I0.0 \cdot \overline{M10.0}\right) + I0.1} \text{ 即 } Q0.0 = \left(I0.0 \cdot \overline{M10.0}\right) + I0.1 \tag{5-1}$$

$$M10.2 = \left(\left(I0.0 \cdot \overline{M10.1}\right) + I0.1\right) \cdot \overline{M10.1} \tag{5-2}$$

当满足以下任一条件时，可对操作数 Q0.0 进行置位 1。

● 操作数 I0.0 信号状态为 1 时，操作数 M10.0 信号状态为 0。

● 操作数 I0.1 信号状态为 1。

当满足以下任一条件时，可对操作数 M10.2 进行置位 1。

● 操作数 I0.0 为 1 时，操作数 M10.0 为 0，操作数 M10.1 为 0。

● 操作数 I0.1 为 1 时，操作数 M10.1 为 0。

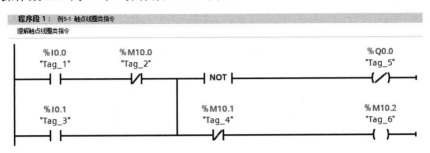

图 5-1 触点线圈类指令举例

【例 5-2】启-保-停控制(启动按钮 SB1，停止按钮 SB2)。

解：此例有助于初学者理解 PLC 位逻辑控制原理，以及程序中常开和常闭触点使用方法。

一般的 PLC 控制系统包括主电路、PLC 的 I/O 接线图、I/O 分配表和程序清单几部分。本例中主电路和 I/O 接线图如图 5-2 所示，梯形图程序如图 5-3 所示。

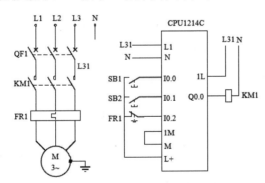

图 5-2 启-保-停控制主电路和 PLC 接线图

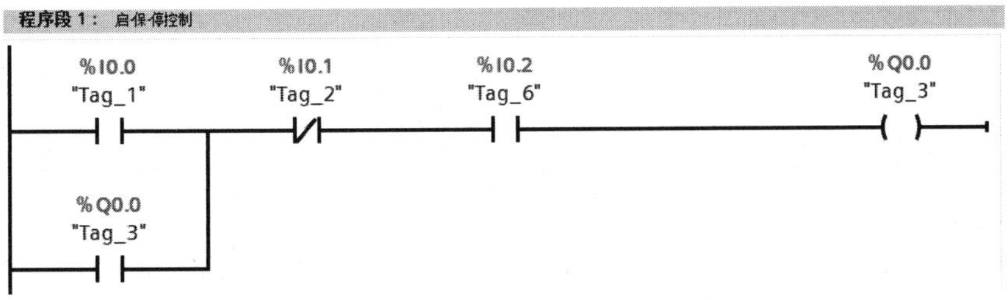

图 5-3 启-保-停控制梯形图程序

扫描周期分为三个阶段：输入采样阶段 PLC 采集输入并将结果存于输入映像寄存器。程序处理阶段中按顺序处理到触点类指令时，其通断状态取决于相应的映像寄存器内容，而处理到线圈类指令时根据程序执行情况改写相应的映像寄存器内容。输出刷新阶段根据程序处理阶段写入的输出映像寄存器内容更新输出接口。工作过程示意图如图 5-4 所示。

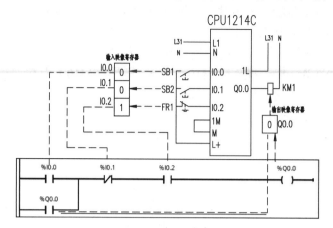

图 5-4　PLC 工作原理示意图

对于操作者手动操作动作而言，PLC 扫描周期很短，电机简单的启停操作可能要经历很多个扫描周期，如表 5-2 所示。

表 5-2　PLC 工作过程及扫描周期分析

操作	输入操作	周期数	输入采样阶段	程序处理阶段	输出刷新阶段
原始状态	SB1=0, SB2=0, FR1=1	1	I0.0=0，I0.1=0，I0.2=1	Q0.0=0	Q0.0 不输出并保持到下个周期
按下启动按钮	SB1=1, SB2=0, FR1=1	N	I0.0=1，I0.1=0，I0.2=1	Q0.0=1	Q0.0 输出并保持到下个周期
		N+1	I0.0=1，I0.1=0，I0.2=1	Q0.0=1	Q0.0 输出并保持到下个周期
松开启动按钮	SB1=0, SB2=0, FR1=1	N+m	I0.0=0，I0.1=0，I0.2=1	Q0.0=1	Q0.0 输出并保持到下个周期
按下停止按钮	SB1=0, SB2=1, FR1=1	N+m+p	I0.0=0，I0.1=1，I0.2=1	Q0.0=0	Q0.0 不输出并保持到下个周期

【例 5-3】正反转控制。

解：图 5-5 所示为正反转控制主电路和 I/O 接线图，此例中热继电器 FR1 触点未接入 PLC 输入，而是串联于输出电路中 KM1 和 KM2 的线圈回路中，同样可以起到过载保护的作用，但是如果系统还有人机界面或者上位组态软件等监控画面的场合，最好将 FR1 的触点接入 PLC 输入，这样 PLC 可以采集到 FR1 状态信息显示于监控软件中。

图 5-6 所示为梯形图程序，从程序可知此例为正反停控制，因为正反转启动按钮对应的 I0.0 和 I0.1 分别串联于正反转程序梯级中。

PLC 的输出接线图中接触器 KM1 和 KM2 的触点分别串联于对方的线圈回路当中起互锁作用，梯形图程序中 Q0.0 和 Q0.1 触点也分别串联于对方的线圈回路做程序互锁，这种硬件软件双重的可靠性极高。

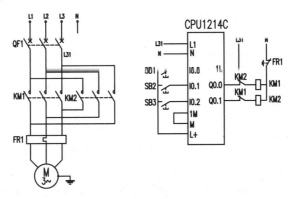

图 5-5　正反转控制主电路和 I/O 接线图

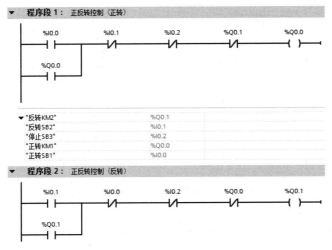

图 5-6　正反转控制的梯形图程序

3. 外接触点与程序触点的关系

为实现相同控制要求，PLC 程序中触点的常开、常闭原始状态与 PLC 的 I/O 接口电路中实际所接的物理触点是有关系的。PLC 外接物理触点常开或常闭均可以，但是一旦确定后程序触点原始状态就得以确定。其规律如表 5-3 和表 5-4 所示。

表 5-3　外接触点与输入映像寄存器的关系

物理触点	操作状态	输入映像寄存器
常开触点	未按下	0
	按下	1
常闭触点	未按下	1
	按下	0

表 5-4　映像寄存器与程序触点的关系

映像寄存器	程序触点	通断状态	能流能否通过
0	常开触点	断开	不能
	常闭触点	闭合	能
1	常开触点	闭合	能
	常闭触点	断开	不能

【例 5-4】仍以启-保-停控制为例。SB1 为启动按钮，SB2 为停止按钮。图 5-7(a)中 SB1、SB2 按钮均接入常开触点，图 5-7(b)中 SB1、SB2 按钮均接入常闭触点。根据启-保-停控制规则，在初始状态(初始上电未按下任何按钮)时程序中启动按钮对应的 I0.0 触点应断开，而停止按钮对应的 I0.1 触点应闭合，这样才是启-保-停控制的正确准备状态。根据此要求并结合表 5-3 和表 5-4，则图 5-7(a)对应的梯形图程序如图 5-8(a)所示，图 5-7(b)对应的梯形图程序如图 5-8(b)所示。

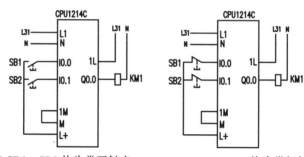

(a) SB1、SB2 均为常开触点　　　　(b) SB1、SB2 均为常闭触点

图 5-7　外接触点与程序触点的关系

(a) SB1、SB2 均为常开触点时启-保-停程序

(b) SB1、SB2 均为常闭触点时启-保-停程序

图 5-8　外接触点与程序触点的关系对应程序

图 5-9 所示分别表示 PLC 外接不同触点未按下时的不同程序在线监视情况。由图可知，当 PLC 外接 SB1、SB2 按钮均为常开触点时，只有图 5-9(a)是符合启-保-停控制准备状态的。同理，当 PLC 外接 SB1、SB2 按钮均为常闭触点时，只有图 5-9(d)是符合启-保-停控制准备状态的。

注：NO 表示常开触点，NC 表示常闭触点

(a) SB1(NO)、SB2(NO) 未按下

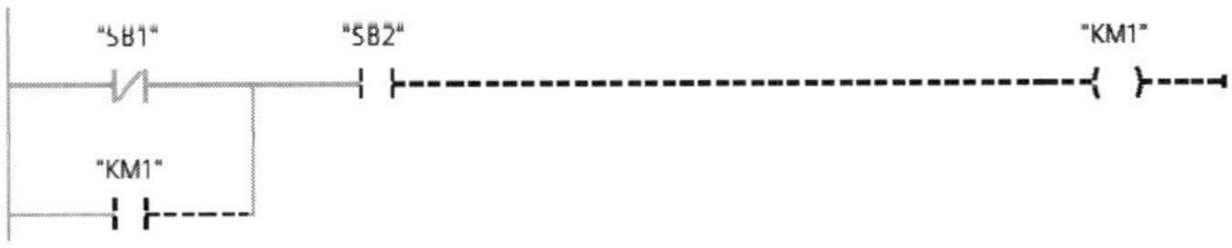

(b) SB1(NO)、SB2(NO) 未按下

(c) SB1(NC)、SB2(NC) 未按下

(d) SB1(NC)、SB2(NC) 未按下

图 5-9　外接触点与程序触点的关系对应程序监控

由此可知,PLC 外接触点和程序内触点的关系是跟触点的功能有关的。以启-保-停控制为例,当触点做启动用时(如本例中 SB1-I0.0),外接触点和程序触点的开闭状态应该相同,即外接常开触点则程序触点也应设常开触点,外接常闭触点在程序触点也应常闭。而触点做停止用时(如本例中 SB2-I0.1),外接触点和程序触点的开闭状态应该相反,即外接常开触点则程序触点应设常闭触点,外接常闭触点在程序触点也应常开。

4. 双线圈问题

在梯形图中,线圈前边的触点代表输出的条件,线圈代表输出。在同一程序中,某个线圈的输出条件可以非常复杂,但却应是惟一且集中表达的。由 PLC 的操作系统引出的梯形图编绘法则规定,某个线圈在梯形图中只能出现一次,如果多次出现,则称为双线圈输出。且认定,程序中存在双线圈输出时,前边的输出无效,最后一次输出才是有效的。本事件的特例是:同一程序的两个绝不会同时执行的程序段中可以有相同的输出线圈。

【例 5-5】如图 5-10 所示的程序段 1 和 2 中均有 Q0.0 线圈输出指令,此乃双线圈输出情况。该程序的变量监控表如图 5-11 所示。程序段 1 中线圈并联输出 Q0.0 和 Q0.1,按理 Q0.0 和 Q0.1 应该是相同的状态,但是因为 Q0.0 是双线圈,依据 PLC 扫描工作方式,Q0.0 映像寄存器进行了两次写操作,后面写入内容覆盖了前面写入的。

双线圈输出问题的解决办法是输出条件并联组合使线圈唯一(见图 5-12),或者双线圈的地方用不同地址的 M 软元件,然后由这些软元件触点并联组合驱动原来的线圈。程序监控表如图 5-13 所示。

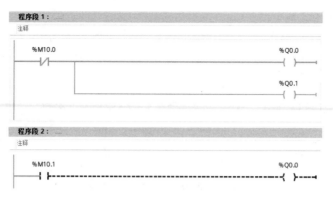

图 5-10 双线圈输出

名称	地址	显示格式	监视值
"Tag_1"	%M10.0	布尔型	☐ FALSE
"Tag_4"	%M10.1	布尔型	☐ FALSE
"Tag_2"	%Q0.0	布尔型	☐ FALSE
"Tag_3"	%Q0.1	布尔型	☐ TRUE

图 5-11 双线圈输出变量监控表

图 5-12 双线圈输出的解决方法

名称	地址	显示格式	监视值
"Tag_1"	%M10.0	布尔型	☐ FALSE
"Tag_4"	%M10.1	布尔型	☐ FALSE
"Tag_2"	%Q0.0	布尔型	☐ TRUE
"Tag_3"	%Q0.1	布尔型	☐ TRUE

图 5-13 输出变量监控表

5. 立即读写问题

程序处理过程中执行到输入位是 I(输入)触点，则从输入过程映像寄存器中读取相应位内容来决定触点的通断。控制过程中的物理触点信号会连接到 PLC 上的 I 端子。CPU 在输入采集阶段扫描已连接的输入信号并更新过程映像输入寄存器中的相应状态值。

通过在 I 偏移量后加上":P"(例如："%I2.1:P")，可执行立即读取物理输入。对于立即读取，在程序处理阶段直接从物理输入读取位数据值，而非从过程映像中读取。立即读取不会更新过程映像。

【例 5-6】图 5-14 所示程序段中的%I2.1:P 是立即读指令，由时序图 5-15 可以看出，在某一扫描周期中 I2.1 的物理信号在程序处理阶段发生变化，普通触点指令和立即触点指令因为运行机理不同而导致执行结果不同。

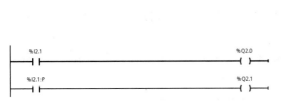

图 5-14　立即读指令

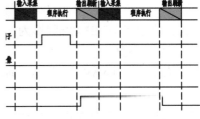

图 5-15　立即读指令时序图

如果程序处理过程中执行到输出位是 Q 的线圈指令，则 CPU 根据程序具体情况更新输出过程映像寄存器中的输出位，同时将指定的位设置为等于能流状态。在输出刷新阶段 CPU 系统会将存储在过程映像寄存器中的新的输出状态响应传送到已连接的输出 Q 端子。

立即写：通过在 Q 偏移量后加上 ":P"（例如："%Q2.1:P"），可指定立即写入物理输出。对于立即写入，在程序处理阶段就将位数据值写入过程映像输出并直接写入物理输出。

【例 5-7】图 5-16 所示为立即读写实例，其执行时序图如图 5-17 所示。

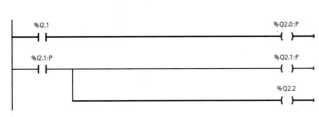

图 5-16　立即读写指令

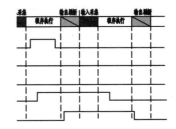

图 5-17　立即读写指令时序图

5.1.2　置位和复位指令

置位和复位指令说明如表 5-5 所示。

表 5-5　置位和复位指令

梯形图	指令名称	参　数	数据类型
"OUT" —(S)	置位	OUT	BOOL
"OUT" —(R)	复位		
"OUT" —(R)	置位位域 (多位置位)	n	常数(UInt)
"OUT" —(RESET_BF)— "n"	复位位域 (多位复位)		

(1) 置位输出：S(置位)激活时，OUT 地址处的数据值设置为 1 并保持。S 未激活时，OUT 不变。

(2) 复位输出：R(复位)激活时，OUT 地址处的数据值设置为 0 并保持。R 未激活时，

OUT 不变。

(3) 置位位域:SET_BF 激活时,为从寻址变量 OUT 处开始的 n 位分配数据值 1。SET_BF 未激活时, OUT 不变。

(4) 复位位域: RESET_BF 为从寻址变量 OUT 处开始的 n 位写入数据值 0。RESET_BF 未激活时, OUT 不变。

【例 5-8】启-保-停控制的另一种程序(见图 5-18)。

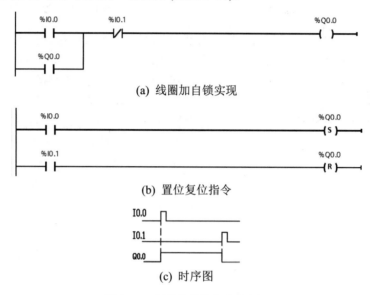

图 5-18　置位和复位指令示例 1

对同一元件可以多次使用 S/R 指令(与─┤├─指令不同)。但是由于扫描工作方式,故写在后面的指令有优先权。在存储区的一位或多位被置位(复位)后,不能自己恢复,必须用复位(置位)指令由 1(0)跳回到 0(1)。

【例 5-9】置位位域(多位置位)指令和复位位域(多位复位)指令应用。当相串联的两个常开触点 I0.0 和 I0.1 均闭合时,置位 Q1.0、Q0.0、Q0.1,复位 M2.0、M2.1、M2.2。梯形图程序和时序图如图 5-19 所示。

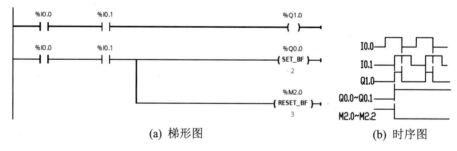

图 5-19　置位和复位指令示例 2

5.1.3　置位优先和复位优先触发器

置位优先和复位优先触发器指令说明如图 5-6 所示。

表 5-6　置位优先和复位优先触发器指令

梯形图	指令名称	参　数	数据类型
"INOUT" **RS** — R　Ω — — S1	置位优先触发器	S、S1 为置位输入，1 表示优先； R、R1 为复位输入，1 表示优先； INOUT 为分配的位变量； Q 为遵循 INOUT 位的状态	BOOL
"INOUT" **SR** — S　Q — — R1	复位优先触发器		

(1) 置位优先触发器：RS 是置位优先锁存，其中置位优先。如果置位(S1)和复位(R)信号都为真，则地址 INOUT 的值将为 1。

(2) 复位优先触发器：SR 是复位优先锁存，其中复位优先。如果置位(S)和复位(R1)信号都为真，则地址 INOUT 的值将为 0。

置位优先和复位优先触发器指令输入输出关系如表 5-7 所示。

表 5-7　置位优先和复位优先触发器指令输入输出关系

置位优先触发器(RS)			复位优先触发器(SR)		
S1	R	输出位	S	R1	输出位
0	0	保持前一状态	0	0	保持前一状态
0	1	0	0	1	0
1	0	1	1	0	1
1	1	1	1	1	0

【例 5-10】抢答器的设计。

抢答器有三个输入，分别为 I0.0、I0.1 和 I0.2，输出分别为 Q4.0、Q4.1 和 Q4.2，复位输入是 I0.4。要求：三人中任意抢答，谁先按按钮，谁的指示灯优先亮，且只能亮一盏灯，进行下一问题时主持人按复位按钮，抢答重新开始。梯形图程序如图 5-20 所示。

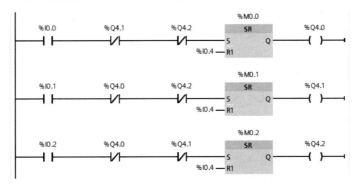

图 5-20　实现抢答器功能的梯形图程序

5.1.4　上升沿和下降沿指令

1. 上升沿和下降沿指令介绍

上升沿和下降沿指令说明如表 5-8 所示。

表 5-8　上升沿和下降沿指令

梯形图	指令名称	参数	数据类型
"IN" —|P|— "M_BIT"	上升沿检测触点	IN 为检测其跳变沿的输入位； OUT 为指示检测到跳变沿的输出位； M_BIT 为保存输入的前一个状态的存储器位； CLK 为检测其跳变沿的能流或输入位； Q 为检测到沿的输出	BOOL
"IN" —|N|— "M_BIT"	下降沿检测触点		
"OUT" —(P)— "M_BIT"	上升沿检测线圈		
"OUT" —(N)— "M_BIT"	下降沿检测线圈		
P_TRIG —CLK　Q— "M_BIT"	RLO 的信号上升沿		
N_TRIG —CLK　Q— "M_BIT"	RLO 的信号下降沿		
"R_TRIG_DB" R_TRIG —EN　ENO— —CLK　Q—	信号上升沿置位变量		
"F_TRIG_DB" F_TRIG —EN　ENO— —CLK　Q—	信号下降沿置位变量		

(1) 上升沿检测触点：在分配的 IN 位上检测到正跳变(关到开)时，该触点的状态为 TRUE。该触点逻辑状态随后与能流输入状态组合以设置能流输出状态。P 触点可以放置在程序段中除分支结尾外的任何位置。

(2) 下降沿检测触点：在分配的输入位上检测到负跳变(开到关)时，该触点的状态为 TRUE。该触点逻辑状态随后与能流输入状态组合以设置能流输出状态。N 触点可以放置在程序段中除分支结尾外的任何位置。

(3) 上升沿检测线圈：在进入线圈的能流中检测到正跳变(断到通)时，分配的位 OUT 为 TRUE。能流输入状态总是通过线圈后变为能流输出状态。P 线圈可以放置在程序段中的任何位置。

(4) 下降沿检测线圈：在进入线圈的能流中检测到负跳变(通到断)时，分配的位 OUT 为 TRUE。能流输入状态总是通过线圈后变为能流输出状态。N 线圈可以放置在程序段中的任何位置。

(5) RLO 的信号上升沿：在 CLK 输入状态(FBD)或 CLK 能流输入(LAD)中检测到正跳

变(断到通)时，Q 输出能流或逻辑状态为 TRUE。在 LAD 中，P_TRIG 指令不能放置在程序段的开头或结尾。

(6) RLO 的信号下降沿：在 CLK 输入状态(FBD)或 CLK 能流输入(LAD)中检测到负跳变(通到断)时，Q 输出能流或逻辑状态为 TRUE。在 LAD 中，N_TRIG 指令不能放置在程序段的开头或结尾。

(7) 信号上升沿置位变量：分配的背景数据块用于存储 CLK 输入的前一状态。CLK 能流输入中检测到正跳变(断到通)时，Q 输出能流或逻辑状态为 TRUE。在 LAD 中，R_TRIG 指令不能放置在程序段的开头或结尾。

(8) 信号下降沿置位变量：分配的背景数据块用于存储 CLK 输入的前一状态。CLK 能流输入中检测到负跳变(通到断)时，Q 输出能流或逻辑状态为 TRUE。在 LAD 中，F_TRIG 指令不能放置在程序段的开头或结尾。

【例 5-11】边沿检测触点。

图 5-21 所示中间有 P 的触点是上升沿检测触点，中间有 N 的触点是下降沿检测触点。如果输入信号 I0.0 由 0 状态变为 1 状态(即输入信号 I0.0 的上升沿)，则该触点接通一个扫描周期。边沿检测触点不能放在电路结束处。P 触点下面的 M0.0 为边沿存储位，存储上一次扫描循环时 I0.0 的状态。通过比较输入信号的当前状态和上一次循环的状态，来检测信号的边沿。边沿存储位的地址只能在程序中使用一次，它的状态不能在其他地方被改写，即每一次使用的下面的操作数地址要不同。只能使用 M 和全局 DB 及静态局部变量(Static)来作边沿存储位，不能使用临时局部数据或 I/O 变量来作边沿存储位。

中间有 N 的触点是下降沿检测触点。

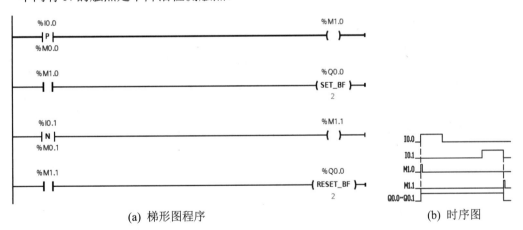

(a) 梯形图程序　　　　　　　　(b) 时序图

图 5-21　边沿检测触点程序

【例 5-12】边沿检测线圈。

中间有 P 的线圈是上升沿检测线圈，仅在流进该线圈的能流的上升沿(线圈由断电变为通电)，输出位 M6.1 为 1 状态，M6.2 为边沿存储位。

中间有 N 的线圈是下降沿检测线圈，仅在流进该线圈的能流的下降沿(线圈由断电变为通电)，输出位 M6.3 为 1 状态，M6.4 为边沿存储位。梯形图程序和时序图如图 5-22 所示。

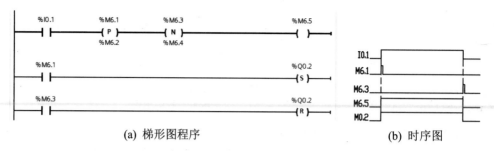

(a) 梯形图程序   (b) 时序图

图 5-22   边沿检测线圈程序

【例 5-13】扫描 RLO 的信号边沿指令：P_TRIG 指令与 N_TRIG 指令。

在流进 P_TRIG 指令的 CLK 输入端的能流的上升沿(能流刚出现)，Q 端输出脉冲宽度为一个扫描周期的能流，使 Q0.3 置位。方框下面的 M8.0 是脉冲存储器位。

在流进 N_TRIG 指令的 CLK 输入端的能流的下降沿(能流刚消失)，Q 端输出脉冲宽度为一个扫描周期的能流，使 Q0.3 复位。指令方框下面的 M8.1 是脉冲存储器位。

P_TRIG 指令与 N_TRIG 指令不能放在电路的开始处和结束处。其梯形图程序和时序图如图 5-23 所示。

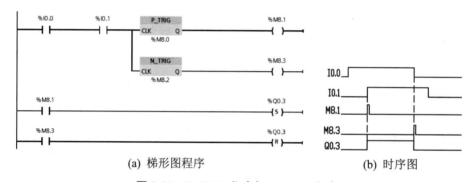

(a) 梯形图程序   (b) 时序图

图 5-23   P_TRIG 指令与 N_TRIG 指令

【例 5-14】扫描 RLO 的信号边沿指令：R_TRIG 指令与 F_TRIG 指令。

将输入 CLK 输入端的当前状态与存在背景数据块中的上一个扫描周期的 CLK 状态进行比较，如果检测到 CLK 的上升沿或下降沿，则在 Q 端输出脉冲宽度为一个扫描周期的能流。其梯形图程序和时序图如图 5-24 所示。

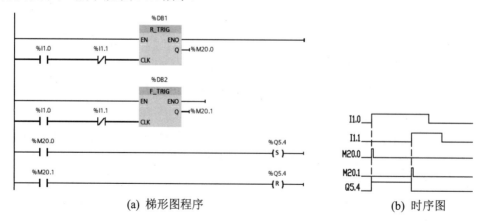

(a) 梯形图程序   (b) 时序图

图 5-24   R_TRIG 指令与 F_TRIG 指令

2. 边沿检测指令的比较

边沿检测指令之间的比较(以上升沿为例：检测什么？结果是什么？)，如表 5-9 所示。

表 5-9   边沿检测指令之间的比较

指令	不同点	相同点
"IN" —| P |— "M_BIT"	触点上面的地址的上升沿，该触点接通一个扫描周期。因此 P 触点用于检测触点上面的地址的上升沿，并且直接输出上升沿脉冲	
"OUT" —(P)— "M_BIT"	在流过—(P)—线圈的能流的上升沿时，线圈上面的地址在一个扫描周期内为 1 状态。因此 P 线圈用于检测能流的上升沿，并用线圈上面的地址来输出上升沿脉冲	
P_TRIG —CLK Q— "M_BIT"	在流入 P_TRIG 指令的 CLK 端的能流的上升沿，Q 端输出一个扫描周期的能流。因此 P_TRIG 指令用于检测能流的上升沿，并且直接输出上升沿脉冲。如果 P_TRIG 指令左边只有 I1.0 的常开触点，可以用 I1.0 的 P 触点来代替它们	均保持一个扫描周期
"R_TRIG_DB" R_TRIG —EN ENO— —CLK Q—	背景数据块	

【例 5-15】I0.0 的上升沿置位 Q0.0。四种边沿检测指令均可实现，但用法各自不同，如图 5-25 所示。

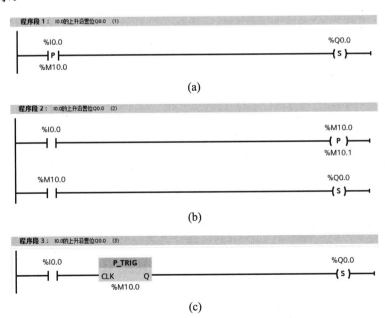

图 5-25   边沿检测指令之间的比较

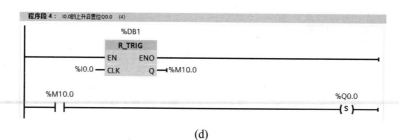

(d)

图 5-25　边沿检测指令之间的比较(续)

3. 应用举例

【例 5-16】 故障报警程序。

设计故障信息显示电路,从故障信号 I1.1 的上升沿开始,Q0.0 控制的指示灯以 1Hz 的频率闪烁。操作人员按复位按钮 I1.2 后,如果故障已经消失,则指示灯熄灭。如果没有消失,则指示灯转为常亮,直至故障消失。梯形图程序如图 5-26 所示。

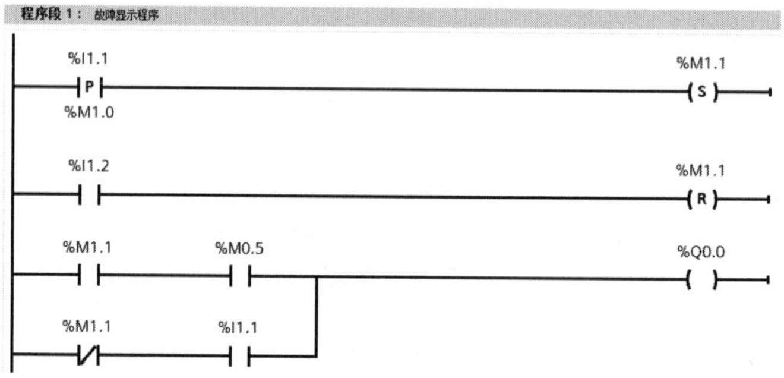

图 5-26　故障报警程序

%M0.5 为频率 1Hz 占空比 0.5 的系统时钟存储位,程序中通过该时钟脉冲控制报警灯闪烁。

该功能需在博图软件中做相应的设备组态设置。在"设备组态"界面中,在 CPU 上单击鼠标右键,在弹出的快捷菜单中选择"属性"命令,在"常规"选项卡中选择"系统和时钟存储器"选项,在右边界面中"时钟存储器位"区勾选"启用时钟存储器字节"复选框,设置"时钟存储器字节地址(MBx):"为 0,如图 5-27 所示。

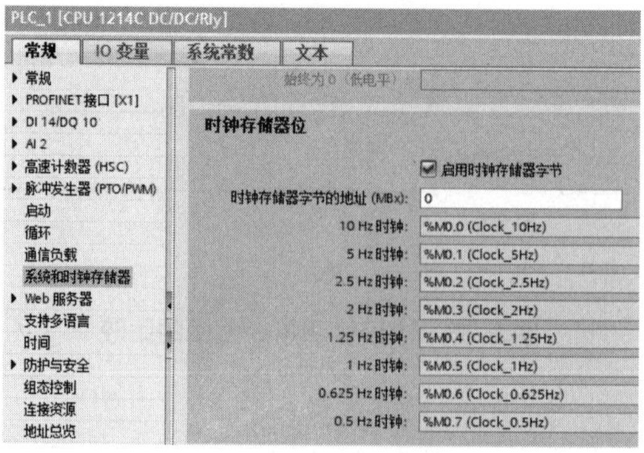

图 5-27　系统和时钟存储器设置

【例 5-17】 单按钮实现电机启停控制(二分频控制)。

系统设一个按钮(连接地址 I0.0),按动一次电机启动并保持,再次按动电机停止,第三次按动电机启动,第四次按动电机停止,……,如此周而复始。奇数次按动电机启动,偶数次按动电机停止。

图 5-28(a)~(c)例举了两种不同的程序实现上述控制要求,图(b)为程序(a)的时序图。

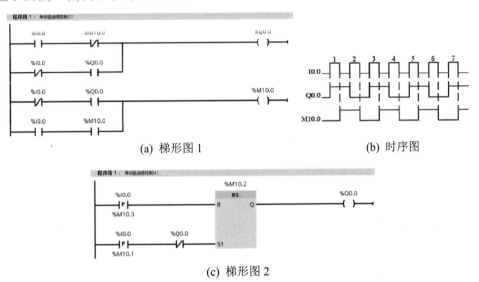

(a) 梯形图 1　　　　　(b) 时序图

(c) 梯形图 2

图 5-28　单按钮实现电机启停控制(二分频控制)

5.2　定时器指令

使用定时器指令可创建编程的时间延时。用户程序中可以使用的定时器数仅受 CPU 存储器容量限制。每个定时器均使用 16 字节的 IEC_Timer 数据类型的 DB 结构来存储功能框或线圈指令顶部指定的定时器数据。TIA Portal 软件会在插入指令时自动创建该 DB。

5.2.1　定时器指令介绍

定时器指令说明及参数类型分别如表 5-10 和表 5-11 所示。

表 5-10　定时器指令

功能框形式	线圈形式	名　称	功能说明
IEC_Timer_0 TP Time — IN Q — PT ET	TP_DB —(TP)— "PRESET_Tag"	脉冲定时器	TP 定时器在输入信号 IN 的上升沿产生一个预置宽度的脉冲
IEC_Timer_1 TON Time — IN Q — PT ET	TON_DB —(TON)— "PRESET_Tag"	通电延时定时器	TON 定时器输入 IN 变为 1 状态后,经过预置的延迟时间,定时器的输出 Q 变为 1 状态。输入 IN 变为 0 状态时,输出 Q 变为 0 状态

功能框形式	线圈形式	名　称	功能说明
IEC_Timer_2 TOF Time IN　Q PT　ET	TOF_DB —(TOF)— "PRESET_Tag"	断电延时定时器	TOF 定时器在输入 IN 为 1 状态时，输出 Q 为 1 状态。输入 IN 变为 0 状态后，经过预置的延迟时间，输出 Q 变为 0 状态
IEC_Timer_3 TONR Time IN　Q R　ET PT	TONR_DB —(TONR)— "PRESET_Tag"	时间累加通电延时定时器	TONR 定时器输入 IN 变为 1 时开始定时，输入电路断开时，累计的时间值保持不变；累计时间等于预置的延迟时间，定时器的输出 Q 变为 1 状态
	TON_DB —(PT)— "PRESET_Tag"	预设定时器	PT(预设定时器)线圈会在指定的 IEC_Timer 中装载新的 PRESET 时间值
	TON_DB —(RT)—	复位定时器	RT(复位定时器)线圈会复位指定的 IEC_Timer

表 5-11　参数的数据类型

参　数	数据类型	说　明
功能框：IN 线圈：能流	Bool	TP、TON 和 TONR：0=禁用定时器，1=启用定时器 TOF：0=启用定时器，1=禁用
功能框：R	Bool	仅 TONR 功能框：0=不重置，1=将经过的时间和 Q 位重置为 0
功能框：PT 线圈："PRESET_Tag"	Time	定时器功能框或线圈：预设的时间输入
功能框：Q 线圈：DBdata.Q	Bool	定时器功能框：Q 功能框输出或定时器 DB 数据中的 Q 位 定时器线圈：仅可寻址定时器 DB 数据中的 Q 位
功能框：ET 线圈：DBdata.ET	Time	定时器功能框：ET(经历的时间)功能框输出或定时器 DB 数据中的 ET 时间值 定时器线圈：仅可寻址定时器 DB 数据中的 ET 时间值

表 5-12 所示为定时器的背景数据块结构。

表 5-12　定时器的背景数据块结构

	名称	数据类型	起始值	监视值	保持	可从 HMI/...	从 H...	在 HMI ...	设定值	注释
1	▼ Static									
2	PT	Time	T#0ms	T#30S	☐	☑	☑	☑	☐	
3	ET	Time	T#0ms	T#0MS	☐	☑		☑	☐	
4	IN	Bool	false	FALSE	☐	☑	☑	☑	☐	
5	Q	Bool	false	FALSE	☐	☑		☑	☐	

其中，PT(预设时间)和 ET(经过的时间)值以表示毫秒时间的有符号双精度整数(32 位 DInt)形式存储在指定的 IEC_TIMERDB 数据中。TIME 数据使用 T#标识符，可以简化时间单元(T#200ms 或 200)和复合时间单元(如 T#2s_200ms)的形式输入。有效数值范围为 T#-24d_20h_31m_23s_648ms 到 T#24d_20h_31m_23s_647ms，以-2 147 483 648ms 到+2 147 483 617ms 的形式存储。负的 PT(预设时间)值在定时器指令执行时被设置为 0，ET(经过的时间)始终为正值。

-(TP)-、-(TON)-、-(TOF)-和-(TONR)-定时器线圈必须是 LAD 网络中的最后一个指令。在如图 5-29 所示的定时器示例中，后面网络中的触点指令会求出定时器线圈 IEC_Timer DB 数据中的 Q 位值。同样，如果要在程序中使用经过的时间值，必须访问 IEC_timer DB 数据中的 ET 值。

图 5-29　定时器线圈

当 Tag_Input 位的值由 0 转换为 1 时，脉冲定时器启动。定时器开始运行并持续 Tag_Time 时间值指定的时间，如图 5-30 所示。

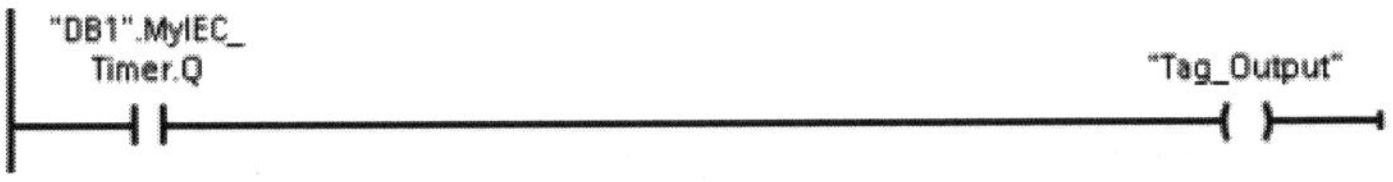

```
"DB1".MyIEC_
   Timer.Q                                              "Tag_Output"
────┤ ├──────────────────────────────────────────────────( )──
```

图 5-30　定时器触点

只要定时器运行，就存在 DB1.MyIEC_Timer.Q 状态=1 且 Tag_Output 值=1。当经过 Tag_Time 值后，DB1.MyIEC_Timer.Q=0 且 Tag_Output 值=0。

重置定时器-(RT)-和预设定时器-(PT)-线圈：这些线圈指令可与功能框或线圈定时器一起使用并可放置在中间位置。线圈输出能流状态始终与线圈输入状态相同。若-(RT)-线圈激活，指定 IEC_Timer DB 数据中的 ELAPSED 时间元素将重置为 0。若-(PT)-线圈激活，使用所分配的时间间隔值加载指定 IEC_Timer DB 数据中的 PRESET 时间元素。

5.2.2　定时器运行解释

1. TP 脉冲定时器

脉冲定时器类似于数字电路中上升沿触发的单稳态电路。在 IN 输入信号的上升沿，Q 输出变为 1 状态，开始输出脉冲。达到 PT 预置的时间时，Q 输出变为 0 状态。IN 输入的脉冲宽度可以小于 Q 端输出的脉冲宽度。在脉冲输出期间，即使 IN 输入又出现上升沿，也不会影响脉冲的输出，如图 5-31 所示。

在图 5-31 所示梯形图中，当 Tag_1 位的值由 0 转换为 1 时，TP 脉冲定时器启动生成具有预设宽度时间的脉冲，即定时器 Q 输出为 1 并持续 10s 时间，10s 后输出为 0。

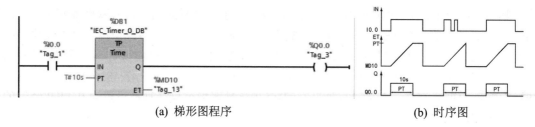

(a) 梯形图程序　　　　　(b) 时序图

图 5-31　脉冲定时器程序

综上所述，TP 定时器工作可以总结如下。

- IN=0 时，ET=0，Q=0。
- IN=0→1 时，ET 开始增加，且 Q=1。
- 当 ET=PT 时，Q=0。

2. TON 接通延时定时器

接通延时定时器(TON)的使能输入端(IN)的输入电路由断开变为接通时开始定时。定时时间大于等于预置时间(PT)指定的设定值时，输出 Q 变为 1 状态，已耗时间值(ET)保持不变，如图 5-32 所示。

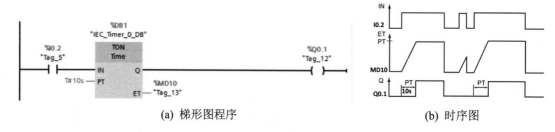

(a) 梯形图程序　　　　　(b) 时序图

图 5-32　TON 接通延时定时器

当 Tag_5 位的值为 1 时，TON 接通延时定时器启动，在预设的延时过后(例中为 10s)将输出 Q 设置为 1。

综上所述，TON 接通延时定时器工作可以总结如下。

- 初始 IN=0 时，ET=0，Q=0。
- IN=1 时，ET 从 0 开始增加，当 ET=PT 时，Q=1。
- 再次 IN=0 时，定时器自动复位，即 ET=0，Q=0。

3. TOF 关断延时定时器

断开延时定时器(TOF)的 IN 输入电路接通时，输出 Q 为 1 状态，已耗时间被清零。输入电路由接通变为断开时(IN 输入的下降沿)开始定时，已耗时间从 0 逐渐增大。已耗时间大于等于设定值时，输出 Q 变为 0 状态，已耗时间保持不变，直到 IN 输入电路接通，如图 5-33 所示。

TOF 定时器在预设的延时过后将输出 Q 重置为 OFF。

当 Tag_11 位的值为 1 时，TOF 定时器输出 Q 设置为 1。当 Tag_11 位的值为 0 时，TOF 定时器在预设的延时(例中为 10s)过后将输出 Q 重置为 0。

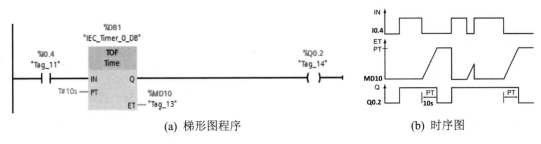

(a) 梯形图程序　　　　　　　　　(b) 时序图

图 5-33　TOF 关断延时定时器

综上所述，TOF 定时器工作可以总结如下。

● 初始 IN=0 时，ET=0，Q=0。

● IN=1 时，ET=0，Q=1。

● IN=1→0 时，ET 开始增加，当 ET=PT 时，Q=0。

4. TONR 时间累加定时器

时间累加定时器(TONR)又称保持型接通延时定时器，IN 输入电路接通时开始定时。输入电路断开时，累计的时间值保持不变。可以用 TONR 来累计输入电路接通的若干个时间间隔，如图 5-34 所示。

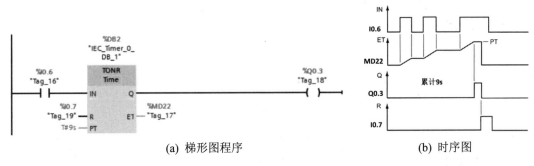

(a) 梯形图程序　　　　　　　　　(b) 时序图

图 5-34　TONR 时间累加定时器

TONR 定时器在预设的延时过后将输出 Q 设置为 1。在使用 R 输入重置经过的时间之前，会跨越多个定时时段一直累加经过的时间。

TONR 和 TON 两种定时器的区别如下。

(1) 当定时器输入 IN 处能流断开时，TON 定时器会自动复位(即 Q=0，ET=0)，而 TONR 定时器会保持(即 Q 和 ET 保持能流断开前的值)。

(2) 当定时器输入 IN 处能流再次接通时，TON 定时器会重新工作，而 TONR 定时器会在能流断开前的基础上继续工作。

综上所述，TONR 定时器工作可以总结如下。

● 初始 IN=0 时，ET=0，Q=0。

● IN=1 时，ET 从 0 开始增加。

● 再次 IN=0 时，定时器保持，即 ET 和 Q 保持 IN=0 前的值和状态。

● 再次 IN=1 时，ET 累计增加。

● 当 ET=PT 时，Q=1。

● R=1 时，定时器复位，即 ET=0，Q=0。

5.2.3　定时器应用实例

【例 5-18】闪烁程序。

要求：当 SA 开关(I0.0)闭合时，HL 信号灯(Q0.7)开始闪烁(周期 3s，占空比 1/3)。梯形图程序和时序图如图 5-35 所示。

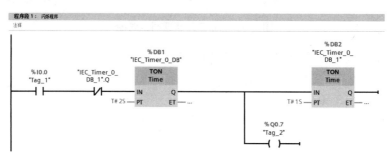

(a) 梯形图程序

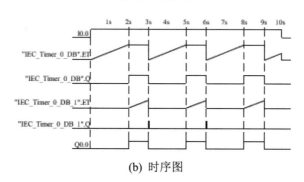

(b) 时序图

图 5-35　闪烁程序

【例 5-19】三相交流异步电动机 Y-△降压启动控制。

要求：

① 启动时，接触器 KM1、KM3 线圈得电工作，电动机定子绕组 Y 连接降压启动。

② 运行时，KM1、KM2 线圈得电工作，电动机定子绕组△连接全压运行。

③ 启动时间 5s。

④ 启动按钮 SB1，停止按钮 SB2。

解：根据三相交流异步电动机 Y-△降压启动控制原理和要求，首先设计如图 5-36 所示的主电路和 PLC 的 I/O 接线图，然后依据 I/O 接线图的具体连接地址(见表 5-13)编写程序(见图 5-37)。

为了方便阅读程序，最好手动编辑 PLC 变量表，主要的编程软元件的变量名称按一定规则命名(本例中按 I/O 接线图中实际所接的物理电器名称来命名)。变量表的合理使用对于 I/O 变量较多，程序复杂的系统尤为重要。

设计程序必须考虑系统的安全性和可靠性，该有的保护、连锁、互锁必须齐全。程序段 1 中的 I0.2 触点为过载保护。程序段 2 和 3 中串联的 Q0.0 常开触点为连锁作用，只有电路 KM1 工作时才允许 KM2 或 KM3 投入工作。程序段 2 和 3 中相互串联的 Q0.1 和 Q0.2 常闭触点为互锁触点，保证 KM2 和 KM3 接触器不会同时工作而形成短路事故。

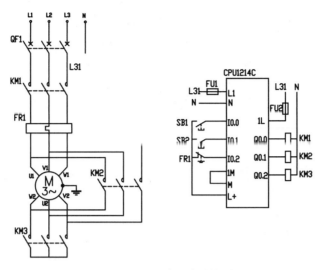

图 5-36　Y-△降压启动控制

表 5-13　变量表

		名称	变量表	数据类型	地址
1		SB1	默认变量表	Bool	%I0.0
2		SB2	默认变量表	Bool	%I0.1
3		FR1	默认变量表	Bool	%I0.2
4		KM1	默认变量表	Bool	%Q0.0
5		KM2	默认变量表	Bool	%Q0.1
6		KM3	默认变量表	Bool	%Q0.2
7		<添加>			

PLC 变量

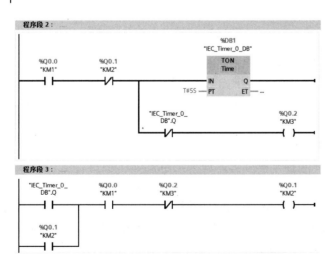

图 5-37　三相交流异步电动机 Y-△降压启动控制梯形图

TON 定时器用于设置 Y-△启动时间，具体时间应根据现场反复实验得来。程序中调用定时器均需生成背景数据块，本例中为 IEC_Timer_0_DB。

【例 5-20】公共卫生间冲水控制。

要求：当光学传感器(I0.0)检测到来人开始使用时计时，3s 后开启冲水阀门(Q0.0)，开启固定时间 4s 后关闭。当传感器检测到人离开时，冲水阀门立即开启，5s 后自动关闭。控制时序图如图 5-38(b)所示。

梯形图程序如图 5-38(a)。传感器检测到人来到开启阀门之间的 3s 延时通过 TON 通电延时定时器(背景数据块名 T1)实现。人来 3s 后开启阀门的固定时间 4s 由 TP 脉冲定时器(背景数据块名 T2)实现。人离开开启阀门到 5s 后自动关闭阀门的延时由 TOF 关断延时定时器(背景数据块名 T3)实现。

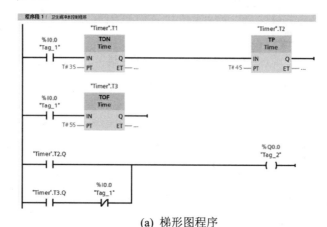

(a) 梯形图程序

(b) 控制时序图   (c) 定时器背景数据块

图 5-38　公共卫生间冲水控制

当程序中使用的定时器数量多的时候，为了便于管理，可以手动创建一个或多个数据块专门存放定时器变量。如本例中先创建名为 Timer 的 DB4 数据块，然后在 Timer 数据块中新建名为 T1、T2、T3 的三个变量，变量的数据类型为 IEC_TIMER。在程序中添加定时器功能指令，取消其背景数据块。然后在其名称处选择"Timer.T1.空"等。为定时器提供背景数据如图 5-38(c)所示。

【例 5-21】两条运输带顺开逆关控制，如图 5-39 所示。

要求：两条运输带顺序相连，为了避免运送的物料在 1 号运输带堆积，按下启动按钮 I1.0，1 号运输带开始运行，8s 后 2 号运输带自动启动。停机的顺序与启动的顺序刚好相反，即按了停止按钮 I1.1 后，先停 2 号运输带，8s 后 1 号运输带停。PLC 通过 Q1.0 和 Q1.1 控制两台电动机 M1 和 M2，如图 5-40 所示。

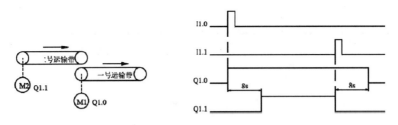

图 5-39 两条运输带顺开逆关控制

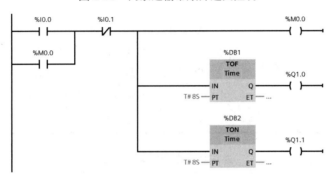

图 5-40 两条运输带顺开逆关控制梯形图

5.3 计数器指令

计数器指令对内部程序事件和外部过程事件进行计数。每个计数器都使用数据块中存储的结构来保存计数器数据。用户在编辑器中放置计数器指令时分配相应的数据块。

S7-1200 有 3 种计数器：加计数器(CTU)、减计数器(CTD)和加减计数器(CTUD)。

调用计数器指令时，需要生成保存计数器数据的背景数据块。

5.3.1 计数器指令介绍

计数器指令说明、参数类型、背景数据块结构如表 5-14～表 5-16 所示。

表 5-14　计数器指令

功能框型式	名　称	功能说明
"Counter name" CTU Int CU Q R CV PV	CTU(加计数器)	CU 和 CD 分别是加计数输入和减计数输入，在 CU 或 CD 由 0 状态变为 1 状态时(信号的上升沿)，实际计数值 CV 被加 1 或减 1。 复位输入 R 为 1 状态时，计数器被复位，CV 被清 0，计数器的输出 Q 变为 0 状态。CU、CD、R 和 Q 均为 Bool 变量。 PV 为预置计数值，CV 为实际计数值，各变量均可以使用 I(仅用于输入变量)、Q、M、D 和 L 存储区

续表

功能框型式	名　称	功能说明
"Counter name" CTD Int CD　Q LD　CV PV	CTD(减计数器)	CU 和 CD 分别是加计数输入和减计数输入, 在 CU 或 CD 由 0 状态变为 1 状态时(信号的上升沿), 实际计数值 CV 被加 1 或减 1。
"Counter name" CTUD Int CU　QU CD　QD R　CV LD PV	CTUD(加减计数器)	复位输入 R 为 1 状态时, 计数器被复位, CV 被清 0, 计数器的输出 Q 变为 0 状态。CU、CD、R 和 Q 均为 Bool 变量。 PV 为预置计数值, CV 为实际计数值, 各变量均可以使用 I(仅用于输入变量)、Q、M、D 和 L 存储区

表 5-15　参数及数据类型

参　　数	数据类型	说　　明
CU, CD	Bool	加计数或减计数, 按加或减一计数
R (CTU, CTUD)	Bool	将计数值重置为零
LD (CTD, CTUD)	Bool	预设值的装载控制
PV	SInt, Int, DInt, USInt, UInt, UDInt	预设计数值
Q, QU	Bool	CV >= PV 时为真
QD	Bool	CV <= 0 时为真
CV	SInt, Int, DInt, USInt, UInt, UDInt	当前计数值

表 5-16　计数器的背景数据块结构

	名称	数据类型	初始值	注释
1	▼ Static			
2	COUNT_UP	Bool	false	加计数输入
3	COUNT_DOWN	Bool	false	减计数输入
4	RESET	Bool	false	复位
5	LOAD	Bool	false	装载输入
6	Q_UP	Bool	false	递增计数器的状…
7	Q_DOWN	Bool	false	递减计数器的状…
8	PAD	Byte	B#16#00	
9	PRESET_VALUE	UInt	0	预设计数值
10	COUNT_VALUE	UInt	0	当前计数值

　　计数值的数值范围取决于所选的数据类型。如果计数值是无符号整型数, 则可以减计数到零或加计数到范围限值。如果计数值是有符号整数, 则可以减计数到负整数限值或加计数到正整数限值。

5.3.2　计数器运行解释

1. CTU(加计数器)

CTU(加计数器)的梯形图和时序图如图 5-41 所示。

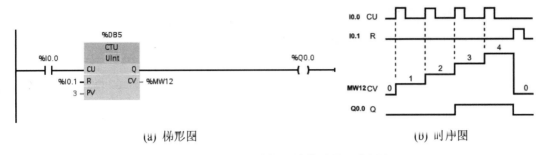

(a) 梯形图　　　　　　　　　　　(b) 时序图

图 5-41　CTU(加计数器)的梯形图和时序图

当参数 CU 的值从 0 变为 1 时，CTU 计数器会使计数值加 1。CTU 时序图显示了计数值为无符号整数时的运行(其中 PV=3)。如果参数 CV(当前计数值)的值大于或等于参数 PV(预设计数值)的值，则计数器输出参数 Q=1。如果复位参数 R 的值从 0 变为 1，则当前计数值重置为 0。

综上所述，CTU 加计数器工作总结如下。

- 初始 CU=0 时，CV=0，Q=0。
- CU=0→1 时，CV 加 1，当 CV>=PV 时，Q=1。
- R=0→1 时，CV=0，Q=0。

2. CTD(减计数器)

CTD(减计数器)的梯形图和时序图如图 5-42 所示。

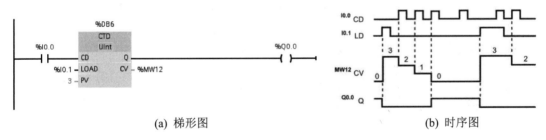

(a) 梯形图　　　　　　　　　　　(b) 时序图

图 5-42　CTD(减计数器)的梯形图和时序图

第一次执行指令时，CV 被清零。当参数 CD 的值从 0 变为 1 时，CTD 计数器会使计数值减 1。CTD 时序图显示了计数值为无符号整数时的运行(其中，PV=3)。

如果参数 CV(当前计数值)的值等于或小于 0，则计数器输出参数 Q=1，反之 Q 为 0 状态。

如果参数 LOAD 的值从 0 变为 1，则参数 PV(预设值)的值将作为新的 CV(当前计数值)装载到计数器。

综上所述，CTD 减计数器工作总结如下。

- 初始 CD=0，LD=0 时，CV=0，Q=1。
- LD=0→1 时，CV=PV，Q=0。
- CD=0→1 时，CD 减 1。
- 当 CV=0 时，Q=1。

3. CTUD(加减计数器)

CTUD(加减计数器)的梯形图和时序图如图 5-43 所示。

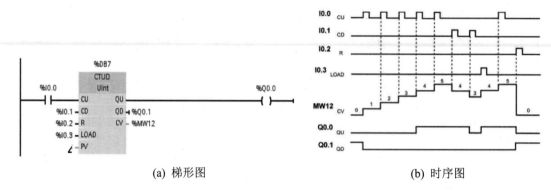

(a) 梯形图　　　　　　　　　(b) 时序图

图 5-43　CTUD(加减计数器)的梯形图和时序图

当加计数(CU)输入或减计数(CD)输入从 0 转换为 1 时，CTUD 计数器将加 1 或减 1。CTUD 时序图显示了计数值为无符号整数时的运行(其中 PV=4)。

如果参数 CV 的值大于等于参数 PV 的值，则计数器输出参数 QU=1，反之为 0。

如果参数 CV 的值小于或等于零，则计数器输出参数 QD=1，反之为 0。

如果参数 LOAD 的值从 0 变为 1，则参数 PV 的值将作为新的 CV 装载到计数器，输出 QU 变为 1 状态，QD 被复位为 0 状态。

如果复位参数 R 的值从 0 变为 1，则当前计数值重置为 0，输出 QU 变为 0 状态，QD 变为 1 状态。

R 为 1 状态时，CU、CD 和 LOAD 不再起作用。

综上所述，CTUD 加减计数器工作总结如下。

- 初始 CU=0，CD=0 时，CV=0，QU=0，QD=1。
- CU=0→1 时，CV 加 1。
- CD=0→1 时，CV 减 1。
- 当 CV>=PV 时，QU=1。
- 当 CV<=0 时，QD=1。
- LOAD=0→1 时，CV=PV，QU=1，QD=0。
- R=0→1 时，CV=0，QU=0，QD=1。

5.3.3　计数器应用实例

【例 5-22】传送带计数控制，其梯形图如图 5-44 所示。

要求：设计一个包装用传输带，按下启动按钮启动，每传送 100 件物品，传送带自动停止；然后再按下启动按钮，进行下一轮传送。

PLC 地址分配：启动按钮为 I0.0，计件传感器为 I0.1，传输带电机为 Q0.0。

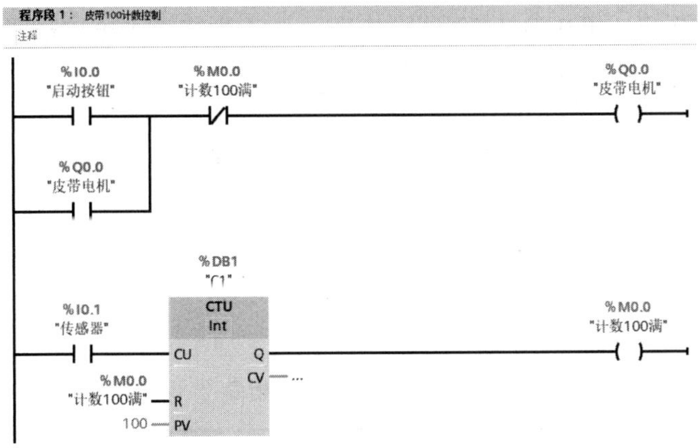

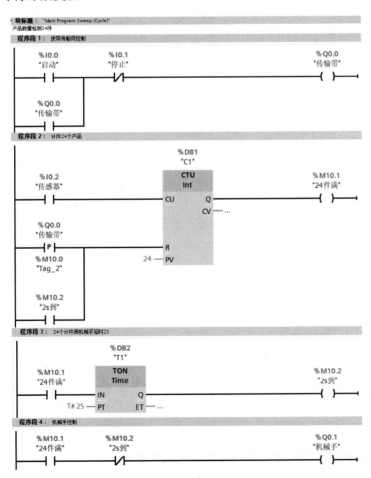

图 5-44　传送带计数控制的梯形图

【例 5-23】产品数量检测，其梯形图如图 5-45 所示。

要求：传输带输送 24 个产品机械手动作 1 次。机械手动作后，延时 2 秒，将机械手电磁铁切断，同时将计数复位。

图 5-45　产品数量检测的梯形图

电气控制与 PLC 应用(微课版)

PLC 的 I/O 分配表：I0.0 为传输带启动按钮；I0.1 为传输带停止按钮；I0.2 为产品通过检测传感器；Q0.0 为传输带电机 KM1；Q0.1 为机械手 KM2。

5.4　比较运算指令

5.4.1　比较运算指令介绍

比较运算指令说明如表 5-17 所示。

表 5-17　比较运算指令

功能框形式	名　称	功能说明	参数及类型
"IN_1" >= Int "IN_2"	比较指令	比较数据类型相同的两个值。该 LAD 触点比较结果为 TRUE 时，则该触点会被激活	IN_1，IN_2 的数据类型可以为 Byte，Word，DWord，SInt，Int，DInt，USInt，UInt，UDInt，Real，LReal，String，WString，Char，Char，Time，Date，TOD，DTL，常数 MIN，MAX，VAL 的数据类型可以为 SInt，Int，DInt，USInt，UInt，UDInt，Real，LReal，常数
IN_RANGE Real "MIN" — MIN "VAL" — VAL "MAX" — MAX	IN_Range (范围内值)	检测输入值是在指定的值范围之内还是之外。如果比较结果为 TRUE，则功能框输出为 TRUE	
OUT_RANGE Real "MIN" — MIN "VAL" — VAL "MAX" — MAX	OUT_Range (范围外值)		
"IN" OK	OK (检查有效性)	检测输入值是否为有效实数(符合 IEEE 规范 754 的有效实数)	IN 的数据类型可以为 Real，LReal
"IN" NOT_OK	NOT_OK (检查无效性)		

对于 LAD 和 FBD：单击指令名称(如"=="），以从下拉列表中更改比较类型。单击"???"并从下拉列表中选择数据类型。

1. 比较指令

将两个数值或字符串 IN_1 和 IN_2 按指定条件进行比较(见表 5-18)，条件成立时，触点就闭合。所以比较指令实际上也是一种位指令。在实际应用中，比较指令为上下限控制以及数值条件判断提供了方便。

2. IN_Range(范围内值)和 OUT_Range(范围外值)

输入参数 MIN、VAL 和 MAX 的数据类型必须相同。

满足以下条件时 IN_RANGE 比较结果为真：MIN<=VAL<=MAX。

满足以下条件时 OUT_RANGE 比较结果为真：VAL<MIN 或 VAL>MAX。

表 5-18 比较说明

关系	满足以下条件时比较结果为真	关系	满足以下条件时比较结果为真
=	IN1 等于 IN2	<=	IN1 小于或等于 IN2
<>	IN1 不等于 IN2	>	IN1 大于 IN2
>=	IN1 大于或等于 IN2	<	IN1 小于 IN2

3. OK(检查有效性)和 NOT_OK(检查无效性)

测试输入数据 IN 是否为符合 IEEE 规范 754 的有效实数。

OK(检查有效性)结果为真：输入值 IN 为有效实数。

NOT_OK(检查无效性)结果为真：输入值 IN 不是有效实数。

5.4.2 比较运算应用实例

【例 5-24】用比较和计数指令编写开关灯程序，要求灯控按钮 I0.0 按下一次，灯 Q4.0 亮，按下两次，灯 Q4.0、Q4.1 全亮，按下三次灯全灭，如此循环，其梯形图如图 5-46 所示。

分析：在程序中所用计数器为加法计数器，当加到 3 时，必须复位计数器，这是关键。

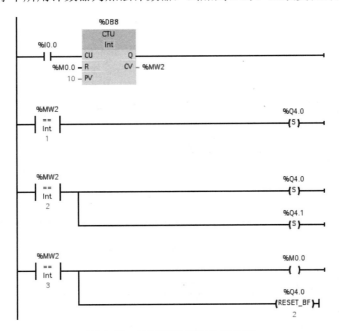

图 5-46 可调灯光控制的梯形图

【例 5-25】在 HMI 设备上可以设定电动机的转速，设定值 MW20 的范围为 100～1440 转/分钟，若输入的设定值在此范围内，则延时 5 秒钟启动电动机 Q0.0，否则 Q0.1 长亮报警提示，其梯形图如图 5-47 所示。

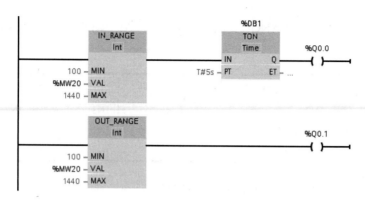

图 5-47　电机转速控制的梯形图

【例 5-26】轧钢卷库存控制。

某轧钢厂的成品库可存放钢卷 1000 个,因为不断有钢卷入库、出库,需要对库存的钢卷进行统计。当库存低于下限 100 时,指示灯 HL1 亮;当库存大于 900 时,指示灯 HL2 亮;当达到库存上限 1000 时报警器 HA 响,停止入库,其梯形图如图 5-48 所示。

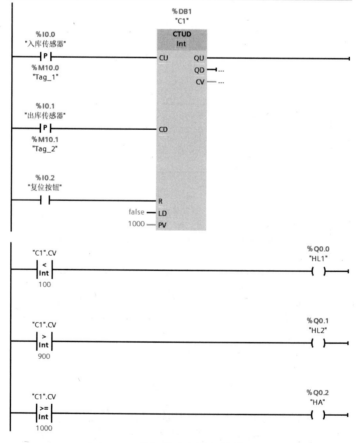

图 5-48　轧钢卷库存控制的梯形图

此例也可用于车库车位管理。

PLC 的 I/O 分配表:I0.0 为入库检测传感器,I0.1 为出库检测传感器,I0.2 为复位按钮,

Q0.0 为指示灯 HL1，Q0.1 为指示灯 HL2，Q0.2 为报警器 HA。

5.5　数学函数指令

数学函数指令包括四则运算指令、数学功能指令及递增、递减指令等，如表 5-19 所示。

四则运算包含整数、双整数和实数，一般说来，源操作数与目标操作数具有一致性。数学功能指令指三角函数、对数及指数、平方根等指令。运算类指令与存储器及标志位的关系密切，使用时需注意。

表 5-19　数学函数指令

指　令	功　能	表 达 式
CALCULATE	计算	自定义
ADD	加法	IN1+IN2=OUT
SUB	减法	IN1-IN2=OUT
MUL	乘法	IN1*IN2=OUT
DIV	除法	IN1/IN2=OUT
MOD	求模	返回除法的余数
NEG	取反	求二进制补码
INC	递增	IN_OUT+1=IN_OUT
DEC	递减	IN_OUT-1=IN_OUT
ABS	取绝对值	ABS(IN)=OUT
MIN	获取最小值	
MAX	获取最大值	
LIMIT	设置限值	测试参数 IN 的值是否在参数 MIN 和 MAX 指定的值范围内
SQR	平方	IN^2=OUT
SQRT	平方根	$\sqrt{IN}$ = OUT
LN	自然对数	$\ln(IN)$ = OUT
EXP	指数值	e^{IN} = OUT
EXPT	取幂	$IN1^{IN2}$ = OUT
FRAC	提取小数	浮点数 IN 的小数部分=OUT
SIN	正弦	sin(IN 弧度)=OUT
COS	余弦	cos(IN 弧度)=OUT
TAN	正切	tan(IN 弧度)=OUT
ASIN	反正弦	Arc sin(IN)=OUT 弧度
ACOS	反余弦	Arc cos(IN)=OUT 弧度
ATAN	反正切	Arc tan(IN)=OUT 弧度

5.5.1　CALCULATE(计算)指令

CALCULATE 指令可用于创建作用于多个输入上的数学函数(IN1，IN2，..INn)，并根据自定义的等式在 OUT 处生成结果，如表 5-20 所示。

表 5-20　CALCULATE(计算)指令

功能框形式	名　称	参数及类型
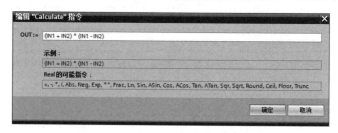	CALCULATE(计算)	SInt，Int，DInt，USInt，UInt，UDInt，Real，LReal，Byte，Word，DWord

首先选择数据类型。所有输入和输出的数据类型必须相同。

要添加其他输入，单击最后一个输入处的图标即可。

IN 和 OUT 参数必须具有相同的数据类型(通过对输入参数进行隐式转换)。例如：如果 OUT 是 INT 或 Real，则 SINT 输入值将转换为 INT 或 Real 值。

单击计算器图标可打开对话框，在其中定义数学函数。输入等式作为输入(如 IN1 和 IN2)和操作数。单击"确定"按钮保存函数时，对话框会自动生成 CALCULATE 指令的输入。

对话框显示一个示例，以及可根据 OUT 参数的数据类型加入一列指令，如图 5-49 所示。

图 5-49　"编辑"Calculate"指令"对话框

说明：

必须为函数中的任何常量生成输入。然后会在指令 CALCULATE 的相关输入中输入该常量值。

通过输入常量作为输入，可将 CALCULATE 指令复制到用户程序的其他位置，从而无需更改函数，就可以更改指令输入的值或变量。

当执行 CALCULATE 指令并成功完成计算中的所有单个运算时，ENO=1，否则 ENO=0。

5.5.2　四则运算指令

四则运算指令说明如表 5-21 所示。

表 5-21　四则运算指令

功能框形式	名　称	参数及类型
ADD Auto (???) EN — ENO IN1　OUT IN2	ADD：加法 SUB：减法 MUL：乘法 DIV：除法	IN1，IN2：SInt，Int，DInt，USInt，UInt，UDInt，Real，LReal，常数 OUT：SInt，Int，DInt，USInt，UInt，UDInt，Real，LReal

启用数学指令 (EN = 1) 后，指令会对输入值(IN1 和 IN2) 执行指定的运算并将结果存储在通过输出参数 (OUT) 指定的存储器地址中。指令运行无错误并运算成功完成后，指令会设置 ENO = 1。若运算中出现错误(如结果超出范围或除数为 0 等情况)，则指令会设置 ENO = 0。

参数 IN1、IN2 和 OUT 的数据类型必须相同。

5.5.3　指数、对数及三角函数指令

指数、对数及三角函数指令均属于浮点数函数指令，其指令框图如图 5-50 所示。使用浮点指令可编写使用 Real 或 LReal 数据类型的数学运算程序，其参数与数据类型如表 5-22 所示。

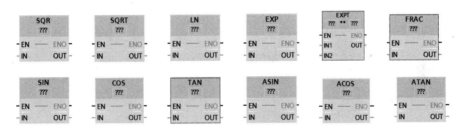

图 5-50　指数、对数及三角函数指令框图

表 5-22　指数、对数及三角函数指令的参数与数据类型

参　数	数据类型
IN，IN1	Real，LReal，Constant
IN2	SInt，Int，DInt，USInt，UInt，UDInt，Real，LReal，Constant
OUT	Real，LReal

- SQR：计算平方(IN^2=OUT)。
- SQRT：计算平方根($\sqrt{IN}$ =OUT)。
- LN：计算自然对数(LN(IN)=OUT)。
- EXP：计算指数值(e^{IN}=OUT)，其中底数 e=2.71828182845904523536。

- EXPT：取幂($IN1^{IN2}$=OUT)。EXPT 参数 IN1 和 OUT 总是为同一数据类型，可以选定为 Real 或 LReal。可以从众多数据类型中为指数参数 IN2 选择数据类型。
- FRAC：提取小数(浮点数 IN 的小数部分=OUT)。
- SIN：计算正弦值(sin(IN 弧度)=OUT)。
- ASIN：计算反正弦值(arcsin(IN)=OUT 弧度)，其中 sin(OUT 弧度)=IN。
- COS：计算余弦(cos(IN 弧度)=OUT)。
- ACOS：计算反余弦值(arccos(IN)=OUT 弧度)，其中 cos(OUT 弧度)=IN。
- TAN：计算正切值(tan(IN 弧度)=OUT)。
- ATAN：计算反正切值(arctan(IN)=OUT 弧度)，其中 tan(OUT 弧度)=IN。

5.5.4 其他数学函数指令

其他数学函数指令框图如图 5-51 所示。

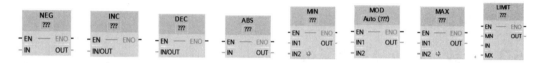

图 5-51 其他数学函数指令框图

1. MOD(求模)

MOD 指令返回整数除法运算的余数，其参数与数据类型如表 5-23 所示。用输入 IN1 的值除以输入 IN2 的值，在输出 OUT 中返回余数。运算无错误时，ENO=1；值 IN2=0 时，ENO=0，且 OUT 被赋以零值。

表 5-23 MOD 指令的参数与数据类型

参　数	数据类型
IN1 和 IN2	SInt，Int，DInt，USInt，UInt，UDInt，常数
OUT	SInt，Int，DInt，USInt，UInt，UDInt

2. NEG(取反)

NEG(取反)指令也称求二进制补码指令，其参数与数据类型如表 5-24 所示。可将参数 IN 的值的算术符号取反并将结果存储在参数 OUT 中。运算无错误时，ENO=1；结果值超出所选数据类型的有效数值范围时，ENO=0。以 SInt 为例，NEG(-128)的结果为+128，超出该数据类型的最大值。

表 5-24 NEG 指令的参数与数据类型

参　数	数据类型
IN	SInt，Int，DInt，Real，LReal，常数
OUT	SInt，Int，DInt，Real，LReal

3. INC(递增)和 DEC(递减)

INC(递增)和 DEC(递减)指令的参数与数据类型如表 5-25 所示。

INC 递增有符号或无符号整数值：IN_OUT 值+1=IN_OUT 值。

DEC 递减有符号或无符号整数值：IN_OUT 值-1=IN_OUT 值。

运算无错误时，ENO=1；结果值超出所选数据类型的有效数值范围时，ENO=0。以 SInt 为例，NEG(-128)的结果为+128，超出该数据类型的最大值。

表 5-25　INC 和 DEC 指令的参数与数据类型

参　数	数据类型
IN，OUT	SInt，Int，DInt，USInt，UInt，UDInt

4. ABS(计算绝对值)

计算参数 IN 的有符号整数或实数的绝对值并将结果存储在参数 OUT 中，其参数与数据类型如表 5-26 所示。运算无错误时，ENO=1；结果值超出所选数据类型的有效数值范围时，ENO=0。以 SInt 为例，NEG(-128)的结果为+128，超出该数据类型的最大值。

表 5-26　ABS 指令的参数与数据类型

参　数	数据类型
IN，OUT	SInt，Int，DInt，Real，LReal

5. MIN(获取最小值)和 MAX(获取最大值)

MIN(获取最小值)和 MAX(获取最大值)指令的参数与数据类型如表 5-27 所示。

MIN 指令用于比较两个参数 IN1 和 IN2 的值并将最小(较小)值分配给参数 OUT。

MAX 指令用于比较两个参数 IN1 和 IN2 的值并将最大(较大)值分配给参数 OUT。

输入 IN 的数量可以增加，最多可达 32 个输入。

运算无错误时，ENO=1。

ENO=0 仅适用于 Real 数据类型：至少一个输入不是实数(NaN)或结果 OUT 为+/-INF(无穷大)。

表 5-27　MIN 和 MAX 指令的参数与数据类型

参　数	数据类型
IN1，IN2，…，IN32	SInt，Int，DInt，USInt，UInt，UDInt，Real，LReal，Time，Date，TOD，常数
OUT	SInt，Int，DInt，USInt，UInt，UDInt，Real，LReal，Time，Date，TOD

6. LIMIT(设置限值)

LIMIT 指令用于测试参数 IN 的值是否在参数 MIN 和 MAX 指定的值范围内，其参数与数据类型如表 5-28 所示。如果参数 IN 的值在指定的范围内，则 IN 的值将存储在参数 OUT 中。如果参数 IN 的值超出指定的范围，则 OUT 值为参数 MIN 的值(如果 IN 值小于 MIN 值)或参数 MAX 的值(如果 IN 值大于 MAX 值)。

参数 MN、IN、MX 和 OUT 的数据类型必须相同。

ENO=1 表示无错误。

以下情况时 ENO=0:

Real:如果 MIN、IN 和 MAX 的一个或多个值是 NaN(不是数字),则返回 NaN。

如果 MIN 大于 MAX,则将值 IN 分配给 OUT。

表 5-28 LIMIT 指令的参数与数据类型

参　数	数据类型
MN,IN 和 MX	SInt,Int,DInt,USInt,UInt,UDInt,Real,LReal,Time,Date,TOD,常数
OUT	SInt,Int,DInt,USInt,UInt,UDInt,Real,LReal,Time,Date,TOD

5.5.5 数学函数指令应用实例

【例 5-27】计算 $c = \sqrt{a^2 + b^2}$,其中 a 的值存于 MW0 中,b 的值存于 MW2 中,计算结果 c 的值存于 MD16 中,如图 5-52 所示。

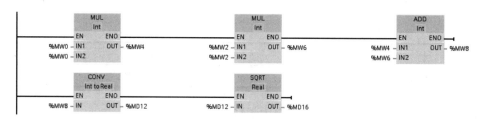

图 5-52 例 5-27 的实现框图

【例 5-28】可调功率电炉控制。

有一电炉,加热功率有 1kW、2kW、3kW 三挡可调。电炉有 1kW 和 2kW 两种电加热丝。要求用一个按钮选择加热挡位,当按动一次按钮时,1kW 加热丝工作,即第一挡;当按两次按钮时,2kW 加热丝工作,即第二挡;当按三次按钮时,1kW 和 2kW 加热丝同时工作,即第三挡;当按四次按钮时停止加热。

解:I/O 分配表:I0.0 为按钮;Q0.0 为 1kW 加热丝接触器线圈;Q0.1 为 2kW 加热丝接触器线圈。

图 5-53 所示为可调功率电炉控制梯形图程序。程序段 2 中 M10.0 为上电第一个扫描周期检测位,程序段 1 中 M10.0 常闭触点做初始化清零 MW20。

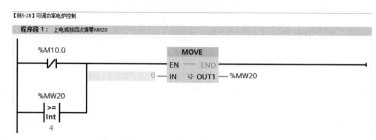

图 5-53 可调功率电炉控制的梯形图

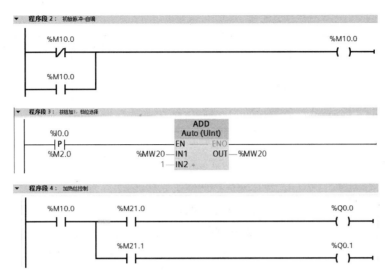

图 5-53　可调功率电炉控制的梯形图(续)

程序段 4 中 M21.0 和 M21.1 位是 MW20 字的第 0 和 1 位，如图 5-54 所示。因为 S7-1200 字元件是按"高地址，低字节"的原则配置的，因此(MW20)=1 时，M21.0=TRUE；同理(MW20)=2 时，M21.1=TRUE；(MW20)=3 时，M21.0=TRUE 且 M21.1=TRUE。这点对于初学 S7-1200 的同学来说容易出错，很容易使用成 M20.0 和 M20.1。

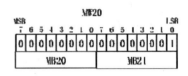

图 5-54　寄存器数据

5.6　移动操作指令

5.6.1　MOVE(移动值)、MOVE_BLK(移动块)、UMOVE_BLK(无中断移动块)和 MOVE_BLK_VARIANT(移动块)指令

使用移动指令可将数据元素复制到新的存储器地址并从一种数据类型转换为另一种数据类型，其相关说明如表 5-29 所示。移动过程不会更改源数据。

表 5-29　MOVE、MOVE_BLK、UMOVE_BLK 和 MOVE_BLK_VARIANT 指令

功能框形式	名称	参数及类型	
MOVE EN — ENO IN ✦ OUT1	移动值	IN，OUT	SInt, Int, DInt, USInt, UInt, UDInt, Real, LReal, Byte, Word, DWord, Char, WChar, Array, Struct, DTL, Time, Date, TOD, IEC 数据类型，PLC 数据类型
MOVE_BLK EN — ENO IN OUT COUNT	移动块	IN，OUT	SInt, Int, DInt, USInt, UInt, UDInt, Real, LReal Byte, Word, DWord, Time, Date, TOD，WChar

功能框形式	名称	参数及类型	
UMOVE_BLK EN ENO IN OUT COUNT	无中断 移动块	COUNT	UInt
MOVE_BLK_VARIANT EN ENO SRC Ret_Val COUNT DEST SRC_INDEX DEST_INDEX	移动块	SRC	Variant(指向数组或单独的数组元素)
		COUNT	UDInt
		SRC_INDEX	DInt
		DEST_INDEX	DInt
		RET_VAL	Int
		DEST	Variant(指向数组或单独的数组元素)

1. MOVE(移动值)指令

MOVE 指令用于将单个数据元素从参数 IN 指定的源地址复制到参数 OUT1 指定的目标地址，并且转换为 OUT1 允许的数据类型，源数据 IN 保持不变。单击 OUT1 前面的 ⚹ 可以增加输出。

2. MOVE_BLK(移动块)、UMOVE_BLK(无中断移动块)指令

MOVE_BLK 和 UMOVE_BLK 指令具有附加的 COUNT 参数。COUNT 指定要复制的数据元素个数。每个被复制元素的字节数取决于 PLC 变量表中分配给 IN 和 OUT 参数变量名称的数据类型。

MOVE_BLK 和 UMOVE_BLK 指令在处理中断的方式上有所不同：

在 MOVE_BLK 执行期间排队并处理中断事件。在中断 OB 子程序中未使用移动目标地址的数据时，或者虽然使用了该数据，但目标数据不必一致时，使用 MOVE_BLK 指令。如果 MOVE_BLK 操作被中断，则最后移动的一个数据元素在目标地址中是完整并且一致的。MOVE_BLK 操作会在中断 OB 执行完成后继续执行。

在 UMOVE_BLK 完成执行前排队但不处理中断事件。如果在执行中断 OB 子程序前移动操作必须完成且目标数据必须一致，则使用 UMOVE_BLK 指令。

执行 MOVE 指令之后，ENO 始终为真。

3. MOVE_BLK_VARIANT(移动块)指令

将源存储区域的内容移动到目标存储区域。可以将一个完整的数组或数组中的元素复制到另一个具有相同数据类型的数组中。源数组和目标数组的大小(元素数量)可以不同。可以复制数组中的多个或单个元素。源数组和目标数组都可以用 Variant 数据类型来指代。

5.6.2 FILL_BLK(填充块)和 UFILL_BLK(无中断填充块)指令

FILL_BLK(填充块)和 UFILL_BLK(无中断填充块)指令可将源数据元素 IN 复制到通过参数 OUT 指定初始地址的目标中。复制过程不断重复并填充相邻的一组地址，直到副本数等于 COUNT 参数，其相关说明如表 5-30 所示。

表 5-30　FILL_BLK(填充块)和 UFILL_BLK(无中断填充块)指令

功能框形式	名称		参数及类型
FILL_BLK EN — ENO IN OUT COUNT	填充块	IN，ONT	SInt，Int，DInt，USInt，UInt，UDInt，Real，LReal，Byte，Word，DWord，Time，Date，TOD，Char，WChar，UDint，USInt，UInt
UFILL_BLK LN ENO IN OUT COUNT	无中断填充块	COUNT	UDint，USInt，UInt

FILL_BLK 和 UFILL_BLK 指令在处理中断的方式上有所不同：

在 FILL_BLK 执行期间排队并处理中断事件。在中断 OB 子程序中未使用移动目标地址的数据时，或者虽然使用了该数据，但目标数据不必一致时，使用 FILL_BLK 指令。

在 UFILL_BLK 完成执行前排队但不处理中断事件。如果在执行中断 OB 子程序前移动操作必须完成且目标数据必须一致，则使用 UFILL_BLK 指令。

5.6.3　SWAP(交换字节)指令

SWAP(交换字节)指令用于反转二字节和四字节数据元素的字节顺序，其相关说明如表 5-31 所示。不改变每个字节中的位顺序。执行 SWAP 指令之后，ENO 始终为 TRUE。

表 5-31　SWAP(交换字节)指令

功能框形式	名称	参数及类型	
SWAP ??? EN — ENO IN OUT	交换字节	IN，ONT	Word，DWord

【例 5-29】交换字节。

解： 图 5-55 所示为交换字节程序，指令执行前后寄存器数据变化如表 5-32 和表 5-33 所示。

图 5-55　交换字节程序

表 5-32　寄存器数据变化(1)

地址	IN = MW0		OUT = MW2	
	执行前		执行后	
	MB0	MB1	MB2	MB3
W#16#1234	12	34	34	12
WORD	MSB	LSB	MSB	LSB

表 5-33　寄存器数据变化(2)

地址	IN = MD10				OUT = MD14			
	执行前				执行后			
	MB10	MB11	MB12	MB13	MB14	MB15	MB16	MB17
DW#16#12345678	12	34	56	78	78	56	34	12
DWORD	MSB			LSB	MSB			LSB

5.7　转换操作指令

5.7.1　CONV(转换值)指令

CONV(转换值)指令将数据元素 IN 从一种数据类型转换为另一种数据类型 OUT，其相关说明如表 5-34 所示。

表 5-34　CONV(转换值)指令

功能框形式	名　　称	参数及类型	
CONV ??? to ??? EN — ENO IN　OUT	CONV (转换值)	IN	位串，SInt，USInt，Int，UInt，DInt，UDInt，Real，LReal， BCD16，BCD32，Char，WChar
		OUT	

该指令不允许选择位串(Byte、Word、DWord)。要为指令参数输入数据类型 Byte、Word 或 DWord 的操作数，选择位长度相同的无符号整型。例如 Byte 选择 USInt、Word 选择 UInt、DWord 选择 UDInt。选择(转换源)数据类型之后，(转换目标)下拉列表中将显示可能的转换项列表。与 BCD16 进行转换仅限于 Int 数据类型。与 BCD32 进行转换仅限于 DInt 数据类型。

5.7.2　ROUND(取整)和 TRUNC(截尾取整)指令

ROUND(取整)指令用于将实数转换为整数。在指令框中单击"???"选择输出数据类型，例如 DInt。实数的小数部分舍入为最接近的整数值(IEEE-取整为最接近值)。如果该数值刚好是两个连续整数的一半(例如 10.5)，则将其取整为偶数。例如：ROUND(10.5)=10，ROUND(11.5)=12。

TRUNC(截尾取整)指令用于将实数转换为整数。实数的小数部分被截成零(IEEE-取整为零)，其相关说明如表 5-35 所示。

表 5-35　ROUND(取整)和 TRUNC(截尾取整)指令

功能框形式	名称	参数及类型	
ROUND Real to ??? EN — ENO IN　OUT	取整	IN	Real，LReal
		OUT	SInt，Int，DInt，USInt，UInt，UDInt，Real，LReal

功能框形式		名称	参数及类型
TRUNC Real to ??? EN ENO IN OUT		截尾 取整	IN	Real，LReal
			OUT	SInt，Int，DInt，USInt，UInt，UDInt，Real，LReal

【例 5-30】 英寸转毫米。

单位转换：将 53 英寸(in)转换成毫米(mm)为单位的整数。

解： 1in=25.4mm，实数运算，因此先将整数转换成实数，用实数乘法运算换算单位，最后四舍五入成整数即可。梯形图程序如图 5-56 所示。

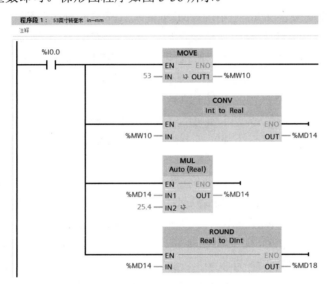

图 5-56　英寸转毫米

5.7.3　SCALE_X(标定)和 NORM_X(标准化)指令

SCALE_X(标定)：按参数 MIN 和 MAX 所指定的数据类型和值范围对标准化的实参数 VALUE(其中，0.0<=VALUE<=1.0)进行标定，即 OUT=VALUE(MAX-MIN)+MIN。

NORM_X(标准化)：标准化通过参数 MIN 和 MAX 指定的值范围内的参数 VALUE，即 OUT=(VALUE-MIN)/(MAX-MIN)，其中(0.0<=OUT<=1.0)，其相关说明如表 5-36 所示。

表 5-36　SCALE_X(标定)和 NORM_X(标准化)指令

功能框形式	名称	参数及类型
SCALE_X ??? to ??? EN ENO MIN OUT VALUE MAX	标定	MIN	SInt，Int，DInt，USInt，UInt，UDInt，Real，LReal
		VALUE	SCALE_X：Real，LReal NORM_X：SInt，Int，DInt，USInt，UInt，UDInt，Real，LReal

续表

功能框形式	名称	参数及类型	
NORM_X ??? to ??? EN ENO MIN OUT VALUE MAX	标准化	MAX	SInt，Int，DInt，USInt，UInt，UDInt，Real，LReal
		OUT	SCALE_X：SInt，Int，DInt，USInt，UInt，UDInt，Real，LReal NORM_X：Real，LReal

对于 SCALE_X：参数 MIN、MAX 和 OUT 的数据类型必须相同。对于 NORM_X：参数 MIN、VALUE 和 MAX 的数据类型必须相同。

SCALE_X 参数 VALUE 应限制为(0.0<=VALUE<=1.0)，如果参数 VALUE 小于 0.0 或大于 1.0，线性标定运算会生成一些小于 MIN 参数值或大于 MAX 参数值的 OUT 值，作为 OUT 值，这些数值在 OUT 数据类型值范围内。此时，SCALE_X 执行会设置 ENO=TRUE。还可能会生成一些不在 OUT 数据类型值范围内的标定数值。此时，OUT 参数值会被设置为一个中间值，该中间值等于被标定实数在最终转换为 OUT 数据类型之前的最低有效部分。在这种情况下，SCALE_X 执行会设置 ENO=FALSE。

NORM_X 参数 VALUE 应限制为(MIN<=VALUE<=MAX)，如果参数 VALUE 小于 MIN 或大于 MAX，线性标定运算会生成小于 0.0 或大于 1.0 的标准化 OUT 值。在这种情况下，NORM_X 执行会设置 ENO=TRUE。

SCALE_X(标定)和 NORM_X(标准化)两条指令在模拟量处理中非常有用。

【例 5-31】温度采集：来自电流输入型模拟量信号模块或信号板的模拟量输入(通道地址 IW82)的有效值在 0～27648 范围内。假设模拟量输入代表温度，其中模拟量输入值 0 表示-30.0℃，27648 表示 70.0℃。要将模拟值转换为对应的工程单位，应将输入标准化为 0.0～1.0 之间的值，然后再将其标定为-30.0～70.0 之间的值。结果值(存于 MD64)是用模拟量输入(以摄氏度为单位)表示的温度，其框图和程序如图 5-57 和图 5-58 所示。

图 5-57　温度采集框图

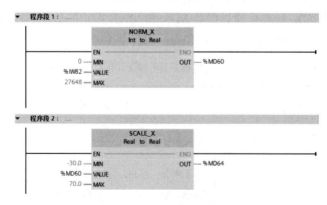

图 5-58　温度采集程序

【例 5-32】根据温度值控制阀门开度：用例 5-31 中采集的温度值(存于 MD64)经过标准化和标定指令转化后，通过模拟量输出模块或信号板(通道地址 QW80)去控制阀门的开度。

电流输出型模拟量信号模块或信号板中设置的模拟量输出的有效值在 0～27648 范围内。温度值(存于 MD64)的范围为-30.0℃～70.0℃。要将存储器中的温度值(范围是-30.0～70.0)转换为 0～27648 范围内的模拟量输出值，必须将以工程单位表示的值标准化为 0.0～1.0 之间的值，然后将其标定为 0～27648 范围内的模拟量输出值，其框图和控制程序如图 5-59 所示。

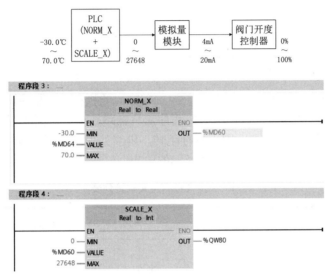

图 5-59 阀门开度模拟量控制程序

5.8 程序控制操作指令

5.8.1 JMP(RLO=1 时跳转)、JMPN(RLO=0 时跳转)和 Label(跳转标签)指令

JMP、JMPN 和 Label 指令说明如表 5-37 所示。

表 5-37 JMP、JMPN 和 Label 指令

功能框形式	名　称	参数及类型	
Label_Name —(JMP)—	RLO=1 时跳转		
Label_Name —(JMPN)—	RLO=0 时跳转	Label_Name	标签标识符
Label_Name	跳转标签		

JMP(RLO=1 时跳转)指令：RLO(逻辑运算结果)=1 时跳转，即如果有能流通过 JMP 线圈，则程序将从指定标签后的第一条指令继续执行。

JMPN(RLO=0 时跳转)指令：RLO=0 时跳转，即如果没有能流通过 JMPN 线圈，则程序将从指定标签后的第一条指令继续执行。

Label(跳转标签)指令：JMP 或 JMPN 跳转指令的目标标签。

- 各标签在代码块内必须唯一。
- 可以在代码块中进行跳转，但不能从一个代码块跳转到另一个代码块。
- 可以向前或向后跳转。
- 可以在同一代码块中从多个位置跳转到同一标签。

5.8.2 JMP_LIST(定义跳转列表)指令

JMP_LIST 指令用作程序跳转分配器，控制程序段的执行，其相关说明如表 5-38 所示。根据 K 输入的值跳转到相应的程序标签。程序从目标跳转标签后面的程序指令继续执行。如果 K 输入的值超过(标签数-1)，则不进行跳转，继续处理下一程序段。

单击 DEST1 前面的 🌣 可添加新的跳转标签输出。

表 5-38 JMP_LIST(定义跳转列表)指令

功能框形式	名　称	参数及类型	
JMP_LIST EN DEST0 K DEST1 🌣 DEST2	定义跳转列表	K	UInt
		DEST0, DEST1, …, DESTn	程序标签

5.8.3 SWITCH(跳转分配器)指令

SWITCH 指令用作程序跳转分配器，控制程序段的执行，其相关说明如表 5-39 所示。根据 K 输入的值与分配给指定比较输入的值的比较结果，跳转到与第一个为"真"的比较测试相对应的程序标签。如果比较结果都不为 TRUE，则跳转到分配给 ELSE 的标签。程序从目标跳转标签后面的程序指令继续执行。

表 5-39 SWITCH(跳转分配器)指令

功能框形式	名称	参数及类型	
SWITCH ??? EN DEST0 K 🌣 DEST1 <= ELSE >	跳 转 分配器	K	UInt
		==、<>、<、 <=、>、>=	SInt, Int, DInt, USInt, UInt, UDInt, Real, LReal, Byte, Word, DWord, Time, TOD, Date
		DEST0, DEST1, …, DESTn, ELSE	程序标签

K 输入和比较输入(==、<>、<、<=、>、>=)的数据类型必须相同。Byte、Word、DWord 数据类型仅仅用于等于或不等于(==、<>)比较。

单击 DEST1 前面的 可添加新的跳转标签输出。

在功能框名称下方单击 ，并从下拉列表中选择数据类型。

由于没有 ENO 输出，因此，在一个程序段中只允许使用一条 SWITCH 指令，并且 SWITCH 指令必须是程序段中的最后一个运算。

5.8.4　RET(返回)指令

可选的 RET 指令用于终止当前块的执行，其相关说明如表 5-40 所示。当且仅当有能流通过 RET 线圈时，当前块的程序执行将在该点终止，并且不执行 RET 指令以后的指令。如果当前块为 OB，则参数 Return_Value 将被忽略。如果当前块为 FC 或 FB，则将参数 Return_Value 的值作为被调用功能框的 ENO 值传回到调用例程。

表 5-40　RET(返回)指令

功能框形式	名　称	参数及类型	
"Return_Value" —(RET)—	返回	Return_Value	Bool

不要求用户将 RET 指令用作块中的最后一个指令，该操作是自动完成的。一个块中可以有多个 RET 指令。

5.9　字逻辑指令

5.9.1　AND、OR 和 XOR 逻辑运算指令

AND、OR 和 XOR 逻辑运算指令说明如表 5-41 所示。

表 5-41　AND、OR 和 XOR 逻辑运算指令

功能框形式	名　称	参　数	类　型
AND ??? EN　ENO IN1　OUT IN2	AND(与)	IN1，IN2，OUT	Byte，Word，DWord
OR ??? EN　ENO IN1　OUT IN2	OR(或)		
XOR ??? EN　ENO IN1　OUT IN2	XOR(异或)		

AND：逻辑与(IN1 AND IN2=OUT)。

OR：逻辑或(IN1 OR IN2=OUT)。

XOR：逻辑异或(IN1 XOR IN2=OUT)。

所选数据类型将 IN1、IN2 和 OUT 设置为相同的数据类型。IN1 和 IN2 的相应位值相互组合，在参数 OUT 中生成二进制逻辑结果。执行这些指令之后，ENO 总是为 TRUE。

5.9.2 INV(求反码)指令

INV(求反码)指令说明如表 5-42 所示。

表 5-42　INV(求反码)指令

功能框形式	名称	参数及类型
INV ??? EN — ENO IN — OUT	求反码	IN，OUT　SInt，Int，DInt，USInt，UInt，UDInt，Byte，Word，DWord

计算参数 IN 的二进制反码。通过对参数 IN 各位的值取反来计算反码(将每个 0 变为 1，每个 1 变为 0)。执行该指令后，ENO 总是为 TRUE。

5.10　移位与循环移位指令

SHR(右移)、SHL(左移)、ROR(循环右移)和 ROL(循环左移)指令的说明如表 5-43 所示。

表 5-43　SHR、SHL、ROR 和 ROL 指令

功能框形式	名称	功能框形式	名称	参数及类型
SHR ??? EN — ENO IN — OUT N	右移	ROR ??? EN — ENO IN — OUT N	循环右移	IN：整数 N：USInt，UDint OUT：整数
SHL ??? EN — ENO IN — OUT N	左移	ROL ??? EN — ENO IN — OUT N	循环左移	

1. 移位指令

使用移位指令(SHL 和 SHR)移动参数 IN 的位序列，结果将分配给参数 OUT。SHR 为右移位序列，SHL 为左移位序列。

参数 N 指定移位的位数。若 N=0，则不移位，将 IN 值分配给 OUT。用 0 填充移位操

作清空的位位置。如果要移位的位数(N)超过目标值中的位数(Byte 为 8 位、Word 为 16 位、DWord 为 32 位)，则所有原始位值将被移出并用 0 代替(将 0 分配给 OUT)。

对于移位操作，ENO 总是为 TRUE。

【例 5-33】Word 数据的 SHL(左移)(IN：1110 0010 1010 1101，N：1)。

解：程序如图 5-60 所示，程序执行情况如图 5-61 所示。

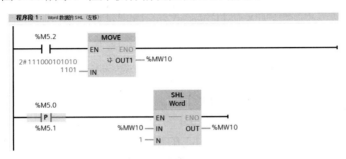

图 5-60　Word 数据的 SHL(左移)

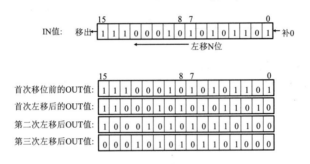

图 5-61　Word 数据的 SHL(左移)执行情况

2. 循环移位指令

循环指令(ROR 和 ROL)用于将参数 IN 的位序列循环移位，结果分配给参数 OUT。ROR 为循环右移位序列，ROL 为循环左移位序列。参数 N 定义循环移位的位数。若 N=0，则不循环移位，将 IN 值分配给 OUT。从目标值一侧循环移出的位数据将循环移位到目标值的另一侧，因此原始位值不会丢失。如果要循环移位的位数(N)超过目标值中的位数(Byte 为 8 位、Word 为 16 位、DWord 为 32 位)，仍将执行循环移位。

执行循环指令之后，ENO 始终为 TRUE。

【例 5-34】Word 数据的 ROL(循环左移)(IN：1010 0010 1010 1101，N：1)。

解：程序如图 5-62 所示，程序执行情况如图 5-63 所示。

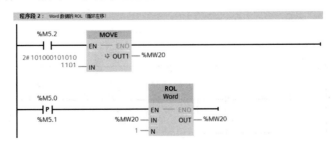

图 5-62　Word 数据的 ROL(循环左移)

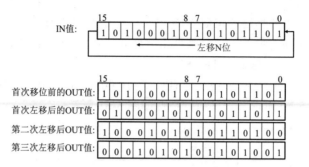

图 5-63 Word 数据的 ROL(循环左移)执行情况

【例 5-35】 通过循环指令实现彩灯控制。

解: 编写程序如图 5-64 所示,其中 I0.0 为控制开关,M1.5 为周期为 1s 的时钟存储器位,实现的功能为当按下 I0.0,QD4 中为 1 的输出位每秒钟向左移动 1 位。第 1 段程序的功能是赋初值,即将 QD4 中的 Q7.0 置位,第 2 段程序的功能是每秒钟 QD4 循环左移一位。

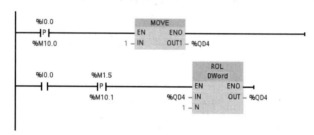

图 5-64 彩灯控制

习题及思考题

5-1 从工作原理的角度理解 PLC 控制系统和继电器控制系统的异同。

5-2 理解 PLC 的梯形图程序和继电器控制系统控制电路的关系。

5-3 举例说明 S7-1200 PLC 的四种定时器指令和三种计数器指令的工作情况。

5-4 PLC 输入端子上所接的常开触点换成常闭触点,梯形图程序中做如何改变?举例说明。

5-5 如何理解双线圈输出现象,举例说明。

5-6 举例说明对立即读和立即写指令的理解。

5-7 分析如图 5-65 所示的梯形图程序,说明程序的功能,绘制时序图。

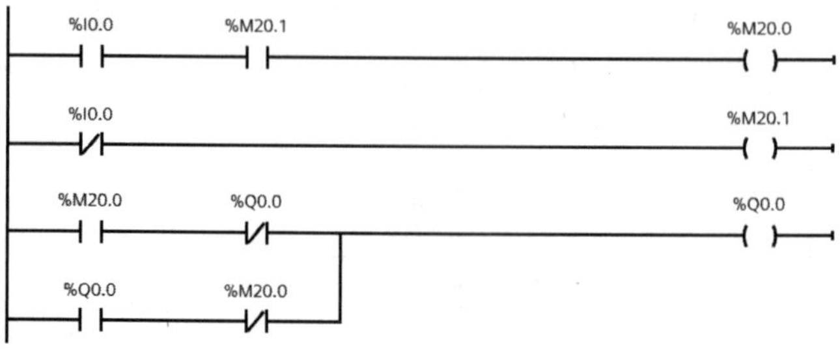

图 5-65 梯形图程序(1)

5-8 分析如图 5-66 所示的梯形图程序，说明程序的功能，绘制时序图。

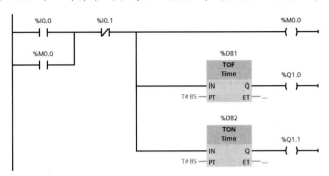

图 5-66　梯形图程序(2)

5-9 设计一个基于 PLC 的锅炉鼓风机和引风机控制系统。控制要求：开机前首先启动引风机，10s 后自动启动鼓风机；停止时，立即关断鼓风机，经 20s 后自动关断引风机。

(1) 设计鼓风机和引风机的主电路，以及 PLC 的 I/O 接线图(绘制在指定区域)。

(2) 设计 PLC 程序。

5-10 机械手抓物电气控制系统设计(见图 5-67)。参数和要求：系统由 3 个气缸组成，每个气缸的动作分别由电磁阀控制 DC24V 5W。

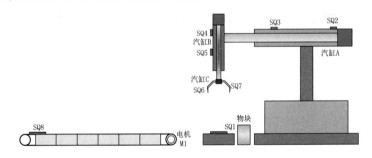

图 5-67　机械手抓物电气控制系统

具体要求如下：

(1) 如果人工放置物块到工作台上，汽缸 B 向下动作。

(2) 汽缸 B 向下动作到位，汽缸 C 动作，抓紧物块。

(3) 汽缸 C 动作，抓紧物块后，汽缸 B 向上动作。

(4) 汽缸 B 向上动作到位后，汽缸 A 向左动作。

(5) 汽缸 A 向左动作到位后，汽缸 B 向下动作。

(6) 汽缸 B 向下动作到位后，汽缸 C 松开抓手，物块放置到传送带上。

(7) 汽缸 C 松开抓手到位后，汽缸 B 向上动作。

(8) 汽缸 B 向上到位后，传送带转动，送出物块。同时汽缸 A 向右移动。

(9) 物块送出后，汽缸 A 向右移动。汽缸 A 向右移动到位后，进行下次循环。

微课视频

扫一扫,获取本章相关微课视频。

5.1.1_1 触点线圈类
指令

5.1.1_2 触点线圈类指令
的实际应用和注意事项

5.1.2 置位和复位
指令

5.1.4 上升沿和下降沿
指令

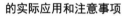

5.2_1 TON 接通延时定时器

5.2_2 TOF 关断延时定时器

5.2_3 TONR 时间累加定时器

5.3_1 CTU(加计数器)

5.3_2 CTD(减计数器)

5.3_3 CTUD(加减计数器)

第6章　PLC 与过程控制

模拟量是指一些连续变化的物理量(如电压、电流、温度、压力、流量、速度)，在实际生产现场，尤其是连续性生产(如化工生产过程)中较为常见，并且要求对其进行控制。由于连续的生产过程常有模拟量，因此模拟量控制有时也称过程控制。

PLC 在数字量逻辑控制方面具有绝对优势，可方便可靠地用于逻辑量的控制。然而，由于模拟量可转换成多位数字量，故经过转换后的模拟量是完全可以由 PLC 进行处理。

模拟量闭环控制较好的方法之一是 PID 控制。PLC 系统中的 PID 控制简单易懂，使用中不必弄清系统的数学模型，而且易于实现。

6.1　S7-1200 模拟量控制

PLC 本质上是一种数字运算的电子系统，只能处理数字量。而模拟量是连续量，如温度、压力、流量、速度等。因此 PLC 不能直接处理模拟量，中间需要有传感器、变送器以及 AD、DA 转换电路等硬件电路将模拟量变换成数字量，然后再进行程序处理。我们把这个模拟量变换成数字量的过程称为"预处理"，将数字量再变换成模拟量的过程称为"后处理"。AD 转换后的数字量程序处理过程称为"再处理"过程。图 6-1 所示为 PLC 实现模拟量控制的系统组成。

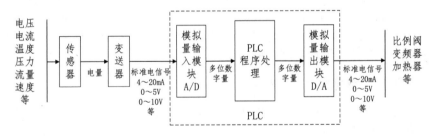

图 6-1　模拟量控制系统组成

有时，因系统需要可不用如图 6-1 所示的完整的模拟量控制，如只用模拟量输入，而输出用开关量(DO)。也可能不用模拟量输入，而用开关量输入(DI)，但用模拟量输出。由于脉冲技术的发展，模拟量控制也可运用有关脉冲控制技术(如 PWM)。

6.1.1　S7-1200 模拟量输入、输出单元

1. 模拟量单元的性能指标

PLC 模拟量输入、输出单元性能指标主要有模拟量规格、数字量位数、转换路数、转换时间等。

1) 模拟量规格

模拟量规格是指可接受或可输出的标准电流或标准电压的规格，一般规格越多越好，

便于选用。S7-1200 PLC 一般有电流 4～20mA、0～20mA，电压 0～10V、1～5V、-10～+10V，还有一些模块或信号板可直接接受热电阻和热电偶信号，如 SM1231TC、SM1231RTD、SB1231TC、SB1231RTD 等。

2) 数字量位数

模拟量输入和输出的位数分别指 A/D 转换器和 D/A 转换器的位数，即转换后的数字量位数。位数决定分辨率，位数越多，分辨率越高。

分辨率(Resolution)：A/D(D/A)转换器所能分辨的模拟信号的最小变化量。以电压转换为例，如图 6-2 所示，模拟量电压范围 0～E_{FSR}，A/D 转换器位数 n 为 3。则量化单位 LSB 就是 A/D 转换器的分辨率：

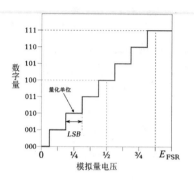

图 6-2　AD 转换

$$1LSB = \frac{模拟输入电压范围}{分割数} = \frac{E_{FSR}}{2^n} \qquad (6-1)$$

3) 转换路数

转换路数是指可实现多少路的模拟量转换。一个 AD(DA)单元一般只有一个 A/D(D/A)转换器。但通过多路选择器的依次切换，则可实现多路模拟信号转换。转换后再经光耦器转储到它自身的内存中。当然这样做要耽误一些时间，但节省了器件与空间，算是以时间换取空间和成本。

4) 转换时间

转换时间是指实现一次模拟量转换的时间，时间越短越好。

5) 附加功能

附加功能是指除了实现数模转换之外的一些附加功能，有的还有标定(Scaling)、平均(Mean)、峰值(PeakVaule)及开方(SquareRoot)功能。其含义可参见有关说明。当然，如果使用的 AD 模块没有上述功能，而实际又需要时，也可用程序实现。只是，这时要占用 CPU 及内存的资源，同时还要增加程序扫描时间。

2. S7-1200 模拟量单元及技术数据

S7-1200PLC 的模拟量输入、输出单元电路有 CPU 本体集成 AI/AO、模拟量信号板(SB)、模拟量信号模块(SM)三种形式。

CPU 本体集成模拟量输入输出：CPU 1211C、CPU 1212C、CPU 1214C 本体集成两路模拟量输入(AI)；CPU 1215C、CPU 1217C 本体集成两路模拟量输入(AI)和两路模拟量输出(AO)。CPU 本体集成模拟量输入和输出技术数据如表 6-1 所示。

表 6-1　以 CPU 1214C 自带的 AI 为例(只能测电压，且 0～10V)

系统		电压测量范围	
十进制	十六进制	0 到 10V	
27648	6C00	10V	
20736	5100	7.5V	额定范围
34	22	12mV	以 0.0003617V 递增
0	0	0V	
负值		不支持负值	

模拟量信号板有 SB 1231 AI1x12 位模拟量输入、SB 1231 AI1×16 位热电偶输入、SB 1231 AI1×16 位 RTD 输入、SB 1232 AQ1×12 位模拟量输出四种信号板。SB 1231 AI1×16 位热电偶输入、SB 1231 AI1×16 位 RTD 输入两种是直接接受热电偶和热电阻的模拟量输入信号板。

模拟量信号模块有 SM 1231 模拟量输入模块、SM 1232 模拟量输出模块、SM 1231 热电偶和热电阻模拟量输入模块、SM 1234 模拟量输入/输出模块几种。

模拟量信号板(SB)、模拟量信号模块(SM)输入的电压和电流测量范围如表 6-2 和表 6-3 所示，其输出的电压和电流范围如表 6-4 和表 6-5 所示。

表 6-2　模拟量输入的电压测量范围(SB 和 SM)

系统		电压测量范围			
十进制	十六进制	±10V	±5 V	±2.5V	±1.25V
27648	6C00	10V	5V	2.5V	1.25V
20736	5100	7.5V	3.75V	1.875V	0.938V
1	1	361.7μV	180.8μV	90.4μV	45.2μV
0	0	0V	0V	0V	0V
-1	FFFF				
-20736	AF00	-7.5V	-3.75V	-1.875V	-0.938V
-27648	9400	-10V	-5V	-2.5V	-1.25V

（备注：右侧"额定范围"标注覆盖 0V 行及以上各行）

表 6-3　模拟量输入的电流测量范围(SB 和 SM)

系统		电流测量范围		
十进制	十六进制	0mA 到 20mA	4mA 到 20mA	
27648	6C00	20mA	20mA	
20736	5100	15mA	16mA	额定范围
1	1	723.4nA	4mA+578.7nA	
0	0	0mA	4mA	

表 6-4　模拟量输出的电压范围(SB 和 SM)

系统		电压输出范围	
十进制	十六进制	±10V	
27648	6C00	10V	
20736	5100	7.5V	
1	1	361.7μV	
0	0	0V	额定范围
-1	FFFF	-361.7μV	
-20736	AF00	-7.5V	
-27648	9400	-10V	

表 6-5　模拟量输出的电流范围(SB 和 SM)

系统		当前输出范围		
十进制	十六进制	0mA 到 20mA	4mA 到 20mA	
27648	6C00	20mA	20mA	
20736	5100	15mA	16mA	额定范围
1	1	723.4nA	4mA+578.7nA	
0	0	0mA	4mA	

3. 模拟量单元的一些说明

(1) 一个模块常有几个通道,不是每个通道都可配置为电压型和电流型,有些是默认为电压或者电流。

(2) 每个输入通道有固定的 IW 对应,每个输出通道有固定的 QW 对应,无需手动设置。

(3) AI、AQ 的位数表示了 AD 和 DA 转换的精确程度,但编程读 IW 和写 QW 时,都按 16 位有符号数读写,正常范围最大值对应 27648。

(4) AI 的各通道可启用溢出诊断,AQ 的各通道可启用短路诊断(电压输出)或断路诊断(电流输出)。

4. 模拟量的工程化

模拟量信号模块的转换值数字量和被测物理量之间是线性对应关系,但直接用这些数字量值代表实际物理量很不直观,因此实际工程程序中往往先将这些值转换成工程单位的值,然后再用于控制。比如,如图 6-3 所示的液位测量及模数转换系统中,液位传感器将 0～500L 的体积信息(本例中可理解为液位)转成 0～10V 电压信号,而模拟量模块 SM1234 的通道 0 将此信号转换成 0～27648 的数字量。按此关系,数字量 0 表示实际值 0L,27648 表示 500L,那么数字量 12345 表示多少呢?当然可以用图 6-3 中的转换关系曲线计算,但远不如在程序中现将其转换为工程单位方便。

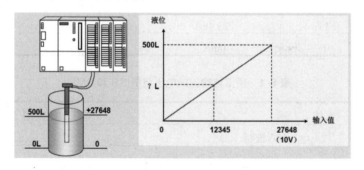

图 6-3　液位测量及模数转换关系

要以工程单位使用模拟量输入,首先将模拟值标准化为由 0.0 到 1.0 的实数(浮点)值。然后将其标定为工程单位的最小值和最大值。对于模拟量输出,首先将以工程单位表示的值标准化为 0.0 和 1.0 之间的值,然后将其标定为 0 到 27648 之间或-27648 到 27648 之间(取决于模拟模块的范围)的值。TIA Portal 为此提供了 NORM_X 和 SCALE_X 指令,还可以使用 CALCULATE 指令来标定模拟值。

1) 模拟量输入的工程化

需要先通过 NORM_X(标准化)指令将模拟量输入值转换为由 0.0 到 1.0 的实数(浮点)值。再通过 SCALE_X(标定)指令按比例映射到测量范围中，转换为具有工程单位的量。NORM_X(标准化)指令的最大最小值与模拟量输入通道的极性有关，如图 6-4 所示。

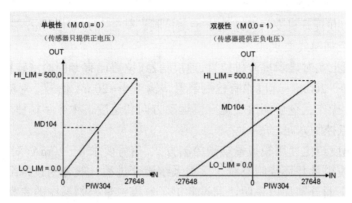

图 6-4　模拟量输入的规范化

2) 模拟量输出的工程化

先通过 NORM_X(标准化)指令将以工程单位表示的值标准化为 0.0 和 1.0 之间的值，然后通过 SCALE_X(标定)指令将其换算成 0 到 27648 之间或-27648 到 27648 之间的值。SCALE_X(标定)指令的最大最小值与模拟量输出通道的极性有关，如图 6-5 所示。

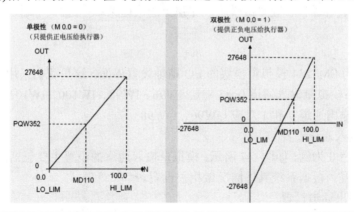

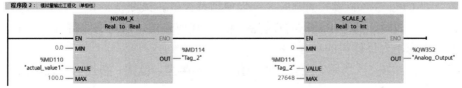

图 6-5　模拟量输出的规范化

6.1.2 模拟量系统配置和简单控制实现

模拟量控制系统从设备组态、设置到程序实现是比较烦琐和散乱的,下面用一个模拟量简单控制的例子将整个过程梳理一下。

【例 6-1】矿井提升机变频调速系统手动控制。某矿井井深 200m,提升机采用变频调速方式,其手动控制模式要求如下:

(1) 人机界面上实时显示提升机位置、速度信息。位置已有专门检测装置,输出 4~20mA 信号,对应位置 0~200m。速度也有检测装置,输出 4~20mA 信号,对应位置 0~6m/s。

(2) 司机通过操作主令手柄改变提升机运动方向和速度,主令手柄信号输出 0~10V,带两个无源干接点控制方向。

(3) 变频器速度给定使用模拟量端子控制方式,信号要求 4~20mA,对应频率 0~50Hz。

解: 本例是模拟量开环控制系统。此类系统设计过程一般分为设备组态、设备属性设置、程序编写。下面分别加以说明,通过此例了解模拟量控制系统的完整过程。当然,本例中还有人机界面部分的设计,具体设计过程见相关手册,这里不再赘述。

1. 设备组态

分析例 6-1 可知,系统有模拟量输入三路:位置、速度、操作手柄模拟量;模拟量输出一路:变频器速度给定模拟量。信号为 4~20mA 和 0~10V 的标准信号。控制运动方向的开关量输入和输出各两路。

PLC CPU 单元选用 CPU1214C AC/DC/RLY,模拟量模块选用 SM1234 AI4x13BIT/AQ 2x14BIT。

2. 设备属性设置

这里重点介绍模拟量模块 SM1234 的设置。设备组态界面的设备视图窗口中,双击 SM1234 模拟量模块(或者右键单击模块,在弹出的快捷菜单中选择"属性"命令),出现属性界面。

1) I/O 地址

图 6-6 所示为 SM1234 模拟量模块的 I/O 地址设置界面,这里我们采用默认值,输入地址 96~103。四路模拟量输入通道 0~3 对应 IW96、IW98、IW100、IW102。输出地址 96~99,两路模拟量输出通道 0 和 1 对应 QW96、QW98。

2) 模拟量输入通道设置

以模拟量通道 0 为例,如图 6-7 所示,模拟量输入通道的设置主要包括测量类型、范围、滤波等参数的设置。根据系统具体情况做相关设置。

3) 模拟量输出通道设置

设置"对 CPU STOP 模式的响应:"为使用替代值。该项设备表示 PLC 从 RUN 模式切换到 STOP 模式时,通道的输出用设置的相应替代值输出。这对有些特殊场合非常有用,比如为安全考虑不允许停机的场合。

通道的设置如图 6-8 所示,主要有模拟量输出的类型、范围、替代值等几项内容,根据实际情况设置。

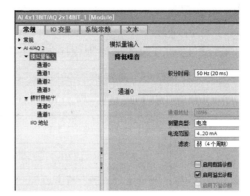

图 6-6 SM1234 模拟量模块的 I/O 地址　　　图 6-7 模拟量输入通道设置

4) 本例中的模拟量设置(见表 6-6)

表 6-6 模拟量设置表

地 址	模 拟 量	信号类型	范 围	替 代 值
IW96	位置	电流	4～20mA	
IW98	速度	电流	4～20mA	
IW100	手柄输入	电压	0～10V	
QW96	变频器速度给定	电流	4～20mA	4mA

3. 编程

1) 人机界面

人机界面设计过程参考相关手册，这里直接给出人机界面中相关手动控制的监控画面(见图 6-9)。画面中设计四个 I/O 输出域，用来显示位置、速度、主令手柄速度给定输入和变频器的速度给定。为了方便阅读和工程规范，在实际工程中，往往以工程单位显示这些值，例如本例中的位置用米为单位显示，而不是 AD 转换的数字量(0～24678)值直接显示。因此需要在 PLC 程序中作相应的转换处理。画面中的箭头表示提升机运动方向。

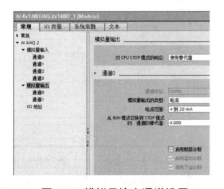

图 6-8 模拟量输出通道设置　　　图 6-9 人机界面监控画面

2) PLC 程序

实际上矿井提升机的控制程序非常复杂，但此例仅仅是手动控制部分，而且通过此例说明一下模拟量控制过程，因此下面程序极为简单，不可作为实际提升机控制。

(1) 逻辑控制。

提升机运动方向逻辑控制程序如图 6-10 所示。

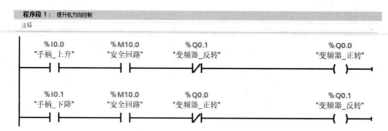

图 6-10　提升机运动方向逻辑控制程序

(2) 模拟量值工程化单位转换。

要以工程单位使用模拟量输入，参考 6.1.2 节中模拟量规范化方法，首先用 NORM_X 指令将模拟值标准化为由 0.0 到 1.0 的实数(浮点)值。然后，必须用 SCALE_X 指令将其标定为其表示的工程单位的最小值和最大值，如图 6-11 所示。或者使用 CALCULATE 指令来标定模拟值。本例中模拟量规范化标定按表 6-7 和表 6-8 进行。

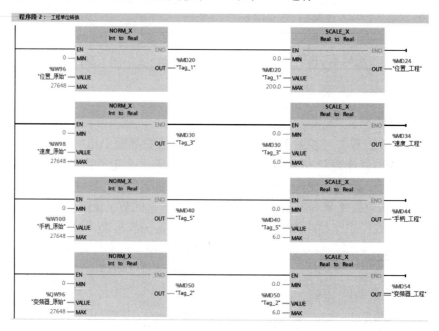

图 6-11　模拟量值工程化单位转换程序

表 6-7　模拟量输入

	传感器测量范围	传感器输出范围	AD 通道地址	数字量范围
位置	0～200m	4～20mA	IW96	0～27648
速度	0～6m/s	4～20mA	IW98	0～27648
手柄输入	0～6m/s	0～10V	IW100	0～27648

表 6-8　模拟量输出

	DA 通道地址	数字量范围	DA 转换后	变频器频率
变频器输入	QW96	0～27648	4～20mA	0～50Hz

(3) 提升机变频调速。

按例 6-1 要求，手动模式下变频器频率给定信号取决于主令手柄的模拟量输入，再考虑安全要求，程序如图 6-12 所示。当无故障且主令手柄未置于停车位置时，手柄模拟量原始值 IW100 直接送给 QW96 输出通道，改变变频器运行频率，并在人机界面上显示输出频率值。一旦发生故障(反应在触点 M10.0 上)，或者主令手柄置于停车位置时，0 直接送给 QW96 输出通道，变频器运行频率置于 0Hz。

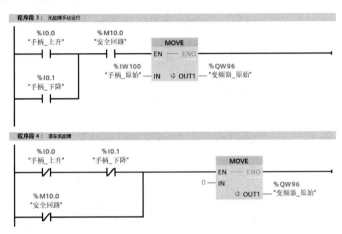

图 6-12　手动模式变频调速程序

6.2　S7-1200 PLC 的模拟量 PID 控制

由于 PLC 是基于计算机技术的控制器，有很强的数字处理与逻辑处理功能，所以只要有合适的算法，模拟量闭环的多数控制都是可以实现的。

闭环控制算法设计需掌握相应的自动控制原理知识，所以，模拟量控制程序设计，与其说是取决于设计者对 PLC 的了解，不如说是取决于设计者对自控知识的掌握；它的难点似乎不在于 PLC 程序本身，而在于要很好地运用好有关自控知识。

为此，下面对模拟量 PID 控制的讨论，主要是针对自动控制的理解。

6.2.1　PLC 模拟量的 PID 控制

1. 模拟量闭环控制系统

闭环控制是根据控制对象输出反馈来进行校正的控制方式，当反馈值与给定值出现偏差时，是按定额或标准来进行纠正的，从而使输出达到或接近给定预期。

在闭环控制系统中，按偏差的比例(P)、积分(I)和微分(D)进行控制的 PID 控制器(也称 PID 调节器)是应用最为广泛的一种自动控制方法(见图 6-13)。它具有原理简单、易于实现、适用面广、控制参数相互独立、参数的选定比较简单等优点；而且在理论上可以证明，对于过程控制的典型对象为"一阶滞后+纯滞后"与"二阶滞后+纯滞后"的控制对象，PID控制器是一种最优控制。

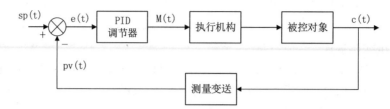

图 6-13　PID 控制系统原理框图

PID 控制算法为

$$M(t) = K_p\left[e(t) + \frac{1}{T_i}\int e(t)\mathrm{d}t + T_d\frac{de(t)}{dt}\right] + M_{\text{initial}} \qquad (6\text{-}2)$$

式中：$M(t)$ 为 PID 回路输出；$e(t)$ 为回路的偏差，即给定值(sp)和过程量(pv)的偏差；M_{initial} 为 PID 回路输出的初始值；$K_p e(t)$ 为比例项，K_p 称为比例常数；$\dfrac{K_p}{T_i}\int e(t)dt$ 为积分项，T_i 称为积分时间常数；$K_p T_d \dfrac{de(t)}{dt}$ 为微分项，T_d 称为微分时间常数。以上各量都是连续量。

2. 离散化 PID 控制

PLC 是一种数字运算的电子系统，有很强的数字处理能力。PLC 系统要实现 PID 控制，需要周期性地采样(称为采样周期 T_s)并离散化后进行 PID 运算(见图 6-14)。PLC 通过模拟量输入接口，将实际输出转换为多位二进制数过程变量(又称反馈值)$PV(n)$。CPU 将它与设定值 $SP(n)$ 比较，计算误差 $e(n) = SP(n) - PV(n)$，并将 $e(n)$ 为输入量进行离散化 PID 控制运算。运算结果 $M(n)$ 通过模拟量输出接口的 D/A 转换器转换为直流电压或直流电流 $M(t)$，控制执行机构，从而实现闭环控制。

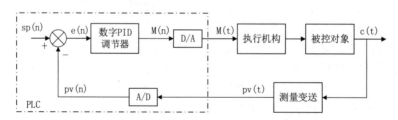

图 6-14　PLC 闭环 PID 控制系统框图

连续系统的离散化：

设采样周期为 T_s，n 表示第 n 个采样周期，将前述的 PID 控制各项离散化如下：

$K_p e(t)$ 比例项离散化为 $K_p e_{(n)}$；

$\dfrac{K_p}{T_i}\int e(t)dt$ 积分项离散化为 $\dfrac{K_p T_s}{T_i}\sum\limits_{j=0}^{n} e(j)$，令 $K_i = \dfrac{K_p T_s}{T_i}$，并称为积分项加权系数；

$K_p T_d \dfrac{de(t)}{dt}$ 微分项离散化为 $\dfrac{K_p T_d}{T_s}\left[e_{(n)} - e_{(n-1)}\right]$，令 $K_d = \dfrac{K_p T_d}{T_s}$，并称为微分项加权系数。

因此 PID 控制离散化算法如下：

$$M_{(n)} = K_{\mathrm{P}}e_{(n)} + \left(K_{\mathrm{i}} \sum_{j=1}^{n} e_{(j)} + M_{\mathrm{initial}} \right) + K_{\mathrm{d}}\left(e_{(n)} - e_{(n-1)} \right) \tag{6-3}$$

$$M_{(n)} = K_{\mathrm{P}}e_{(n)} + \left(K_{\mathrm{i}}e_{(n)} + MX \right) + K_{\mathrm{d}}\left(e_{(n)} - e_{(n-1)} \right) \tag{6-4}$$

3. PID 参数对系统性能的影响

比例项 $K_{\mathrm{P}}e_{(n)}$：能及时地产生与偏差 $\mathrm{SP}(n) - \mathrm{PV}(n)$ 成正比的调节作用，比例系数 K_{P} 越大，比例调节作用越强，系统的稳态精度越高，但 K_{P} 过大会使系统的输出量振荡加剧，稳定性降低。

积分项 $K_{\mathrm{i}}e_{(n)} + MX$：与偏差有关，只要偏差不为 0，PID 控制的输出就会因积分作用而不断变化，直到偏差消失，系统处于稳定状态，所以积分的作用是消除稳态误差，提高控制精度，但积分的动作缓慢，给系统的动态稳定带来了不良影响，很少单独使用。从 $K_{\mathrm{i}} = \dfrac{K_{\mathrm{P}}T_{\mathrm{S}}}{T_{\mathrm{i}}}$ 可以看出，T_{i} 积分时间常数增大，积分作用减弱，消除稳态误差的速度减慢。如果不需要积分回路(即在 PID 计算中无"I")，则应将积分时间 T_{i} 设为无限大。由于积分项前值 MX 的存在，虽然没有积分运算，积分项的数值也可能不为零。

微分项 $K_{\mathrm{d}}\left(e_{(n)} - e_{(n-1)} \right)$：根据误差变化的速度(即误差的微分)进行调节，具有超前和预测的特点。$K_{\mathrm{d}} = \dfrac{K_{\mathrm{P}}T_{\mathrm{d}}}{T_{\mathrm{S}}}$ 微分时间常数 T_{d} 增大时，超调量减少，动态性能得到改善，如果 T_{d} 过大，系统输出量在接近稳态时可能上升缓慢。如果不需要微分运算(即在 PID 计算中无"D")，则应将微分时间 T_{d} 设定为 0.0。

如果不需要比例运算(即在 PID 计算中无"P")，但需要 I 或 ID 控制，则应将增益值 K_{P} 指定为 0.0。因为 K_{P} 是计算积分和微分项公式中的系数，这时在积分和微分项计算中会自动当作 1.0 看待。

对于离散系统，K_{P} 与连续系统一样，但 T_{i}、T_{d} 要用其加权系数。同样的 T_{i}、T_{d}，采样周期 T_{S} 不同，其加权系数也不同。从加权系数公式 $K_{\mathrm{i}} = \dfrac{K_{\mathrm{P}}T_{\mathrm{S}}}{T_{\mathrm{i}}}$ 和 $K_{d} = \dfrac{K_{\mathrm{P}}T_{\mathrm{d}}}{T_{\mathrm{S}}}$ 可知，采样周期缩短，同样 T_{i} 值，其加权系数 K_{i} 将减小，同样 T_{d} 值，其加权系数 K_{d} 将增大；反之，这两者则做相反的变化。因而这个周期也是重要参数。同时，为了保证采样信号能较少失真地恢复为原来的连续信号，根据采样定理，采样频率(周期的倒数)一般应大于或等于系统最大频率的两倍。所以，在离散系统 PID 控制参数中，采样周期是最重要控制参数。

4. 反馈极性-负反馈

闭环控制一般情况下要保证系统是负反馈，如果系统接成了正反馈，将会失控，被控量会往单一方向增大或减小，给系统的安全带来极大的威胁。

闭环控制系统的反馈极性与很多因素有关，例如因为接线改变了变送器输出电流或输出电压的极性，或改变了位移传感器(编码器)的安装方向，都会改变反馈的极性。

可以用下述方法来判断反馈的极性：在调试时断开 D/A 转换器和执行机构之间的连线，

在开环状态下运行 PID 控制程序。控制器中有积分环节，因为反馈被断开了，不能消除误差，D/A 转换器的输出电压会向一个方向变化。这时如果接上执行器，能减小误差，则为负反馈，反之为正反馈。

5. PID 控制的优点

1) 不需要被控对象的数学模型

实际上大多数被控对象较为准确的数学模型很难建立，即使忽略了非线性和时变性而建立的数学模型，与实际系统仍有较大的差距。因此自动控制理论中的控制器设计方法很少直接用于实际的工业控制。

PID 控制采用完全不同的控制思路，它不需要被控对象的数学模型，通过调节控制器少量的参数就可以得到较为理想的控制效果。

2) 结构简单，容易实现

PLC 厂家提供了实现 PID 控制功能的多种硬件软件产品，例如 PID 闭环控制模块、PID 控制指令或 PID 控制函数块等，它们的使用简单方便，编程工作量少，只需要调节少量参数就可以获得较好的控制效果，各参数有明确的物理意义。

3) 有较强的灵活性和适应性

根据被控对象的具体情况，可以采用 P、PI、PD 和 PID 等方式，S7-1200 的 PID 指令采用了不完全微分 PID 和抗积分饱和等改进的控制算法。

4) 使用方便

TIA Portal 为 S7-1200 的 PID 控制提供了图形组态界面，PID 调试窗口用于参数调节，还支持 PID 参数自整定功能，可以自动计算 PID 参数的最佳调节值。

6.2.2 PID 控制参数整定

TIA Portal 为 S7-1200 提供了多种 PID 指令以及功能强大的人机交互式调试界面，因此通过 S7-1200 实现 PID 控制以及参数的整定较为方便。

从前面介绍可知，实现 PID 控制，对参数合理整定是核心内容。它是根据被控对象的特性和控制性能要求，确定 PID 控制器参数 T_S、K_p、T_i、T_d 的大小。PID 参数整定方法很多，概括起来有两大类。

一是理论技术整定法。它主要依据系统的数学模型，经过理论计算确定控制器的参数。这种方法所得到的计算数据未必可以直接使用，还必须通过工程实际进行调整和修改。

二是工程整定法。它主要依赖工程经验，直接在控制系统的试验中进行，且方法简单、易于掌握，在工程实际中广泛采用。

工程整定法确定 PID 控制参数，多是先确定采样周期 T_S，再就是比例系数 K_p，然后为积分常数 T_i，最后是微分常数 T_d。而且这些参数整定，大多是依赖经验在现场调试中具体确定。一般是先取一组数据，将系统投运，然后对系统人为地干扰，如改变设定值，再观察调节量的变化过程。若得不到满意的性能，则重选一组数据。反复调试，直到满意为止。

工程整定法大体的步骤如下:

1. 选定合适的采样周期 T_S

① 对流量控制系统，一般为 1～5s，优先选用 1～2s。

② 对压力控制系统，一般为 3～10s，优先选用 6～8s。

③ 对液位控制系统，一般为 6～8s。

④ 对温度控制系统，一般为 10～20s。

⑤ 对成分控制系统，一般为 15～20s。

当然，以上这些数据都是很笼统的，仅仅是参考值。

从实际经验看，T_s 最好尽可能选得小些。T_s 小，并把积分作用适当减弱，可做到既加快调节过程，又避免由系统离散原因引起的超调。

2. 选定合适的比例带 δ

设 T_i 为 ∞(无穷大)，T_d 为 0，从大到小改变比例带，直到得到较好的过程曲线。

比例带 δ 是比例系数 K_p 的倒数，即 $\delta = \dfrac{1}{K_p}$。

3. 选定合适的积分常数 T_i

将比例带放大 1.2 倍，从大到小改变积分时间常数，直到得到较好的过程曲线。

4. 再定合适的比例带 δ

积分时间常数不变，再改变比例带(增大或减小)，看过程曲线是否改善。若有改善，则继续调整比例带；若没有改善，则将原定的比例带减小，再变更积分时间常数，以改善控制过程曲线。如此多次反复，直到得到合适的比例带及积分时间常数。

5. 选定合适的微分常数 T_d

一般来讲，微分时间常数可在积分时间常数的 1/6～1/4 之间选定。而且，引入微分作用后，积分时间常数可适当减小。这些参数选定后，再观察过程曲线是否理想。如不理想，可再作相应调整，直到满意为止。

在实际调试中，常见系统的经验值如下：

① 对于温度系统：P(%)=20～60，I(min)=3～10，D(min)=0.5～3。

② 对于流量系统：P(%)=40～100，I(min)=0.1～1。

③ 对于压力系统：P(%)=30～70，I(min)=0.4～3。

④ 对于液位系统：P(%)=20～80，I(min)=1～5。

注：这里的参数整定值，是普通的 PID 调节器推荐的。与 PLC 的模拟量控制是有区别的，仅供参考。

6.2.3 S7-1200 PLC 的 PID 控制

TIA Portal 为 S7-1200 CPU 提供了三条 PID 指令：PID_Compact、PID_3Step 和 PID_Temp。PID 指令位于 TIA Portal 编程软件的工艺指令树下。

PID_Compact 指令集成了调节功能的通用 PID 控制器。PID_3Step 指令集成了阀门调节功能的 PID 控制器。PID_Temp 指令专用于温度控制的 PID 控制器。

将 PID 指令插入用户程序时，TIA Portal 会自动为指令创建工艺对象和背景数据块(见图 6-15)。背景数据块包含 PID 指令要使用的所有参数。每个 PID 指令必须具有自身的唯一背景数据块才能正常工作。

下面重点以 PID_Compact 指令为例介绍 S7-1200 PID 控制过程。PID_3Step 和 PID_Temp 指令使用类似,不再赘述。

1. PID_Compact 指令及主要参数

PID_Compact 指令提供一种可对具有比例作用的执行器进行集成调节的 PID 控制器。指令框形式如图 6-16 所示。指令主要参数说明如表 6-9 所示。

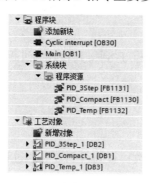

图 6-15　PID 指令背景数据块和工艺对象

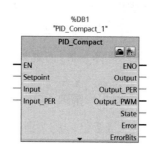

图 6-16　PID_Compact 指令

表 6-9　PID_Compact 主要参数

参数和类型		数据类型	说　明
Setpoint	IN	Real	PID 控制器在自动模式下的设定值。(默认值: 0.0)
Input	IN	Real	用户程序的变量用作过程值的源。(默认值: 0.0) 如果正在使用 Input 参数,则必须设置 Config.InputPerOn=FALSE
Input_PER	IN	Word	模拟量输入用作过程值的源。(默认值: W#16#0) 如果正在使用 Input_PER 参数,则必须设置 Config.InputPerOn=TRUE
Output	OUT	Real	REAL 格式的输出值。(默认值: 0.0)
Output_PER	OUT	Word	模拟量输出值。(默认值: W#16#0)
Output_PWM	OUT	Bool	脉冲宽度调制的输出值。(默认值: FALSE) 开关时间构成输出值
State	OUT	Int	PID 控制器的当前操作模式。(默认值: 0) 可以使用 Mode 输入参数和 ModeActivate 的上升沿更改工作模式: State=0: 未激活 State=1: 预调节 State=2: 手动精确调节 State=3: 自动模式 State=4: 手动模式 State=5: 通过错误监视替换输出值

参数和类型		数据类型	说　明
Error	OUT	Bool	如果 Error=TRUE,则该周期内至少有一条错误消息未决。(默认值: FALSE)
ErrorBits	OUT	DWord	PID_Compact 指令 ErrorBits 参数表定义未决的错误消息。(默认值. DW#16#0000(无错误))。ErrorBits 具有保持性并在 Reset 或 ErrorAck 的上升沿复位。ErrorBits 代码说明参考 S7-1200 系统手册

2. PID_Compact 算法

PID_Compact 是一种具有抗积分饱和功能并且能够对比例作用和微分作用进行加权的 PID 控制器。PID_Compact 指令算法框图如图 6-17 所示。

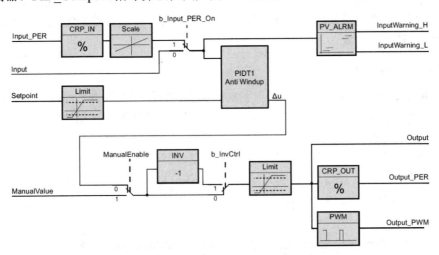

图 6-17　PID_Compact 指令算法框图

3. PID_Compact 参数设置

TIA Portal 会在插入指令时自动创建工艺对象和背景数据块,如图 6-18 所示。该背景数据块包含工艺对象的参数。PID 控制的参数设定和组态均可在该工艺对象背景数据块(本例为 PID_Compact_1[DB1])中进行。

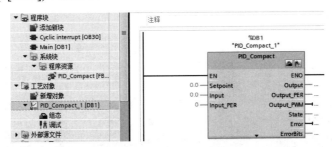

图 6-18　PID_Compact 工艺对象和背景数据块

双击工艺对象背景数据块(本例为 PID_Compact_1[DB1])下的"组态"按钮,打开如图 6-19 所示的设置界面。

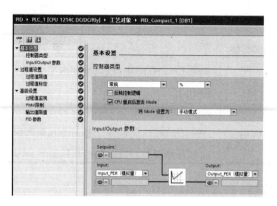

图 6-19　PID_Compact 参数设置界面

PID_Compact 参数设置主要有三个方面：基本设置、过程值设置和高级设置。设计者根据实际控制系统的具体情况做相应的设置。6.3 节通过一个具体控制案例介绍了 PID 参数设置的过程，这里不再赘述。

4. PID_Compact 调试与自整定

TIA Portal 为 S7-1200 PID 控制提供了功能强大、方便实用的调试面板。通过该面板设计者大大减少了 PID 参数整定的时间。此外，TIA Portal 软件的调试面板还具有参数自整定功能，可以在手动和自动控制模式下自动调节参数，还可以"预调节"或"精确调节"参数，很好地解决了 PID 控制中参数难以整定的问题。

双击工艺对象背景数据块(本例为 PID_Compact_1[DB1])下的"调试"按钮，打开如图 6-20 所示的调试界面。6.3 节通过一个具体控制案例介绍了 PID 调试的过程，这里不再赘述。

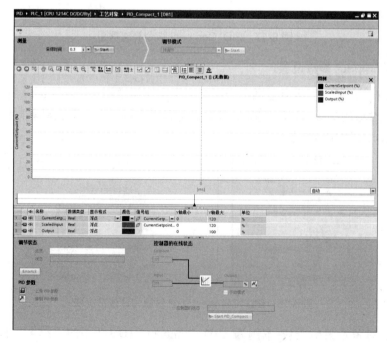

图 6-20　PID_Compact 调试界面

6.3　PID 控制案例：恒液位 PID 控制

1. 控制要求

有一个水箱需要维持一定的水位(例如 80%水位高度)，该水箱的水以变化的速度流出，这就需要一个用变频器控制的电动机拖动水泵供水。当出水量增大时，变频器输出频率提高，使电动机升速，增加供水量；反之电动机降速，减少供水量，始终维持水位恒定。该系统也称为恒压供水系统，如图 6-21 所示。

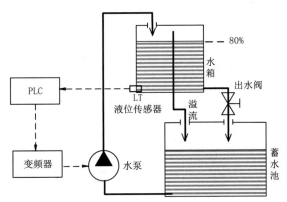

图 6-21　恒液位控制系统示意图

2. 系统分析及设计

该系统为单输入单输出的模拟量闭环系统，PID 控制典型应用案例如图 6-22 所示。

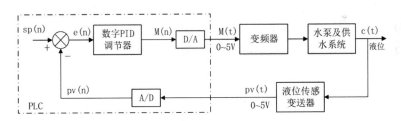

图 6-22　基于 PLC 的恒液位 PID 控制系统框图

1) PLC 选型及输入输出电路

PLC 可选用 CPU 1215C DC/DC/DC(板载 DI14 × 24V DC 漏型/源型，DQ10 × 24V DC 及 AI2 和 AQ2)。系统中液位传感器输出 0～5V 信号接入 PLC 模拟量输入通道 1(地址 IW64)。PID 运算结果通过模拟量输出通道 0(地址 QW64)接到变频器作为频率给定信号。CPU1215C 板载模拟量输出为 0～20mA 电流信号，可以并联 250Ω 电阻转换成 0～5V 电压信号。SA 为切换液位设定值的选择开关，SA 闭合设定液位 80%，SA 断开设定液位 0%。PLC 输入输出电路如图 6-23 所示。

注：笔者实验中的变频器的频率给定信号要求 0～5V 电压信号，液位传感器输出 0～5V 信号，故做上述处理。读者视具体情况而定。

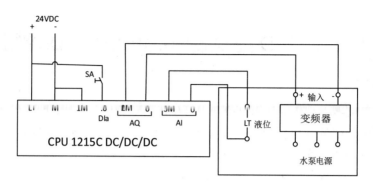

图 6-23　PLC 的输入输出电路图

2) 程序设计

(1) 添加启动组织块(Startup)OB100。

启动 OB 在 CPU 的操作模式从 STOP 切换到 RUN 时执行一次,初始化程序写在此块中。本例中上电或从 STOP 切换到 RUN 时,将 PID 设定值赋值为 0%,如图 6-24 所示。

图 6-24　恒液位 PID 控制程序(1)

(2) 主程序块 OB1。

主程序组织块 OB1 中做 PID 设定值程序,选择开关 SA(地址 I0.0)闭合设定液位 80.0 给 MD0,SA 断开设定液位 0%,如图 6-25 所示。

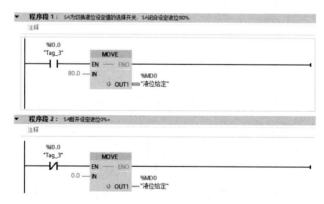

图 6-25　恒液位 PID 控制程序(2)

(3) 添加循环中断组织块(Cyclic interrupt)OB30。

调用 PID_Compact 的时间间隔称为采样时间,为了保证精确的采样时间,用固定的时间间隔执行 PID 指令,在循环中断 OB 中调用 PID_Compact 指令。添加循环中断组织块 OB30,设置循环时间间隔为 100ms。

液位模拟量经过 A/D 转换后以整型数据类型存放在 IW64 中,其实是可以作为实际值来源的模拟量输入直接给 PID_Compact 指令的 Input_PER。但是在程序调试监控时，由于和实数型设定值工程量不是同一量纲，不便于比较，因此将液位数字量 IW64 通过 NORM_X 转换成 0～1 之间的实数，再通过 SCALE_X 转换成 0～100 之间的实数，存于 MD8 中，如图 6-26 所示。

图 6-26　恒液位 PID 控制程序(3)

调用 PID_Compact，并自动生成背景数据块 PID_Compact_1(DB1)，置于工艺对象下。PID_Compact 指令参数如下：

Setpoint：设定值，实数类型，赋值常数 80.0(对应 80%液位高度)。

Input：过程值，实数类型，MD0。

Output_PER：PID 运算结果，整型，存入模拟量输出通道 QW64 中，经过 D/A 转换后作为变频器频率给定控制水泵电机转速，进而控制补水量，如图 6-27 所示。

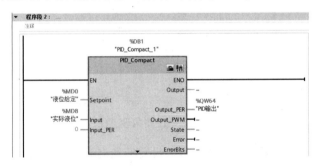

图 6-27　恒液位 PID 控制程序(4)

3. PID 参数设置

打开 PID_Compact_1(DB1)组态窗口，可以设置相关参数。

(1) 基本设置：PID 类型设置为"常规"，如图 6-28 所示。

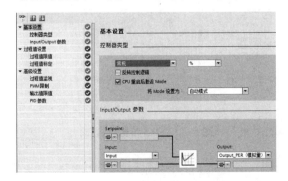

图 6-28　PID 参数设置(1)

控制器类型：根据工程单元选择，本例中设置为"常规"，单位为%。

反转控制逻辑：允许选择反作用 PID 回路。如果取消选中该复选框，则 PID 回路处于直接作用模式，在输入值小于设定值时，PID 回路的输出会增大。如果选中该复选框，则在输入值大于设定值时，PID 回路的输出会增大。本例取消选中该复选框。

Input/Output 参数：在本例前面程序中，过程值已处理成 0～100 之间的实数存于 MD8 中，所以 Input 参数选 Input。PID 运算结果直接输出给模拟量通道 QW64，因此 Output 参数设置为 Output_PER(模拟量)。

(2) 过程值设置：过程值限值 0%～120%。因为程序中过程值为 Input 方式，而且程序中做过转换处理，故 Input_PER 过程值标定禁用，如图 6-29 所示。

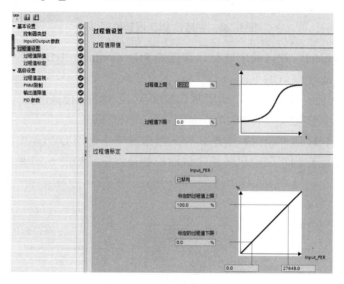

图 6-29 PID 参数设置(2)

(3) 高级设置：其他参数默认。PID 参数设置的依据有两种方式：一是如果已知数学模型和控制性能指标，理论计算获得 PID 参数；二是无模型情况下启用 PID 自整定功能获取 PID 参数。本例中采用自整定获取参数的方法，因此初始化 PID 参数用系统默认的参数即可，如图 6-30 所示。

图 6-30 PID 参数设置(3)

4. 调试与自整定功能

打开 PID 调试界面，如图 6-31 所示。

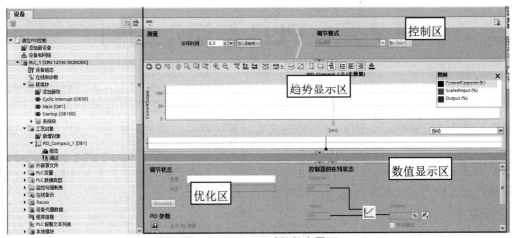

图 6-31 PID 调试与整定界面

控制区：选择采样时间，按下 START 启动采样。调节模式选择预调节(设定值与实际值的差值大于 50%)，按下 START 启动预调节自整定。调节结束后优化区 PID 参数处出现感叹号，表示自整定后 PID 参数被改写，按下"上传 PID 参数"按键，优化参数才被更新，以后 PID 按自整定优化参数运算。

如果设定值和反馈值较接近，可以采用"精准调节"方式自整定，此方式整定时间较长。调节结束后优化区 PID 参数处出现感叹号，表示自整定后 PID 参数被改写，按下"上传 PID 参数"按键，优化参数才被更新，以后 PID 按自整定优化参数运算。

习题及思考题

6-1 说明 PLC 模拟量模块的功能、用途及工作原理。

6-2 如何理解模拟量输入输出模块的主要技术指标？

6-3 在模拟量闭环控制系统中 PLC 承担哪些工作？

6-4 什么是 PID 控制？其主要用途是什么？PID 中各项的主要作用是什么？

第7章 PLC 与运动控制

简单地说，运动控制(MC)就是对机械运动部件的位置、速度等进行实时的控制，使其按照预期的运动轨迹和规定的运动参数进行运动。工业生产中，绝大多数的机械运动部件都是电机作为执行器件的，因此运动控制其实就是对电机的控制。伺服电动机因为调速范围宽、精度高、性能优、可控性好而被广泛应用于数控机床和机器人领域内。与其配套的伺服驱动器的控制主要有脉冲控制和通信控制两种。本章主要介绍基于 S7-1200 PLC 高速计数器的速度检测方法和脉冲输出控制伺服电机的方法。

7.1 交流伺服控制系统简介

电气伺服系统主要由伺服电机、反馈和控制装置组成。伺服系统的主要作用是闭环控制，包括力矩、速度(转速)和位置等。伺服系统是自动控制系统的一个分支。电气伺服系统具有精度高、响应速度快、稳定性好、负载能力强和工作频率范围大等特点。电气伺服控制技术是集微控电动机、传感器与测控、自动化、机械工程、电子工程和电力电子技术为一体的综合技术。

7.1.1 交流伺服电机

伺服电机(servo motor)也称为执行电机，在控制系统中用作执行元件，将电信号转换为轴上的转角或转速以带动机械部件运动。伺服电机主要用于精确定位场合，如数控机床和机器人等。伺服电机主要靠脉冲来定位，即伺服电机接收到 1 个脉冲，就会旋转 1 个脉冲对应的角度，从而实现精确的定位，精度可以达到 0.001mm。

在有控制信号输入时，伺服电动机就转动；没有控制信号输入，它就停止转动。改变控制电压的大小和相位(或极性)就可改变伺服电动机的转速和转向。

伺服电机分为两类：直流伺服电机和交流伺服电机。

和普通电机相比，伺服电机的控制较为复杂，一般伺服电机生产厂家会配套专门的伺服电机驱动器(或称伺服控制器、伺服放大器)来控制伺服电机。伺服驱动器集驱动电路、控制算法、保护等于一身，是伺服控制系统不可或缺的重要组成部分。这样，伺服电机的控制实际上就转化为对伺服驱动器的控制。

1. 交流伺服电机基本结构及原理

如图 7-1 所示，交流伺服电动机的结构主要由电机本体、编码器、制动器、减速器等部分组成(制动器、减速器等不是必要的，视情况可选)。

1) 电机本体

电机本体部分又分定子和转子部分。交流伺服电动机定子的构造基本上与电容分相式单相异步电动机相似。其定子上装有两个位置互差 90° 的绕组，一个是励磁绕组，它始终接在交流电压 U_f 上；另一个是控制绕组，接控制信号电压 U_c。所以这种伺服电动机又称两相伺服电动机。

交流伺服电动机的转子通常做成鼠笼式，但为了使伺服电动机具有较宽的调速范围、线性的机械特性，无"自转"现象和快速响应的性能，它与普通电动机相比，应具有转子电阻大和转动惯量小这两个特点。目前应用较多的转子结构有两种形式(见图 7-2)：一种是采用高电阻率的导电材料做成的高电阻率导条的鼠笼转子，为了减小转子的转动惯量，转子做得细长；另一种是采用铝合金制成的空心杯形转子，杯壁很薄，仅 0.2～0.3mm，为了减小磁路的磁阻，要在空心杯形转子内放置固定的内定子。空心杯形转子的转动惯量很小，反应迅速，而且运转平稳，因此被广泛采用。

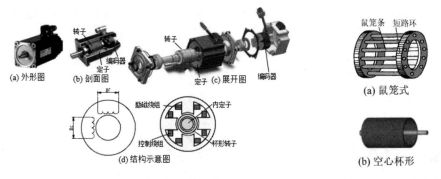

图 7-1　伺服电机结构图　　　　图 7-2　伺服电机的转子

2) 传感器

交流伺服系统使用的传感器主要有位置传感器、速度传感器、电流传感器、电压传感器和温度传感器等。其中电流、电压传感器置于驱动器内部。位置、速度传感器置于伺服电机尾部，而伺服电机控制精度就取决于传感器精度。

用于交流伺服系统位置检测的传感器主要有旋转变压器、感应同步器、光电编码器、磁性编码器。这些传感器既可用于转轴位置检测，也可用于速度检测。其中光电编码器使用最多。编码器可分为增量式编码器、绝对式编码器等。

增量式编码器是将位移转换成周期性的电信号，再把这个电信号转变成计数脉冲，用脉冲的个数表示位移的大小。

增量式编码器结构如图 7-3 所示，通过计算每秒光电编码器输出脉冲的个数就能反映当前电动机的转速。此外，为判断旋转方向，码盘还可提供相位相差 90° 的两路脉冲信号 A 相和 B 相，还有每转一圈发出一个脉冲的 Z 相。

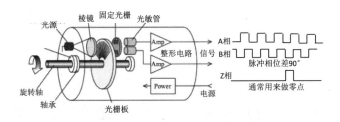

图 7-3　增量式编码器结构图

绝对式编码器是每一个位置对应一个确定的数字码，其示值只与测量的起始和终止位置有关，与测量的中间过程无关。绝对式编码器是利用自然二进制或循环二进制(格雷码)

方式进行光电转换的。绝对式编码器的特点如下:

① 可以直接读出角度坐标的绝对值。

② 没有累积误差。

③ 电源切除后位置信息不会丢失。但是分辨率是由二进制的位数来决定的,也就是说精度取决于位数,目前有 10 位、14 位等多种。

2. 交流伺服电机的工作原理

为了分析方便,先假定励磁绕组有效匝数与控制绕组有效匝数相等。这种在空间上互差 90°电角度,有效匝数又相等的两个绕组称为对称两相绕组。同时,又假定通入励磁绕组的电流 i_f 与通入控制绕组的电流 i_c 相位上相差 90°幅值彼此相等,这样的两个电流称为两相对称电流(见图 7-4),用数学式表示为

$$i_c = I_m \sin \omega t$$
$$i_f = I_m \sin(\omega t - 90°)$$
$$I_{cm} = I_{fm} = I_m \tag{7-1}$$

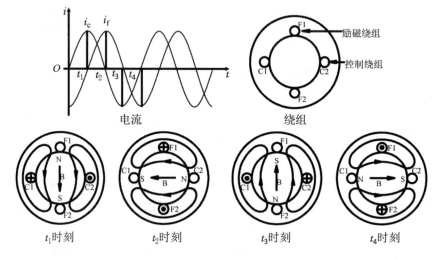

图 7-4 伺服电机旋转磁场形成

如图 7-4 所示,C1～C2 为控制绕组,F1～F2 为励磁绕组。规定:C1、F1 为首端,C2、F2 为尾端;$i>0$ 时首端流入,尾端流出;$i<0$ 时尾端流入,首端流出。

当两相对称电流通入两相对称绕组时,在电机内就产生一个旋转磁场。当电流变化一个周期时,旋转磁场在空间转了一圈。

旋转磁场的转速决定于定子绕组极对数和电源的频率,旋转磁场的转向决定了电机的转向。旋转磁场转速的一般表达式为

$$n_0 = \frac{f}{P}(\text{r/s}) = \frac{60f}{P}(\text{r/min}) \tag{7-2}$$

式中,f 为电源的频率,P 为定子绕组极对数。如一台两极的电机,即极对数 $P=1$。对两极电机而言,电流每变化一个周期,磁场旋转一圈,因而当电源频率 $f=400\text{Hz}$,即每秒变化 400 个周期时,磁场每秒应当转 400 圈,故对两极电机,即 $P=1$ 而言,旋转磁场转速为 $n_0 = 24000(\text{r/min})$,在旋转磁场的作用下受到力的作用,转子随旋转磁场而转动。

交流伺服电动机在没有控制电压时，定子内只有励磁绕组产生的脉动磁场，转子静止不动。当有控制电压时，定子内便产生一个旋转磁场，转子沿旋转磁场的方向旋转，在负载恒定的情况下，电动机的转速随控制电压的大小而变化，当控制电压的相位相反时，伺服电动机将反转。

3. 交流伺服电机的机械特性和控制特性

由于转子电阻大，与普通异步电动机的转矩特性曲线相比，有明显的区别。它可使临界转差率 $S_m>1$，这样不仅使转矩特性(机械特性)更接近于线性，而且转速随着转矩的变化而匀速变化。

交流伺服电动机的机械特性如图 7-5 所示。加在控制绕组上的控制电压大小变化时，其产生的旋转磁场的椭圆度不同，产生的电磁转矩也不同，从而改变电动机的转速。

设电机的负载阻转矩为 T_L，控制电压 $0.25U_C$ 时，电机在特性点 A 运行，转速为 n_A，这时电机产生的转矩与负载阻转矩相平衡。当控制电压升高到 $0.5U_C$ 时，电机产生的转矩就随之增加，由于电机的转子及其负载存在着惯性，转速不能瞬时改变，因此电机就要瞬时地在特性点 C 运行，这时电机产生的转矩大于负载阻转矩，电机就加速，一直增加到 n_b，电机就在 B 点运行。由此可知，改变控制电压的大小，就实现了转速的控制。

4. 零信号无"自转"现象

不同于一般单相异步电动机，一经转动，即使控制电压等于零，电动机仍继续转动，电动机失去控制，这种现象称为"自转"。交流伺服电动机要保证伺服性，不仅要求它在静止状态下能服从控制信号的命令而转动，而且要求在电动机运行时如果控制电压变为零，电动机立即停转，这种现象称为零信号无"自转"现象。

如何克服"自转"现象呢？方法是把转子电阻设计很大，使转矩最大值对应的转差率 $S_m>1$。

所谓零信号，就是控制电压 $U_C=0$，这时处于单相运行状态，磁场是脉振磁场，它可以分解为幅值相等、转向相反的两个圆形旋转磁场，其作用可以想象为有两对相同大小的磁铁 N-S 和 N-S 在空间以相反方向旋转。定子中两个相反方向旋转的旋转磁场与转子作用所产生的两个转矩特性($T_正$-$S_正$、$T_反$-$S_反$)曲线以及合成转矩特性(T-S)曲线(见图 7-6)。

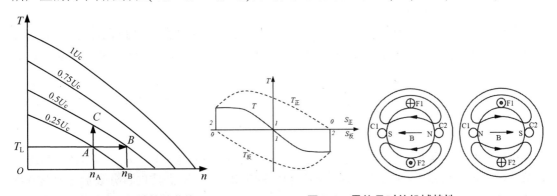

图 7-5　伺服电机机械特性曲线　　　　图 7-6　零信号时的机械特性

由于伺服电机的转子电阻大，正转矩或负转矩的最大值均出现在 $S_m>1$ 的地方，当速度 n 为正时，电磁转矩 T 为负，产生制动转矩，使转子停转。当 n 为负时，T 为正，同样为制动转矩。即去掉控制电压后，单相供电的电磁转矩的方向总是与转子转向相反，所以是一个制动转矩，可使转子迅速停止不会存在自转现象。

5. 伺服电机的特点

(1) 控制精度高。

(2) 启动转矩大。

(3) 调速范围宽广。

(4) 快速响应。转子的惯性小，即能实现频繁启动、制动以及正反转切换。

(5) 控制电压为零时无自转现象。

(6) 控制功率小，过载能力强，可靠性好。

6. 伺服电机的主要技术指标和选型原则

1) 功率的选择

对于连续运行的伺服电动机，所选功率应等于或略大于生产机械的功率。

对于短时工作的伺服电动机，允许在运行中有短暂的过载，故所选功率可等于或略小于生产机械的功率。

2) 种类和型式的选择

种类的选择：一般自动控制应用场合应尽可能选用交流伺服电机。调速和控制精度很高的场合选用直流伺服电机或其他专用的控制电机，如直线电机等。

结构型式的选择：根据工作方式和工作环境的条件选择不同的结构型式，如频繁启停选用空心杯转子结构的伺服电机；如速度要求较平衡的场合选用大惯量伺服电机。

3) 主要性能指标的选择

(1) 空载始动电压 U_{CO}。

在额定励磁电压和空载的情况下，使转子在任意位置开始连续转动所需的最小控制电压定义为空载始动电压 U_{CO}。

通常以额定控制电压的百分比来表示。U_{CO} 越小，表示伺服电动机的灵敏度越高。一般 U_{CO} 要求不大于额定控制电压的 3%～4%，使用于精密仪器仪表中的伺服电机，有时要求不大于额定控制电压的 1%。

(2) 机械特性非线性度 k_m。

在额定励磁电压下，任意控制电压时的实际机械特性与线性机械特性在转矩 $T=T_d/2$ 时的转速偏差 Δn 与空载转速 n_0(对称状态时)之比的百分数，定义为机械特性非线性度 k_m，如图 7-7 所示。

$$k_m = \frac{\Delta n}{n_0} \times 100\% \qquad\qquad 一般要求 k_m \leqslant 10\%～20\% \qquad (7\text{-}3)$$

(3) 调节特性非线性度 k_v。

在额定励磁电压和空载的情况下，当控制电压为 0.7 额定电压时，实际调节特性与线性调节特性的转速偏差 Δn 与控制电压为额定值时的空载转速 n_0 之比的百分数定义为调节特性非线性度 k_v，即

$$k_v = \frac{\Delta n}{n_0} \times 100\% \qquad\qquad 一般要求 k_v \leqslant 20\%～25\% \qquad (7\text{-}4)$$

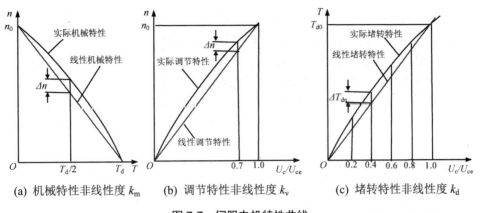

(a) 机械特性非线性度 k_m　(b) 调节特性非线性度 k_v　(c) 堵转特性非线性度 k_d

图 7-7　伺服电机特性曲线

(4) 堵转特性非线性度 k_d。

在额定励磁电压下，实际堵转特性与线性堵转持性的最大转矩偏差 $(\Delta T_{dn})_{max}$ 与控制电压为额定值时的堵转转矩 T_{do} 之比值的百分数，定义为堵转待性非线性 k_d，即

$$k_d = \frac{(\Delta T_{dn})_{max}}{T_{d0}} \times 100\% \qquad 一般要求 \ k_d \leqslant \pm 5\% \tag{7-5}$$

以上这几种持性的非线性度越小，特性曲线越接近直线，系统的动态误差就越小，工作就越准确。

4) 电压

技术数据表中励磁电压和控制电压指的都是额定值。励磁电压允许变动范围为±5%左右。电压太高，电机会发热；电压太低，输出功率会明显下降，加速时间增长等。伺服电动机使用时，应注意到励磁绕组两端电压会高于电源电压，而且随转速升高而增大，其值如果超过额定值太多，会使电机过热。

控制绕组的额定电压有时也称最大控制电压，在幅值控制条件下加上这个电压就能得到圆形旋转磁场。

5) 频率

目前控制电机常用的频率分低频和中频两大类，低频为 50Hz(或 60Hz)，中频为 400Hz(或 500Hz)。因为频率越高，涡流损耗越大，所以中频电机的铁芯用较薄的(0.2mm 以下)硅钢片叠成，以减少涡流损耗；低频电机则用 0.35～0.5mm 的硅钢片。

低频电机不应该用中频电源，中频电机也不应该用低频电源，否则电机性能会变差。

在不得已时，低频电源之间或者中频电源之间可以互相代替使用，但要随频率正比地改变电压，而保持电流仍为额定值，这样，电机发热可以基本上不变。例如一台 500Hz、110V 的电机，如果用在 400Hz 时，那么加到电机上的电压就应改成 110×400/500＝88V。

6) 堵转转矩，堵转电流

定子两相绕组加上额定电压，转速等于 0 时的输出转矩，称为堵转转矩。这时流经励磁绕组和控制绕组的电流分别称为堵转励磁电流和堵转控制电流。

堵转电流通常是电流的最大值，可作为设计电源和放大器的依据。

7) 空载转速

定子两相绕组加上额定电压，电机不带任何负载时的转速称为空载转速 n_0。空载转速与电机的极数有关。由于电机本身阻转矩的影响，空载转速略低于同步速。

8) 额定输出功率

当电机处于对称状态时，输出功率 P_2 随转速 n 变化的
情况如图 7-8 所示。当转速接近空载转速 n_0 的一半时，输
出功率最大。通常就把这点规定为交流伺服电动机的额定
状态。对应这个状态下的转矩和转速称为额定转矩 T_n 和额
定转速 n_n。

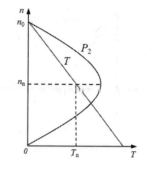

图 7-8 额定输出功率

7.1.2 交流伺服驱动器

伺服系统主要用于精确定位控制的场合，和普通电机
相比，伺服电机的控制较为复杂一些。一般情况下，伺服电机生产厂家会配套专门的伺服
电机驱动器来控制伺服电机。伺服驱动器集驱动电路、控制算法、保护于一身，是伺服控
制系统不可或缺的重要组成部分。我们也可以理解为伺服驱动器和伺服电机就是一个整体。
这样，伺服电机的控制实际上就转化为对伺服驱动器的控制。设计者只需要关心发出电机
速度和位置的命令以及一些逻辑控制，剩下的工作交给伺服驱动器内部完成，这样就大大
地简化了系统的开发设计和控制程序，降低了控制难度，缩短了调试时间。

伺服驱动器(servo drives)又称为伺服控制器、伺服放大器，是用来控制伺服电机的一种
控制器，属于伺服系统的一部分，主要应用于高精度的定位系统。

随着微电子技术和功率电子技术的迅猛发展，伺服驱动器在经历了模拟式、模数混合
式的发展后，进入了全数字式的时代，全数字交流伺服驱动器不仅克服了模拟式伺服的分
散性大、零漂、低可靠性等缺点，还充分发挥了数字控制在控制精度上的优势和控制方法
的灵活性。

1. 伺服驱动器的硬件

全数字交流伺服驱动器一般以运动控制芯片为控制核心(如 TI 公司的高性能 DSP 芯片，
或者 IR 公司的伺服驱动控制芯片 IRMCK201)，智能功率模块 IPM 为逆变器开关元件组成
主回路，结合控制电路、数据采集电路、软件程序和控制算法完成交流伺服驱动器的位置
控制、速度控制、转矩控制、JOG 控制和内部速度控制、状态显示、数据交换等相关功能，
其硬件结构如图 7-9 所示，伺服驱动器的实物照片如图 7-10 所示。

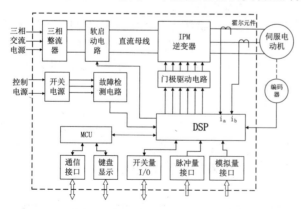

图 7-9 伺服电机驱动器硬件结构图

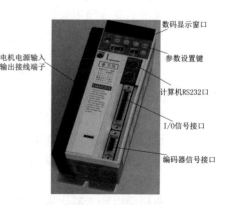

图 7-10 伺服驱动器的实物照片

1) 主回路

交流伺服驱动器的主回路一般采用交-直-交电压源型结构，整流部分采用二极管整流模块，同时驱动器设计了软启动电路，可以减少强电流对主回路直流平波电容的冲击。逆变器采用智能功率模块(IPM)。为了有效保护伺服驱动，在主回路中设置了过压、欠压、电动机过热、制动异常、编码器反馈异常、电动机超速和通信故障保护功能。在驱动器的工作过程中，通过软、硬件配合检测，一旦出现故障，就会将故障信号经逻辑电路后可直接封锁开关脉冲，来保护伺服驱动器不受损坏。

2) 控制电路

交流伺服驱动以 TI 公司的 DSP 为芯片核心，实现矢量变换、电流环、速度环、位置环控制、产生伺服脉宽调制信号以及各种故障保护处理等。为了实现系统的快速实时控制，系统在设计上采用了 MCU+DSP 结构，其中 DSP 完成高速的矢量控制和闭环控制，MCU 完成控制参数设定、键盘处理、状态显示、串行通信等，并且与 DSP 之间的并行数据交换、外部 I/O 信号管理、位置脉冲指令处理及计数、故障信号处理、编码器计数等功能，系统可以支持模拟速度、数字速度、脉冲输入以及通过上位机对系统进行控制等多种方式。

3) 数据采集电路

为了捕捉电动机的转子位置和转速，进行实时检测，采用光电编码器。光电编码盘脉冲信号送入 DSP 后，经内部运算得到位置和转速信号。

采用磁平衡式霍尔电流传感器采样 A、B 两相电流反馈 i_a、i_b 获得实时的电流信息。

2．伺服驱动器的软件

伺服驱动器通过软件可以灵活地实现矢量 PWM 输出、速度检测、电流检测等功能，配合硬件的设计，达到预期控制效果。其软件程序部分的设计主要包括主程序、中断服务程序、数据交换程序。

1) 主程序

主程序用来完成系统的初始化、I/O 接口控制信号、DSP 内各个控制模块寄存器的设置等。初始化工作主要包括 DSP 内核的初始化；电流环、速度环的周期设定；PWM 初始化，包括 PWM 的周期设定、死区设定以及 PWM 的启动；ADC 初始化及启动；QEP 初始化；矢量和永磁同步电动机转子的初始位置初始化；进行多次伺服电动机相电流采样，求出相电流的零偏移量；电流和速度 PI 调节初始化等。

2) 中断服务程序

中断服务程序包括 PWM 定时中断程序、光电编码器零脉冲捕获中断程序、功率驱动保护中断程序和通信中断程序。

3) 数据交换程序

数据交换程序主要包括与上位机的通信程序、EEPROM 参数的存储、控制器键盘值的读取和数码管显示程序。

3．伺服驱动器的三环控制架构

伺服系统要求输出量准确跟踪给定量的变化，因此，输出响应的快速性、灵活性、准确性成为位置随动系统的主要性能指标。

为满足这些指标要求，采取由位置环、速度环和电流环构成三环控制系统，控制方框图如图 7-11 所示，各环节的功能说明如下。

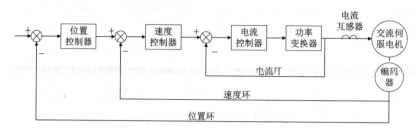

图 7-11　交流伺服控制系统框图(半闭环)

(1) 位置环：是位置随动系统的主要结构特征，通常采用 P 调节。增益设定越高，定位时间越短，系统的稳态精度越高，但过高的增益会导致系统稳定性降低。

(2) 速度环：转速构成的负反馈，内环采用 PI 调节，通过调整其增益与积分时间常数，抑制振荡，减少超调，提高系统的快速性。

(3) 电流环：起电流跟随、过流保护和及时抑制电压扰动的作用；电流环增益随型号而定，不能调节。

此外，还可以建立速度前馈控制与反馈控制相结合的复合控制，以减少速度的超调、失调和到位信号的抖动，使位置偏差接近 0，以及设置其他相关参数、降低噪声、抑制谐振等，进一步改善系统稳态和动态品质指标。

当传感器检测的是电机输出轴的速度、位置时，系统称为半闭环系统(见图 7-11)；把真正的被控机械负载的位置等信号反馈回来构成的闭环系统，称为全闭环系统(见图 7-12)；当同时检测输出轴和负载的速度、位置时，称为多重反馈闭环系统。

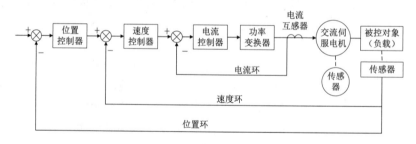

图 7-12　交流伺服控制系统框图(全闭环)

4．伺服驱动器的控制模式

一般伺服系统都有三种控制方式：速度控制方式、转矩控制方式和位置控制方式。速度控制和转矩控制都是用模拟量来控制的。位置控制是通过发脉冲来控制的。具体采用什么控制方式要根据实际需要满足何种运动功能来选择。如果对电机的速度、位置都没有要求，只要输出一个恒转矩，当然是用转矩模式。如果对位置和速度有一定的精度要求，而对实时转矩不是很关心，用转矩模式不太方便，用速度或位置模式比较好。如果上位控制器本身有比较好的闭环控制功能，驱动器用速度控制效果会好一点。

1) 位置控制

位置控制模式(见图 7-13)一般是通过外部输入的脉冲的频率来确定转动速度的大小，通过脉冲的个数来确定转动的角度，也有些伺服可以通过通信方式直接对速度和位移进行赋值。由于位置模式对速度和位置都有很严格的控制，所以一般应用于精密定位的场合，如数控机床、机械臂和机器人等。

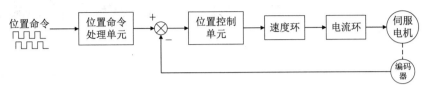

图 7-13　位置控制

为了达到更完美的控制效果，将脉冲信号先经过位置命令处理单元作处理与修饰。位置命令处理单元包括脉冲形式选择、电子齿轮、低通滤波器等部分。

位置控制单元包括前馈控制、位置闭环等部分，其控制原理框图如图 7-14 所示。

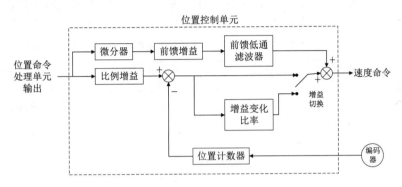

图 7-14　位置控制单元框图

2) 速度控制

速度控制模式是通过模拟量的输入或直接的地址的赋值控制伺服电机转动速度的一种控制方式，如图 7-15 所示。

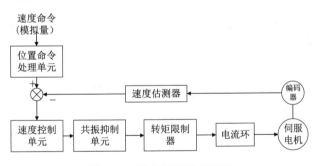

图 7-15　速度控制模式框图

在有上位控制装置的外环 PID 控制时速度模式也可以进行定位，但必须把电机的位置信号或直接负载的位置信号给上位反馈以做运算用。位置模式也支持直接负载外环检测位置信号，此时的电机轴端的编码器只检测电机转速，位置信号就由直接的最终负载端的检测装置来提供了，这样的优点在于可以减少中间传动过程中的误差，增加整个系统的定位精度，如图 7-16 所示。

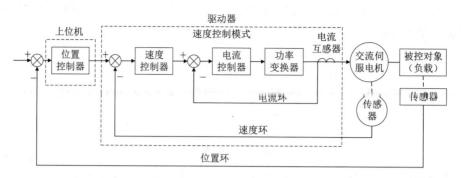

图 7-16　上位机位置闭环的控制框图

3) 转矩控制

转矩控制方式是通过外部模拟量的输入或直接的地址的赋值来设定电机轴对外的输出转矩大小的控制方式。具体表现为例如 10V 对应 5N·m 的话,当外部模拟量设定为 5V 时电机轴输出为 2.5N·m。如果电机轴负载低于 2.5N·m 时电机正转,外部负载等于 2.5N·m 时电机不转,大于 2.5N·m 时电机反转(通常在有重力负载情况下产生)。可以通过即时地改变模拟量的设定来改变设定的力矩大小,也可通过通信方式改变对应的地址的数值来实现。主要应用在对材质的受力有严格要求的缠绕和放卷的装置中,例如绕线装置或拉光纤设备,转矩的设定要根据缠绕的半径的变化随时更改,以确保材质的受力不会随着缠绕半径的变化而改变,如图 7-17 所示。

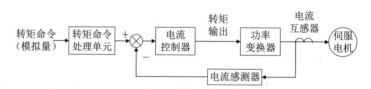

图 7-17　转矩控制框图

7.1.3　交流伺服控制系统

伺服系统最大的优点在于它的伺服性和精确定位功能,之所以有此优势,除了伺服电机结构特点具有良好的可控性之外,真正的精髓在于控制上的脉冲定位和位置环、速度环和电流环构成的三环控制系统。

脉冲定位是指伺服电机会完全服从输入命令的脉冲频率和数量,按相应的速度转动相应的角度(步数)。速度对应脉冲频率,步数对应脉冲数量。这是因为,伺服驱动器接受输入命令脉冲的同时,也接受来自伺服电机自带的编码器的反馈脉冲,并在驱动器内部比较、处理、运算,形成三环闭环,决策出电机控制信号,从而实现精确控制。

简单通俗理解就是,伺服系统接收到 1 个脉冲,就会旋转 1 个脉冲对应的角度,因为伺服电机自带的编码器具备发出脉冲的功能,所以伺服电机每旋转一个角度,编码器都会发出对应数量的脉冲,这样,和伺服电机接受的脉冲形成了呼应,或者叫闭环。如此一来,系统就会知道发了多少脉冲给伺服电机,同时接收到多少脉冲回来,这样,就能够很精确地控制电机的转动,从而实现精确的定位。

1．系统原理与组成

交流伺服控制系统一般由运动控制器(也可以是具有运动控制功能的 PLC 等，如S7-1200)、伺服驱动器、伺服电机以及被控对象等组成，如图 7-18 所示。

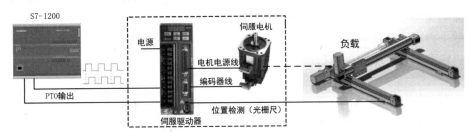

图 7-18　基于 S7-1200 PLC 的伺服控制系统

(1) PLC：计算并输出指令脉冲。通过运行程序，计算出插补轨迹的指令脉冲数与脉冲频率，确定脉冲方向，再经输出后，作为驱动器的给定信号。

(2) 交流伺服驱动器：集成了位置环、速度环、电流环等多种调节控制功能，通过改变参数来实现不同的控制规律；能与 PC 机通信，进行在线分析调试与动态调整。

(3) 伺服电动机与编码器分别起执行、检测反馈结果的作用。

PLC 通过运动控制指令按一定频率发出一定数量的脉冲序列，再经高速脉冲输出接口电路输出，作为伺服驱动器的给定信号。交流伺服驱动器集成了位置环、速度环、电流环等多种调节控制功能，通过改变参数来实现不同的控制规律，并能与 PC 机通信，进行在线分析调试与动态调整。伺服驱动器同时接受来自 PLC 的给定脉冲和来自编码器反馈脉冲，进行比较并确定偏差，按一定控制规律运算后得到的校正信号作为速度控制器的给定，再经电流调节与功率放大，使电动机和被控机械对象朝消除偏差的方向运动。

7.2　S7-1200 PLC 的运动控制功能

S7-1200 在运动控制中使用了轴的概念，通过对轴的组态，包括硬件接口、位置定义、动态特性、机械特性等，与相关的指令块组合使用，可实现绝对位置、相对位置、点动、转速控制及自动寻找参考点的功能。

S7-1200 高速脉冲输出接口通过特殊指令向外输出一定参数的脉冲串(pulse train output, PTO)或 PWM 脉冲波。脉冲串可以用作伺服电机系统的输入控制信号，完成定位及调速控制。PWM 脉冲可以代替模拟量用在模拟量连续控制的场合。

7.2.1　S7-1200 高速脉冲输出

1. PTO 输出与定相

绝大多数的伺服电机驱动器在位置控制模式中接受具有一定规则的脉冲串作为位置和速度的命令信号，这就要求伺服控制系统中上位控制器能发出满足条件的脉冲串信号。S7-1200 系列 PLC 最多可以拥有四个 PTO/PWM 脉冲发生器，配置了相关的高速脉冲输出接口，基本上可以满足大多数品牌伺服驱动器的要求。

1) 高速脉冲输出

S7-1200 系列 PLC 有四个高速脉冲发生器，它们的输出方式有两种：PTO 和 PWM 输出。在运动控制系统中多采用 PTO 方式。

脉冲串输出(PTO)：输出数目指定，周期可变，占空比为 50%的方波脉冲串(见图 7-19)。输出脉冲的周期以 μs 或 ms 为增量单位，变化范围分别是 10～65535μs 或 2～65535ms。输出脉冲的个数在 1～4294967295 范围内可调。PTO 信号用于伺服驱动器命令时，脉冲数量指定电机转动步数，脉冲周期指定转动速度。

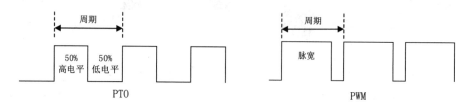

图 7-19　PTO/PWM 输出波形

脉宽调制输出(pulse width modulation，PWM)：周期不变占空比可调的方波脉冲。这种信号可以对开关器件的通断进行控制，使输出端得到一系列幅值相等但宽度不一致的脉冲，用这些脉冲来代替正弦波或所需要的波形，也可以代替模拟量实现连续控制。

2) PTO 定相

在伺服控制系统的位置控制模式下，要求 PTO 脉冲串信号需携带位置、速度、方向三项信息，其中位置和速度信息取决于 PTO 信号的脉冲数和脉冲频率。那么 PTO 信号怎么给出方向信息呢？就是"定相"(Phasing)。

S7-1200 系列 PLC 的方法是每个脉冲发生器用两个开关量输出点，两点配合给出方向信息，这就是定相。S7-1200 系列 PLC 的定相有 4 个选项，分别是：

- PTO(脉冲 A 和方向 B)。
- PTO(向上脉冲 A 和向下脉冲 B)。
- PTO(A/B 相移)。
- PTO(A/B 相移-四倍频)。

为了便于下面的说明，这里将脉冲发生器的两个开关量输出点用 P0 和 P1 表示。

(1) PTO(脉冲 A 和方向 B)。

两个开关量输出点中的一个输出(P0)控制脉冲，另一输出(P1)控制方向，如图 7-20 所示。P0 输出点的脉冲数量和频率用来控制位置与速度，P1 输出点的电平用来控制方向。P1 低电平时正转，高电平时反转。

(2) PTO(向上脉冲 A 和向下脉冲 B)。

两个开关量输出点 P0、P1 分时地输出脉冲，输出(P0)脉冲控制正方向，输出(P1)脉冲控制负方向，如图 7-21 所示。

(3) PTO(A/B 相移)。

两个输出均以指定速度产生脉冲，但相位相差 90°。它是一种 1X 组态，表示一个脉冲是 P0 的两次正向转换之间的时间量。这种情况下，方向由先变为高电平的输出转换决定(见图 7-22)。P0 超前 P1 表示正向，P1 超前 P0 表示负向。

生成的脉冲数取决于 A 相的 0 到 1 的转换次数，相位关系决定了移动方向。

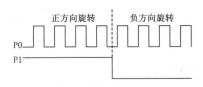

图 7-20 PTO(脉冲 A 和方向 B)

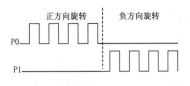

图 7-21 PTO(向上脉冲 A 和向下脉冲 B)

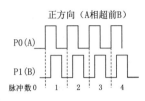
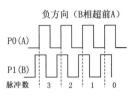

图 7-22 PTO(A/B 相移)

(4) PTO(A/B 相移-四倍频)。

两个输出均以指定的速度产生脉冲，但相位相差 90°。四相是一种 4X 组态，表示一个脉冲是每个输出(正向和负向)的转换(见图 7-23)。这种情况下，方向由先变为高电平的输出转换决定。P0 超前 P1 表示正向，P1 超前 P0 表示负向。

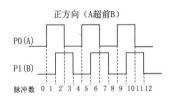
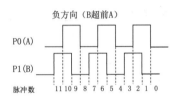

图 7-23 PTO(A/B 相移-四倍频)

四相取决于 A 相和 B 相的正向和负向转换，可以组态转换次数。相位关系(A 超前 B 或 B 超前 A)决定了移动方向。

如果在 PTO 中取消方向输出，则输出(P0)控制脉冲。未使用输出 P1，输出 P1 可供其他程序使用。在此模式下 CPU 只接受正向运动命令。选择此模式时，运动控制限制进行非法负向组态。如果运动应用仅在一个方向进行，则可保存输出。

2．高速脉冲输出接口及地址分配

S7-1200 PLC 高速脉冲输出接口有两种形式。

(1) CPU 单元内置板载 I/O(简称板载 I/O)。

DC/DC/DC 型 S7-1200 系列 PLC 的 CPU 单元上集成了一定数量的高速脉冲输出接口电路。继电器型 CPU 单元虽然没有内置板载高速脉冲接口，但是可以配备 DC 输出型的 SB 信号板，同样可以扩展高速脉冲输出。

(2) 信号板(signal board，SB)。

DC 输出型的 SB 信号板(如 SB1222、SB1223)可以配置为高速脉冲输出。

S7-1200 PLC 暂时没有高速脉冲输出的信号模块(signal module，SM)和分布式 I/O。

不论是使用板载 I/O、SB 信号板 I/O，还是二者的组合，每个 CPU S7-1200 PLC 最多有四个脉冲发生器，因此每个 CPU 最多控制四个伺服驱动器。但是，考虑到 CPU 具体型号不同分配的高速脉冲 I/O 点数不同，还有伺服电机控制中是否需要带方向的要求不同，实际最多控制伺服驱动器的数量也不同。各型号 CPU 在不同情况下可控制驱动器的最大数目如表 7-1 所示。

表 7-1　可控制驱动器的最大数目

CPU 型号		板载 I/O 未安装任何 SB		带 SB (2x DC 输出)		带 SB (4x DC 输出)	
		带方向	不带方向	带方向	不带方向	带方向	不带方向
CPU 1211C	DC/DC/DC	2	4	3	4	4	4
	AC/DC/继电器	0	0	1	2	2	4
	DC/DC/继电器	0	0	1	2	2	4
CPU 1212C	DC/DC/DC	3	4	3	4	4	4
	AC/DC/继电器	0	0	1	2	2	4
	DC/DC/继电器	0	0	1	2	2	4
CPU 1214C	DC/DC/DC	4	4	4	4	4	4
	AC/DC/继电器	0	0	1	2	2	4
	DC/DC/继电器	0	0	1	2	2	4
CPU 1215C	DC/DC/Dc	4	4	4	4	4	4
	AC/DC/继电器	0	0	1	2	2	4
	DC/DC/继电器	0	0	1	2	2	4
CPU 1217C	DC/DC/DC	4	4	4	4	4	4

以 CPU 1211C DC/DC/DC 为例，该型号 CPU 本体单元中 Q0.0～Q0.3 共四点是高速脉冲输出点，如果带方向控制驱动器，按前面讲述的 PTO 定相规则，每个脉冲信号发生器需要两点输出，Q0.0～Q0.3 只能配置成 2 个脉冲发生器，因此 CPU 1211C 板载 I/O 带方向最多只能控制 2 台驱动器。如果不带方向控制驱动器，每个脉冲信号发生器仅仅需一点输出，Q0.0～Q0.3 能配置成 4 个脉冲发生器，因此 CPU 1211C 板载 I/O 不带方向最多能控制 4 台驱动器。如果给 CPU 1211C 选配 2x DC 输出的 SB 信号板，带方向控制还能配置 1 个脉冲发生器，加上 CPU 本体板载的 2 个脉冲发生器，一共可控制 3 台驱动器。同理，如果选配 4x DC 输出的 SB 信号板，还能配置 2 个脉冲发生器，所以包括 CPU 本体板载的 2 个脉冲发生器，一共可控制 3 台驱动器。但是如果全部用不带方向的方式控制，则每个 CPU 最多可配置 4 个脉冲发生器，因此也就最多可控制 4 台驱动器。

不仅是 CPU 型号不同分配的高速脉冲 I/O 点数不同，而且每款 CPU 的高速脉冲 I/O 的地址是固定的，甚至最大输出频率也固定，如表 7-2 所示。SB 信号板也是如此(见表 7-3)。

3. 高速脉冲信号发生器的组态

TIA Portal 软件的设备视图(见图 7-24)中，可以便捷地组态脉冲发生器各项设置和参数。在设备视图①处(CPU 单元)右击，在弹出的快捷菜单中选择"属性"命令。在"常规"选项卡的目录树②处("脉冲发生器(PTO/PWM)")选择一个发生器。在右侧的设置区设置③～⑦处的参数，参数内容根据实际情况而定。

表 7-2　CPU 板载高速脉冲输出：最大频率

CPU	CPU 输出通道	最大频率
1211C	Qa.0 到 Qa.3	100kHz
1212C	Qa.0 到 Qa.3	100kHz
	Qa.4、Qa.5	20kHz
1214C，1215C	Qa.0 到 Qa.3	100kHz
	Qa.4 到 Qb.1	20kHz
1217C	DQa.0 到 DQa.3(.0+，.0-到.3+，.3-)	1MHz
	DQa.4 到 DQb.1	100kHz

表 7-3　SB 信号板高速脉冲输出：最大频率(可选信号板)

SB 信号板	SB 输出通道	最大频率
SB 1222，200kHz	DQe.0 到 DQe.3	200kHz
SB 1223，200kHz	DQe.0，DQe.1	200kHz
SB 1223，20kHz	DQe.0，DQe.1	20kHz

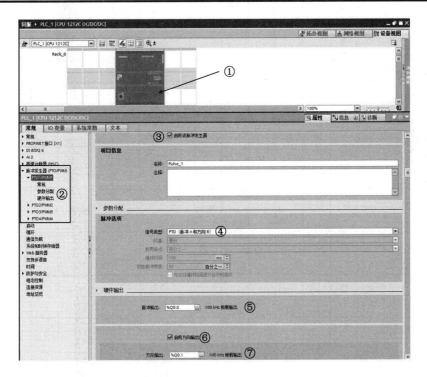

图 7-24　脉冲发生器组态

在 S7-1200 控制器的运动控制系统中，可以根据实际情况灵活组态不同的控制方案。组态脉冲发生器时主要考虑以下几个因素。

① 每个 CPU 最多 4 个脉冲发生器。

② 控制方式是否带方向控制。

③ 最高输出频率限制。

④ 高速脉冲输出 I/O 地址分配。

表 7-4 所示为 CPU 1211C、CPU 1212C、CPU 1214C 和 CPU 1215C 脉冲输出速度组态实例(表中 √ 表示对应型号 CPU 高速脉冲输山地址有效)。

示例 1：4 路 100kHz PTO，不带方向输出。

示例 2：2 路 100kHz PTO 和 2 路 20kHz PTO，全部带方向输出。

示例 3：4 路 200kHz PTO，不带方向输出。

示例 4：2 路 100kHz PTO 和 2 路 200kHz PTO，全部带方向输出。

表 7-4 CPU 1211C、CPU 1212C、CPU 1214C 和 CPU 1215C 脉冲输出速度组态

P=脉冲，D=方向		CPU 板载输出									高速 SB 输出				低速 SB	
频率		100kHz 输出(Q)				20kHz 输出(Q)						200kHz 输出(Q)				20kHz(Q)	
IO 地址分配		0.0	0.1	0.2	0.3	0.4	0.5	0.6	0.7	1.0	1.1	4.0	4.1	4.2	4.3	4.0	4.1
CPU 1211C		√	√	√	√												
CPU 1212C		√	√	√	√	√	√										
CPU 1214C		√	√	√	√	√	√	√	√	√	√						
CPU 1215C		√	√	√	√	√	√	√	√	√	√						
示例 1	PTO1	P															
	PTO2		P														
	PTO3			P													
	PTO4				P												
示例 2	PTO1	P	D														
	PTO2			P	D												
	PTO3					P	D										
	PTO4							P	D								
示例 3	PTO1											P					
	PTO2												P				
	PTO3													P			
	PTO4														P		
示例 4	PTO1	P	D														
	PTO2			P	D												
	PTO3											P	D				
	PTO4													P	D		

7.2.2 工艺对象 "轴"

S7-1200 PLC 的运动控制在组态上引入了 "轴" 工艺对象的概念，轴工艺对象就是实际轴的映射，用来驱动管理和使用 PTO(或模拟量、通信方式)以实现对设备的控制。也可以这

样理解，"轴"工艺对象是用户程序与驱动器之间的接口。工艺对象从用户程序中接受控制命令，按组态参数转化成驱动器控制信号，并在运行时执行并监视驱动器的执行状态。

通过对轴的组态，包括硬件接口、位置定义、动态特性、机械特性等，与相关的指令块组合使用，可实现绝对位置、相对位置、点动、转速控制及自动寻找参考点的功能。运动控制功能指令块必须在轴对象组态完成后才能使用。

1. 新增对象——工艺对象"轴"

首先我们添加一个工艺对象，在项目树的工艺对象文件中选择新增对象。按图 7-25 所示①～⑤的顺序依次操作。

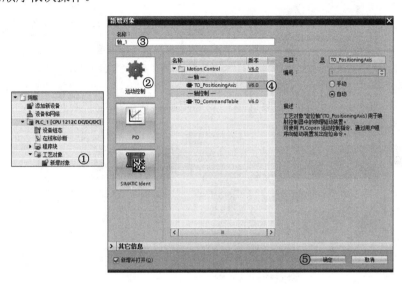

图 7-25　新增工艺对象"轴"

2. 组态"轴"

组态"轴"是指设置工艺对象"轴"的基本参数和扩展参数。通过设置参数确定轴的工程单位、软硬件限位、启动/停止速度、参考点定义等。

1) 基本参数——常规

按图 7-26①～⑤的顺序依次操作。

其中第④步为驱动器控制源设置，控制步进电机或伺服可选用 PTO 最多四轴，如需控制更多的轴可选用模拟量驱动最多八个轴。

第⑤步为工程单位设置，视具体情况而定。

2) 基本参数——驱动器

如图 7-27 所示，其中第②步为硬件接口设置，要和脉冲发生器的组态参数相一致。第③步为"使能输出"，步进或伺服驱动一般都需要一个使能信号，该使能信号的作用是让驱动器通电，这里可设置一个 DO 作为驱动器的使能信号，如果驱动器的使能信号采用其他的控制方式，则可不配置。"就绪输入"是指驱动器在接收到使能信号后，准备好开始执行运动时会向 CPU 发送"驱动器准备就绪"信号，如果驱动器不包含此类信号，则无需组态这些参数，在这种情况下可输入 TURE。也就是说，"使能输出"和"就绪输入"信号要根据驱动器的情况和具体接线情况而定。

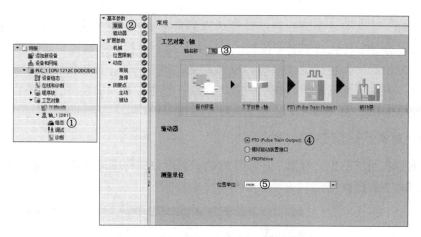

图 7-26　基本参数——常规设置界面

3) 扩展参数——机械和位置限制

如图 7-28 所示，电机每转的脉冲数：表示电机旋转一周需要的脉冲数，该数据根据用户的伺服电机的参数进行设置。

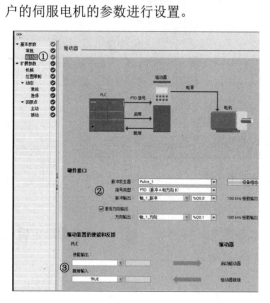

图 7-27　基本参数——驱动器设置界面

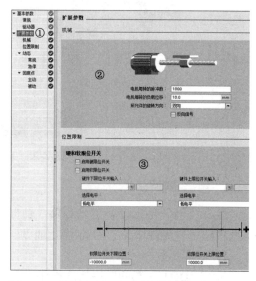

图 7-28　扩展参数——机械和位置限制设置界面

电机每转的负载位移：表示电机旋转一周，机械装置移动的距离，也和基本参数的测量单位有关(螺距)。

PLC 发送的脉冲数乘以电子齿轮比要等于电机编码器反馈回来的脉冲数。

电机的旋转方向，若配置时未激活方向输出，则只能选择正方向或负方向。反向信号：若使能该信号，则 PLC 进行正向控制电机时，电机实际运行方向却为负方向。

位置限制：用于设置软件/硬件限位开关，不管轴在运行时碰到软限位或是硬限位，轴都将停止运行并报错。硬件输入点必须是 PLC 本地的 DI 或是 SB 信号板上的 DI，PTO 的输入点必须具有硬件中断功能，选择好对应的点后，还需要选择对应的电平信号。

位置限制有硬件限位和软件限位两种(见图 7-29)，它们之间的停止方式也有一定的区别。

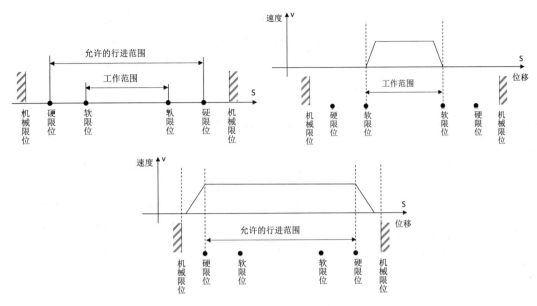

图 7-29　机械和位置限制

硬限位的停止方式：到达硬限位开关时，轴将以组态的急停减速制动直到停止，为此，必须选择足够大的急停减速度，以使轴在挡块前可靠停止，急停减速度过小有可能会过冲到挡块而超出硬限位位置，所以一定在离开硬件限位时就得使轴停止。

软限位停止方式：到达软限位开关时，轴在运行过程中会根据我们设置的软件限位的位置来提前以减速制动(不是急停减速度)，保证轴停止在软限位的位置。

4) 扩展参数——动态——常规

速度限值的单位：用于对最大速度和启停速度单位的限制。单位的选择，根据在基本参数中测量单位的选择不同，可以选择不同的单位，如图 7-30 所示。

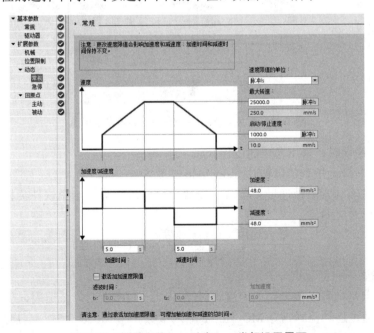

图 7-30　扩展参数——动态——常规设置界面

最大转速：用来设定电机的最大转速，最大转速由 PTO 输出的最大频率和电动机允许的最大速度共同限定，最大速度值必须大于等于启停速度值。

启动/停止速度：启动/停止轴时所运行的最小速度，根据电机的启动/停止速度来设定该值。

加/减速度和加/减速时间有关，加速度会决定加速时间。

加/减速时间与加/减速度：用户可以设置加/减速时间，那么加/减速度系统会自动的计算。同样也可设置加/减速度，系统会自动计算加/减速时间。

$$\frac{最大速度-启/停速度}{加速度}=加速时间 \qquad \frac{最大速度-启/停速度}{减速度}=减速时间 \qquad (7\text{-}6)$$

激活加加速度限值：激活加加速度限值可以降低在加速和减速斜坡运行期间施加到机械上的应力，如果激活了加加速度限值，加速度和减速度的值不会突然改变，而是根据设置的滤波时间逐渐调整。滤波时间与加加速度设置其中的一个即可，另外一个软件会根据所设置的值进行计算。

5) 扩展参数——动态——急停

在该窗口下可配置轴的急停减速时间，当轴出现错误或禁用轴时，可以减速度将轴制动至停止状态，如图 7-31 所示。

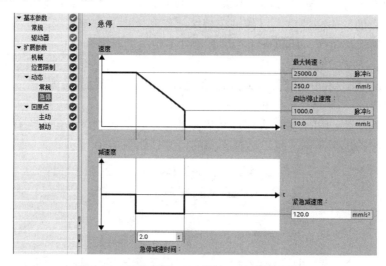

图 7-31　扩展参数——动态——急停设置界面

① 轴出现错误时，采用急停速度停止轴。

② 使用 c_Power 指令禁用轴时(Stopmode=0 或 Stopmode=2)。

急停减速时间与紧急减速度设置时，设置一个即可，另外一个软件会根据你所设置的内容自动计算出对应的值。

$$\frac{最大速度-启/停速度}{急停减速度}=急停减速时间 \qquad (7\text{-}7)$$

6) 扩展参数——回原点——主动

主动回原点是指可以按一定的速度运行至原点，到原点后降低速度，依我们设定的速度找参考点，通过运动控制指令 MC_Home 输入参数。当 Mode=3 时，会启用主动回原点，此时会按照组态的速度去寻找原点开关信号，如图 7-32 所示。

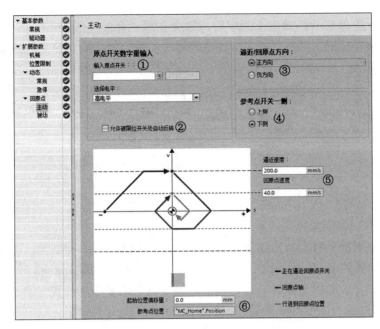

图 7-32　扩展参数——回原点——主动设置界面

图 7-32 中①~⑥分别说明如下。

① 输入原点开关：设置原点开关的 DI 输入点，输入必须具有硬件中断功能，另外还需设置电平信号。

② 允许硬限位开关处自动反转：如果在主动回原点的过程中碰到硬限位，轴将以组态的减速度(不是以急停减速)制动，然后反向检测原点信号。如果未激活反向功能且在主动回原点的过程中轴达到硬限位开关，轴将因错误而终止回原点过程并以急停减速度对轴进行制动。

③ 逼近/回原点方向：设置寻找参考点的起始方向，也就是说触发了寻找原点功能后，轴是正方向还是反方向开始寻找原点。

④ 参考点开关一侧："上侧"为轴完成回原点指令后，轴的左边沿停在参考点开关的右侧边沿。"下侧"为轴完成回原点指令后，轴的右边沿停在参考点开关的左侧边沿，如图 7-33 所示。

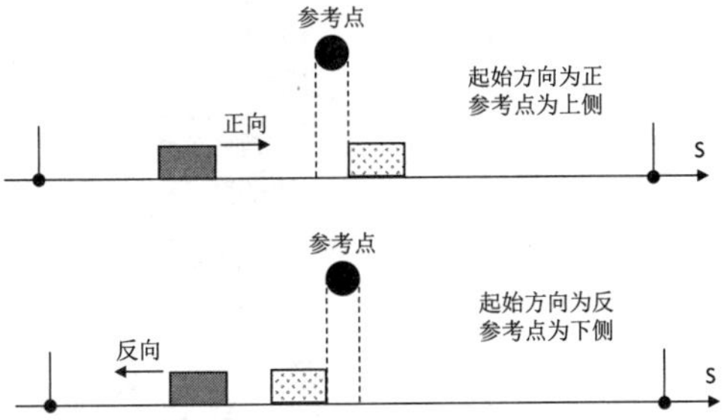

⑤ 逼近速度/回原点速度：前者表示寻找参考的起始速度，寻找参考点的高速；后者表示最终接近原点开关的速度，寻找参考点的低速；当轴第一次碰到原点开关有效边沿后的运行速度就是回原点速度，回原点速度小于逼近速度。以逼近方向为正方向，停靠侧为上侧为例来说明回原点的过程，如图 7-34 所示。

- 当程序以 Mode=3 时触发 MC_Home 指令时，轴以"逼近速度 10.0mm/s"向右(正方向)运行寻找原点开关。
- 当轴碰到参考点的有效边沿时，切换运行速度为"参考速度 2.0mm/s"继续运行。
- 当轴的左边沿与原点开关有效边沿重合时，轴完成回原点动作。

图 7-33　参考点开关

⑥ 起始位置偏移量：该值不为零时，轴会在原点开关一段距离(该距离就是偏移量)停下来，把该位置标记为原点位置值。该值为零时，轴会停在原点开关边沿处。

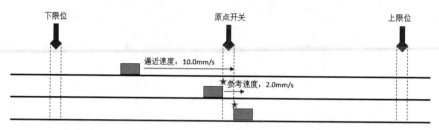

图 7-34　逼近速度/回原点速度

7) 扩展参数——回原点——被动

被动回原点指的是被动原点必须使用其他运动控制指令(如 MC_MoveRelative)来执行到达原点开关所需的运动，运动控制指令 MC_Home 的输入参数 Mode=2 时，会启动被动回原点。到达原点开关的组态侧时，将当前的轴位置设置为参考点位置。参考点位置由运动控制指令 MC_Home 的 Position 参数指定。

3. 调试"轴"

调试面板是 S7-1200 PLC 运动控制中一个重要的工具，我们组态了 S7-1200 PLC 运动控制并把实际机械硬件设备搭建好之后，一般不会调用运动控制指令编写程序，而是先用"轴控制面板"来测试 Portal 软件中关于轴的参数和实际设备接线等安装是否正确。

在 Portal 软件中左侧项目树的工艺对象中新增工艺对象后选择"调试"。

当我们准备激活控制面板时，Portal 软件会提示用户：使能该功能会让实际设备运行，务必注意人员及设备安全，如图 7-35 所示。

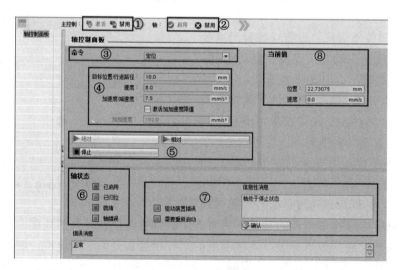

图 7-35　调试"轴"

当激活了"轴控制面板"，并且正确连接到 S7-1200 CPU 后用户就可以用控制面板对轴进行测试。

控制面板中主要选项组的功能如下：

① 激活：轴控制面板在线使用。

② 轴的启用和禁用：相当于 MC_Power 指令的 Enable 端，如图 7-36 所示。

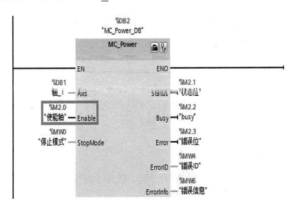

图 7-36　轴的启用和禁用

③ 命令：在这里分成三大类：点动、定位和回原点。定位包括绝对定位和相对移动功能。回原点可以实现 Mode 0(绝对式回原点)和 Mode 3(主动回原点)功能。

④ 根据不同运动命令，设置运行速度、加/减速度、距离等参数。

⑤ 每种运动命令的正/反方向设置、停止等操作。

⑥ 轴的状态位，包括是否有回原点完成位。

⑦ 错误确认按钮，相当于 MC_Reset 指令的功能。

⑧ 轴的当前值，包括轴的实时位置和速度值。

使用"轴调试面板"进行调试时，可能会遇到轴报错的情况，我们可以参考"诊断"信息来定位报错原因，如图 7-37 所示。

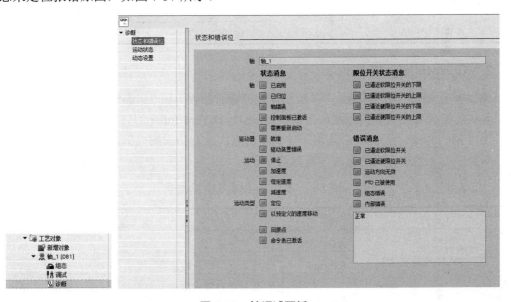

图 7-37　轴调试面板

通过"轴调试面板"测试成功后，用户就可以根据工艺要求，编写运动控制程序实现自动控制。

7.2.3　S7-1200 运动控制指令

运动控制(MC)指令使用相关工艺数据块和 CPU 的专用 PTO(脉冲串输出)来控制轴上的运动。

1. MC_Power(使能)指令

MC_Power 运动控制指令块可启用或禁用轴，如表 7-5 所示。轴在运动之前，必须使能指令块。在启用或禁用轴之前，应确保以下条件：

① 已正确配置工艺对象。

② 没有未决的启用-禁止错误。

运动控制任务无法中止 MC_Power 的执行。禁用轴(输入参数 Enable=FALSE)将中止相关工艺对象的所有运动控制任务。

表 7-5　MC_Power(使能)指令

LAD	端　口	含　义
%DB1 "MC_Power_DB" MC_Power EN　ENO Axis　Status Enable　Busy StartMode　Error StopMode　ErrorID ErrorInfo	Axis	轴工艺对象
	Enable	1=启用轴；0=轴停止
	StartMode	0：速度控制；1：位置控制(默认)
	StopMode	0：急停模式停止；1：立即停止
	Status	轴使能的状态：轴已禁用=0；T 轴已启用=1
	Busy	MC_Power 无效=0；MC_Power 已生效=1
	Error	FALSE：无错误=0；有错误=1
	ErrorID	错误代码
	ErrorInfo	错误信息

2. MC_Reset(确认错误)指令

使用 MC_Reset 指令可确认"导致轴停止的运行错误"和"组态错误"，如表 7-6 所示。需要确认的错误可在"解决方法"下的"ErrorIDs 和 ErrorInfos 的列表"中找到。

使用 MC_Reset 指令前，必须将需要确认的未决组态错误的原因消除(例如，通过将"轴"工艺对象中的无效加速度值更改为有效值)。

表 7-6　MC_Reset(确认错误)指令

LAD	端　口	含　义
%DB3 "MC_Reset_DB" MC_Reset EN　ENO Axis　Done Execute　Busy Restart　Error ErrorID ErrorInfo	Axis	轴工艺对象
	Execute	出现上升沿时开始任务
	Restart	1=从装载存储器将轴组态下载至工作存储器；0=确认未决错误
	Done	1=错误已确认
	Busy	1=正在执行任务

3. MC_Home(使轴归位)指令

使用 MC_Home 指令可将轴坐标与实际物理驱动器位置匹配,如表 7-7 所示。轴的绝对定位需要回原点。

表 7-7　MC_Home(使轴归位)指令

LAD	端　口	含　义
%DB2 "MC_Home_DB" MC_Home EN　　　ENO Axis　　 Done Execute　Error Position Mode	Axis	轴工艺对象
	Execute	出现上升沿时开始任务
	Position	Mode=0、2 和 3(完成回原点操作后轴的绝对位置);Mode=1(当前轴位置的校正值); Mode=6(当前位置位移参数 MC_Home.Position 的值); Mode=7(当前位置设置为参数 MC_Home.Position 的值)
	Mode	归位模式: 0=绝对式直接回原点;1=相对式直接回原点;2=被动回原点;3=主动回原点;6、7=将当前位置位移参数 MC_Home.Position 的值

4. MC_Halt(暂停轴)指令

MC_Halt 停止轴指令块用于停止轴的运动,当上升沿使能 Execute 后,轴会按照已配置的减速曲线停车,如表 7-8 所示。

表 7-8　MC_Halt(暂停轴)指令

LAD	端　口	含　义
MC_Halt EN　　　ENO Axis　　 Done Execute　Error	Axis	轴工艺对象
	Execute	出现上升沿时开始任务

5. MC_MoveAbsolute(以绝对方式定位轴)指令

使用 MC_MoveAbsolute 指令可启动轴到绝对位置的定位运动,如表 7-9 所示。

为了使用 MC_MoveAbsolute 指令,必须先启用轴,同时必须使其回原点。

表 7-9　MC_MoveAbsolute(以绝对方式定位轴)指令

LAD	端　口	含　义
%DB4 "MC_ MoveAbsolute_ DB" MC_MoveAbsolute EN　　　ENO Axis　　 Done Execute　Error Position Velocity	Axis	轴工艺对象
	Execute	出现上升沿时开始任务
	Position	绝对目标位置(默认值: 0.0),限值: $-1.0e12 \leqslant Position \leqslant 1.0e12$
	Velocity	轴的速度(默认值:10.0),由于组态的加速度和减速度以及要逼近的目标位置的原因,并不总是能达到此速度。限值:启动/停止速度$\leqslant Velocity \leqslant$最大速度

6. MC_MoveRelative(以相对方式定位轴)指令

使用 MC_MoveRelative 指令可启动相对于起始位置的定位运动，如表 7-10 所示。

表 7-10　MC_MoveRelative(以相对方式定位轴)指令

LAD	端　口	含　义
%DB5 "MC_ MoveRelative_ DB" MC_MoveRelative EN　　　ENO Axis　　Done Execute　Error Distance Velocity	Axis	轴工艺对象
	Execute	出现上升沿时开始任务
	Distance	行进距离(默认值：0.0)，限值：-1.0e12≤Distance≤1.0e12
	Velocity	轴的速度(默认值：10.0) 限值：启动/停止速度≤Velocity≤最大速度

7. MC_MoveVelocity(以预定义速度移动轴)指令

使用 MC_MoveVelocity 指令以指定的速度持续移动轴，如表 7-11 所示。

表 7-11　MC_MoveVelocity(以预定义速度移动轴)指令

LAD	端　口	含　义
%DB6 "MC_ MoveVelocity_ DB" MC_MoveVelocity EN　　　ENO Axis　InVelocity Execute　Error Velocity Current	Axis	轴工艺对象
	Execute	出现上升沿时开始任务(默认值：False)
	Velocity	指定轴运动的速度(默认值：10.0) 限值：启动/停止速度≤|Velocity|≤最大速度
	Current	保持当前速度： 0=禁用"保持当前速度"；1=激活"保持当前速度"

8. MC_MoveJog(在点动模式下移动轴)指令

使用 MC_MoveJog 指令以指定的速度在点动模式下移动轴，如表 7-12 所示。该指令通常用于测试和调试。

表 7-12　MC_MoveJog(在点动模式下移动轴)指令

LAD	端　口	含　义
MC_MoveJog EN　　　ENO Axis　InVelocity JogForward　Error JogBackward Velocity	Axis	轴工艺对象
	JogForward	1=轴以 Velocity 的速度沿正向移动，Velocity 的符号被忽略
	JogBackward	1=轴以 Velocity 的速度沿负向移动，Velocity 符号被忽略
	Velocity	点动模式的预设速度(默认值：10.0) 限值：启动/停止速度≤|Velocity|≤最大速度

如果 JogForward 和 JogBackward 参数同时为 TRUE，则轴将以配置后的减速度停止运动。将通过参数 Error、ErrorID 和 ErrorInfo 指示错误。

7.2.4　基于 S7-1200 PLC 的运动控制实例

要使用 S7-1200 进行运动控制，按顺序执行以下步骤。

第 1 步：创建一个含有 CPU S7-1200 的项目。

第 2 步：组态、启用脉冲发生器 PTO/PWM。

第 3 步：添加一个定位轴工艺对象。

第 4 步：使用组态对话框。

第 5 步：下载到 CPU。

第 6 步：在调试窗口中对轴执行功能测试。

第 7 步：对轴控制执行诊断。

第 8 步：编程。

下面用一个实际工程实例来说明基于 S7-1200 PLC 的运动控制项目的完整过程。

【例 7-1】某工作台上滑块的运动由一套台达伺服系统驱动，如图 7-38 所示。电机为台达 ECMA-C20807RS 三相交流伺服电机，转速 3000 转/分钟，旋转编码器一圈为 160000 个脉冲。伺服驱动器为台达 ASD-B2-0721-B。经传动装置后，伺服电机每转一圈滑块运行 10mm。工作台上设置了左限位开关、右限位开关、原点参考点开关。

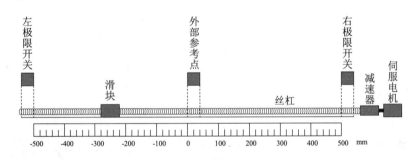

图 7-38　伺服驱动工作台示意图

控制要求如下：

① 按下复位按钮 SB1，伺服系统回原点。

② 按下启动按钮 SB2，伺服电机带动滑块向右运动 400mm，停 2s，接着向左运动到原点左侧-400mm 处，停 2s，然后返回原点完成一个循环过程。再次按下 SB2 重复循环一周期。

③ 按下急停按钮 SB3，系统立即停止。

④ 原点归位信号灯以 1s 为周期闪亮，循环运行时信号灯常亮。

解：

1. 所需软硬件配置

软硬件配置有多种选择，以下配置受限于笔者实验室现有设备，读者可根据实际情况选择。

软件：TIA Portal V15。

PLC 系统：CPU1214C DC/DC/RLY；信号板 SB 1222 DC (DQ4*24DC) 用于高速脉冲输出。

伺服系统：驱动器 ASD-B2-0721-B；伺服电机 ECMA-C20807RS；电机动力线；编码器线；CN1 信号线+端子板。

2. 原理图设计

图 7-39 所示为伺服工作台电气控制原理图。

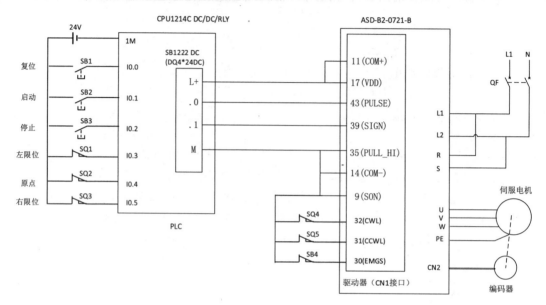

图 7-39 伺服工作台电气控制原理图

3. 硬件组态

1) 新建项目

打开 TIA 博途软件，新建项目，单击项目树中的"添加新设备"选项，按图 7-40 所示的顺序操作。

(1) 添加 CPU 1214C DC/DC/RLY。

(2) 添加 SB 1222 DC (DQ4*24DC)。

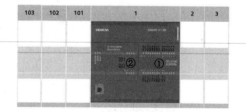

图 7-40 硬件组态设备视图

2) 设置脉冲发生器

在设备视图中，按图 7-41 所示的顺序操作和设置。

①~②：在 PLC 上双击或者右击，选择"属性"→"常规"→"脉冲发生器(PTO/PWM)"→PTO1/PWM1。

③处勾选"启用该脉冲发生器"复选框，表示启用了 PTO1/PWM1 脉冲发生器。

④处选择脉冲发生器的类型：PTO(脉冲 A 和方向 B)。

⑤~⑥处设置硬件输出，"脉冲输出"为%Q4.0；勾选"启用方向输出"复选框；"方向输出"为%Q4.1。%Q4.0~%Q4.3 位于 SB 1222 信号板输出。

⑦~⑧查看硬件标识符：在项目树"PLC 变量"→"显示所有变量"→右侧窗口的"系统变量"→Local~Pulse_1，值为 265，此标识符在后面编写程序时要用到(见图 7-42)。

4. 工艺对象"轴"组态

前面 7.2.2 节中介绍了 S7-1200 中工艺对象"轴"的概念，并详细地解释了"轴"的各项参数含义和设置方法。下面只针对本实例做具体配置过程，其中含义不做赘述。

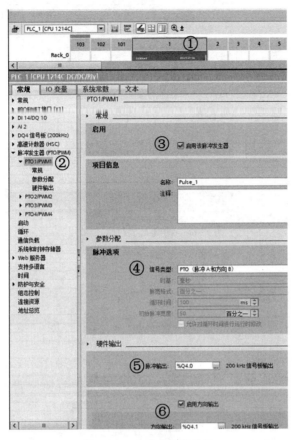

图 7-41　脉冲发生器设置

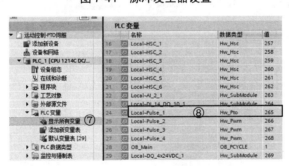

图 7-42　查看硬件标识符

1）新增对象——工艺对象"轴"

添加一个工艺对象，在项目树的工艺对象文件中选择新增对象。按图 7-43①～⑤的顺序依次操作。

2）基本参数——常规

按图 7-44①～⑤的顺序依次操作，并按图示内容设置相关参数。

3）基本参数——驱动器

按图 7-45①～③的顺序依次操作，并按图示内容设置相关参数。

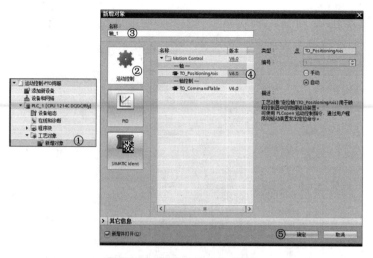

图 7-43　新增工艺对象"轴"

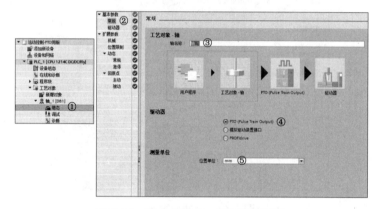

图 7-44　基本参数——常规设置界面

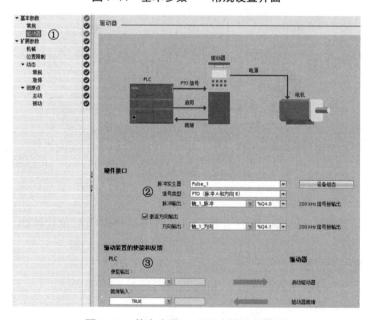

图 7-45　基本参数——驱动器设置界面

4) 扩展参数——机械和位置限制

按图 7-46①~③的顺序依次操作,并按图示内容设置相关参数。

"电机每转的脉冲数"取决于伺服电机自带编码器的参数,经查询台达手册,伺服电机 ECMA-C30807RS 编码器是增量式 17bit,每转的脉冲数=160000p/r(见图 7-47)。"电机每转的负载位移"取决于机械传动结构,本例设置为 10mm。

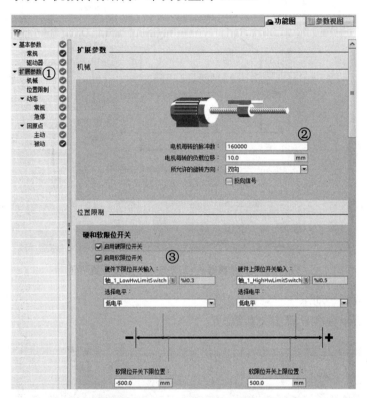

图 7-46 扩展参数——机械和位置限制设置界面

机型 ASDA-B2 系列		100W	200W	400W	750W	1kW	1.5kW	2kW	3kW
		01	02	04	07	10	15	20	30
电源	相数 / 电压	三相: 170~255V_{AC}, 50 / 60Hz ±5% 单相: 200~255V_{AC}, 50 / 60Hz ±5%						三相 170~255VAC, 50 / 60Hz ±5%	
	输入电流 (3PH) 单位: Arms	0.7	1.11	1.86	3.66	4.68	5.9	8.76	9.83
	输入电流 (1PH) 单位: Arms	0.9	1.92	3.22	6.78	8.88	10.3	-	-
	连续输出电流 单位: Arms	0.9	1.55	2.6	5.1	7.3	8.3	13.4	19.4
	冷却方式	自然冷却				风扇冷却			
	编码器解析数 / 回授解析数	17-bit (160000 p/rev)							
	主回路控制方式	SVPWM 控制							

图 7-47 伺服电机部分参数

硬件限位开关对应于电路图,图中限位开关均为常闭触点,因此限位开关起作用时为"低电平"。

根据本例题目要求软件限位开关设置为-500 和 500。

5) 扩展参数——动态——常规

按图 7-48 所示内容设置相关参数。

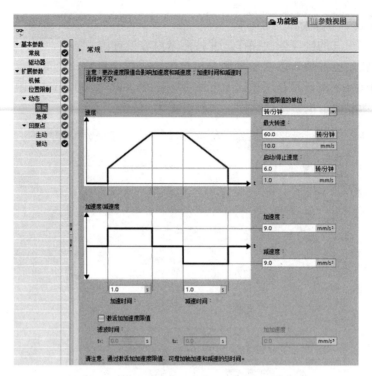

图 7-48　扩展参数——动态——常规设置界面

6) 扩展参数——动态——急停

按图 7-49 所示内容设置相关参数。

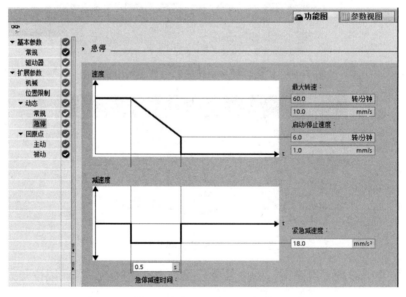

图 7-49　扩展参数——动态——急停设置界面

7) 扩展参数——回原点——主动

电气原理图中原点参考点 SQ2 是常闭触点，因此电平选择为"低电平"，如图 7-50 所示。

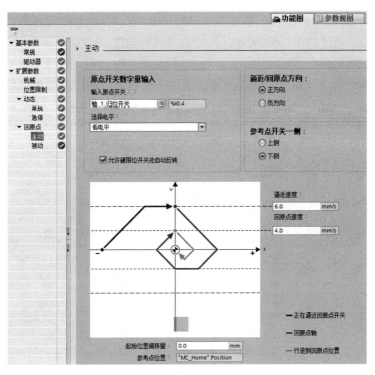

图 7-50　扩展参数——回原点——主动设置界面

5. 调试"轴"

组态了 S7-1200 运动控制并把实际机械硬件设备搭建好之后，先用"轴控制面板"来测试 Portal 软件中关于轴的参数和实际设备接线等安装是否正确。

1) "点动"调试

按图 7-51 所示的①～⑧顺序操作：①处单击鼠标，出现右侧"轴控制面板"窗口，用于调试轴的操作；②处单击"激活"，开始激活使用"轴控制面板"，此时不能程序运行；③处单击"启用"，相当于给驱动器使能，驱动器做好运动准备；④处选择命令"点动"；⑤处设置相关参数；⑥处点动操作电机；⑦处监视轴位置、速度当前值；⑧处监视轴状态。

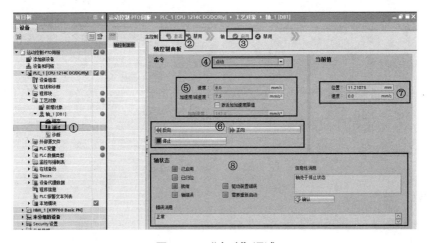

图 7-51　"点动"调试

2)　"定位"调试

"定位"模式调试如图 7-52 所示，①处设置目标位置、速度等参数；②处选择"绝对"或"相对"定位模式操作。

只有执行过回原点操作后，或者设置回原点位置后方可进行"绝对"定位操作。

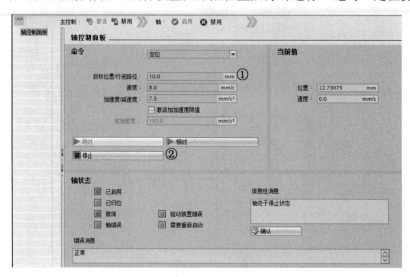

图 7-52　"定位"调试

3)　"回原点"调试

按图 7-53 所示内容设置相关参数。

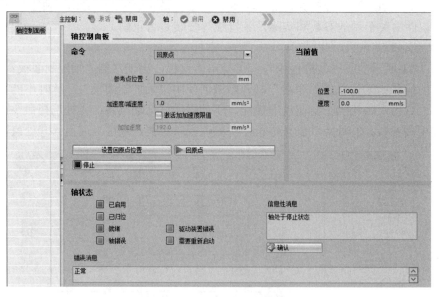

图 7-53　"回原点"调试

6. 诊断"轴"

图 7-54 和图 7-55 所示为诊断"轴"错误信息。

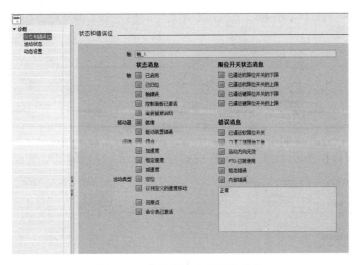

图 7-54 显示状态和错误位信息

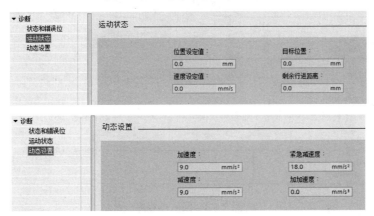

图 7-55 显示运动状态和动态设置信息

7. 编程

1) 编辑变量表

按图 7-56 所示编辑变量表，便于阅读程序。

	名称	变量表	数据类型	地址 ▲
1	Reset	默认变量表	Bool	%I0.0
2	Start	默认变量表	Bool	%I0.1
3	Stop	默认变量表	Bool	%I0.2
4	轴_1_LowHwLimitSwitch	默认变量表	Bool	%I0.3
5	轴_1_归位开关	默认变量表	Bool	%I0.4
6	轴_1_HighHwLimitSwitch	默认变量表	Bool	%I0.5
7	Lamp	默认变量表	Bool	%Q0.2
8	轴_1_脉冲	默认变量表	Bool	%Q4.0
9	轴_1_方向	默认变量表	Bool	%Q4.1

图 7-56 编辑变量表

2) 轴使能程序(程序段 1)

如图 7-57 所示，本例采用上电始终使能。

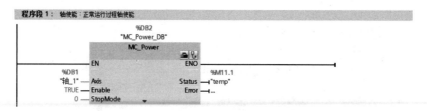

图 7-57　轴使能程序

3) 回原点程序(程序段 2)(见图 7-58)

图 7-58　回原点程序

①回原点期间 M10.1=TRUE，原点搜索完成后 M10.1=FALSE。自动运行周期内不允许回原点。②回原点指令，模式 3 为主动搜索回原点。③"轴_1".StatusBits.HomingDone=TRUE 表示原点已归位，该变量在轴工艺对象背景数据块 DB 的参数视图(见图 7-59)中查询。④原点归位后 Q0.2 闪烁(1Hz，由 M0.5 控制)，一旦进入自动循环周期 Q0.2 常亮。

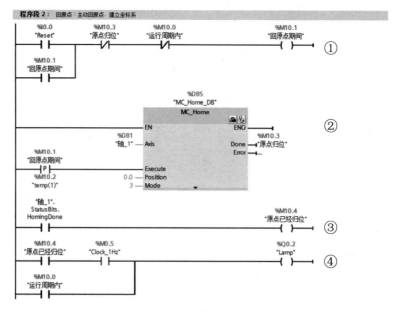

图 7-59　轴工艺对象背景数据块 DB 的参数视图

4) 自动控制程序(程序段 3～8)(见图 7-60)

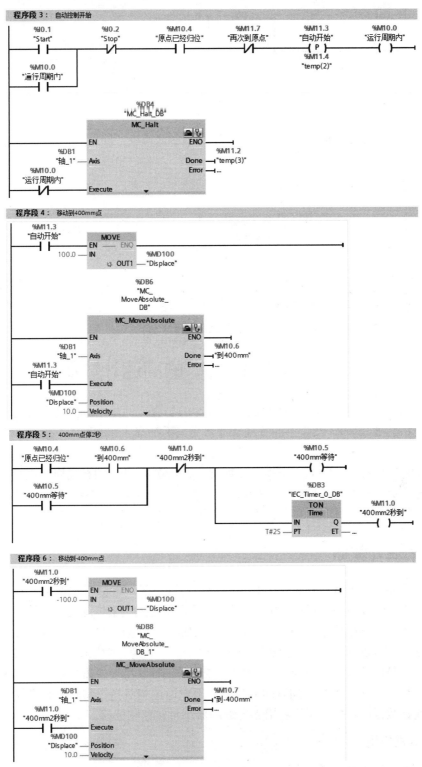

图 7-60　自动控制程序

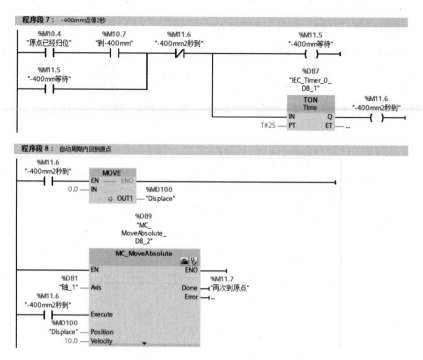

图 7-60　自动控制程序(续)

7.3　S7-1200 PLC 的高速计数器

生产实践中，经常会遇到需要检测高频脉冲的场合，例如检测步进电机的运动距离、计算异步电机转速等，而 PLC 中的普通计数器受限于扫描周期的影响，无法计量频率较高的脉冲信号。

S7-1200 CPU 提供了最多 6 个高速计数器，其独立于 CPU 的扫描周期进行计算，可测量的单相脉冲频率最高为 100kHz，双相或 A/B 相频率最高为 30kHz。高速计数器可用于连接增量型旋转编码器，通过对硬件组态和调用相关指令块来使用此功能。

7.3.1　高速计数器

光电编码器、光栅尺等脉冲型传感器输出的脉冲信号一般频率都很高，甚至会远远超出 PLC 的 CPU 的程序扫描频率，用 CPU 普通计数器是无法采集这类信号的，因此需要特殊的手段，就是高速计数器(high speed counter，HSC)。高速计数器能对超出 CPU 普通计数器能力的脉冲信号进行测量。S7-1200 CPU 提供了 6 个高速计数器(HSC1～HSC6)以响应快速脉冲输入信号。高速计数器的计数速度比 PLC 的扫描速度要快得多，因此高速计数器可独立于用户程序工作，不受扫描时间的限制。用户通过相关指令和硬件组态控制计数器的工作。高速计数器的典型应用是利用光电编码器测量转速和位移。

1. HSC 的类型

计数或模式的类型共有以下四种。

(1) 计数：计算脉冲次数并根据方向控制的状态递增或递减计数值。外部 I/O 可在指定事件上重置计数、取消计数、启动当前值捕获及产生单相。输出值为当前计数值且该计数值在发生捕获事件时产生。

(2) 周期：会在指定的时间周期内计算输入脉冲的次数。返回脉冲的计数及持续时间(单位：纳秒)。会在频率测量周期指定的时间周期结束后，捕获并计算值。周期(Period)模式可用于 CTRL_HSC_EXT 指令，但不适用于 CTRL_HSC 指令。

(3) 频率：测量输入脉冲和持续时间，然后计算出脉冲的频率。程序会返回一个有符号的双精度整数的频率(单位：Hz)。如果计数方向向下，该值为负，会在频率测量周期指定的时间周期结束时，捕获并计算值。

(4) 运动控制：用于运动控制工艺对象，不适用于 HSC 指令。

2. 工作模式

1) 单相

单相模式是一路时钟脉冲输入一路方向信号的计数模式。计数器采集并记录脉冲时钟信号的个数，计数方向受控于方向信号，即方向信号为高电平时计数器加计数(计数器当前值增加)，方向信号为低电平时计数器减计数(计数器当前值减小)，如图 7-61 所示。

方向信号有以下两种情况。

● 内部方向控制：由用户程序控制。

● 外部方向控制：外部硬件输入。

2) 两相位

两相位模式是两路时钟脉冲输入的计数模式。计数器采集并记录时钟信号的个数，加计数信号端子和减计数信号端子分开。如图 7-62 所示，当加计数有脉冲时，计数的当前数值增加；当减计数有脉冲时，计数的当前数值减少。

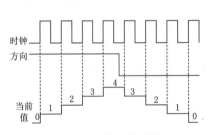

图 7-61　单相模式图

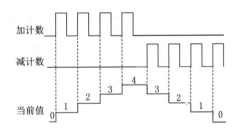

图 7-62　两相位模式

3) A/B 相正交计数

A/B 相正交计数原理如图 7-63 所示，计数器采集并记录时钟信号的个数。A 相计数信号端子和 B 相信号计数端子分开，当 A 相计数信号超前时，计数的当前数值增加；当 B 相计数信号超前时，计数的当前数值减少。利用光电编码器(或者光栅尺)测量位移和速度时，通常采用这种模式。

S7-1200 PLC 支持 1 倍速、双倍速或 4 倍速输入脉冲频率。

4) A/B 相 4 倍频计数

A/B 相正交 4 倍频计数原理如图 7-64 所示，计数器采集并记录时钟信号的个数。A 相计数信号端子和 B 相信号计数端子分开。

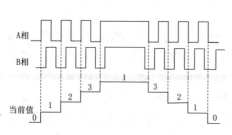

图 7-63　A/B 相正交计数

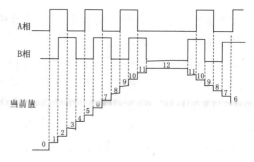

图 7-64　A/B 相 4 倍频计数

出现以下四种情况时计数的当前数值增加：
- 当 B 相为低电平时，A 相出现上升沿，则计数器的当前值加 1。
- 当 B 相为高电平时，A 相出现下降沿，则计数器的当前值加 1。
- 当 A 相为高电平时，B 相出现上升沿，则计数器的当前值加 1。
- 当 A 相为低电平时，B 相出现下降沿，则计数器的当前值加 1。

出现以下四种情况时计数的当前数值减少：
- 当 A 相为低电平时，B 相出现上升沿，则计数器的当前值减 1。
- 当 A 相为高电平时，B 相出现下降沿，则计数器的当前值减 1。
- 当 B 相为高电平时，A 相出现上升沿，则计数器的当前值减 1。
- 当 B 相为低电平时，A 相出现下降沿，则计数器的当前值减 1。

3. 硬件输入及最高频率

S7-1200 CPU 提供了最多 6 个高速计数器(HSC1～HSC6)，但并非所有的 CPU 都可以使用 6 个高速计数器，如 1211C 只有 6 个集成输入点，所以最多只能支持 4 个(使用信号板的情况下)高速计数器。不同型号 CPU 提供高速计数器的数量如表 7-13 所示。

表 7-13　CPU 提供高速计数器的数量

S7-1200 CPU	HSC 数量
CPU 1211C	3(数字量信号板 4)
CPU 1212C	4(数字量信号板 5)
CPU 1214C	6
CPU 1215C	
CPU 1217C	

除了数量不同之外，不同型号的 CPU 关联高速计数器的硬件输入点不同，而且最高频率也不同，具体对应关系如表 7-14 所示。SB 信号板也是如此，如表 7-15 所示。

4. 计数器模式和计数器输入的相互依赖性

由于不同计数器在不同的模式下，同一个物理点会有不同的定义，在使用多个计数器时需要注意不是所有计数器都可以同时定义为任意工作模式。

高速计数器的输入与普通数字量输入具有相同的地址，当某个输入点已定义为高速计数器的输入点时，就不能再应用于其它功能，但在某个模式下，没有用到的输入点还可以用于其他功能的输入，如表 7-16 所示。

表 7-14　CPU 单元 I/O 点分配与最高频率

CPU	CPU 输入通道	单相或两相位	A/B 计数器 或 A/B 相 4 倍
1211C	Ia.0 到 Ia.5	100kHz	80kHz
1212C	Ia.0 到 Ia.5	100kHz	80kHz
	Ia.6，Ia.7	30kHz	20kHz
1214C 和 1215C	Ia.0 到 Ia.5	100kHz	80kHz
	Ia.6 到 Ib.5	30kHz	20kHz
1217C	Ia.0 到 Ia.5	100kHz	80kHz
	Ia.6 到 Ib.1	30kHz	20kHz
	Ib.2 到 Ib.5(.2+，.2-到.5+，.5-)	1MHz	1MHz

表 7-15　信号板 I/O 点分配与最高频率

SB 信号板	SB 输入通道	单相或两相位	A/B 计数器或 A/B 相 4 倍
SB 1221，200kHz	Ie.0 到 Ie.3	200kHz	160kHz
SB 1223，200kHz	Ie.o，Ie.1	200kHz	160kHz
SB 1223	Ie.0，Ie.1	30kHz	20kHz

表 7-16　计数器模式和计数器输入的相互依赖性

		描　述	输入点定义			功　能
HSC	HSC1	使用 CPU 集成 I/O 或信号板 或监控 PTO 0	I0.0	I0.1	I0.3	
			I4.0	I4.1		
			PTO 0	PTO 0 方向		
	HSC2	使用 CPU 集成 I/O 或监控 PTO 1	I0.2	I0.3	I0.1	
			PTO 1	PTO 1 方向		
	HSC3	使用 CPU 集成 I/O	I0.4	I0.5	I0.7	
	HSC4	使用 CPU 集成 I/O	I0.6	I0.7	I0.5	
	HSC5	使用 CPU 集成 I/O 或信号板	I1.0	I1.1	I1.2	
			I4.0	I4.1		
	HSC6	使用 CPU 集成 I/O	I1.3	I1.4	I1.5	
模式		单相计数，内部方向控制	时钟			计数或频率
					复位	计数
		单相计数，外部方向控制	时钟	方向		计数或频率
					复位	计数
		双相计数，两路时钟输入	增时钟	减时钟		计数或频率
					复位	计数
		A/B 相正交计数	A 相	B 相		计数或频率
					Z 相	计数
		监控 PTO 输出	时钟	方向		计数

监控 PTO 的模式只有 HSC1 和 HSC2 支持，使用此模式时，不需要外部接线，CPU 在内部已做了硬件连接，可直接检测通过 PTO 功能所发的脉冲。

5. 高速计数器寻址

CPU 将每个高速计数器的测量值存储在输入过程映像区内，数据类型为 32 位双整型有符号数，用户可以在设备组态中修改这些存储地址，在程序中可直接访问这些地址，但由于过程映像区受扫描周期影响，在一个扫描周期内，此数值不会发生变化，但高速计数器中的实际值有可能会在一个周期内变化，用户可通过读取外设地址的方式，读取到当前时刻的实际值。以 ID1000 为例，其外设地址为 ID1000：P。表 7-17 所示为高速计数器寻址列表。

表 7-17   高速计数器寻址

编　号	数据类型	默认地址	编　号	数据类型	默认地址
HSC1	DINT	ID1000	HSC4	DINT	ID1012
HSC2	DINT	ID1004	HSC5	DINT	ID1016
HSC3	DINT	ID1008	HSC6	DINT	ID1020

6. 频率测量

S7-1200 CPU 除了提供高速计数功能外，还提供了频率测量功能，有 3 种不同的频率测量周期：1.0 秒、0.1 秒和 0.01 秒。频率测量周期是这样定义的：计算并返回新的频率值的时间间隔。返回的频率值为上一个测量周期中所有测量值的平均，无论测量周期如何选择，测量出的频率值总是以 Hz(每秒脉冲数)为单位，如图 7-65 所示。

7. CTRL_HSC_EXT 控制高速计数器(扩展)指令

CTRL_HSC_EXT 控制高速计数器(扩展)指令可以通过将新值装载到计数器来进行参数分配和控制 CPU 支持的高速计数器，如图 7-66 所示。指令的执行需要启用待控制的高速计数器。无法在程序中同时为指定的高速计数器执行多个控制高速计数器(扩展)指令。

图 7-65   频率测量　　　　　　　　图 7-66   CTRL_HSC_EXT 指令

只有输入 EN 的信号状态为 1 时，才执行 CTRL_HSC_EXT 指令。只要该操作在执行，输出 BUSY 的位就会被置位。该操作执行完成后，输出 BUSY 的位立即复位。

只有使能输入 EN 的信号状态为 1 且执行该操作期间没有出错时，才置位使能输出 ENO。

插入 CTRL_HSC_EXT 指令时，将创建一个保存操作数据的背景数据块。

表 7-18 所示为 CTRL_HSC_EXT 指令的参数说明。

表 7-18　参数的数据类型

参　　数	声　　明	数据类型	描　　述
HSC	IN	HW_HSC	HSC 标识符
CTRL	IN_OUT	Variant	SFB 输入和返回数据
DONE	OUT	Bool	1=表示 SFB 已完成。始终为 1，因为 SFB 为同步模式
BUSY	OUT	Bool	始终为 0，因为功能从未处于繁忙状态
ERROR	OUT	Bool	1=表示错误
STATUS	OUT	Word	执行条件代码

7.3.2　高速计数器应用实例

要使用 S7-1200 高速计数器功能，可按顺序执行以下步骤：

第 1 步：先在设备与组态中，选择 CPU，单击属性，激活高速计数器，并设置相关参数。此步骤必须实现执行，S7-1200 的高速计数器功能必须要先在硬件组态中激活，才能进行下面的步骤。

第 2 步：添加硬件中断块，关联相对应的高速计数器所产生的预置值中断。

第 3 步：在中断块中添加高速计数器指令块，编写修改预置值程序，设置复位计数器等参数。

第 4 步：将程序下载，执行功能。

为了便于理解如何使用高速计数功能，通过一个例子来学习组态及应用。

【例 7-2】某工作台上有一转盘，根据工况需要可以正向和反向旋转，转盘上装设有增量编码器作为反馈，接入到 S7-1200 CPU，正向旋转要求增计数，反向旋转要求减计数，在累计正向计数到 2500 个脉冲时，计数器复位，并重新开始计数，周而复始执行此功能。

解：

针对此应用，选择 CPU 1214C，高速计数器为 HSC1。模式为 A/B 相正交计数，无外部复位。据此，A 相脉冲输入接入 I0.0，B 相脉冲输入接入 I0.1，使用 HSC1 的预置值中断 (CV=RV)功能实现此应用。

1. 硬件组态

在设备视图中，按图 7-67～图 7-70 所示的顺序操作和设置。

①～②：在 PLC 上双击或者右击，选择"属性"→"常规"→"高速计数器(HSC)"→HSC1。

③处勾选"启用该高速计数器"复选框，表示启用了 HSC1。

④～⑥处按图示参数设置。

⑦～⑧查看硬件标识符：在项目树"PLC 变量"→"显示所有变量"→右侧窗口的"系统变量"→Local～HSC_1，值为 257，此标识符在后面编写程序时要用到。

⑨～⑫处按图示参数设置。

图 7-67　HSC1 的常规、功能设置

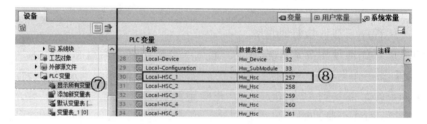

图 7-68　HSC1 的硬件标识符查询

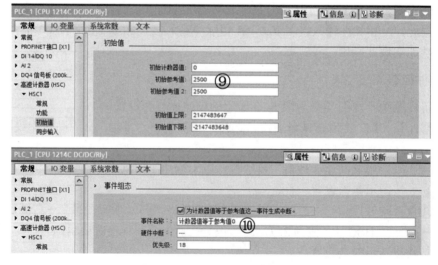

图 7-69　HSC1 的硬件输入设置

图 7-69　HSC1 的硬件输入设置(续)

图 7-70　HSC1 的寻址地址设置

2. 添加硬件中断块

在设备视图中，按图 7-71 所示的①～⑧的顺序操作和设置。

生成一个名为 Hardware interrupt 的中断块 OB40。

图 7-71　HSC1 的中断设置

3. 程序

若不需要修改硬件组态中的参数，可不需要调用高速计数器指令，系统仍然可以计数。

本例中要求累计正向计数到 2500 个脉冲时，计数器复位，并重新开始计数，周而复始执行此功能。为实现此功能，在中断块中调用 CTRL_HSC_EXT 指令实现。

1) 新建系统数据类型(SDT)变量

生成名为"数据块_1"的全局数据块(也可以使用现有的全局数据块)，添加一个名称为 MyHSC 的变量，在"数据类型"列中，输入 HSC_Count。

关于 HSC 的系统数据类型应选择与 HSC 组态的计数类型对应的 SDT，有三种情况：

HSC_Count：对应计数类型为"计数"。

HSC_Period：对应计数类型为"周期"。

HSC_Frequency：对应计数类型为"频率"。

单击 MyHSC 的变量下拉列表，可以扩展 MyHSC 变量以查看所有包含在数据结构中的字段，如图 7-72 所示。将 EnCV 的起始值设置为 TRUE，表示启用 NewCurrentCount 值生效。并将 NewCurrentCount 的起始值设置为 0，表示修改当前值为 0，即重新开始计数。

		名称	数据类型	起始值	保持	可从 HMI/...	从 H...	在 HMI ...	设定值	注释
1		▼ Static								
2		▼ MyHSC	HSC_Count		☐	☑	☑	☑	☐	
3		CurrentCount	DInt	0		☑	☑	☑	☐	
4		CapturedCount	DInt	0		☑	☑	☑	☐	
5		SyncActive	Bool	false		☑	☑	☑	☐	
6		DirChange	Bool	false		☑	☑	☑	☐	
7		CmpResult_1	Bool	false		☑	☑	☑	☐	
8		CmpResult_2	Bool	false		☑	☑	☑	☐	
9		OverflowNeg	Bool	false		☑	☑	☑	☐	
10		OverflowPos	Bool	false		☑	☑	☑	☐	
11		EnHSC	Bool	TRUE		☑	☑	☑	☐	
12		EnCapture	Bool	false		☑	☑	☑	☐	
13		EnSync	Bool	false		☑	☑	☑	☐	
14		EnDir	Bool	false		☑	☑	☑	☐	
15		EnCV	Bool	TRUE		☑	☑	☑	☐	
16		EnSV	Bool	false		☑	☑	☑	☐	
17		EnReference1	Bool	false		☑	☑	☑	☐	
18		EnReference2	Bool	false		☑	☑	☑	☐	
19		EnUpperLmt	Bool	false		☑	☑	☑	☐	
20		EnLowerLmt	Bool	false		☑	☑	☑	☐	
21		EnOpMode	Bool	false		☑	☑	☑	☐	
22		EnLmtBehavior	Bool	false		☑	☑	☑	☐	
23		EnSyncBehavior	Bool	false		☑	☑	☑	☐	
24		NewDirection	Int	0		☑	☑	☑	☐	
25		NewOpModeBeha...	Int	0		☑	☑	☑	☐	
26		NewLimitBehavior	Int	0		☑	☑	☑	☐	
27		NewSyncBehavior	Int	0		☑	☑	☑	☐	
28		NewCurrentCount	DInt	0		☑	☑	☑	☐	
29		NewStartValue	DInt	0		☑	☑	☑	☐	
30		NewReference1	DInt	0		☑	☑	☑	☐	
31		NewReference2	DInt	0		☑	☑	☑	☐	
32		NewUpperLimit	DInt	0		☑	☑	☑	☐	
33		New_Lower_Limit	DInt	0		☑	☑	☑	☐	

图 7-72　CTRL_HSC_EX 背景数据块

(2) 调用 CTRL_HSC_EXT 指令，生成背景数据块

程序块目录下，打开 Hardware interrupt 的中断块 OB40，在程序编辑界面调用工艺→计数→CTRL_HSC_EXT 指令，并自动生成背景数据块，如图 7-73 所示。

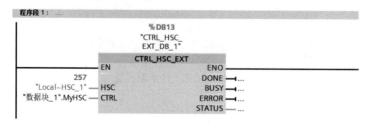

图 7-73　调用 CTRL_HSC_EXT 指令

在 CTRL_HSC_EXT 指令框输入侧 HSC 针脚输入 257 或 Local~HSC_1，这是 HSC_1 的硬件标识符。

在 CTRL_HSC_EXT 指令框输入侧 CTRL 针脚输入"数据块_1".MyHSC。

(3) 修改输入滤波时间

将数字量输入 I0.0 和 I0.1 的滤波时间修改为 3.2μs，并且取消选中"启用上升沿检测"和"启用下降沿检测"复选框，如图 7-74 所示。

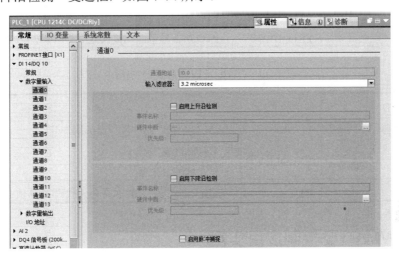

图 7-74　修改输入滤波时间

7.4　PWM 和 PTO 脉冲输出

7.2 节中详细地阐述了 S7-1200 在运动控制领域的强大功能，该功能充分利用了"轴"工艺对象的组态、调试及诊断功能，调用专用性极强的运动控制指令，再通过 PTO 脉冲串输出去控制伺服系统。这种方式控制性能优越，但使用也较为复杂，需有一定的专业知识。

实际生产中，也有些控制要求并不高，如果仍用 S7-1200 的运动控制功能就没必要了，这时我们可以采用更为简便、易学的 CTRL_PTO 指令即可满足需要。

S7-1200 的脉冲信号发生器还可以组态成 PWM 输出方式，这也为有些场合需要 PWM 信号或者用开关量代替模拟量实现连续控制提供了一种选择。

7.4.1　PWM/PTO 指令

1. CTRL_PTO(脉冲串输出)指令

PTO 指令以指定频率提供 50% 占空比输出的方波，如表 7-19 所示。可以使用 CTRL_PTO 指令分配无工艺对象轴数据块 (DB) 的频率。此指令要求必须在硬件配置中激活脉冲发生器并选中信号 PTO 类型。

2. CTRL_PWM(脉宽调制)指令

CTRL_PWM 指令提供占空比可变的固定循环时间输出，如表 7-20 所示。PWM 输出以指定频率(循环时间)启动之后将连续运行。脉冲宽度会根据需要进行变化以影响所需的

控制。

表 7-19   CTRL_PTO(脉冲串输出)指令

LAD	端　口	含　义
CTRL_PTO EN　　　ENO REQ　　DONE PTO　　BUSY FREQUENCY　ERROR STATUS	REQ	1 将 PTO 输出频率设置为 FREQUENCY 中的输出值 0= PTO 无修改
	PTO	PTO 标识符：脉冲发生器的硬件 ID
	FREQUENCY	PTO 所需频率。此值仅适用于当 REQ=1 时

表 7-20   CTRL_PWM(脉宽调制)指令

LAD	端　口	含　义
CTRL_PWM EN　　　ENO PWM　　BUSY ENABLE　STATUS	PWM	PWM 标识符：脉冲发生器的硬件 ID
	ENABLE	1=启动脉冲发生器 0=停止脉冲发生器
STATUS	OUT	Word	执行条件代码(默认值：0)

7.4.2   PWM/PTO 控制应用实例

【例 7-3】PTO 控制应用：现有一套台达伺服系统(电机 ECMA-C20807RS+驱动器 ASD-B2-0721-B)驱动的旋转机械，要求能够三挡速度运行。

解：

(1) 原理图设计(见图 7-75)。

(2) 硬件组态：参照第 7.2.4 节中硬件组态的方法。

(3) 编程(见图 7-76)。

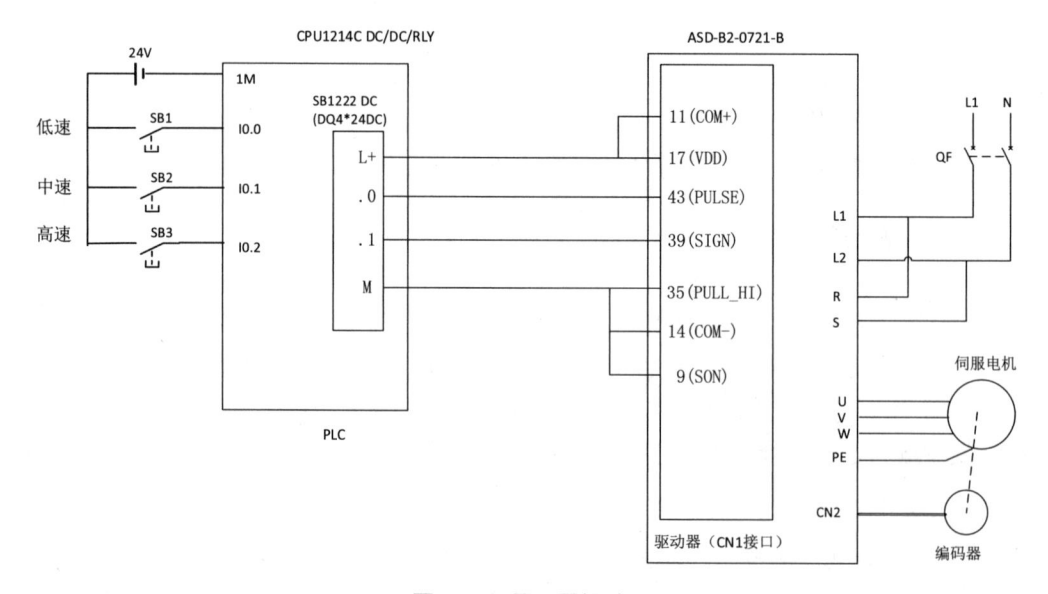

图 7-75   原理图设计

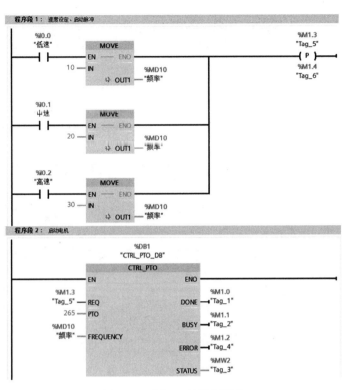

图 7-76　例 7-3 的控制程序

【例 7-4】PWM 控制应用：某系统中有一电加热器，其供电电源为直流 24V，由固态继电器控制加热器的电流通断。现要求 PLC 输出占空比可调的 PWM 信号控制固态继电器，从而控制加热温度。

解：

(1) 原理图设计(见图 7-77)。

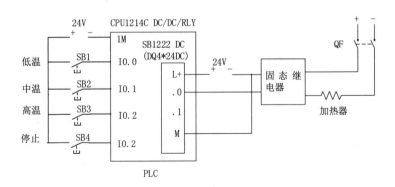

图 7-77　原理图设计

(2) 硬件组态：按图 7-78 所示配置脉冲发生器。

(3) 编程(见图 7-79)。

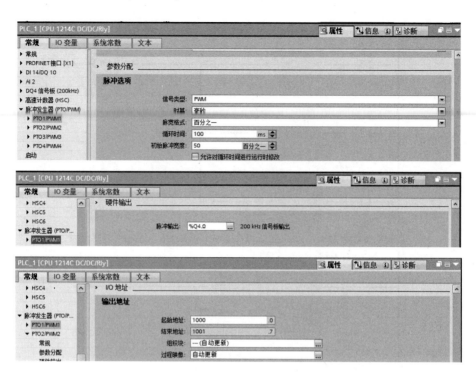

图 7-78 配置脉冲发生器

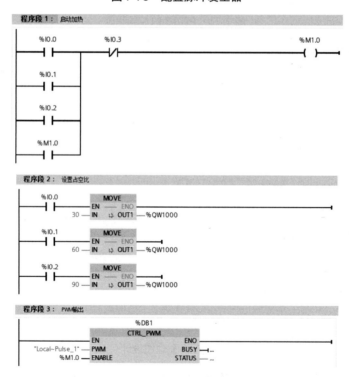

图 7-79 例 7-4 的控制程序

习题及思考题

7-1　高速计数器与普通计数器在使用方面有哪些异同点？

7-2　PWM 及 PTO 功能在工程中有什么意义？举例说明它们的应用。

7-3　某化工设备需每分钟记录一次温度值，温度经传感变换后以脉冲列给出，试安排相关设备及编绘梯形图程序。

7-4　试设计某伺服电机的控制系统。要求：

(1) 伺服电机具体型号自定。

(2) 采用 PTO 控制方式。

(3) 有回原点功能；启动后，伺服电机从原点出发带动滑块向右运动 1000mm，停 2s，接着向左运动到-1000mm 处，停 2s，然后返回原点完成一个循环过程。

第8章 PLC 通信及应用

随着计算机控制技术的普及和大量的智能化设备的使用，利用网络通信技术，可以把设备连接起来，相互交换数据，从而实现分散控制集中管理。

S7-1200 PLC 集成的 PROFINET 接口用于编程、HMI 通信和 PLC 间的通信，此外它还通过开放的以太网协议支持与第三方设备的通信。还可以扩展通信模块用于 PROFIBUS 主从站通信和点对点的串行通信。通信处理器 CP 1242-7 可以通过简单 HUB(集线器)或移动电话网络或 Internet(互联网)同时监视和控制分布式的 S7-1200 单元。

本章主要介绍 S7-1200 PLC 与其他 PLC、上位计算机、人机界面、其他智能设备之间的通信。

8.1 S7-1200 PLC 通信概述

8.1.1 S7-1200 PLC 通信接口与通信模块

1. 本体集成 PROFINET 通信接口

S7-1200 CPU 本体上集成了一个 PROFINET 通信接口，用于编程、HMI 通信和 PLC 间的通信。此外它还通过开放的以太网协议支持与第三方设备的通信。该接口带一个具有自动交叉网线(auto-cross-over)功能的 RJ45 连接器，提供 10/100Mbit/s 的数据传输速率，支持以下协议：TCP/IP、ISO-on-TCP 和 S7 通信。

2. 通信模块

S7-1200 CPU 最多可以添加三个通信模块，支持 PROFIBUS 主从站通信，RS485 和 RS232 通信模块为点对点的串行通信提供连接及 I/O 连接主站。对该通信的组态和编程采用了扩展指令或库功能、USS 驱动协议、Modbus RTU 主站和从站协议，它们都包含在 SIMATIC STEP 7 Basic 工程组态系统中，如表 8-1 所示。

表 8-1 S7-1200 PLC 的通信接口模块

型 号	功 能
通信模块(CM)	
CM 1241 RS232	RS232
CM 1241 RS422/485	RS422/485
CM 1243-5	PROFIBUS 主站
CM 1242-5	PROFIBUS 从站
CM 1243-2	AS-i 主站
通信板(CB)	
CB 1241 RS485	RS485

8.1.2　S7-1200 PLC 通信选项

S7-1200 PLC 通信接口和协议对应表如表 8-2 所示。

表 8-2　S7-1200 PLC 接口和协议对应表

方式	接　口	协　议		用途示例
以太网	本体集成 PROFINET	以太网开放 式用户通信	TCP	CPU 与 CPU 通信帧传输
			ISO on TCP	CPU 与 CPU 通信消息的分割和重组
			UDP	CPU 与 CPU 通信用户程序通信
			MODBUS TCP	多个客户端-服务器连接
		S7 通信		CPU 与 CPU 通信，从 CPU 读取数据/ 向 CPU 写入数据
		PROFINET IO		
串口 通信	CM 1241 RS232， RS422/485	点对点(PtP) 通信	自由接口通信 (ASCII-协议)	直接和外部设备发送/接受信息，如打 印机、条形码阅读器、GPS 装置等
			Modbus-RTU 协议	它使用 RS232 或 RS485 电气连接在 Modbus 网络设备之间传输串行数据
			USS -驱动协议	可控制多个支持通用串行接口 (USS) 的电机驱动器的运行
其他			I-Device	实现主从架构的分布式 I/O 应用
	CM 1243-2	AS-i		将 AS-i 网络连接到 S7-1200 CPU
	SM 1278	I/O Link MASTER		将 IO-Link 设备与 S7-1200 CPU 相连
	CP1242-7 TS 适配器 TS 模块	远程控制		通过 GSM 网络 Internet 和与具有 CP1242-7 的 SIMATIC S7-1200 站进行 通信

1. PROFINET

　　S7-1200 PLC 的 PROFINET 通信接口，支持以太网和基于 TCP/IP 的通信标准。这个 PROFINET 物理接口支持 10M/100M 的 RJ45 口，支持电缆交叉自适应。因此一个标准的或 是交叉的以太网线都可以用于该接口。

　　集成的 PROFINET 接口允许与编程设备、HMI 设备、其他 SIMATIC 控制器和使用标 准的 TCP 通信协议的设备通信(见图 8-1)。

　　最大的连接数为 23 个连接，其中：3 个连接用于 HMI 与 CPU 的通信；1 个连接用于编 程设备(PG)与 CPU 的通信；8 个连接用于 Open IE(ISO-on-TCP，TCP)的编程通信，使用 T-block 指令来实现，可用于 S7-1200 之间的通信、S7-1200 与 S7-300/400 的通信；3 个连接 用于 S7 通信的服务器端连接，可以实现与 S7-200、S7-300/400 的以太网 S7 通信；8 个连接 用于 S7 通信的客户端连接，可以实现与 S7-200、S7-300/400 的以太网 S7 通信。

　　支持以下协议：TCP/IP、ISO-on-TCP 和 S7 通信。

　　特点是组网简单、灵活、多样。SIMATIC S7-1200 的抗干扰的 RJ45 连接器具有自动交叉网线功能，数据传输速率达 10/100Mbit/s。为了使布线最少并提供最大的组网灵活性，可以将紧凑型交换机模块 CSM 1277 和 SIMATIC S7-1200 一起使用，以便轻松组建成一个统一或混合的网络(具有线型、树型或星型的拓扑结构)。CSM1277 是一个 4 端口的非托管交换机，用户可以通过它将 SIMATICS7-1200 连接到最多 3 个附加设备(见图 8-2)。除此之外，如果将 SIMATICS7-1200 和 SIMATICNET 工业无线局域网组件一起使用，还可以构建一个全新的网络。

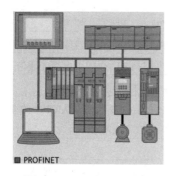

图 8-1　PROFINET 通信

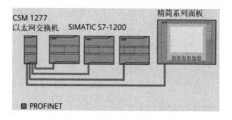

图 8-2　通过 CSM 1277 的多设备的连接

2. PROFIBUS

通过使用 PROFIBUS 主站和从站通信模块，S7-1200 CPU 支持 PROFIBUS 通信标准。

1) PROFIBUS DP 主站(借助 CM1243-5)

PROFIBUS 主站通信模块同时支持下列通信连接(见图 8-3)。

- 为人机界面与 CPU 通信提供 3 个连接。
- 为编程设备与 CPU 通信提供 1 个连接。
- 为主动通信提供 8 个连接，采用分布式 I/O 指令。
- 为被动通信提供 3 个连接，采用 S7 通信指令。

2) PROFIBUS DP 从站(借助 CM1242-5)

通过使用 PROFIBUS DP 从站通信模块 CM1242-5，S7-1200 可以作为一个智能 DP 从站设备与任何 PROFIBUS DP 主站设备通信(见图 8-4)。

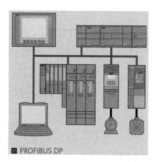

图 8-3　PROFIBUS DP 主站

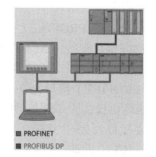

图 8-4　PROFIBUS DP 从站

3. 远程控制通信

在通过 GPRS 的 TeleService 中，安装了 STEP7 的工程师站通过 GSM 网络 Internet 和与具有 CP1242-7 的 SIMATIC S7-1200 站进行通信。该连接通过用作中介并连接到 Internet 的远程控制服务器运行。

1) 简单远程控制

通过使用 GPRS 通信处理器, S7-1200 CPU 支持通过 GPRS 实现监视和控制的简单远程控制(见图 8-5)。

2) TS(远程服务)

TS 适配器 IE Basic 拥有为各种通信技术而精选的 TS 模块，如图 8-6 所示。

- TS 模块：Modem、ISDN、GSM、RS232。
- 不需要现场的 PG/PC。
- 不需要专业人员经常到现场。
- 无因售后服务而产生的交通费用。
- 支持所有远程服务功能，通过技术人员的远程电脑延长了本地总线。

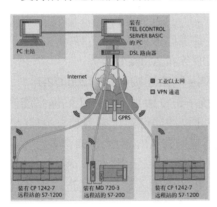

图 8-5 简单远程控制通信

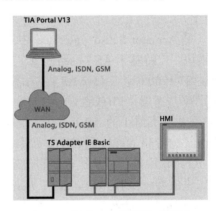

图 8-6 通过 TS 适配器远程服务

4. 串口通信

1) 点对点(PtP)通信

点对点通信提供了各种各样的应用可能性，如图 8-7 所示。

- 直接发送信息到外部设备，如打印机。
- 从其他设备接收信息，如条形码阅读器、RFID 读写器和视觉系统。
- 与 GPS 装置、无线电调制解调器以及许多其他类型的设备交换信息。

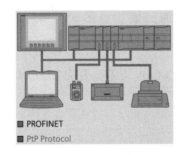

图 8-7 点对点(PtP)通信

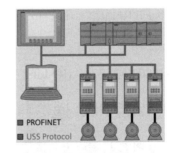

图 8-8 USS 通信

2) USS 通信

通过 USS 指令, S7-1200 CPU 可以控制支持 USS 协议的驱动器。通过 CM1241 RS485

通信模块或者 CB1241 RS485 通信板，使用 USS 指令可用来与多个驱动器进行通信，如图 8-8 所示。

3) Modbus RTU

通过 Modbus 指令，S7-1200 可以作为 Modbus 主站或从站与支持 Modbus RTU 协议的设备进行通信。

通过使用 CM1241 RS485 通信模块或 CB1241 RS485 通信板，Modbus 指令可以用来与多个设备进行通信，如图 8-9 所示。

5. I-Device(智能设备)

通过简单组态，S7-1200 CPU 通过对 I/O 映射区的读写操作可实现主从架构的分布式 I/O 应用，如图 8-10 所示。

6. AS-i

AS-i 是 Actuator Sensor Interface (执行器-传感器接口)的缩写，S7-1200 和 ET 200SP 通过通信模块，支持基于 AS-i 网络的 AS-i 主站协议服务和 ASIsafe 服务。

通过 S7-1200 CM 1243-2 AS-i 主站模块可将 AS-i 网络连接到 S7-1200 CPU。

执行器/传感器接口(或者说 AS-i)是自动化系统中最低级别的单一主站网络连接系统。CM1243-2 作为网络中的 AS-i 主站，仅需一条 AS-i 电缆即可将传感器和执行器(AS-i 从站设备)经由 CM1243-2 连接到 CPU。CM1243-2 可处理所有 AS-i 网络协调事务，并通过为其分配的 I/O 地址中继传输从执行器和传感器到 CPU 的数据和状态信息。根据从站类型，可以访问二进制数值或模拟值。AS-i 从站是 AS-i 系统的输入和输出通道，并且只有在由 CM1243-2 调用时才会激活。

如图 8-11 所示，S7-1200 是控制 AS-i 数字量/模拟量 I/O 模块从站设备的 AS-i 主站。

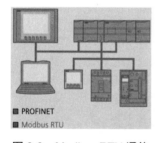 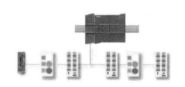

图 8-9　Modbus RTU 通信　　图 8-10　I-Device(智能设备)通信　　图 8-11　S7-1200 AS-i 主站

7. IO-Link

利用 S7-1200 SM 1278 4xIO-Link 主站，可将 IO-Link 设备与 S7-1200 CPU 相连。

8.1.3　S7-1200 PLC 通信典型应用

1. S7-1200 PLC 与编程设备通信

S7-1200 CPU 可以与网络上的 STEP 7 编程设备进行通信(见图 8-12)。在 CPU 和编程设备之间建立通信时要考虑以下几点。

● 组态/设置：需要进行硬件配置。

● 一对一通信不需要以太网交换机；网络中有两个以上的设备时需要以太网交换机。

2. HMI 与 S7-1200 PLC 通信

CPU 支持通过 PROFINET 端口与 HMI 通信(见图 8-13)。设置 CPU 和 HMI 之间的通信时必须考虑以下要求。

1) 组态/设置

● 必须组态 CPU 的 PROFINET 端口与 HMI 连接。

● 必须已设置和组态 HMI。

● HMI 组态信息是 CPU 项目的一部分，可以在项目内部进行组态和下载。

● 一对一通信不需要以太网交换机；网络中有两个以上的设备时需要以太网交换机。

2) 支持的功能

● HMI 可以对 CPU 读/写数据。

● 可基于从 CPU 重新获取的信息触发消息。

● 系统诊断。

3. 两个 S7-1200 PLC 通信

通过使用 TSEND_C 和 TRCV_C 指令，一个 CPU 可与网络中的另一个 CPU 进行通信(见图 8-14)。

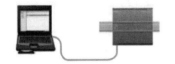 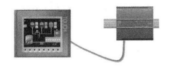 

图 8-12　PLC 与编程设备通信　　图 8-13　HMI 与 PLC 通信　　图 8-14　两个 S7-1200 PLC 通信

设置两个 CPU 之间的通信时必须考虑以下要求。

● 组态/设置：需要进行硬件配置。

● 支持的功能：向对等 CPU 读/写数据。

● 一对一通信不需要以太网交换机；网络中有两个以上的设备时需要以太网交换机。

4. S7-1200 PROFIBUS 通信

1) S7-1200 PLC 作为从站

S7-1200 可通过 CM1242-5(DP 从站)通信模块作为从站连接到 PROFIBUS 网络。CM1242-5(DP 从站)模块可以是 DP V0/V1 主站的通信伙伴。如图 8-15 所示的 S7-1200 是 S7-300 控制器的 DP 从站。

2) S7-1200 PLC 作为主站

S7-1200 也可通过 CM1243-5(DP 主站)通信模块作为主站连接到 PROFIBUS 网络。CM1243-5(DP 主站)模块可以是 DP V0/V1 从站的通信伙伴。如图 8-16 所示的 S7-1200 是控制 ET200SP DP 从站的主站。

3) S7-1200 PLC 作为主站、从站

如果同时安装了 CM1242-5(DP 从站)和 CM1243-5(DP 主站)，则 S7-1200 既可充当上位 DP 主站系统的从站，又可充当下位 DP 从站系统的主站(见图 8-17)。

图 8-15　S7-1200 和 S7-300 通信

图 8-16　S7-1200 与 ET200SP 通信

图 8-17　S7-1200 PLC 作为主站、从站

5. S7-1200 与 S7-200 的通信

S7-1200 CPU 与 S7-200 CPU 之间的通信只能通过 S7 通信来实现，因为 S7-200 的以太网模块只支持 S7 通信。由于 S7-1200 的 PROFINET 通信接口支持 S7 通信的服务器端，所以在编程方面，S7-1200 CPU 不用做任何工作，只需为 S7-1200 CPU 配置好以太网地址并下载即可。主要编程工作都在 S7-200 CPU 一侧完成，需要将 S7-200 的以太网模块设置成客户端，并用 ETHx_XFR 指令编程通信。

8.2　S7-1200 PLC 以太网通信

8.2.1　以太网开放式用户通信

1. TCP 和 ISO on TCP

传输控制协议(Transmission Control Protocol，TCP)是由 IETF 的 RFC793 定义的一种面向连接的、可靠的、基于字节流的传输层通信协议。TCP 位于 ISO-OSI 参考模型的第 4 层。TCP 主要用于在主机间建立一个虚拟连接，以实现高可靠性的数据包交换。

ISO 传输协议最大的优势是通过数据包来进行数据传递。然而，由于网络的增加，它不支持路由功能的劣势也逐渐显现。TCP/IP 兼容了路由功能后，对以太网产生了重要的影响。为了集合两个协议的优点，在扩展的 RFC1006 ISO on top of TCP 作了注释，也称为 ISO on TCP，即在 TCP/IP 中定义了 ISO 传输的属性。ISO on TCP 也是位于 ISO-OSI 参考模型的第 4 层，并且默认的数据传输端口是 102(见图 8-18)。

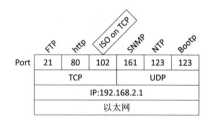

图 8-18　TCP 和 ISO on TCP

TCP 通信是面向连接的通信协议，通信之前需要连接，通信双方的一方为 TCP 通信的客户端，另一方为通信的服务器。

客户端：主动建立连接，可以理解为主站。

服务器：被动建立连接，可以理解为从站。

双方的发送和接收指令必须成对出现。

表 8-3 所示为以太网通信指令表。

表 8-3 以太网通信指令表

协 议		通 信 指 令
以太网开放式用户通信	TCP,	TSEND_C、TRCV_C、TCON、TDISCON、TSEND 和 TRCV
	ISO on TCP	TSEND_C、TRCV_C、TCON、TDISCON、TSEND 和 TRCV
	UDP	TUSEND 和 TURCV
S7 通信		GET 和 PUT
PROFINET IO		内置

1) TCP 和 ISO on TCP 通信指令

TCP 和 ISO on TCP 协议有带连接管理和不带连接管理两套指令, 如表 8-4 所示。

表 8-4 TCP 和 ISO on TCP 通信指令

	指 令	功 能
带有连接管理的功能块	TSEND_C	激活以太网连接并发送数据
	TRCV_C	激活以太网连接并接收数据
不带连接管理的功能块	TCON	激活以太网连接
	TDISCON	断开以太网连接
	TSEND	发送数据
	TRCV	接收数据

TCP 和 ISO on TCP 通信指令的功能如图 8-19 和图 8-20 所示。

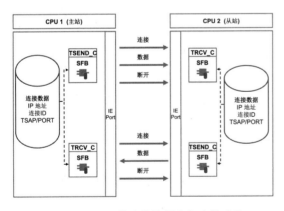

图 8-19 带连接的通信指令的功能

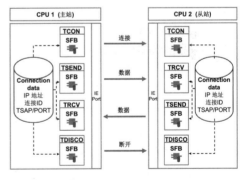

图 8-20 不带连接的通信指令的功能

2) 开放式用户通信指令的连接 ID

将 TSEND_C、TRCV_C 或 TCON 指令插入用户程序中时, 编程软件会创建一个背景数据块, 以配置设备之间的通信通道(或连接)。指令的"属性"界面用以配置连接的参数, 这些参数中包括连接 ID。

① 连接 ID 对于 CPU 必须是唯一的。创建的每个连接必须具有不同的 DB 和连接 ID。

② 本地 CPU 和伙伴 CPU 都可以对同一连接使用相同的连接 ID 编号, 但连接 ID 编号不需要匹配。连接 ID 编号只与各 CPU 用户程序中的 PROFINET 指令相关。

③ CPU 的连接 ID 可以使用任何数字。但是, 从 1 开始按顺序组态连接 ID 可以很容易

地跟踪特定 CPU 使用的连接数。

【例 8-1】使用两个 CPU 之间的通信连接来发送和接收数据(见图 8-21)。

方法 1：使用两个单独的连接来发送和接收数据。

CPU_1 中的 TSEND_C 指令通过第一个连接(CPU_1 和 CPU_2 上的"连接 ID1")与 CPU_2 中的 TRCV_C 链接。CPU_1 中的 TRCV_C 指令通过第二个连接(CPU_1 和 CPU_2 上的"连接 ID2")与 CPU_2 中的 TSEND_C 链接。

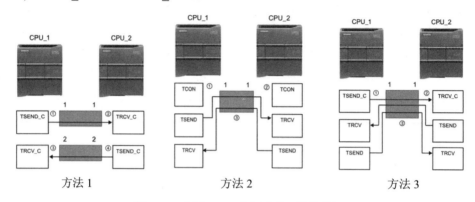

图 8-21　两个 CPU 之间发送和接收数据

① CPU_1 上的 TSEND_C 创建一个连接并为该连接分配连接 ID(CPU_1 的连接 ID1)。

② CPU_2 上的 TRCV_C 为 CPU_2 创建连接并分配连接 ID(CPU_2 的连接 ID1)。

③ CPU_1 上的 TRCV_C 为 CPU_1 创建第二个连接并为该连接分配不同的连接 ID(CPU_1 的连接 ID2)。

④ CPU_2 上的 TSEND_C 创建第二个连接并为该连接分配不同的连接 ID(CPU_2 的连接 ID2)。

方法 2：两个 CPU 使用一个连接来发送和接收数据。

每个 CPU 都使用 TCON 指令来组态两个 CPU 之间的连接。

CPU_1 中的 TSEND 指令通过由 CPU_1 中的 TCON 指令组态的连接 ID(连接 ID1)链接到 CPU_2 中的 TRCV 指令。CPU_2 中的 TRCV 指令通过由 CPU_2 中的 TCON 指令组态的连接 ID(连接 ID1)链接到 CPU_1 中的 TSEND 指令。

CPU_2 中的 TSEND 指令通过由 CPU_2 中的 TCON 指令组态的连接 ID(连接 ID1)链接到 CPU_1 中的 TRCV 指令。CPU_1 中的 TRCV 指令通过由 CPU_1 中的 TCON 指令组态的连接 ID(连接 ID1)链接到 CPU_2 中的 TSEND 指令。

① CPU_1 上的 TCON 创建一个连接并在 CPU_1 上为该连接分配连接 ID(ID=1)。

② CPU_2 上的 TCON 创建一个连接并在 CPU_2 上为该连接分配连接 ID(ID=1)。

③ CPU_1 上的 TSEND 和 TRCV 使用 CPU_1 上的 TCON 创建的连接 ID(ID=1)。CPU_2 上的 TSEND 和 TRCV 使用 CPU_2 上的 TCON 创建的连接 ID(ID=1)。

方法 3：使用单个 TSEND 和 TRCV 指令通过由 TSEND_C 或 TRCV_C 指令创建的连接进行通信。

TSEND 和 TRCV 指令本身不会创建新连接，因此必须使用由 TSEND_C、TRCV_C 或 TCON 指令创建的 DB 和连接 ID。

① CPU_1 上的 TSEND_C 创建一个连接并为该连接分配连接 ID(ID=1)。

② CPU_2 上的 TRCV_C 创建一个连接并在 CPU_2 上为该连接分配连接 ID(ID=1)。

③ CPU_1 上的 TSEND 和 TRCV 使用 CPU_1 上的 TSEND_C 创建的连接 ID(ID=1)。CPU_2 上的 TSEND 和 TRCV 使用 CPU_2 上的 TRCV_C 创建的连接 ID(ID=1)。

3) PROFINET 连接的参数

TSEND_C、TRCV_C 和 TCON 指令需要连接相关的参数，才能连接到伙伴设备，如图 8-22 所示。TCON_Param 结构为 TCP、ISO-on-TCP 和 UDP 协议分配这些参数。通常使用指令的"属性"(Properties)中的"组态"(Configuration)选项卡来指定这些参数。

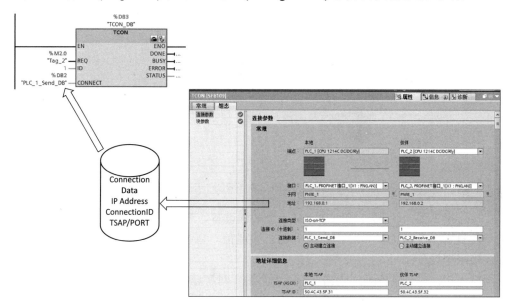

图 8-22　PROFINET 连接的参数

4) TSEND_C、TRCV_C 指令

带有连接管理的功能块 TSEND_C 指令兼具 TCON、TDISCON 和 TSEND 指令的功能。TRCV_C 指令兼具 TCON、TDISCON 和 TRCV 指令的功能，如图 8-23 所示。

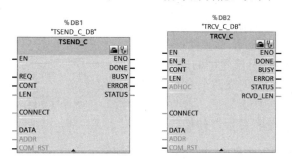

图 8-23　TSEND_C、TRCV_C 指令

TSEND_C(TRCV_C)可与伙伴站建立 TCP 或 ISO on TCP 通信连接、发送(接收)数据，并且可以终止该连接。设置并建立连接后，CPU 会自动保持和监视该连接。TSEND_C 指令功能为(TRCV_C 指令类似，用于接收数据):

① 要建立连接，设置 TSEND_C 的参数 CONT=1。成功建立连接后，TSEND_C 置位 DONE 参数一个扫描周期为 1。

② 如果需要结束连接,那么设置 TSEND__C 的参数 CONT=0,连接会立即自动中断,这也会影响接收站的连接,造成接收缓存区的内容丢失。

③ 要建立连接并发送数据,将 TSEND_C 的参数设为 CONT=1,并需要给参数 REQ 一个上升沿,成功执行完一个发送操作后,TSEND_C 会置位 DONE 参数一个扫描周期为 1。

2. S7-1200 PLC 的 PROFINET 连接方法

S7-1200 CPU 的 PROFINET 接口有两种网络连接方法:直接连接和网络连接(见图 8-24)。

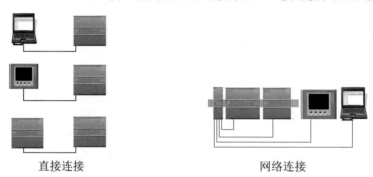

直接连接   网络连接

图 8-24 S7-1200 PLC 的 PROFINET 连接方法

直接连接:当一个 S7-1200 CPU 与一个编程设备,或一个 HMI,或一个 PLC 通信时,也就是说只有两个通信设备时,实现的是直接通信。直接连接不需要使用交换机,用网线直接连接两个设备即可。

网络连接:多个设备(两个以上)之间通信需要网络连接。网络连接需要使用以太网交换机来实现。

3. S7-1200 PLC 的 PROFINET 通信过程

实现两个 CPU 之间通信的具体操作步骤如下。

第 1 步:建立硬件通信物理连接。两个 CPU 可以直接连接,不需要使用交换机。由于 S7-1200 PLC 的 PROFINET 物理接口支持交叉自适应功能,因此连接两个 CPU 既可以使用标准的以太网电缆也可以使用交叉的以太网线。

第 2 步:在 Device View 配置硬件设备。

第 3 步:为两个 CPU 分配不同的永久 IP 地址。

第 4 步:在网络连接中建立两个 CPU 的逻辑网络连接。

第 5 步:编程配置连接及发送、接收数据参数。在两个 CPU 里分别调用 TSEND_C、TRCV_C 通信指令,并配置参数,使能双边通信。

4. 实例:两套 S7-1200 PLC 之间的以太网通信

【例 8-2】两套 S7-1200 PLC 之间的以太网通信(ISO on TCP 协议)。要求:

将 PLC_1 的通信数据区 DB 块中的 100 字节的数据发送到 PLC_2 的接收数据区 DB 块中,PLC_1 的 MB100 接收 PLC_2 发送的 MB100 的数据。

解: 使用单个 TSEND 和 TRCV 指令通过由 TSEND_C 或 TRCV_C 指令创建的连接进行通信。TSEND 和 TRCV 指令本身不会创建新连接,因此必须使用由 TSEND_C、TRCV_C 或 TCON 指令创建的 DB 和连接 ID(见图 8-25)。

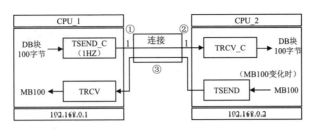

图 8-25 两台 S7-1200 PLC 之间的以太网开放式用户通信

① CPU_1 上的 TSEND_C 创建一个连接并为该连接分配连接 ID(ID=1)，发送 DB 块中的 100 字节的数据。

② CPU_2 上的 TRCV_C 创建一个连接并为该连接分配连接 ID(ID=1)，接收 100 字节的数据并存入 DB 块中。

③ CPU_2 上的 TSEND 使用 CPU_2 上的 TRCV_C 创建的连接 ID(ID=1)，发送 MB100 字节。CPU_1 上的 TRCV 使用 CPU_1 上的 TSEND_C 创建的连接 ID(ID=1)，接收字节到 MB100。

下面一组图(见图 8-26～图 8-41)详细说明两套 S7-1200 PLC 之间的以太网通信过程(图中数字表示操作顺序)

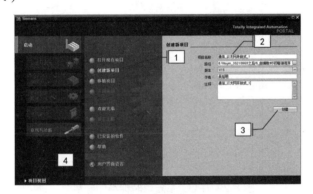

图 8-26 创建新项目

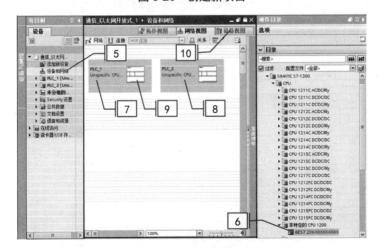

图 8-27 添加未定义的 PLC

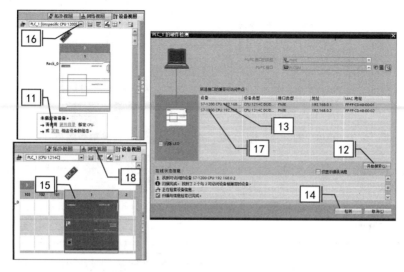

图 8-28 读取上载实际 S7-1200 PLC 硬件组态

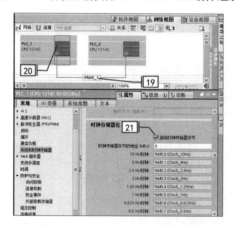

图 8-29 PLC_1 启用时钟存储器字节

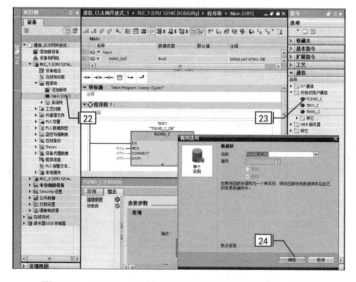

图 8-30 PLC_1 调用 TSEND_C 指令块并创建 DB 块

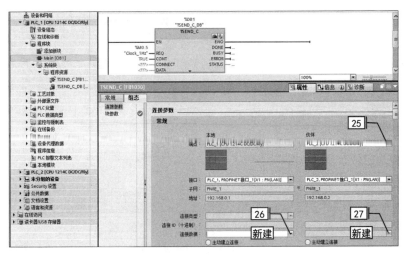

图 8-31 新建连接数据块

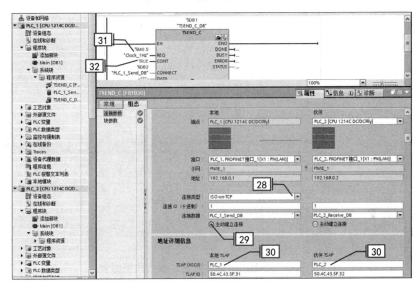

图 8-32 设置连接参数

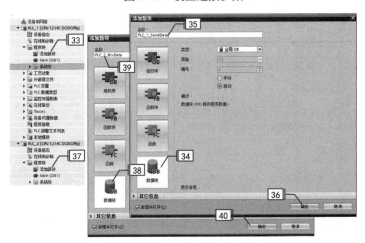

图 8-33 创建发送、接受数据块

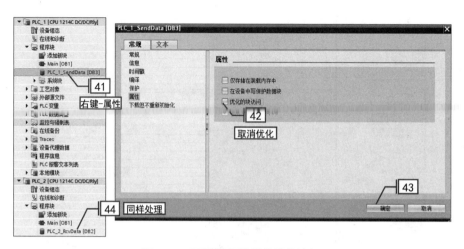

图 8-34　取消数据块优化的块访问

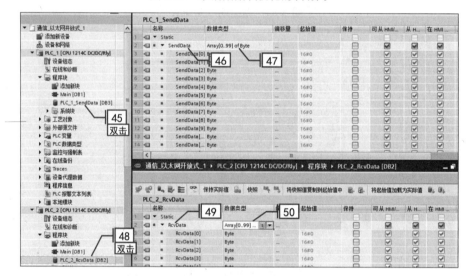

图 8-35　数据块中新建发送、接收数据变量

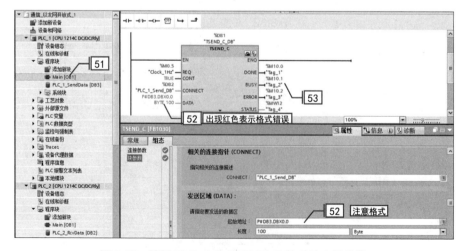

图 8-36　编辑 PLC_1 的 TSEND_C 输入输出操作数

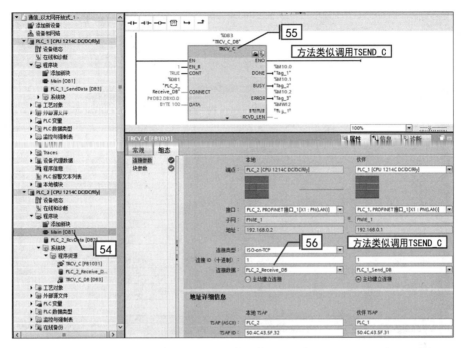

图 8-37 PLC_2 中调用 TRCV_C 指令块并创建数据块、设置连接参数

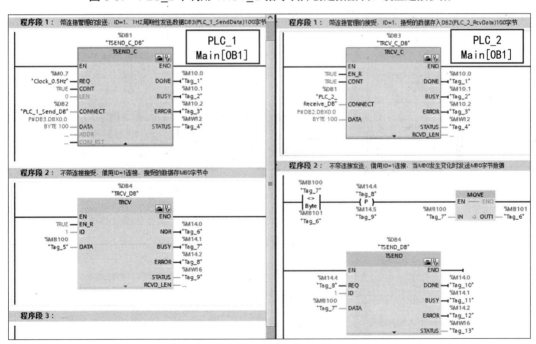

图 8-38 调用 TSEND 和 TRCV 指令块、指定操作数

如果已有实际安装配置的 S7-1200 系统，就用先添加未定义的 PLC，然后用下面方法读取配置信息要比手动组态便捷，而且不容易出错。

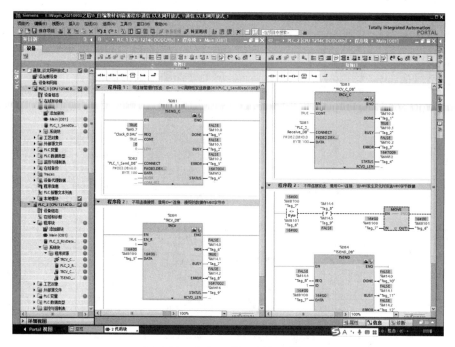

图 8-39　各自下载、在线、监视

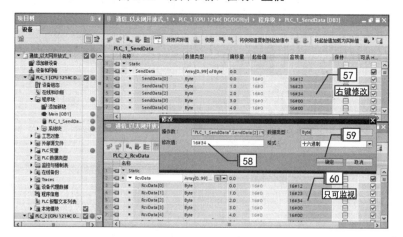

图 8-40　修改发送数据、监视接收数据(1)

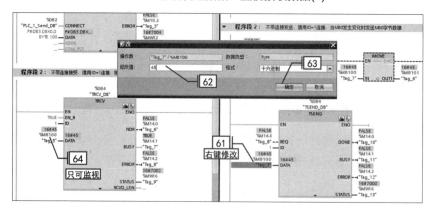

图 8-41　修改发送数据、监视接收数据(2)

8.2.2　S7 通信

所有 SIMATIC S7 控制器都集成了用户程序可以读写数据的 S7 通信服务。不管使用哪种总线系统都可以支持 S7 通信服务，即以太网、PROFIBUS 和 MPI 网络中都可使用 S7 通信。此外，使用适当的硬件和软件的 PC 系统也可支持通过 S7 协议的通信。

1. S7 通信协议

S7 协议是专门为西门子控制产品优化设计的通信协议，它主要用于 S7 CPU 之间通信、CPU 与西门子人机界面和编程设备之间的通信。

S7 通信协议是面向连接的协议，在进行数据交换之前，必须与通信伙伴建立连接。面向连接的协议具有较高的安全性。S7 通信可以用于工业以太网和 PROFIBUS-DP。这些网络的 S7 通信的组态和编程方法基本上相同。

连接是指两个通信伙伴之间为了执行通信服务建立的逻辑链路，而不是指两个站之间用物理媒体(例如电缆)实现的连接。连接相当于通信伙伴之间的一条虚拟 "专线"，它们随时可以用这条"专线"进行通信。一条物理线路可以建立多个连接。

S7 连接属于需要用网络视图组态的静态连接。静态连接要占用参与通信的模块(CPU、通信处理器 CP 和通信模块 CM)的连接资源，同时可以使用的连接的个数与它们的型号有关。

S7 连接分为单向连接和双向连接，S7 PLC 的 CPU 集成的以太网接口都支持 S7 单向连接。

单向连接中的客户机(Client)是向服务器(Server)请求服务的设备，客户机是主动的，它调用 GET/PUT 指令来读、写服务器的存储区，通信服务经客户机要求而启动。服务器是通信中的被动方，用户不用编写服务器的 S7 通信程序，S7 通信是由服务器的操作系统完成的。

单向连接只需要客户机组态连接、下载组态信息和编写通信程序。单向连接只是通信发起者是客户机，但客户机可以读、写服务器的存储区，单向连接实际上可以双向传输数据。

V2.0 及以上版本的 S7-1200 CPU 的 PROFINET 通信口可以作为 S7 通信的服务器或客户机。

双向连接(在两端组态的连接)的通信双方都需要下载连接组态，一方调用指令 BSEND 或 USEBD 来发送数据，另一方调用指令 BRCV 或 URCV 来接收数据。S7-1200 CPU 不支持双向连接的 S7 通信。

2. S7 通信指令(PUT 和 GET)

GET 指令从远程 CPU 读取，PUT 指令从远程 CPU 写入，如图 8-42 所示。STEP 7 会在插入指令时自动创建 DB 块。S7 通信指令(PUT 和 GET)参数的数据类型如表 8-5 所示。

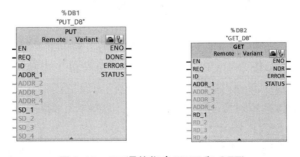

图 8-42　S7 通信指令(PUT 和 GET)

表 8-5　S7 通信指令(PUT 和 GET)参数的数据类型

参数和类型		数据类型	说　明
REQ	Input	Bool	通过由低到高的(上升沿)信号启动操作
ID	Input	Word	S7 连接 ID(十六进制)
NDR(GET)	Output	Bool	新数据就绪: 0=请求尚未启动或仍在运行; 1=已成功完成任务
DONE (PUT)	Output	Bool	DONE: 0=请求尚未启动或仍在运行; 1=已成功完成任务
ADDR_1~4	InOut	远程	指向远程 CPU 中存储待读取(GET)或待发送(PUT)数据的存储区
RD_1~4 (GET) SD_1~4 (PUT)	InOut	Variant	指向本地 CPU 中存储待读取(GET)或待发送(PUT)数据的存储区。注: 如果该指针访问 DB, 则必须指定绝对地址, 如 P#DB10.DBX5.0 Byte 10, 在此情况下, 10 代表 GET 或 PUT 的字节数

3. S7-1200 PLC 之间的 S7 通信

【例 8-3】两套 S7-1200 PLC 之间的 S7 协议通信。要求:

按频率 0.5Hz 周期性地将 PLC_1 的通信数据区 DB1 块中的数据发送到 PLC_2 的接收数据区 DB4 块中, PLC_1 的数据块 DB2 存放读取 PLC_2 数据 DB3 的数据。

解: 本例采用 S7 单向连接通信。PLC_1 做客户机(Client), PLC_2 做服务器(Server)。PLC_1 是主动方, 调用 GET/PUT 指令来读、写 PLC_2 的存储区, 通信服务经 PLC_1 的要求而启动。PLC_2 是通信中的被动方, 用户不用编写服务器的 S7 通信程序, 但 PLC_2 要允许来自远程对象的 PUT/GET 通信访问。通信示意图如图 8-43 所示。

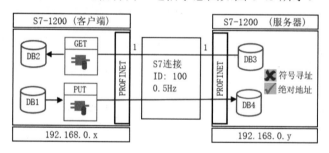

图 8-43　两台 S7-1200 PLC 之间的以太网 S7 通信

1) 创建项目、硬件组态

PLC_1 的 IP 地址设置为 192.168.0.1; PLC_2 的 IP 地址设置为 192.168.0.2。组态时启用 PLC_1 的 MB0 为时钟存储器字节, 如图 8-44 所示。

2) 设置"防护与安全"

要使用 PUT/GET 指令访问远程连接伙伴, 用户还必须得到许可。如果希望允许从客户端访问 CPU 数据, 即不希望限制 CPU 的通信服务, 可按以下步骤操作。

(1) 将保护访问级别组态为"完全访问权限(无任何保护)"。

(2) 选中"允许来自远程对象的 PUT/GET 通信访问"复选框, 如图 8-45 所示。

3) 创建 S7 连接、配置连接

双击项目树中的"设备和网络", 打开网络视图(见图 8-46)。单击左上角的"连接"按钮, 设置连接类型为"S7 连接"。用拖曳的方法建立两个 CPU 的 PN 接口之间的名为"S7_

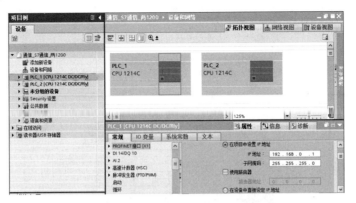

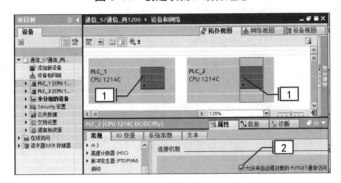

连接_1"的连接。

图 8-44 创建项目、硬件组态

图 8-45 设置"防护与安全"

4) 创建读写数据块、取消优化

为 PLC_1 生成 DB1 和 DB2,为 PLC_2 生成 DB3 和 DB4,在这些数据块中生成由 6 个整数组成的数组。不要启用数据块属性中的"优化的块访问"功能(见图 8-47)。

5) 编程

在 S7 通信中,PLC_1 做通信的客户机。打开它的 DB1,将右边指令列表的"通信"窗格的"S7 通信"文件夹中的指令 GET 和 PUT 拖曳到梯形图中(见图 8-48)。在时钟存储器位 M0.7 的上升沿,GET 指令每 2s 读取 PLC_2 的 DB3 中的 6 个整数,用本机的 DB2 保存。PUT 指令每 2s 将本机的 DB1 中的 6 个整数写入 PLC_2 的 DB4。

PUT 指令或 GET 指令最多可以分别读取和改写服务器的 4 个数据区。远程 CPU 存储区 ADDR_i 的数据类型和字节数必须和本地的 SDi 和 RD_i 数据类型和字节数相互匹配。

选中 PUT 指令或 GET 指令,再选中巡视窗口中的"属性>组态>连接参数",可以组态连接参数。选中巡视窗口中的"属性>组态>块参数",可以在右边窗口设置指令的输入参数和输出参数。

PLC_2 在 S7 通信中做服务器,不用编写调用指令 GET 和 PUT 的程序。

6) 下载、调试

将通信双方的用户程序和组态信息分别下载到 CPU,用电缆连接它们的以太网接口。进入运行模式后,监控 PLC_1 的 Main[OB1]程序(见图 8-49),确保没有错误后监控双方的数据块(见图 8-50)。

305

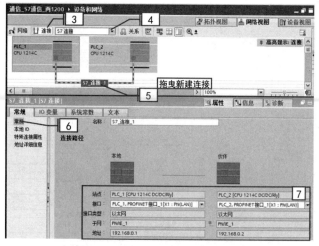

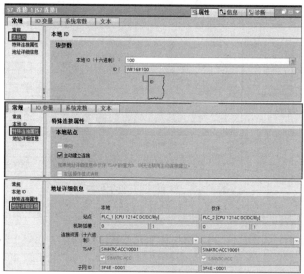

图 8-46　创建 S7 连接

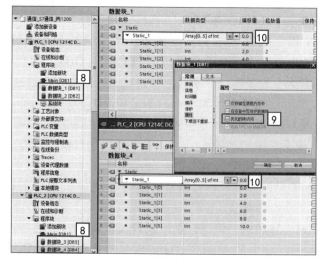

图 8-47　创建读写数据块、取消优化

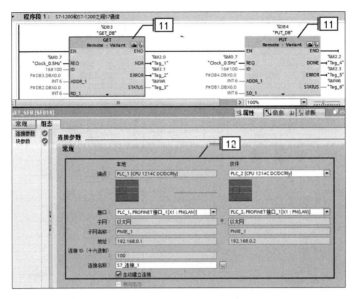

图 8-48 PLC_1 的 Main[OB1]程序

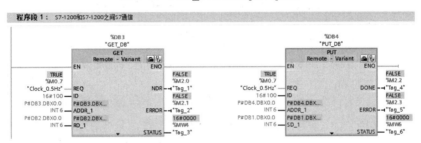

图 8-49 PLC_1 的 Main[OB1]程序在线监控状态

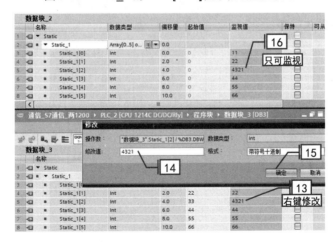

图 8-50 监控双方的数据块

4. S7-200 与 S7-1200 PLC 之间的 S7 通信

S7-1200 PLC 与 S7-200 PLC 之间的通信只能通过 S7 通信来实现，因为 S7-200 PLC 的以太网模块只支持 S7 通信。由于 S7-1200 PLC 的 PROFINET 通信接口支持 S7 通信的服务器端，所以在编程方面，S7-1200 PLC 不用做任何工作，只需为 S7-1200 PLC 配置好以太网地址并下载即可。主要编程工作都在 S7-200 PLC 一侧完成,需要将 S7-200 PLC 的以太网模块设置成客户端,并用 ETH_XFR 指令编程通信,如图 8-51 所示。

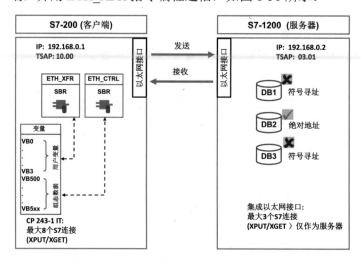

图 8-51　S7-200 通过 S7 通信访问 S7-1200

5. S7-300/400 与 S7-1200 PLC 之间的 S7 通信

S7-1200 PLC 与 S7-300/400 PLC 之间的以太网通信方式相对来说要多一些,可以采用下列方式:TCP、ISO on TCP 和 S7 通信。

对于 S7 通信,S7-1200 PLC 的 PROFINET 通信口只支持 S7 通信的服务器端,所以在编程组态和建立连接方面,S7-1200 PLC 不用做任何工作,只需在 S7-300 PLC 一侧建立单边连接,并使用单边编程方式 PUT、GET 指令进行通信,如图 8-52 所示。

注意:如果在 S7-1200 PLC 一侧使用 DB 块作为通信数据区,必须将 DB 块定义成绝对寻址,否则会造成通信失败。

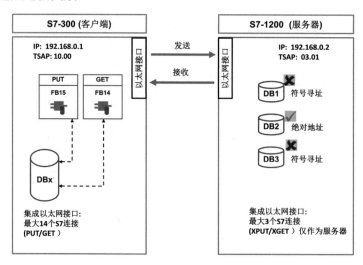

图 8-52　S7-300 通过 S7 通信访问 S7-1200

8.3　S7-1200 PLC 的串口通信

S7-1200 的串口通信有两个通信模块(communication module，CM)和一个通信板 (communication board，CB)提供了用于 PtP 通信的接口，分别是 CM1241 RS232、CM1241 RS422/485 和 CB1241 RS485。最多可以连接三个 CM(类型不限)外加一个 CB，总共可提供四个通信接口。将 CM 安装到 CPU 或另一个 CM 的左侧，将 CB 安装在 CPU 的前端。

串行通信接口具有以下特征。

- 支持点对点(Point-to-Point，PtP)协议。
- 通过点对点通信处理器指令进行组态和编程。

CPU 支持下列基于字符的串行协议的点对点通信(PtP)。

- PtP，自由口。
- PtP，3964(R)。
- USS。
- Modbus。

CM1241 RS232 接口模块支持基于字符的自由口协议和 Modbus RTU 主从协议。

CM1241 RS485 接口模块支持基于字符的自由口协议、Modbus RTU 主从协议及 USS 协议，如表 8-6 所示。

表 8-6　串口通信协议及指令

协　议	通信指令
PtP，自由口 PtP，3964(R)	Port_Config、Send_Config、Receive_Config、P3964_Config、Send_P2P、Receive_P2P、Receive_Reset、Signal_Get、Signal_Set、Get_Features、Set_Features、
Modbus-RTU	Modbus_Comm_Load、Modbus_Master、Modbus_Slave
USS	Uss_Port_Scan、Uss_Drive_Control、Uss_Read_Param、Uss_Write_Param

8.3.1　自由口协议通信

S7-1200 支持使用自由口协议的点对点通信，可以通过用户程序定义和实现选择的协议。PtP 通信具有很大的自由度和灵活性，可以将信息直接发送给外部设备(例如打印机)，也可以接收外部设备(例如条形码阅读器)的信息。

CM1241 RS232、CM1241 RS422/485 通信模块和 CB1241 RS485 通信板均支持自由口协议通信。其实除了这些，S7-1200 还允许使用 PROFIBUS 或 PROFINET 接口连接至 PROFIBUS 或 PROFINET 接口模块的机架，通过机架中 PtP 通信模块实现与 PtP 设备的串行通信。

因此，S7-1200 支持两组 PtP 指令：

早期点对点指令：这些指令适用于 V4.0 版本之前的 S7-1200，并且只能通过 CM1241 通信模块或 CB1241 通信板进行串行通信。

点对点指令：这些指令具备早期指令的所有功能，并且增添了对使用 PROFINET 和

PROFIBUS 分布式 I/O 的 PtP 通信模块的支持。这些点对点指令允许通过分布式 I/O 机架访问通信模块。

要使用这些点对点指令，S7-1200 CM1241 模块的固件版本不得低于 V2.1。这些模块只能连接至 CPU 左侧的本地机架。也可以使用 CB1241 的点对点指令。

1. PtP 自由口通信配置与指令

可以使用以下两种方法配置通信接口以进行 PtP 自由口通信：

第一种方法是通过编程软件的设备组态界面设置端口参数、发送参数和接收参数的方式配置 PtP 自由口。CPU 存储设备组态设置，并在循环上电和从 RUN 模式切换到 STOP 模式后应用这些设置。

第二种方法是使用 Port_Config、Send_Config 和 Receive_Config 指令设置通信参数。通过指令配置的通信端口设置在 CPU 处于 RUN 模式期间有效。在切换到 STOP 模式或循环上电后，这些端口设置会恢复为设备组态设置。

也就是说，如果需要在 CPU 处于 RUN 模式期间改变端口参数，则在程序中调用组态指令，如果不需要改变端口参数，则用设备组态方式配置端口参数更加便捷直观。

PtP 通信指令共有 11 条，如表 8-7 所示。每条指令有两个公共的输入参数 REQ 和 PORT 用以启动指令和指定通信端口，如表 8-8 所示。

表 8-7　PtP 通信指令

指令名称	功　能	版　本
Port_Config	组态 PtP 通信端口	V1.2
Send_Config	组态 PtP 发送方	V1.2
Receive_Config	组态 PtP 接收方	V1.3
P3964_Config	组态协议	V1.3
Send_P2P	发送数据	V3.0
Receive_P2P	接收数据	V2.0
Receive_Reset	删除接收缓冲区	V1.2
Signal_Get	读取状态	V1.4
Signal_Set	设置伴随信号	V1.2
Get_Features	获取扩展功能	V2.1
Set_Features	设置扩展功能	V2.1

表 8-8　PtP 通信指令的公共输入参数

参　数	说　明
REQ	许多 PtP 指令使用 REQ 输入在由低电平向高电平切换时启动操作。REQ 输入在指令执行一次的时间内必须为高电平(TRUE)，不过 REQ 输入可以在所需时间内一直保持为 TRUE
PORT	在通信设备组态过程中分配端口地址。组态后，可以从参数帮助下拉列表中选择默认端口的符号名称。分配的 CM 或 CB 端口值为设备配置属性"硬件标识符"。端口符号名称在 PLC 变量表的"系统常量"选项卡中分配

2. 实现 PtP 自由口通信

实现 PtP 自由口通信一般分为配置端口、设置发送参数、设置接收参数和调用发送指令/接收指令(Send_P2P/Receive_P2P)四个步骤，其中前三个步骤可以通过设备端口组态界面或调用相关指令实现。

1) 端口组态

在设备组态中，通过"属性"窗口端口组态以设置通信模块以下参数(见图 8-53)。

- 波特率。
- 奇偶校验。
- 每个字符的数据位数。
- 停止位的数目。
- 流量控制(仅限 RS232)。
- 等待时间。

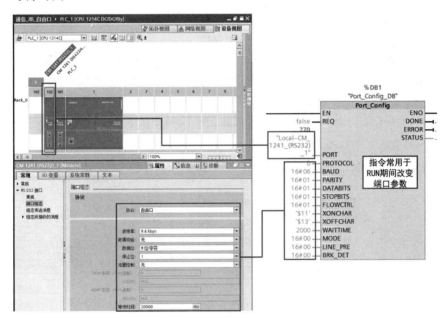

图 8-53　端口组态

2) 组态发送参数

在设备组态中，通过设置所选接口的"组态传送消息"属性，来组态通信接口传送数据的方式。或者用 Send_Config 指令更改发送参数(见图 8-54)。

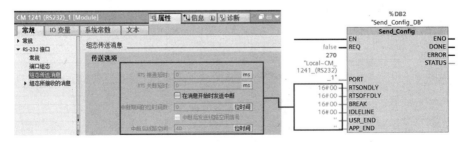

图 8-54　组态发送参数

3) 组态接收参数

在设备组态中，通过设置所选接口的"组态所接收的消息"属性，来组态通信接口接收数据的方式。或者用 Receive_Config 指令更改接收参数(见图 8-55)。

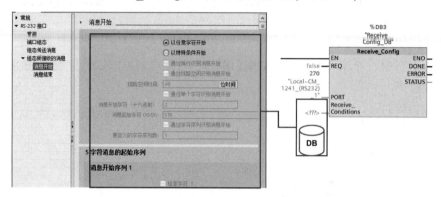

图 8-55　组态接收参数

4) Send_P2P 和 Receive_P2P 指令(见图 8-56)

Send_P2P(发送点对点数据)指令用于启动数据传输，并将分配的缓冲区传送到通信接口。在 CM 或 CB 块以指定波特率发送数据的同时，CPU 程序会继续执行。仅一个发送操作可以在某一给定时间处于未决状态。如果在 CM 或 CB 已经开始传送消息时执行第二个 Send_P2P，CM 或 CB 将返回错误。Send_P2P 指令解释如图 8-57 所示。

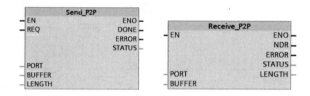

图 8-56　Send_P2P 和 Receive_P2P 指令

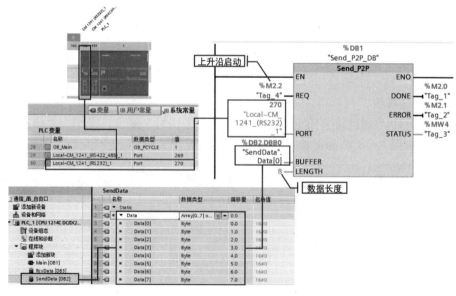

图 8-57　Send_P2P 指令解释

Receive_P2P(接收点对点)指令用于检查 CM 或 CB 中已接收的消息。如果有消息，则会将其从 CM 或 CB 传送到 CPU。如果发生错误，则会返回相应的 STATUS 值。Receive_P2P 指令解释如图 8-58 所示。

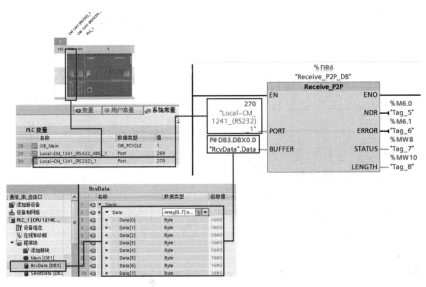

图 8-58　Receive_P2P 指令解释

8.3.2　USS 协议通信

USS 协议(Universal Serial Interface Protocol，通用串行接口协议)是 SIEMENS 公司所有传动产品的通用通信协议，它是一种基于串行总线进行数据通信的协议。USS 协议是主-从结构的协议，规定了在 USS 总线上可以有一个主站和最多 31 个从站；总线上的每个从站都有一个站地址(在从站参数中设定)，主站依靠它识别每个从站；每个从站也只对主站发来的报文做出响应并回送报文，从站之间不能直接进行数据通信。另外，还有一种广播通信方式，主站可以同时给所有从站发送报文，从站在接收到报文并做出相应的响应后可不回送报文。

使用 USS 协议的优点如下。

① 对硬件设备要求低，减少了设备之间的布线。

② 无需重新连线就可以改变控制功能。

③ 可通过串行接口设置或改变传动装置的参数。

④ 可实时的监控传动系统。

S7-1200 CPU 的 USS(通用串行接口)指令可控制支持通用串行接口(USS)的电机驱动器的运行。可以使用 USS 指令通过与 CM1241 RS485 通信模块或 CB1241 RS485 通信板的 RS485 连接与多个驱动器通信。一个 S7-1200 CPU 中最多可安装三个 CM1241 RS422/RS485 通信模块和一个 CB1241 RS485 通信板。每个 RS485 端口最多操作 16 台驱动器(见图 8-59)。

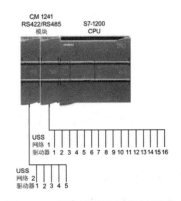

图 8-59　通过 CM1241 RS485 的 USS 通信网络

1. USS 通信指令

S7-1200 支持两组 PtP 指令(见表 8-9)。

表 8-9　USS 指令

指　令	功　能	版　本
USS_Port_Scan	通过 USS 网络进行通信	V3.0
USS_Drive_Control	与驱动器进行数据交换	V2.0
USS_Read_Param	从驱动器读取数据	V1.5
USS_Write_Param	更改驱动器中的数据	V1.6

早期 USS 指令:这些 USS 指令存在于 S7-1200 的 V4.0 版本之前,并且仅可通过 CM1241 通信模块或 CB1241 通信板进行串行通信。

USS 指令:这些 USS 指令具备早期指令的所有功能,并且增添了连接 PROFINET 和 PROFIBUS 分布式 I/O 的功能。这些 USS 指令可用于组态分布式 I/O 机架中 PtP 通信模块与 PtP 设备之间的通信。要使用这些 USS 指令,S7-1200 CM1241 模块的固件版本不得低于 V2.1。

四条 USS 指令使用两个 FB 和两个 FC 来支持 USS 协议。一个 USS 网络使用一个 USS_Port_Scan 背景数据块(DB)。USS_Port_Scan 背景数据块包含供该 USS 网络中所有驱动器使用的临时存储区和缓冲区。各 USS 指令共享此数据块中的信息(见表 8-60)。在调用第一个 USS_Drive_Control 指令时创建 DB 名称,然后引用初次指令使用时创建的 DB。STEP7 会在插入指令时自动创建该 DB。

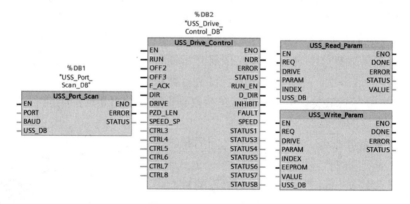

图 8-60　USS 指令块

连接到一个 RS485 端口的所有驱动器(最多 16 台)是同一 USS 网络的一部分。连接到另一 RS485 端口的所有驱动器是另一 USS 网络的一部分。各 USS 网络通过单独的数据块进行管理。与各 USS 网络相关的所有指令必须共享该数据块(见图 8-61)。这包括用于控制各 USS 网络上的所有控制器的所有 USS_Drive_Control、USS_Port_Scan、USS_Read_Param 和 USS_Write_Param 指令。

通常,应在循环中断 OB 中调用 USS_Port_Scan FB。该循环中断 OB 的循环时间应设置为最小调用间隔的一半左右(例如, 1200 波特的通信应使用 350ms 或更短的循环时间)。表 8-10 所示为 USS 通信指令调用时间设置。

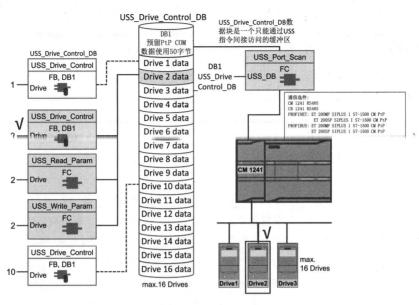

图 8-61　USS 通信示意图

表 8-10　计算时间要求

波特率	USS_Port_Scan 调用 最小间隔(毫秒)	各驱动器消息 间隔超时(毫秒)
1200	790	2370
2400	405	1215
4800	212.5	638
9600	116.3	349
19200	68.2	205
38400	44.1	133
57600	36.1	109
115200	28.1	85

用户程序通过 USS_Drive_Contro FB 可访问 USS 网络上指定的驱动器。其输入和输出是驱动器的状态和控制。如果网络上有 16 个驱动器，则用户程序必须具有至少 16 个 USS_Drive_Control 调用，每个驱动器调用一个。应该以控制驱动器工作所需的速率调用这些块。

只能在主程序循环 OB 中调用 USS_Drive_Control、USS_Read_Param 和 USS_Write_Param。其参数及数据类型如表 8-11～表 8-13 所示。

表 8-11　USS_Port_Scan 参数及数据类型

参数和类型		数据类型	说　明
PORT	IN	Port	RS485 "硬件标识符"。在 PLC 变量表的 "系统常量" 选项卡中分配
BAUD	IN	Dint	USS 通信的波特率
USS_DB	INOUT	USS_BASE	USS_Drive_Control 指令创建并初始化的背景数据块

表 8-12 USS_Drive_Control 参数及数据类型

参数和类型		类型	说　明
RUN	IN	Bool	驱动器起始位: 1=电机运行; 0=电机减速直至停止
OFF2	IN	Bool	电气停止位: 0=无制动自然停止
OFF3	IN	Bool	快速停止位: 0=制动快速停止
F_ACK	IN	Bool	故障确认位: 设置该位以复位驱动器上的故障位
DIR	IN	Bool	驱动器方向控制: 设置该位以指示方向为向前(对于正 SPEED_SP)
DRIVE	IN	Usint	驱动器地址: 该输入是 USS 驱动器的地址。有效范围是 1 到 16
PZD_LEN	IN	Usint	字长度: 这是 PZD 数据的字数。有效值为 2、4、6、8。默认值为 2
SPEED_SP	IN	Real	速度设定值: 这是以组态频率的百分比表示的驱动器速度。正值表示方向向前(DIR 为真时)。有效范围是 200.00 到-200.00
CTRL3~8	IN	Word	控制字 3~8: 写入驱动器上用户可组态参数的值
NDR	OUT	Bool	新数据就绪: 该位为真时, 表示输出包含新通信请求数据
ERROR	OUT	Bool	出现错误: 此参数为真时, 表示发生错误, STATUS 输出有效
STATUS	OUT	Word	请求的状态值指示扫描的结果。这不是从驱动器返回的状态字
RUN_EN	OUT	Bool	运行已启用: 该位指示驱动器是否在运行
D_DIR	OUT	Bool	驱动器方向: 该位指示驱动器是否正在向前运行
INHIBIT	OUT	Bool	驱动器已禁止: 该位指示驱动器上禁止位的状态
FAULT	OUT	Bool	驱动器故障: 该位指示驱动器已注册故障。用户必须解决问题, 并且在该位被置位时, 设置 F_ACK 位以清除此位。
SPEED	OUT	Real	驱动器当前速度(驱动器状态字 2 的标定值): 以组态速度百分数形式表示的驱动器速度值
STATUS1	OUT	Word	驱动器状态字 1: 该值包含驱动器的固定状态位
STATUS3~8	OUT	Word	驱动器状态字 3~8: 该值包含驱动器上用户可组态的状态字

表 8-13 USS_Read_Param、USS_Write_Param 参数及数据类型

参数类型		数据类型	说　明
REQ	IN	Bool	发送请求: 1=新的读(写)请求。如果已处于待决状态, 将忽略新请求
DRIVE	IN	Usint	驱动器地址: DRIVE 是 USS 驱动器的地址。有效范围为 1 到 16
PARAM	IN	UInt	参数编号: PARAM 指示要读取(写)的驱动器参数
INDEX	IN	UInt	参数索引(参数下标), 无下标参数设为 0
USS_DB	INOUT	USS_BASE	USS_Drive_Control 指令的背景数据块
VALUE	IN		已读取(写)参数的值, 仅当 DONE 位为真时才有效

2. USS 通信要求常规驱动器设置

USS 常规驱动器设置要求包括以下几点。

- 驱动器必须设置为使用 4 个 PKW 字。
- 驱动器可组态为使用 2、4、6 或 8 个 PZD 字。
- 驱动器中 PZD 字的数量必须与该驱动器的 USS_DRV 指令的 USS_Drive_Control 输入相匹配。
- 所有驱动器的波特率必须与 USS_Port_Scan 指令的 BAUD 输入相匹配。
- 驱动器必须设置为可进行远程控制。
- 驱动器必须设置为使用适合通信链路上 USS 的频率设定值。
- 驱动器地址必须设置为 1～16，并且与 USS_Drive_Control 块上对应该驱动器的 DRIVE 输入相匹配。
- 驱动器的方向控制必须设置为使用驱动器设定值的极性。
- 必须正确终止 RS485 网络。

3. USS 协议通信应用

【例 8-4】S7-1200 PLC 通过 CM1241 RS485 模块采用 USS 协议通信控制 MicroMaster 系列 4(MM4)驱动器 MM420。

解：

(1) RS485 电缆连接 CM1241 RS485 和 MM420。

因为驱动器被组态为网络中的终止节点，则必须将终端电阻和偏压电阻连接到适当的终端连接(见图 8-62)。

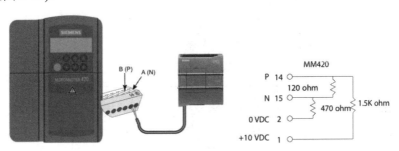

图 8-62　电缆连接和终端电阻

(2) 驱动器 MM420 必要设置(见表 8-14)。

表 8-14　驱动器 MM420 必要设置

USS 通信必要的参数	设 定 值
1.如果跳过步骤 1，则请确保这些参数被设置成所指示的值	USS PZD 长度=P2012 索引 0=2；USS PKW 长度=P2013 索引 0=4
2.启用对所有参数的读/写访问(专家模式)	P0003=3
3.电机参数设置：P304、P305、P307、P310 和 P311	电机电压、电流、功率、频率、速度
4.设置本地/远程控制模式	P0700 索引 0=5
5.根据通信链路的 USS 选择频率设定值	P1000 索引 0=5
6.加速时间(可选)这是电机加速到最大频率所需的时间(秒)	P1120=10(0 到 650)
7.减速时间(可选)这是电机减速到完全停止所需的时间〈秒)	P1121=10(0 到 650)

续表

USS 通信必要的参数	设 定 值
8.设置串行链路的基准频率	P2000=10(1 到 650Hz)
9.设置 USS 标准化(百分比)	P2009 索引 0=0
10.设置 RS485 串行接口的波特率	P2010 索引 0=6(9600 波特)
11.输入从站地址。可通过总线操作每台驱动器(最多 16 台)	P2011 索引 0=2(1 到 16)
12.设置串行链路超时。两份传入数据报文之间所允许的最长时间段	P2014 索引 0=0(0 到 65 535ms)(0=禁用超时)
13.将数据从 RAM 传送到 EEPROM	P0971=1 将参数保存到 EEPROM

(3) PLC 组态及编程。

① 创建新项目、设备组态。创建 S7-1200 新项目,设备组态中添加 CM1241 RS485 模块,并按如图 8-63 所示设置 RS485 接口参数。该参数要和与 USS 通信的驱动器 MM420 通信参数相匹配。

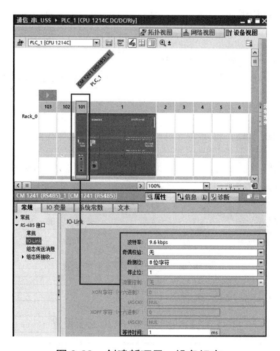

图 8-63　创建新项目、设备组态

② 编写主程序。在主程序 Main [OB1]中编写(见图 8-64)。

程序段 1:驱动器(地址 2)控制程序包括启动、各种停车控制命令,运行速度设定,状态和主要运行参数(如方向、实际速度)等参数的读取。

程序段 2:读取参数,读取参数编号存于 MD20 中,索引为 0(根据需要改变),读取的参数值存于 MW22 中。

程序段 3:写参数,参数编号存于 MW24 中,参数值存于 MW26 中。

③ 循环中断程序。通常,应在循环中断 OB 中调用 USS_Port_Scan FB。该循环中断 OB 的循环时间应设置为最小调用间隔(见表 8-10)的一半左右(例如,9600 波特的通信应使

用 60ms 或更短的循环时间)。

添加循环中断组织块 OB30，循环周期为 60ms(见图 8-65)。然后在 OB30 中调用 USS_Port_Scan 块实现 USS 通信(见图 8-66)。

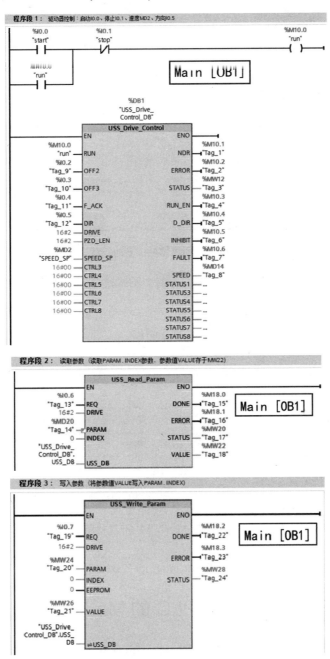

图 8-64 主程序

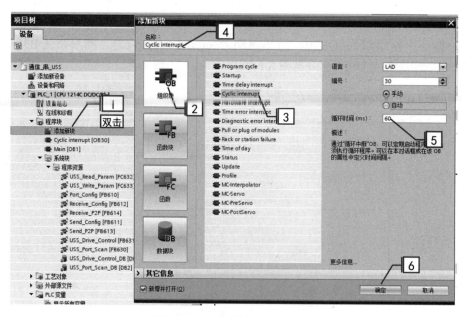

图 8-65　创建循环中断组织块

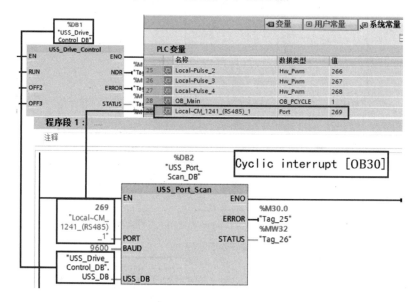

图 8-66　Cyclic interrupt [OB30]程序

8.4　S7-1200 PLC 的 Modbus 通信

Modbus 是一种串行通信协议,是 Modicon 公司(现在的施耐德电气 Schneider Electric)于 1979 年为使用可编程逻辑控制器(PLC)通信而发布的。Modbus 已经成为工业领域通信协议的业界标准,并且现在是工业电子设备之间常用的连接方式。

Modbus 比其他通信协议使用更广泛的主要原因如下。

● 公开发布并且无版权要求。

● 易于部署和维护。

● 对供应商来说，修改移动本地的比特或字节没有很多限制。

Modbus 允许多个设备连接在同一个网络上进行通信。在数据采集与监视控制系统(SCADA)中，Modbus 通常用来连接监控计算机和远程终端控制单元(RTU)。

8.4.1 Modbus RTU 和 Modbus TCP 概述

1. Modbus 通信协议种类及规约

Modbus 协议目前主要有串行链路上的 Modbus 和基于 TCP/IP 的 Modbus，以及其他支持互联网协议的网络的版本。

串行链路上的 Modbus 分为 Modbus RTU 和 Modbus ASCII 两种，它们在数值数据表示和协议细节上略有不同。Modbus RTU 是数据直接传送的方式。Modbus ASCII 是将数据转换为 ASCII 后的传送方式。因此 Modbus RTU 协议的通信效率较高，处理简单，使用得更多。S7-1200 采用 RTU 模式。主站在 Modbus 网络上没有地址，从站的地址范围为 0～247，其中 0 为广播地址。使用通信模块 CM 1241 (RS232)做 Modbus RTU 主站时，只能与一个从站通信。使用通信模块 CM 1241(RS485) 或 CM 1241(RS422/485)做 Modbus RTU 主站时，最多可以与 32 个从站通信。报文以字节为单位进行传输，采用循环冗余校验(CRC)进行错误检查，报文最长为 256B。

基于 TCP/IP(例如以太网)的 Modbus 存在多个 ModbusTCP 变种，这种方式不需要校验和计算。

Modbus RTU、Modbus ASCII 以及 Modbus TCP 三种通信协议在数据模型和功能调用上都是相同的，只是封装方式不同。

Modbus RTU、Modbus ASCII 以及 Modbus TCP 通信协议对应 OSI 模型如图 8-67 所示。

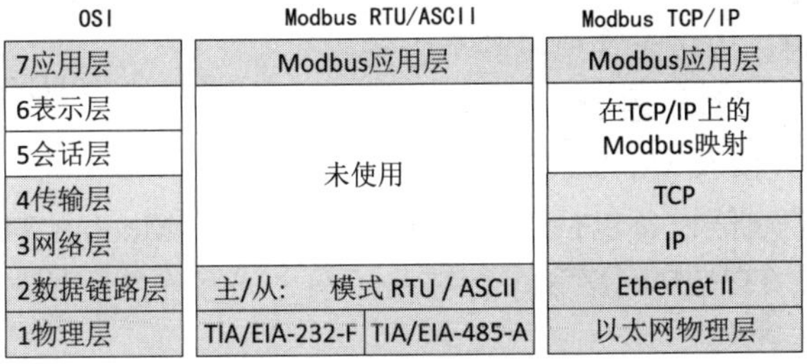

OSI	Modbus RTU/ASCII		Modbus TCP/IP
7应用层	Modbus应用层		Modbus应用层
6表示层	未使用		在TCP/IP上的Modbus映射
5会话层			
4传输层			TCP
3网络层			IP
2数据链路层	主/从： 模式 RTU / ASCII		Ethernet II
1物理层	TIA/EIA-232-F	TIA/EIA-485-A	以太网物理层

图 8-67 Modbus 与 OSI 的对应关系

1) 串行链路上的 Modbus 协议规约

Modbus RTU、Modbus ASCII 均属于串行链路上的 Modbus。Modbus 串行链路协议是一个主-从协议，遵循如下规范：

● 单主多从：在同一时刻，只有一个主节点连接于总线，一个或多个子节点(最大编号为247)连接于同一串行总线。
● 主问从答：Modbus 通信由主节点发起，子节点在没有收到来自主节点的请求时，从不会发送数据。
● 从站之间互不通信。
● 主站在同一时刻只会发起一个 Modbus 事务处理。

电气控制与 PLC 应用(微课版)

- 主站以两种模式对子节点发送 Modbus 请求：广播、单播。

因此，如变频器之类的被控设备，一般内置的是从站协议，而 PLC 之类的控制设备，则需具有主站协议、从站协议。图 8-68 所示是典型的串行链路 Modbus 工作机制。

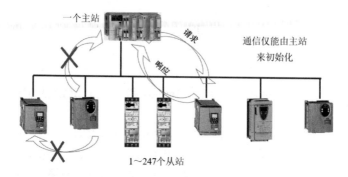

图 8-68　串行链路上的 Modbus 网络结构及工作机制

2) ModbusTCP 协议规约

ModbusTCP 是运行在 TCP/IP 上的 Modbus 报文传输协议。通过此协议，控制器相互之间通过网络(例如以太网)和其他设备之间可以通信。

ModbusTCP 是开放的协议，IANA(internet assigned numbers authority，互联网编号分配管理机构)给 Modbus 协议赋予 TCP 端口号为 502，这是目前在仪表与自动化行业中唯一分配到的端口号。

Modbus TCP 是一种简单客户机/服务器应用协议，采用的是客问服答方式，即客户机主动向服务器发送请求，服务器被动分析请求，处理请求，向客户机发送应答(见图 8-69)。

Modbus TCP 是可采用多个客户机多个服务器的网络结构，还可以将串行链路 Modbus 服务器通过服务器 TCP/IP 网关接入 Modbus TCP 网络。

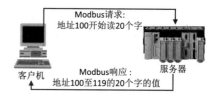

图 8-69　基于 TCP/IP 的 Modbus 工作机制

Modbus TCP/IP 的通信设备包括连接至 TCP/IP 网络的 Modbus TCP/IP 客户机和服务器设备。互连设备包括在 TCP/IP 网络和串行链路子网之间互连的网桥、路由器或网关等设备，如图 8-70 所示。

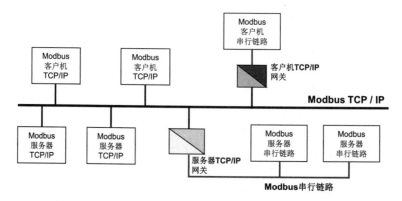

图 8-70　基于 TCP/IP 的 Modbus 网络结构

2. Modbus 的帧结构

Modbus 协议定义了一个与基础通信层无关的简单协议数据单元(PDU)。特定总线或网络上的 Modbus 协议映射能够在应用数据单元(ADU)上引入一些附加域。

图 8-71 所示为通用 Modbus 帧结构，如果是主站(或客户机)发出的请求帧，则数据段是由要访问的从站(或服务器)寄存器的起始地址和字节地址两部分组成。如果是从站(或服务器)的应答帧，则数据段组成取决于应答内容，包括字节数和实际数据，如表 8-15 所示。

表 8-15　Modbus 网络站地址表

站		地　址
RTU 站	标准站地址	1～247
	扩展站地址	1～65535
TCP 站	站地址	P 地址和端口号

1) 串行链路上的 Modbus 帧结构

串行链路上的 Modbus 帧结构(见图 8-72)中的地址域为从站地址，用于寻址从站设备。串行链路 Modbus 寻址空间有 256 个不同地址，其中地址 0 用于广播模式(见图 8-73)，不需要响应，只用于写入模式。地址为 1～247 用于单发模式(见图 8-74)。地址为 248～255 保留。Modbus 主站没有地址，从站必须有一个唯一的地址。

(1) Modbus RTU 帧结构。

RTU 模式：每个 8Bit 字节包含两个 4Bit 的十六进制字符，其优点是在同样的波特率下，可比 ASCII 方式传送更多的数据，但是每个信息必须以连续的数据流传输(见图 8-75)。

(2) Modbus ASCII 帧结构。

ASCII 模式：信息中的每个 8Bit 字节需两个 ASCII 字符，其优点是准许字符的传输间隔达到 1s 而不产生错误(见图 8-76)。

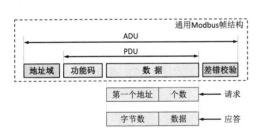

图 8-71　通用 Modbus 帧结构

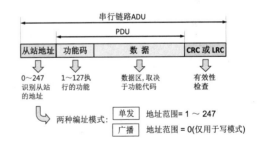

图 8-72　串行链路上的 Modbus 帧结构

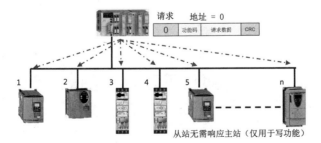

图 8-73　广播模式编址

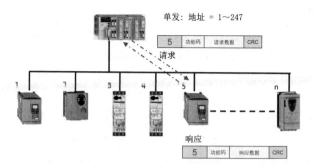

图 8-74　单发模式编址

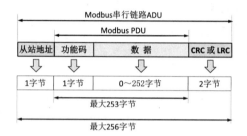

图 8-75　Modbus RTU 帧结构

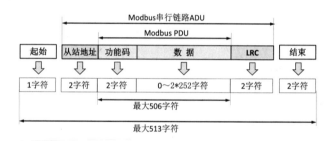

图 8-76　Modbus ASCII 帧结构

【例 8-5】Modbus RTU 帧实例：读取 EMCP 4.2 电池电压参数。

说明：EMCP 4.2 仪表 Modbus 地址为 01，电压参数值存于 00C9 寄存器中(见图 8-77)。

解：

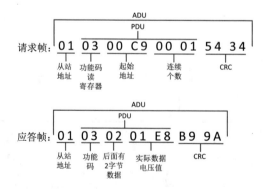

图 8-77　读取 EMCP 4.2 电池电压参数

2) Modbus TCP 帧结构

Modbus 数据在 TCP/IP 以太网上传输，支持 Ethernet II 和 802.3 两种帧格式，Modbus TCP 数据帧包含报文头、功能代码和数据 3 部分，MBAP 报文头(MBAP，Modbus Application Protocol，Modbus 应用协议)分 4 个域，共 7 个字节，如图 8-78 所示。MBAP 报文头如表 8-16 所示。

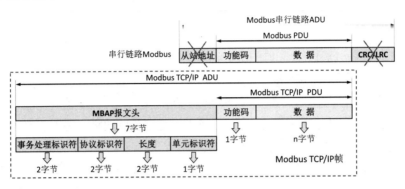

图 8-78　Modbus TCP 协议帧

表 8-16　MBAP 报文头

域	长度	描述	客户机	服务器
事务处理标识符	2 字节	Modbus 请求/响应事务处理的识别	客户机启动	服务器从接收的请求中重新复制
协议标识符	2 字节	0=Modbus 协议	客户机启动	服务器从接收的请求中重新复制
长度	2 字节	随后字节的数量	客户机启动(请求)	服务器(响应)启动
单元标识符	1 字节	串行链路或其他总线上连接的远程从站的识别	客户机启动	服务器从接收的请求中重新复制

Modbus 报文传输服务必须在 502 端口上提供一个监听套接字，允许接收新的连接和与其他设备交换数据。

当报文传输服务需要与远程服务器交换数据时，它必须与远程 502 端口建立一个新的客户机连接，以便于远距离地交换数据。本地端口必须高于 1024，并且对每个客户机的连接各不相同。

3. Modbus 的模式与功能

Modbus 系统间的数据交换是通过功能码来控制的。有些功能码是对位操作的，通信的用户数据是以位为单位；有些功能码是对 16 位寄存器操作的，通信的用户数据是以字为单位。Modbus 指令通过这些功能代码对 4 个数据区(位输入、位输出、输入/输出寄存器)进行访问。只有 Modbus 功能代码 05H、06H、15H 和 16H 可用于广播方式通信。Modbus 功能与模式如表 8-17 所示。

表 8-17　Modbus 的模式与功能

Mode	功能码	操 作	数据长度(DATA_LEN)	Modbus 地址(DATA_ADDR)
0	01H	读取输出位	1~2000 或 1~1992 个位	1~09999
0	02H	读取输入位	1~2000 或 1~1992 个位	10001~19999
0	03H	读取保持寄存器	1~125 或 1~124 个字	40001~49999 或 400001~465535
0	04H	读取输入字	1~125 或 1~124 个字	30001~39999
1	05H	写入一个输出位	1(单个位)	1~09999
1	06H	写入一个保持寄存器	1(单个字)	40001~49999 或 400001~465535
1	15H	写入多个输出位	2~1968 或 1960 个位	1~09999
1	16H	写入多个保持寄存器	2~123 或 1~122 个字	40001-49999 或 400001~465535
2	15H	写一个或多个输出位	1~1968 或 1960 个位	1~09999
2	16H	写一个或多个保持寄存器	1~123 或 1~122 个字	40001~49999 或 400001~465535
11		读取从站通信状态字和事件计数器，状态字为 0 表示指令未执行，状态字为 0xFFFF 表示正在执行。每次成功传送一条消息时，事件计数器的值加 1。该功能忽略 Modbus_Master 指令的 DATA_ADDR 和 DATA_LEN 参数		
80		通过数据诊断代码 0x0000 检查从站状态，每个请求 1 个字		
81		通过数据诊断代码 0x000A 复位从站的事件计数器，每个请求 1 个字		

8.4.2　S7-1200 PLC 的 Modbus 通信

S7-1200 CPU 支持 Modbus TCP 通信，也支持 Modbus RTU 通信，可以作为客户机(主站)，也可以作为服务器(从站)。S7-1200 CPU 实现 Modbus 通信的完整过程如图 8-79 所示。

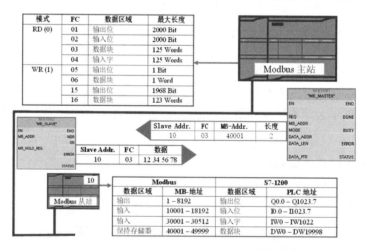

图 8-79　S7-1200 CPU 的 Modbus 通信过程

Modbus TCP(传输控制协议)是一个标准的网络通信协议，它使用 CPU 上的 PROFINET 连接器进行 TCP/IP 通信，不需要额外的通信硬件模块。

Modbus RTU(远程终端单元)是一个标准的网络通信协议，它使用 RS232 或 RS485 电气连接在 Modbus 网络设备之间传输串行数据。可在带有一个 RS232 或 RS485 CM 或一个 RS485 CB 的 CPU 上添加 PtP(点对点)网络端口。对于 V4.1 版本及以上的 S7-1200 CPU 还扩展了 Modbus RTU 的功能,可以使用 PROFINET 或 PROFIBUS 分布式 I/O 机架进行 Modbus RTU 通信。

　　S7-1200 CPU 的 Modbus 指令存在不同的版本,各版本指令具有向下兼容功能,因此下面介绍目前最新版本指令(见表 8-18)。

表 8-18　Modbus 的指令

协　议	通信指令	功　能
Modbus-TCP 协议	MB_CLIENT	进行客户端-服务器 TCP 连接、发送命令消息、接收响应以及控制服务器断开
	MB_SERVER	根据要求连接至 ModbusTCP 客户端、接收 Modbus 信息及发送响应
Modbus-RTU 协议	MB_COMM_LOAD	设置 PtP 端口参数,如波特率、奇偶校验和流控制。为 ModbusRTU 协议组态 CPU 端口后,该端口只能由 Modbus_MasterModbus_Slave 指令使用
	MB_MASTER	使 CPU 充当 ModbusRTU 主设备,并与一个或多个 Modbus 从设备进行通信
Modbus-RTU 协议	MB_SLAVE	使 CPU 充当 ModbusRTU 从设备,并与一个 Modbus 主设备进行通信

1. Modbus-TCP 协议的指令

Modbus-TCP 协议的指令共有两条:MB_CLIENT 和 MB_SERVER,如图 8-80 所示。

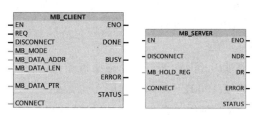

图 8-80　Modbus-TCP 指令

Modbus-TCP 指令的参数与数据类型如表 8-19 所示。

表 8-19　Modbus-TCP 指令的参数与数据类型

参数和类型		数据类型	说　明
REQ	IN	Bool	上升沿有效
DISCONNECT	IN	Bool	DISCONNECT 参数允许程序控制与 Modbus 服务器设备的连接和断开。如果 DISCONNECT=0 且不存在连接,则 MB_CLIENT 尝试连接到分配的 IP 地址和端口号。如果 DISCONNECT =1 且存在连接,则尝试断开连接操作。每当启用此输入时,无法尝试其他操作

电气控制与 PLC 应用(微课版)

续表

参数和类型		数据类型	说　　明
MB_MODE	IN	USInt	模式选择：分配请求类型(读、写或诊断)
MB_DATA_ADDR	IN	UDInt	Modbus 起始地址：分配 MB_CLIENT 访问的数据的起始地址
MB_DATA_LEN	IN	UInt	Modbus 数据长度：分配此请求中要访问的位数或字数
MB_DATA_PTR	IN_OUT	Variant	指向 Modbus 数据寄存器的指针：寄存器缓冲进出 Modbus 服务器的数据。指针必须分配一个未进行优化的全局 DB 或 M 存储器地址
CONNECT	IN_OUT	Variant	引用包含系统数据类型为 TCON_IP_v4 的连接参数的数据块结构
MB_HOLD_REG	IN_OUT	Variant	指向 MB_SERVER Modbus 保持寄存器的指针：保持寄存器必须是一个未经优化的全局 DB 或 M 存储区地址。储存区用于保存允许 Modbus 客户端使用 Modbus 寄存器功能 3(读)、6(写)、16(写)和 23(写/读)访问的数据

每个 MB_SERVER 连接必须使用一个唯一的背景数据块和 IP 端口号。每个 IP 端口只能用于一个连接。必须为每个连接单独执行各 MB_SERVER(带有其唯一的背景数据块和 IP 端口)。

ModbusTCP 客户端(主站)必须通过 DISCONNECT 参数控制客户端-服务器连接。基本的 Modbus 客户端操作如下所示。

① 连接到特定服务器(从站)IP 地址和 IP 端口号。

② 启动 Modbus 消息的客户端传输，并接收服务器响应。

③ 根据需要断开客户端和服务器的连接，以便与其他服务器连接。

MB_DATA_PTR 参数指定一个通信缓冲区。

● MB_CLIENT 通信功能：

- 从 Modbus 服务器地址(00001～09999)读写 1 位数据。

- 从 Modbus 服务器地址(10001～19999)读取 1 位数据。

- 从 Modbus 服务器地址(30001～39999)和(40001～49999)读取 16 位字数据。

- 向 Modbus 服务器地址(40001～49999)写入 16 位字数据。

● 如果通过 MB_DATA_PTR 分配 DB 为缓冲区，必须为所有 DB 数据元素分配数据类型。

- 1 位 Bool 数据类型代表一个 Modbus 位地址。

- 16 位单字数据类型(如 WORD、UInt 和 Int)代表一个 Modbus 字地址。

- 32 位双字数据类型(如 DWORD、DInt 和 Real)代表两个 Modbus 字地址。

CONNECT 参数用于建立 PROFINET 连接的数据，必须使用全局数据块并存储所需的连接数据，然后才能在 CONNECT 参数中引用此 DB。DB 中必须包含一个或多个系统数据类型为 TCON_IP_v4 的连接参数的数据块结构(见图 8-81)。新建 TCON_IP_v4 数据类型变量无法用下拉列表选择，只能手动输入。

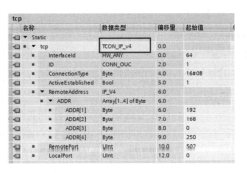

图 8-81　Modbus-TCP 指令数据块

修改各 MB_CLIENT 连接的 TCON_IP_V4 的 DB 数据。

- InterfaceID：在设备组态窗口中单击 CPUPROFINET 端口图像。然后切换到"常规"(General)属性选项卡并使用该处显示的硬件标识符。
- ID：输入一个介于 1 到 4095 之间的连接 ID 编号。使用底层 TCON、TDISCON、TSEND 和 TRCV 指令建立 ModbusTCP 通信，用于 OUC(开放式用户通信)。
- ConnectionType：对于 TCP/IP，使用默认值 16#0B(十进制数=11)。
- ActiveEstablished：该值必须为 1 或 TRUE。主动连接，由 MB_CLIENT 启动 Modbus 通信。
- RemoteAddress：将目标 ModbusTCP 服务器的 IP 地址输入到四个 ADDR 数组单元中。例如，如图 8-81 所示输入 192.168.0.250。
- RemotePort：默认值为 502。该编号为 MB_CLIENT 试图连接和通信的 Modbus 服务器的 IP 端口号。一些第三方 Modbus 服务器要求使用其他端口号。
- LocalPort：对于 MB_CLIENT 连接，该值必须为 0。

2. Modbus RTU 协议的指令

Modbus RTU 协议的指令共有三条：Modbus_Comm_Load、Modbus_Master 和 Modbus_Slave，如图 8-82 所示。

图 8-82　Modbus RTU 指令块

Modbus RTU 指令的主要参数的数据类型如表 8-20 和表 8-21 所示。

表 8-20　Modbus_Comm_Load 主要参数的数据类型

参数和类型		数据类型	说　明
REQ	IN	Bool	通过由低到高的(上升沿)信号启动操作
PORT	IN	Port	CM 或 CB 端口"硬件标识符"。PLC 变量表的"系统常量"选项卡中分配

参数和类型		数据类型	说　明
BAUD	IN	UDInt	波特率选择
PARITY	IN	UInt	奇偶校验选择：0-无，1-奇校验，2-偶校验
FLOW_CTRL	IN	UInt	流控制选择：0-(默认)无流控制；1-RTS 始终为 ON 的硬件流控制(不适用于 RS485 端口)；2-带 RTS 切换的硬件流控制
RTS_ON_DLY	IN	UInt	RTS 接通延时选择
RTS_OFF_DLY	IN	UInt	RTS 关断延时选择
RESP_TO	IN	UInt	响应超时
MB_DB	IN	Variant	对 Modbus_Master 或 Modbus_Slave 指令所使用的背景数据块的引用。在用户的程序中放置 Modbus_Master 或 Modbus_Slave 后，该 DB 标识符将出现在 MB_DB 功能框连接的参数助手下拉列表中

表 8-21　Modbus_Master 和 Modbus_Slave 主要参数的数据类型

参数和类型		数据类型	说明
REQ	IN	Bool	0=无请求 1=请求将数据传送到 Modbus 从站
MB_ADDR	IN	UInt	ModbusRTU 站地址：标准寻址范围(1～247)，扩展寻址范围(1～65535)，值 0 被保留用于将消息广播到所有 Modbus 从站。只有 Modbus 功能代码 05、06、15 和 16 是可用于广播的功能代码
MODE	IN	USInt	模式选择：指定请求类型(读、写或诊断)
DATA_ADDR	IN	UDInt	从站中的起始地址：指定要在 Modbus 从站中访问的数据的起始地址
DATA_LEN	IN	UInt	数据长度：指定此请求中要访问的位数或字数
DATA_PTR	IN_OUT	Variant	数据指针：指向要写入或读取的数据的 M 或 DB 地址(未经优化的 DB)
MB_HOLD_REG	IN_OUT	Variant	指向 Modbus 保持寄存器 DB 的指针：Modbus 保持寄存器可以是 M 存储器或数据块

8.4.3　S7-1200 PLC 的 Modbus 通信应用

1. S7-1200 与 MCGS 人机界面通信(Modbus TCP)

【例 8-6】S7-1200 PLC 与 MCGS 人机界面的 Modbus TCP 通信。

要求：S7-1200 PLC 与 MCGS 人机界面通信，同步 20 个字的数据。

解：S7-1200 PLC 作为 Modbus TCP 的服务器，IP：192.168.0.2；端口号：502；ID：1。
MCGS 人机界面作为 Modbus TCP 的客户机，IP：192.168.0.102；端口号：3000。

测试思路：MCGS 人机界面操作系统自带 S7-1200 PLC 的驱动，因此本例中 S7-1200

与 MCGS 之间建立两种通信方式。

① 通过 MCGS 人机界面操作系统自带的 S7-1200 PLC 驱动程序通信，该方法 PLC 不需要任何编程，只需在 MCGS 中做通信设置即可。

② 通过 Modbus TCP 通信，S7-1200 做服务器，MCGS 做客户机。

两种方法相互测试，互为印证。

方法与步骤：

(1) S7-1200 侧：新建项目、设备组态、建立数据块。

新建项目并组态设备，将 PROFINET 接口的 IP 地址设置为 192.168.0.2。

添加两个全局 DB 块 Data-comm [DB1]和 MB_SERVER_P [DB2]。Data-comm [DB1]用于 Modbus TCP 通信的数据区，新建一个数组 Static_1，变量类型为 Arrayl[1..20] of Word。Data-comm [DB1]要取消"优化的块访问"。

MB_SERVER_P [DB2]用于存放通信连接参数，内部创建数据类型为 TCON_IP_V4 的变量，按图 8-83 所示设定相关参数。

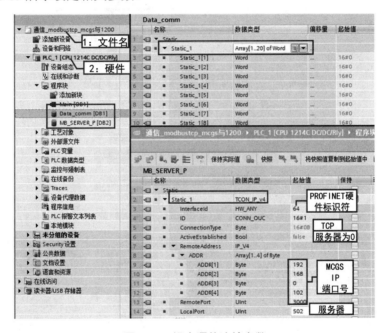

图 8-83　设定通信连接参数

(2) S7-1200 侧：编程(见图 8-84)。

(3) MCGS 侧：设备组态。

新建 MCGS 项目，在"设备窗口"设备组态，建立两个连接，如图 8-85 所示。

① 建立通用 TCP/IP 父设备 0-设备 0：莫迪康 ModbusTCP。

② 设备 1：自带 Siemens_1200 驱动连接。

(4) MCGS 侧：通信设置。

① 设备 0：莫迪康 ModbusTCP。

设置 ModbusTCP 通信参数：设置为客户机；本地 IP 地址和端口；远程(S7-1200)IP 地址和端口(见图 8-86)。并建立 20 个字的通信数据变量 bb01～bb20，如图 8-87 所示。

② 设备 1：自带 Siemens_1200 驱动连接通信设置。

设置通信参数：本地 IP 地址和端口；远程(S7-1200)IP 地址和端口。并建立 20 个字的通信数据变量 cc01～cc20，如图 8-88 所示。

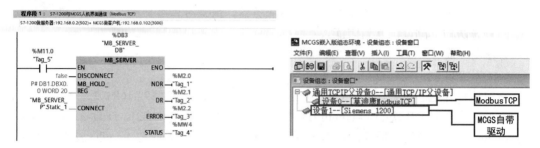

图 8-84　Main[OB1]程序　　　　　　图 8-85　MCGS 侧：设备组态

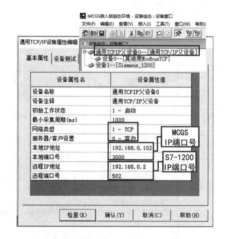

图 8-86　设置 ModbusTCP 通信参数

图 8-87　建立 20 个字的通信数据变量

(5) MCGS 侧：画面组态。

用户窗口画面如图 8-89 所示，左边创建 20 个输入框，连接变量 bb01～bb20，用于 Modbus

TCP 通信的 20 个字的数据。右边创建 20 个输入框,连接变量 cc01~cc20,用于设备 1(MCGS 自带驱动)通信的 20 个字的数据。如果 ModbustTCP 正常通信,改动左边框数据,右边相应的框会变成相同的值。

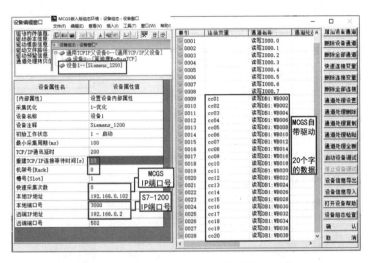

图 8-88　Siemens_1200 驱动连接通信设置

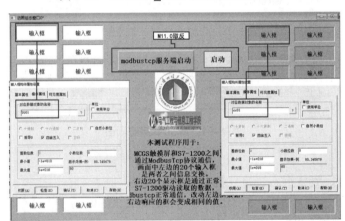

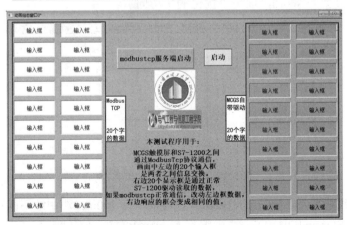

图 8-89　MCGS 侧:画面组态

2. S7-1200 通过 ModbusRTU 监控台达变频器 MS300

【例 8-7】S7-1200 通过 ModbusRTU 通信方式监
控台达变频器 MS300。

要求：①对 MS300 的启停控制；②改变 MS300
的频率给定值；③读取 MS300 的实际运行频率值。

解： S7-1200 与 MS300 之间采用 ModbusRTU 通
信。S7-1200 做主站请求读写命令和频率参数，MS300
做从站(站号 52)，响应主站请求，如图 8-90 所示。

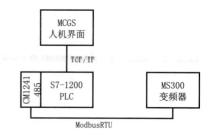

图 8-90　S7-1200 通过 ModbusRTU
监控台达变频器 MS300

为了方便控制,本例增加一块 MCGS 人机界面(见
图 8-91)，用于设定和显示频率值，以及给出控制命令
等。MCGS 和 S7-1200 之间通过自带的驱动程序
TCP/IP 连接，只需在 MCGS 中做通信参数设置即可，不需要编写程序。

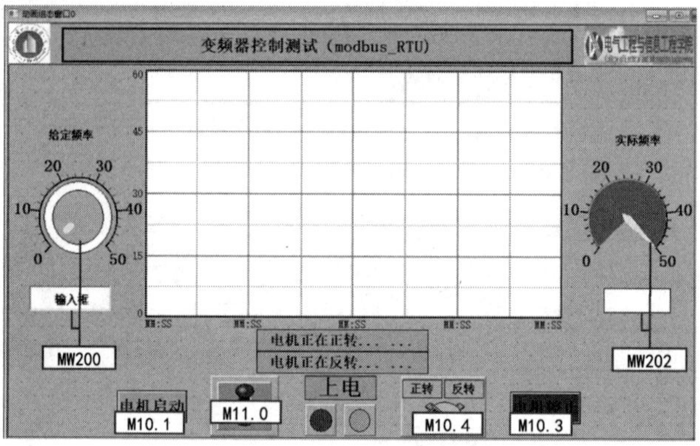

图 8-91　MCGS 组态画面

方法与步骤：

(1) 新建项目、设备组态、建立数据块、组织块。

添加全局 DB 块"数据块_1 [OB1]"，用来存放 ModbusRTU 通信的数据，如图 8-92
所示。新建变量类型为 Word，取消"优化的块访问"。

图 8-92　建立数据块、组织块

添加循环组织块 Cyclic interrupt[OB30]，循环周期为 100ms,块中编写读实际频率值程序。

添加启动块 Startup [OB100]，块中编写 ModbusRTU 初始化程序。

(2) 编程设置通信参数(见图 8-93)。

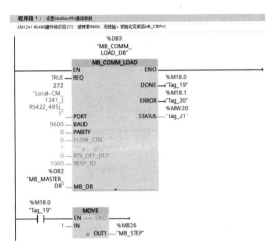

图 8-93　Startup [OB100]

(3) MS300 变频器控制程序。

MS300 参数及通信地址如表 8-22 所示。

表 8-22　MS300 参数及通信地址

定　义	缓存器	功能说明	
变频器内部设定参数	GGnnH	GG 表示参数群，nn 表示参数号码。例如：04-01 由 0401H 来表示	
对变频器的命令	2000H	bit1～0	00B：无功能
			01B：停止
			10B：启动
			11B：JOG 启动
		bit3～2	保留
对变频器的命令	2000H	bit5～4	00B：无功能
			01B：正方向指令
			10B：反方向指令
			11B：改变方向指令
	2001H	频率命令(XXX.XXHz)	
监视状态	2103H	输出频率((XXX.XXHz)	

根据本例要求，主要对 MS300 变频器的三个寄存器进行读写操作(见图 8-94 和图 8-95)：2000H 启停、正反转等命令字；2001H 频率命令字；2103H 实际输出频率字。

ModbusRTU 通信对 MS300 寻址时地址换算规则：

Modbus 寄存器的地址都是以 40001 开始的，所以 Modbus 寻址地址与 MS300 寄存器地址之间的换算关系为：

Modbus寻址寄存器地址（十进制）= 40001 + MS300参数通信地址（十进制）

如 ModbusRTU 通信方式寻址 MS300 变频器中通信地址为 2000H 的命令字，2000H 转换为十进制地址为 8192，则 Modbus 寻址地址为 40001+8192=48193。同理，MS300 的 2001H 转换为十进制地址后的寻址地址为 48194，2103H 转换为十进制地址后的寻址地址为 48452。

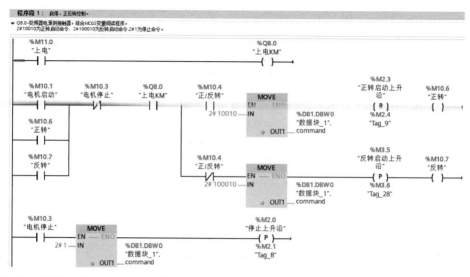

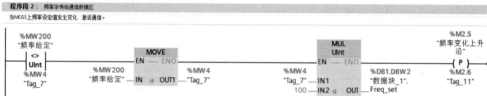

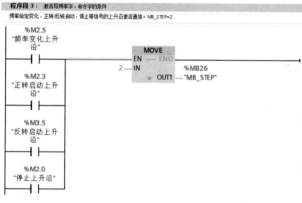

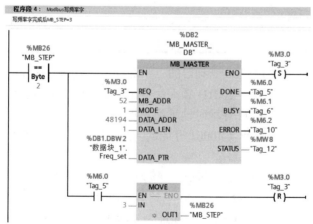

图 8-94　Main [OB1]

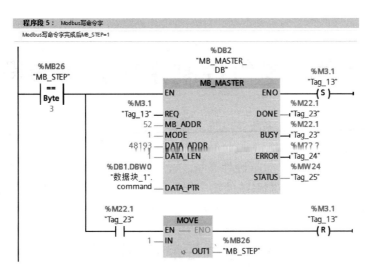

图 8-94　Main [OB1](续)

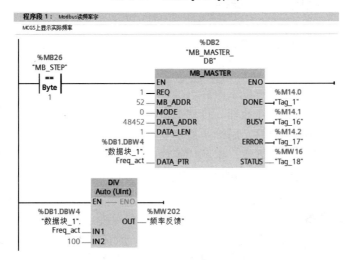

图 8-95　Cyclic interrupt [OB30]

习题及思考题

8-1　简述 S7-1200 PLC 通信接口与支持的协议。

8-2　选择某一种通信方式，实现两台 S7-1200 PLC 之间通信，简述其组态和编程过程。

第9章 电气控制系统分析和设计

能够分析和设计电气控制系统是电气工程师的必备技能。分析是通过阅读技术文档和电气控制线路图来分析控制功能。设计是根据生产机械工艺过程和相关要求，以最大限度地实现系统工艺和要求。设计包括硬件系统、设备选型和软件系统的电气控制系统设计，设计是建造一个成功的电气控制系统的第一步，科学合理的设计是保障系统满足生产要求，长期稳定工作的核心条件。本章简述电气控制系统的一般步骤、内容及方法。

9.1 电气控制线路分析

9.1.1 电气控制线路分析基础

1. 电气控制线路分析的内容与要求

1) 设备说明书

阅读设备说明书，需要了解以下内容。

- 设备的结构组成及工作原理、传动类型、技术性能和运动要求等。
- 电动机执行电器的数目、用途及控制要求。
- 各操作手柄、开关、旋钮、指示灯等的作用以及使用方法。
- 行程开关、电磁阀、电磁离合器、传感器等与机械、液压部分的关系，在控制中的作用等。

2) 电气控制原理图

控制线路分析的中心内容是电气控制原理图，一般按主电路、控制电路、辅助电路、保护电路以及特殊控制电路的顺序阅读并分析电路。在分析电气原理图时，还要结合设备说明书、元器件手册等技术资料。

2. 电气控制原理图的阅读分析方法与步骤

1) 基本原则

电气控制原理图的阅读分析的基本原则和方法：化整为零、顺藤摸瓜、先主后辅、集零为整、安全保护、全面检查。

分析某一电动机或电器元件(如接触器或继电器线圈)采用化整为零分析的原则，是从电源开始，自上而下，自左而右，逐一分析其接通与断开关系。

2) 分析方法与步骤

(1) 分析主电路。

无论线路设计还是线路分析都是先从主电路入手。主电路的作用是保证机床拖动要求的实现。从主电路的构成可分析出电动机或执行电器的类型、工作方式、启动、转向、调速、制动等控制要求与保护要求等内容。

(2) 分析控制电路。

主电路各控制要求是由控制电路来实现的，运用"化整为零""顺藤摸瓜"的原则进行分析，将控制电路按功能划分为若干个局部控制线路，从电源和主令信号开始，经过逻辑判断，写出控制流程，以简便明了的方式表达出电路的自动工作过程。

(3) 分析辅助电路。

辅助电路包括执行元件的工作状态显示、电源显示、参数测定、照明和故障报警等。这部分电路具有相对独立性，起辅助作用但又不影响主要功能。辅助电路中很多部分是受控制电路中的元件来控制的。

(4) 分析联锁与保护环节。

生产机械对于安全性、可靠性有很高的要求，要实现这些要求，除了合理地选择拖动、控制方案外，在控制线路中还设置了一系列电气保护和必要的电气联锁。在电气控制原理图的分析过程中，电气联锁与电气保护环节是一个重要内容，不能遗漏。

(5) 总体检查。

经过"化整为零"，逐步分析了每一个局部电路的工作原理以及各部分之间的控制关系之后，还必须用"集零为整"的方法检查整个控制线路，看是否有遗漏。特别要从整体角度去进一步检查和理解各控制环节之间的联系，以达到正确理解原理图中每一个电气元器件的作用。

9.1.2　电气控制原理图分析示例

【例 9-1】试分析如图 9-1 所示的电气控制线路，说明线路可实现控制功能。

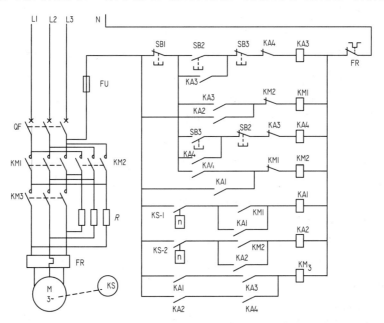

图 9-1　电气控制原理图分析示例

解： 综观示例电气原理图，由主电路和控制电路两部分组成。按照化整为零、顺藤摸瓜、先主后辅的分析原则和方法，分析如下：

1. 分析主电路

结合前面章节 2.2~2.5 所讲述的典型控制线路知识,分析本例中主电路。显然,本例主电路为三相异步电动机控制线路。

(1) KM1 和 KM2 主触点下端第 1、3 相交换相序,这类线路主要用于电动机正反转或者反接制动控制线路。

(2) KM3 主触点和电阻 R 并联,当 KM3 得电吸合时短接 R;当 KM3 不吸合时电动机绕组中串接 R,由前述的典型线路可知,这类线路用于电动机串电阻降压启动,或者串电阻反接制动线路。

(3) 交叉相序并联 KM1 和 KM2 主触点(看作一个单元)与相 R 并联的 KM3 主触点和电阻(看作一个单元)两单元之间是串联关系。结合(1)、(2)的分析可知,本例主电路可实现正反转可逆运行,而且启动时还能串电阻降压启动,停车时串电阻反接制动。

当然,上述分析是仅从主电路特点上做出的主观判断,电路是否如此工作还要分析控制电路才能得出结论。因为本例原理图没有说明用途,也没有设备说明书等其他资料可参考,所以只能分析到如此程度了。

2. 分析控制电路

电动机的具体运行情况由主电路控制,而主电路各控制要求又由控制电路来实现,因此分析控制电路更为重要,是电气控制线路的关键。

1) 控制电路特点分析

回顾已经熟悉的电动机正反转、循环往返等控制线路,发现具有可逆性的控制线路有这样的特点,就是控制电路中按线圈可划分为两个单元,而且两个单元电路非常相似,形式上表现为对称性,有时还相互串联常闭触点互锁。其实,电气工程师在电路设计时为提高工作效率、减少出错率和增强图纸的可阅读性往往会刻意设计这样的相似性和对称性电路,在普遍采用计算机绘图的今天尤其如此。如果我们敏锐地捕捉到这样的特点,在线路分析和设计中会达到事半功倍的效果。

按接触器和继电器线圈将电路划分成若干单元。综观本例控制电路,从电路形式特点、器件类型以及互锁触点(常闭)的相互关系,分析如下:

① KA3 和 KA4 线圈电路单元相似、对称、互锁,类似前述的正-反-停控制线路复合按钮(SB2,SB3)机械互锁;常闭触点(KA3,KA4)电磁互锁;常开触点(KA3,KA4)自锁。

② KA1 和 KA2 线圈电路单元相似、对称,常开触点(KA1,KA2)自锁。

③ KM1 和 KM2 线圈电路单元相似、对称、互锁,类似前述的正-反-停控制线路常闭触点(KM1,KM2)电磁互锁。

④ KM3 线圈电路单元中,控制逻辑两分支也具有对称性特点。

有了上述特点,在下面的具体分析中只需着重分析对称单元电路中的一支,另一支类似。

2) 控制电路具体分析

(1) 通电前分析。

KA3、KA4 线圈电路具备:

● 复合按钮(SB2,SB3)机械互锁。

● 常闭触点(KA3,KA4)电磁互锁。

● 常开触点(KA3,KA4)自锁。

KM1、KM2 线路具备:

● 常闭触点(KM1,KM2)电磁互锁

KA1、KA2 线路具备:

● 常开触点(KA1,KA2)自锁。

(2) 按下正转启动按钮 SB2。

● KA3 通电自锁,KA4 互锁不通电→KM1 通电,KM2 互锁不通电。

● KS1 常开触点断开(转速未达到 n)→KA1、KA2 不通电→KM3 不通电。

综上:KM1 通电,KM2、KM3 不通电→电机降压启动(正向)。

(3) 电机转速达到 n。

● KS1 常开触点闭合→KA1 通电自锁→KM3 通电。

综上:KM1,KM3 通电,KM2 不通电→电机正常运行(正向)。

(4) 按下停止按钮 SB1。

● KA3、KM1、KM3 线圈相继断电→KM1 常闭触点闭合。

● KS1 常开触点保持闭合(惯性)→KA1 保持通电自锁→KA1 常开触点闭合。

综上:KM1 常闭闭合,KA1 常开闭合→KM2 线圈通电→电机反接制动。

(5) 电机转降至 n 以下。

● KS1 常开触点断开→KA1 断电→KM2 断电。

综上:KM1、KM 2、KM 3 全部断电→电机停车。

电机反向启动和制动过程与正转时原理相同:

① 按下 SB3→KA4 通电自锁→KM2 通电→电机反向降压启动。

② KS2 常开触点闭合→KA2 通电自锁→KM3 通电→电机正常运行。

③ 按下 SB1→KA4、KM2、KM3 断电→KM1 通电→电机反接制动。

综合上述分析,本例电气控制线路确实可实现正反转可逆运行,而且启动时串电阻降压启动,停车时串电阻反接制动,总称为串联电阻的降压启动和反接制动的可逆运行控制线路。

9.2 电气控制线路设计

9.2.1 电气控制线路设计基础

电气控制线路分析是通过阅读已有的电气控制线路图纸,分析线路的控制功能,进而分析生产机械的工作情况。电气控制线路设计是逆过程,从无到有的过程,即已知生产机械工艺过程和相关要求,设计出电气控制线路最大限度地实现此工艺和要求。

电气控制线路的设计通常有两种方法:一般设计法和逻辑设计法。

1. 一般设计法

一般设计法又称作经验设计法,根据生产工艺要求,选择典型的控制线路单元,将它们有机地组合起来,并加以补充修改,综合成所需的控制电路。即使没有典型线路可参考,也可以根据工艺要求自行设计,采用边分析边画图的方法,不断增加电器元件和控制触点,以满足给定的工作条件和要求。

这种方法比较简单易行，但要求设计人员必须熟悉大量的控制线路，掌握多种典型线路的设计资料；同时具有丰富的经验，在设计过程中往往还要经过多次反复的修改、试验，才能使线路符合设计的要求。即使这样，当线路复杂时，设计的线路可能还不是最优的(电路最简单、器件最少等)。

般设计法的几个主要原则:

(1) 最大限度地实现生产机械和工艺对电气控制线路的要求。

(2) 控制线路力求安全、可靠。

① 电压线圈不能串联。

不能串联两个电器的线圈，如图 9-2(a)所示，即使同样的线圈，并且控制电源电压是两线圈额定电压之和也不能串联。串联的两线圈因为分压不均导致吸合不可靠，也有可能一个线圈损坏短路使得另一线圈必然损坏。因此两个电器需要同时动作时，其线圈应该并联起来，如图 9-2(b)所示。

② 正确连接电器的触点。

如图 9-3(a)所示的线路中，因为复合行程开关的两对触点距离很近，一对触点的一端需要接电源一端，另一对触点的一端需要接电源的另一端，行程开关两对触点接线头如果碰到一起极易发生短路事故。如图 9-3(b)线路中行程开关两对触点接线头如果碰到一起，虽然继电器工作会出错，但至少不会发生电源短路。

③ 避免出现许多电器依次动作才能接通另一个电器的情况，如图 9-4(a)所示线路。改成图 9-4(b)线路更为合理。

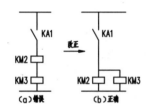 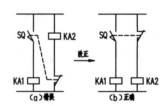 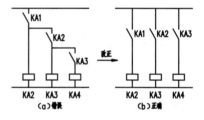

图 9-2 电压线圈不能串联　　图 9-3 正确连接电器的触点 1　　图 9-4 正确连接电器的触点 2

④ 避免出现寄生电路(假电路)。

寄生电路是指在电器控制线路动作过程中，意外接通的电路。如图 9-5(a)所示的线路，假设 KM1 线圈正处于得电状态，此时发生过载故障，FR 常闭触点断开，电流会沿虚线所示构成回路，而无法确保 KM1 线圈失电，起不到保护作用。造成这种现象的原因是 FR 常闭触点的位置不合理，改成图 9-5(b)线路就不会出现这种寄生电路。

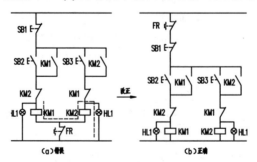

图 9-5 避免出现寄生电路

⑤ 防止误操作带来的危害，设置必要的联锁，如正反转控制电路中的互锁触点。

⑥ 必要的保护环节要齐全，如短路保护、过载保护、缺相保护等。

关于安全、可靠性方面要注意的内容还有很多，需要实践中逐步积累，这里不再赘述。

(3) 在满足生产要求的前提下，控制线路力求简单、经济。

① 尽量减少电器的数量；尽量选用相同型号的电器和标准件，以减少备品量，尽量选用标准的、常用的或经过实际考验过的线路和环节。

② 尽量减少控制线路中电源的种类，尽可能直接采用电网电压，以省去控制变压器。

③ 尽量缩短连接导线的长度和数量，设计控制线路时，应考虑各个元件之间的实际接线。如图 9-6 所示，图(a)接线是不合理的，因为按钮在操作台或面板上，而接触器在电气柜内，这样接线就需要从操作台引出四根线(SB1 和 SB2 各两根)到电气柜。改为图(b)后，SB1 和 SB2 有公共点，可以在操作台按钮处先并接后引出，可减少一根引出线。看起来仅仅减少了一根线，但如果按钮数量较多经济性体现就越明显。有时操作台和电气柜距离较远，连接电缆已铺设完成，电缆芯数已用完，这时减少一根线的意义非同寻常，可能会避免巨大的经济损失。

④ 尽量减少触头的数目。

如图 9-7 线路中，图(a)和(b)相比，线路功能没有改变，但所用 KA1 触点数目不同。

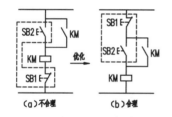

图 9-6 减少导线数量

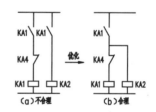

图 9-7 减少触头的数目

⑤ 控制线路在工作时，除必要的电器元件必须长期通电外，其余电器应尽量不长期通电，以延长电器元件的使用寿命和节约电能。如前面章节中时间继电器的使用注意事项中所提及的。

关于简单、经济方面涉及的内容还有很多，这里不再赘述。

2. 逻辑设计法

逻辑设计法是根据生产工艺的要求，利用逻辑代数数学工具来分析、设计控制线路，同时也可以用于线路的简化。

逻辑设计法将执行元件(如线圈)作为逻辑函数的输出变量，触点作为逻辑变量，根据控制要求遵循一定规律列出其逻辑函数表达式，依据逻辑代数运算法则的化简办法求出控制对象的逻辑方程，然后由逻辑方程画出电气控制原理图。继电器开关逻辑函数是电气控制对象的典型代表。

电气控制线路逻辑设计法规则如下：

1) 逻辑变量

● 输出逻辑变量：继电器、接触器(线圈)等受控元件状态的逻辑变量。

● 输入逻辑变量：触点状态的逻辑变量。

2) 逻辑变量取值

电器的线圈和触点存在两种物理状态，用逻辑 1 和 0 表示，规定：

- 线圈得电为 1，失电为 0。
- 触点闭合为 1，断开为 0。
- 同一电器的线圈和常开触点用相同的变量名表示。
- 常闭触点的状态用"非"形式表示。

3) 逻辑运算

- 输出变量=输入变量的逻辑运算。
- 逻辑与：触点串联。
- 逻辑或：触点并联。
- 逻辑非：常闭触点。

按上述规则，图 9-8 所示的控制电路(启-保-停)的开关逻辑函数为：

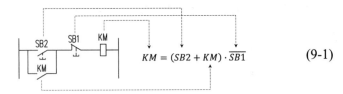

$$KM = (SB2 + KM) \cdot \overline{SB1} \tag{9-1}$$

图 9-8　控制电路与逻辑函数之间的转换

若把 KM 替换成一般控制对象 K，启动/关断信号换成一般形式 X，则式(9-1)的逻辑函数推广到一般形式为：

$$F_K = (X_{\text{开}} + K) \cdot \overline{X_{\text{关}}} \tag{9-2}$$

$X_{\text{开}}$ 为控制对象的开启信号，应选取在开启瞬间发生状态改变的逻辑变量；$X_{\text{关}}$ 为控制对象的关断信号，应选取在控制对象关闭瞬间发生状态改变的逻辑变量。在线路图 9-9(a)中使用的触点 K 为输出对象本身的常开触点，属于控制对象的内部反馈逻辑变量，起自锁作用，以维持控制对象得电后的吸合状态。

$X_{\text{开}}$ 和 $X_{\text{关}}$ 一般要选短信号，这样可以有效防止启/停信号波动的影响，保证了系统的可靠性，时序图如图 9-9(b)所示。

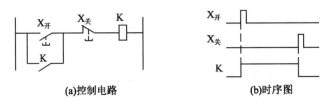

　　(a)控制电路　　　　　　　　　(b)时序图

图 9-9　典型开关逻辑函数波形

在某些实际应用中，为进一步增加系统的可靠性和安全性，$X_{\text{开}}$ 和 $X_{\text{关}}$ 往往带有约束条件，如图 9-10 所示。

其逻辑函数为式 9-3，这样基本上全面代表了控制对象的输出逻辑函数。对开启信号来说，开启的主令信号不止一个，还需要具备其他条件才能开启；对关断信号来说，关断的主令信号也不只有一个，还需要具备其他的关断条件才能关断。这样就增加了系统的可靠性和安全性。当然 $X_{开约}$ 和 $X_{关约}$ 也不一定同时存在，有时也可能 $X_{开约}$ 和 $X_{关约}$ 会不止一个，关键是要具体问题具体分析。

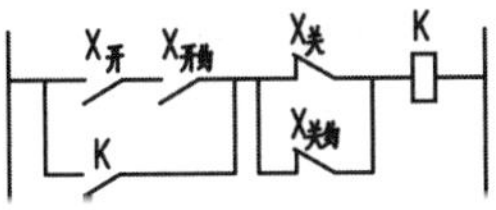

$$F_K = \left(X_{开} \cdot X_{开约} + K\right) \cdot \left(\overline{X_{关}} + \overline{X_{关约}}\right) \qquad (9\text{-}3)$$

图 9-10 带约束条件的控制逻辑电路

用逻辑设计法设计出来的线路比较合理，特别适合完成较复杂的生产工艺所要求的控制线路设计。但是相对而言，逻辑设计法难度较大，不易掌握，所设计出来的电路不太直观。

3. 简单设计法

一般设计法和逻辑设计法都有各自的优缺点，可把一般设计法的简单和逻辑设计法的严谨结合起来，扬长避短，归纳出一种简单设计法。简单设计法遵从一般设计法的主要设计原则，利用逻辑设计法中的继电器开关逻辑函数，把控制对象的启动信号、关断信号及约束条件找出来，即可设计出控制电路。使用简单设计法可以完成现在大多数电气控制电路的设计。

简单设计法要求在设计控制线路时做到以下几点。
① 找出控制对象的开启信号、关断信号、开启约束条件和关断约束条件(均为短信号)。
② 参考式(9-3)写出控制对象的逻辑函数(熟练后可省去该步)。
③ 结合一般设计法的设计原则和逻辑函数，画出该控制对象的电气线路图。
④ 最后根据工艺要求做进一步的检查工作。

由此可以看出，简单设计法的核心内容是找出控制对象的开启条件(短信号)和关断条件(短信号)，然后所有的设计问题就很简单了。当然一些控制对象的开启条件和关断条件的短信号不容易找出来，这时就要采取一些其他技巧和措施配合使用才能解决问题。

需要指出的是，简单设计法设计出来的电路不一定是最合理的。对于稍复杂的电路已经被 PLC 取代了，所以现在对简单的电路进行最优化设计已不是最主要的问题，重要的是要理解电气控制线路设计的实质。

9.2.2 电气控制线路设计示例

1. 简单设计法内容和步骤

电气控制线路设计是电气控制的重要环节，对电气设备的设计、生产、操作等方面都有着直接或间接的影响。电气控制线路设计内容有电气原理图、接线图、安装图等图纸的绘制，设备说明书、元器件选型和清单等技术资料的编制。其中电气原理图设计是最重要环节，包括主电路、控制电路、辅助电路、保护电路以及特殊控制电路。

电气原理图设计一般遵循以下步骤：
① 主电路：主要考虑电动机启动、点动、正反转、制动及多速控制的要求。如图 9-11 所示为确定的主电路方案。

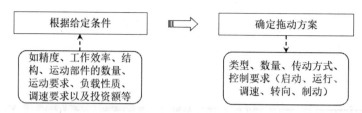

图 9-11　确定主电路方案

② 控制电路：满足设备和设计任务要求的各种自动、手动的电气控制电路。

● 设计控制电路的基本部分。

● 设计控制电路的特殊部分(选择控制参量、确定控制原则)。

③ 辅助电路：完善控制电路要求的设计。

● 短路、过载等保护，联锁(互锁)、限位等。

● 信号指示、照明等电路。

④ 反复审核：有必要时可以进行模拟实验，修改和完善电路设计。

2. 电气控制线路设计示例

【例 9-2】试设计某专用钻床的刀架的自动循环电气控制系统。钻床工艺过程如图 9-12 所示，刀架由一台三相交流异步电动机驱动前进和后退。图中刀架位置为原点位置，开始工作时，刀架从原点

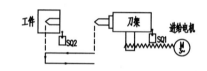

图 9-12　某专用钻床的刀架的工作过程

位开始前进，前进到极限位(SQ2)停止，等待 10 秒钟时间做无进给切削，以提高钻孔质量，然后后退到原点位。停止时要求快速停车。

解：

(1) 主电路设计。

分析钻床的刀架运动工艺，主要有三项要求。

① 单周期自动循环：可以参考正反转控制和自动往返循环控制典型电路。

② 10 秒钟无进给切削：采用时间控制原则。

③ 快速停车：因为刀架驱动电机容量较小，可以采用反接制动，无需串联电阻。

综合考虑上述要求，设计如图 9-13 所示的主电路，图中 KM1 得电吸合，电机正转刀架前进，KM2 得电吸合，电机反转刀架后退。

(2) 控制电路设计。

① 控制电路的基本部分设计。

以正反转控制为基础设计控制电路，因为钻床刀架工作以自动控制为主，无需频繁手动操作，因此用正-停-反控制，如图 9-14 所示。

② 增加单周期自动进退部分(暂不考虑无进给等待)。

刀架自动进退属于行程控制，采用行程原则设计。若暂不考虑前限位等待无进给切削，可参考 2.2.6 节往返自动循环控制典型电路，但本例为单周期自动控制，后退至 SQ1 处单周期结束，不可自动前进，因此需稍加改造 2.2.6 节的典型电路，如图 9-15 所示。

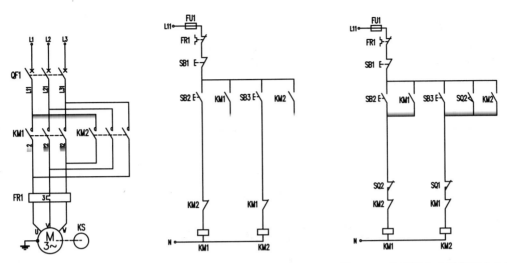

图 9-13　主电路　　图 9-14　控制电路(正反转控制部分)　　图 9-15　单周期自动进退部分电部

③ 考虑无进给等待环节。

如图 9-15 所示控制电路实现的功能是刀架前进到前限位 SQ2 处，立刻停止前进转为后退。但实际工艺是前进到 SQ2 处停止前进，等待 10 秒做无进给切削，然后转为后退。该环节显然要时间控制，增加时间继电器。延时起点为前进到 SQ2 的时刻，因此用 SQ2 常开触点接通 KT 线圈。因为刀架会停止在 SQ2 处使其触点保持动作状态，故 KT 无需自锁。KT 延时时间设置为 10 秒，延时到其常开延时闭合触点接通 KM2 线圈，刀架开始后退。控制电路如图 9-16 所示。

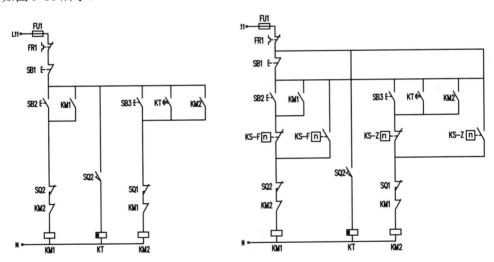

图 9-16　无进给等待的单周期自动进退部分电路　　图 9-17　钻床刀架的自动控制电路(完整)

④ 反接制动环节设计。

参考 2.4.1 节反接制动的原理和典型电路可知，反接制动控制要采用速度继电器的速度控制原则以防止制动结束后的反向启动。在前面设计电路的基础上增加可逆反接制动环节(见图 9-17)。图中 KS-Z 为速度继电器 KS 的正转速度检测触点，当正转且速度达到一定值时，KS-Z 常开触点闭合，常闭触点断开；KS-F 为速度继电器 KS 的反转速度检测触点，当反转且速度达到一定值时，KS-F 常开触点闭合，常闭触点断开。

　　⑤ 设置必要的联锁、保护环节。

　　在每个环节的设计中均考虑了常规的联锁和保护措施，系统也无特殊要求。

　　⑥ 综合审查与简化设计线路。

　　一般情况下，这种经验设计法设计出的电路，可能不是最优电路，也有考虑不周导致意想不到的寄生电路出现，需要进一步优化，还需反复试验验证。本例不算复杂，而且每个环节均有典型电路做参考，这里就不再阐述优化和试验过程。

　　至此，钻床刀架的自动控制线路设计过程结束，从整个过程来看，主要还是依靠设计者长期实践中的积累和经验，而且不同设计者设计的线路可能会有所不同。

9.3　PLC 控制系统设计

9.3.1　PLC 控制系统设计基础

1. PLC 控制系统设计步骤和内容

　　PLC 控制系统设计内容一般包括硬件系统设计、设备选型、控制程序设计和文档编制等。一般遵循如图 9-18 所示的设计步骤进行系统设计。

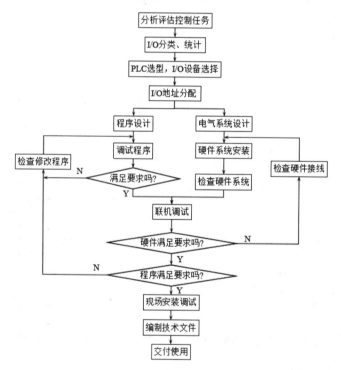

图 9-18　PLC 控制系统设计步骤

2. PLC 控制系统设计原则

PLC 控制系统设计时应遵循以下原则。

(1) 最大限度地满足被控对象的要求。

(2) 在满足控制要求的前提下，力求使控制系统简单、经济、适用及维护方便。

(3) 保证系统的安全可靠。

(4) 考虑生产发展和工艺改进的要求，在选型时应留有适当的余量。

3. 分析评估控制任务

随着 PLC 功能的不断提高和完善，PLC 几乎可以完成工业控制领域的所有任务。但 PLC 还是有它最适合的应用场合，所以在接到一个控制任务后，要分析被控对象的控制过程和要求，看看用什么控制装备(PLC、单片机、DCS 或 IPC)来完成该任务最合适。PLC 最适合的控制对象是工业环境较差，对安全性、可靠性要求较高，系统工艺复杂，输入/输出以开关量为主的工业自控系统或装置。其实，现在的可编程控制器不仅能够处理开关量，而且对模拟量的处理能力也很强，再加上其强大的网络通信功能。所以，在很多情况下，PLC 可以作为主控制器，来完成复杂的工业自动控制任务。

4. I/O 分类、统计

首先要对控制任务进行详细的分析、分解，把所有的输入输出按开关量输入(DI)、开关量输出(DO)、模拟量输入(AI)、模拟量输出(AO)以及其他类型进行分类，并统计具体点数。

5. PLC 的选型

当确定由 PLC 来完成控制后，设计者要确定 PLC 型号。PLC 选型主要考虑以下方面问题。

(1) PLC 容量的选择：详细分析控制任务，根据 I/O 分类、统计结果选择确定 PLC 的容量。考虑生产发展和工艺改进的要求，在选型时应留有适当的余量。

(2) PLC 机型的选择：由于生产 PLC 的厂家众多，实现的功能虽然基本相同，但性能、价格和编程语言却有较大差别，一般应从功能、价格、售后服务以及个人喜好等几个方面考虑。

6. I/O 地址分配

输入/输出信号在 PLC 接线端子上的地址分配是进行 PLC 控制系统设计的基础。对软件设计来说，I/O 地址分配以后才可进行编程；对控制柜及 PLC 的外围接线来说，只有 I/O 地址确定以后，才可以绘制电气接线图、装配图，让装配人员根据线路图和安装图安装控制柜。

在进行 I/O 地址分配时最好把 I/O 点的名称、代码和地址以表格的形式列写出来。

7. 分解系统

一般情况下，在设计系统前，应该把控制任务和控制过程分解一下，使其成为独立或相对独立的部分，这样既可以决定控制单元之间的界限，也可以提高项目设计人员的工作效率。在分解任务的同时，要把各部分操作的功能描述、逻辑关系、接口条件等详细罗列出来，为后面的系统设计做好准备工作。

8. 系统设计

系统设计包括硬件系统设计和软件系统设计。

(1) 硬件系统设计主要包括电气控制系统原理图设计、接线图设计、安装布置图的设计、电气控制元器件的选择、安全电路的设计、抗干扰措施的设计和控制柜的设计等。电气控制系统原理图包括主电路和控制电路。控制电路中包括 PLC 的 I/O 接线和其他辅助电路等。电气元器件的选择主要是根据控制要求选择按钮、开关、传感器、保护电器、接触器、指示灯和电磁阀等。

(2) 软件系统设计主要指编制 PLC 控制程序。控制系统软件设计的难易程度因控制任务而异，也因人而异。对经验丰富的工程技术人员来说，在长时间的专业工作中，受到过各种各样的磨炼，积累了许多经验，除了一般的编程方法外，更有自己的编程技巧和方法。但不管怎么说，平时多注意积累和总结是很重要的。

软件设计和硬件安装可同时进行，这样做可以缩短工期。这也是 PLC 控制系统优于继电器控制系统的地方。

9. 安全电路设计

在一些较为重要的场合或系统中，突发的或不可预知的安全因素必须重点考虑，以防止造成人身伤害和财产损失。在设计安全电路时，主要考虑以下几点。

(1) 确定可能的非法操作会造成哪些输出执行机构来产生危险的动作。

(2) 确定不发生危害结果的条件，并确定如何使 PLC 能够检测到这些条件。

(3) 确定在上电和断电时，PLC 控制系统的输出有没有产生危害动作的可能，并设计避免危害发生的措施。

(4) 系统中应设计有独立于 PLC 的手动或机电冗余措施来阻止危险的操作。

(5) 系统中应设计有各种故障的显示和提示环节，以便操作员能够及时得到需要的信息。

10. 系统调试

系统调试分模拟调试和联机调试。

硬件部分的模拟调试可在断开主电路的情况下进行，主要试一试手动控制部分是否正确。现在大部分手动功能的实现也是借助于 PLC 来完成的，而不是像过去那样另外搞一套纯手动的电气控制系统。

软件部分的模拟调试可借助于模拟开关和 PLC 输出端的输出指示灯进行。需要模拟量信号 I/O 时，可用电位器和万用表配合进行，或使用信号发生器来进行模拟。调试时，可利用上述外围设备模拟各种现场开关和传感器状态，然后观察 PLC 的输出逻辑是否正确。如果有错误则修改后反复调试。现在，PLC 的主流产品都可在 PC 机上编程，并可在计算机上直接进行模拟调试。

联机调试时，可把编制好的程序下载到现场的 PLC 中。有时 PLC 也许只有这一台，这时就要把 PLC 安装到控制柜相应的位置上。调试时一定要先将主电路断电，只对控制电路进行联调即可。

通过现场联调信号的接入常常还会发现软硬件中的问题，有时厂家还会提出对某些控制功能进行改进，这些情况下，都要经过反复调试系统后，才能最后交付使用。

11. 文档编制

系统完成后一定要及时整理技术材料并存档，这是工程技术人员良好的习惯之一。编制文档既是工程完工交接的需要，也是保留技术档案的需要。对一个工业电气控制系统项目来说，需要编制的文档主要有：

(1) 系统设计方案包括总体设计方案、分项设计方案、系统结构等。

(2) 系统元器件清单。

(3) 软件系统结构和组成，包括流程图、带有详细注释的程序、有关软件中各变量的名称、地址等。

(4) 系统使用说明书。

9.3.2 PLC 控制系统设计示例

【例 9-3】产品分选小车控制系统，如图 9-19 所示。

系统描述：将外形相同重量不同的四种产品(表示为 A、B、C、D)通过分选小车系统分选到各自的运物皮带上。一台交流电机驱动的运物小车可以在较长的轨道上行走，轨道中安装四个接近开关，每个接近开关的一侧为装料带，另一侧为卸料带。某条装料带随机运来未经分选的产品停在装料点，操作员手动操作呼叫小车快速来此处装料，小车上的承重传感器确定所装产品种类，然后小车自动慢速运行到相对应卸料点。

电机参数：3～380V 5.5kW。

图 9-19 产品分选小车工作过程示意图

解：

1. 分析评估、分解控制任务

本系统属于工业环境较差，对安全性、可靠性要求较高，输入/输出以开关量为主的工业自控系统，还包括模拟量信号，非常适合于 PLC 控制。

1) 小车驱动和调速

小车驱动电机为交流三相异步电动机且有调速要求，可采用变频调速方式。小车要求高、低两档速度可调，可采用开关量控制的多段速控制。

2) 分解任务

从系统运行过程分析，可分解为呼叫小车过程(用以装料)和产品分选过程(用以分选)两个相对独立的任务，各自工作流程下面会进行介绍。

2. I/O 分类、统计

从系统工作特点和满足控制要求的角度出发，I/O 分类、统计结果如表 9-1 所示。

3. PLC 的选型和 I/O 地址分配

根据 I/O 分类、统计结果以及系统特点、成本等因素选择 S7-1200 系列 PLC，具体型号可选 CPU 1214C DC/DC/RLY，满足系统要求，无需扩展 I/O 模块。

表 9-1　I/O 分类、统计结果

类 型	说 明	数 量	备 注
开关量输入	呼叫/分选选择开关	1	
	启动/停止按钮	2	
	呼叫按钮	4	
	接近开关	4	定位
开关量输出	数码显示	3	显示目的地
	方向、速度、报警	5	
模拟量输入	称重传感器	1	

I/O 地址分配表如表 9-2 所示。

表 9-2　I/O 地址分配表

地 址	符 号	说 明	地 址	符 号	说 明
I0.0	SB1	1#位呼叫小车按钮	Q0.0		数码显示 A
I0.1	SB2	2#位呼叫小车按钮	Q0.1		数码显示 B
I0.2	SB3	3#位呼叫小车按钮	Q0.2		数码显示 C
I0.3	SB4	4#位呼叫小车按钮	Q0.3	KA1	电机正转
I0.4	SQ1	1#位(接近开关)	Q0.4	KA2	电机反转
I0.5	SQ2	2#位(接近开关)	Q0.5	KA3	快速
I0.6	SQ3	3#位(接近开关)	Q0.6	KA4	慢速
I0.7	SQ4	4#位(接近开关)	Q0.7	HL	报警
I1.0	SA1	手动/自动模式选择开关			
I1.1	SA2	启动/停止			
IW64	BW	称重传感器			

4. 硬件系统设计

1) 电源电路、变频器电路的设计

产品分选小车控制系统的变频器主电路、变频器控制电路、直流 24V 电源和其他电源电路如图 9-20 所示。

本例中变频器调速采用开关量多段速控制方式，RH、RM、RL 三点组合可设置八段速，根据分选小车控制要求，只需两档速度可调，RH=1 为高速，RL=1 为低速，具体速度需参考变频器手册设置变频器相关参数，这里不再赘述。

2) PLC 控制电路设计

PLC 控制电路如图 9-21 所示，I/O 电路和 I/O 分配表对应。电路中的电源引自主电路、配电电路输出端。称重传感器供电电源取自 PLC 输出的 24V 直流电源以降低干扰。

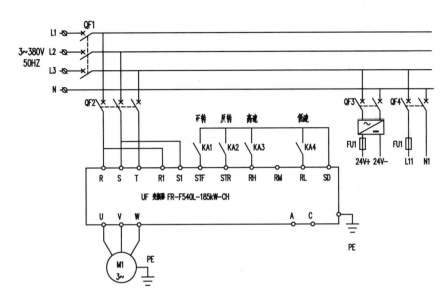

图 9-20 主电路、变频器控制电路及配电电路

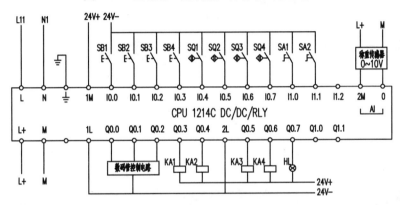

图 9-21 PLC 控制电路设计

5. 软件系统设计

1) 程序结构

根据前述的系统任务分解情况，本例程序结构分为主程序(OB1)、呼叫程序(FC1)和分选程序(FC2)三部分，如图 9-22 所示。

2) 主程序(OB1)

主程序(OB1)主要完成小车复位至可检测位置,根据呼叫/分选选择开关选择调用呼叫程序(FC1)或分选程序(FC2),以及根据 FC1、FC2 控制小车方向和速度,还有小车位置显示等任务,其流程图如图 9-23 所示。

(1) 初始化。

上电首次扫描周期或 SA2 拨至停止位置瞬间,复位必要的中间位,小车不在可检测位置时置位标志位 M100.0。程序中 M30.0 为首次扫描周期脉冲。该段程序如图 9-24 所示。

(2) 小车复位至可检测位置。

小车不在可检测位置时,初始化复位:先右行到某可检测位停止。若右行 10 秒后还未到达可检测点,说明小车在 4#位右侧,则左行,直至到达可检测位停止,如图 9-25 所示。

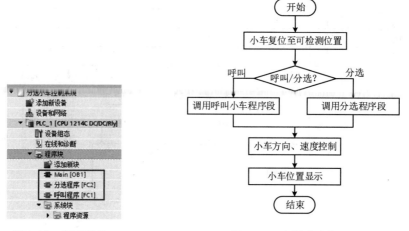

图 9-22　程序结构　　　　　　　　图 9-23　主程序流程图

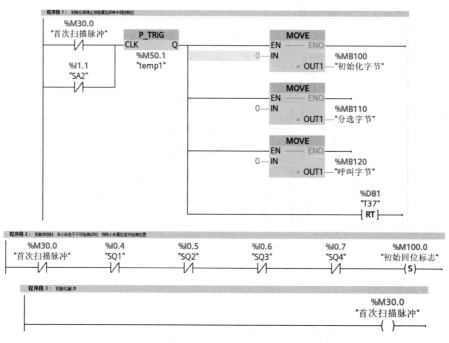

图 9-24　初始化程序段

(3) 调用呼叫程序和分选程序(见图 9-26)。

(4) 小车方向、速度控制。

根据初始化复位至可检测位置、呼叫过程和分选过程小车运行要求,编写小车运行方向、速度程序。该段程序如图 9-27 所示。

(5) 小车位置显示。

系统运行过程中小车位置由接近开关检测,并通过数码管显示,程序如图 9-28 所示。

3) 呼叫子程序(FC1)

呼叫子程序(FC1)主要根据小车实际所处位置和呼叫位置,判断决策小车运行方向,在运行过程中实时判断是否运行到位。呼叫程序流程如图 9-29 所示,梯形图程序如图 9-30 所示。

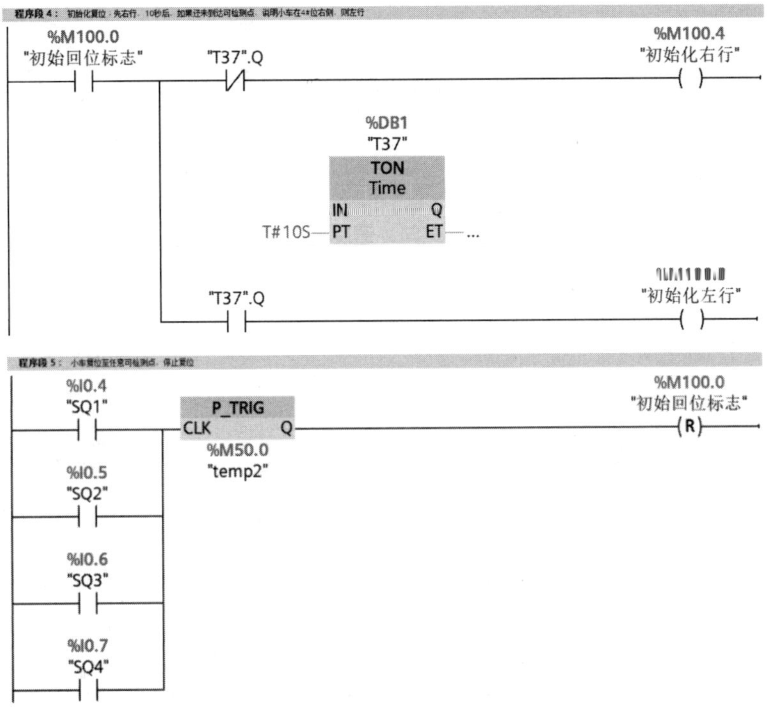

程序段 4: 初始化复位 先右行 10秒后 如果还未到达可检测点 调用小车在4#位右侧 则左行

```
%M100.0          "T37".Q                                    %M100.4
"初始回位标志"      /                                        "初始化右行"
  ┤├            ─┤/├─                                        ─( )─

                         %DB1
                         "T37"
                         TON
                         Time
                    IN        Q
             T#10S─ PT       ET ...

                "T37".Q                                     %M100.3
                 ┤├                                        "初始化左行"
                                                            ─( )─
```

程序段 5: 小车复位至任意可检测点 停止复位

```
%I0.4
"SQ1"          P_TRIG                                      %M100.0
 ┤├           CLK      Q                               "初始回位标志"
              %M50.0                                       ─(R)─
              "temp2"
%I0.5
"SQ2"
 ┤├

%I0.6
"SQ3"
 ┤├

%I0.7
"SQ4"
 ┤├
```

图 9-25　小车复位至可检测位置程序段

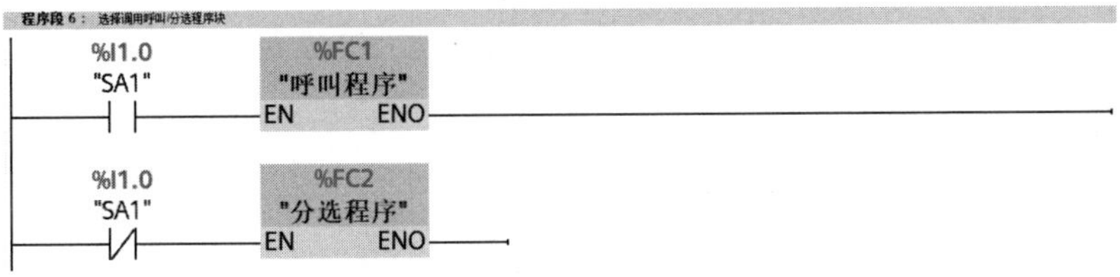

程序段 6: 选择调用呼叫/分选程序块

```
%I1.0          %FC1
"SA1"         "呼叫程序"
 ┤├          EN      ENO

%I1.0          %FC2
"SA1"         "分选程序"
 ┤/├         EN      ENO
```

图 9-26　调用呼叫程序和分选程序

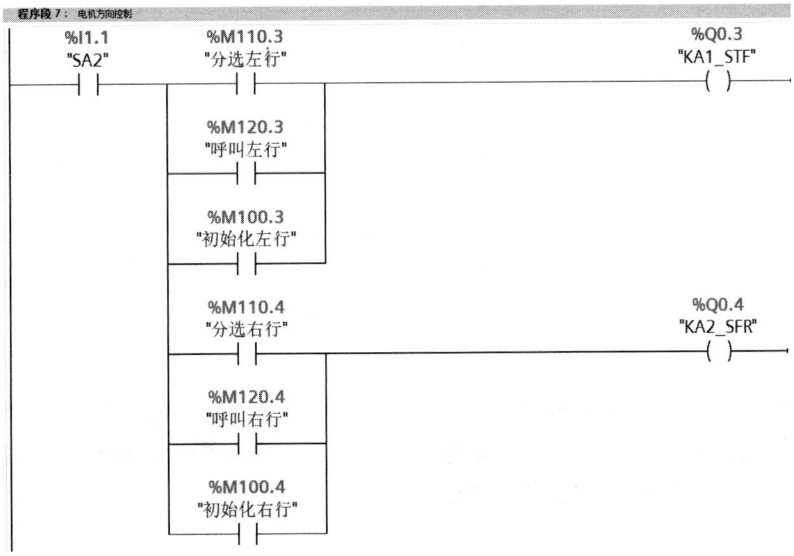

程序段 7: 电机方向控制

```
%I1.1          %M110.3                                      %Q0.3
"SA2"         "分选左行"                                    "KA1_STF"
 ┤├            ┤├                                           ─( )─

              %M120.3
              "呼叫左行"
               ┤├

              %M100.3
              "初始化左行"
               ┤├

              %M110.4                                       %Q0.4
              "分选右行"                                    "KA2_SFR"
               ┤├                                           ─( )─

              %M120.4
              "呼叫右行"
               ┤├

              %M100.4
              "初始化右行"
               ┤├
```

图 9-27　小车方向、速度控制程序段

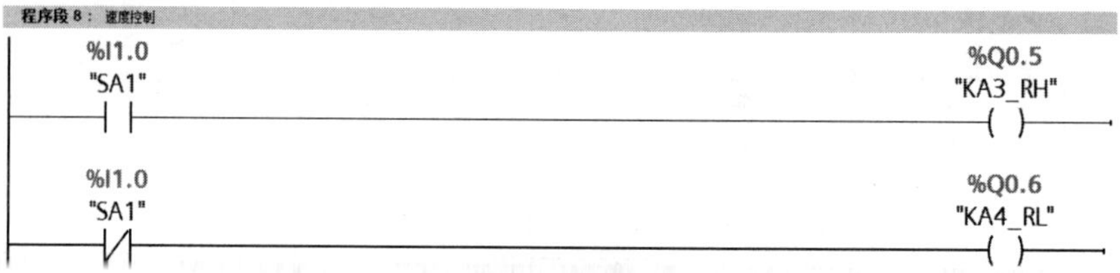

程序段 8：速度控制

```
%I1.0                                          %Q0.5
"SA1"                                          "KA3_RH"
──┤├──────────────────────────────────────────( )──

%I1.0                                          %Q0.6
"SA1"                                          "KA4_RL"
──┤/├──────────────────────────────────────────( )──
```

图 9-27　小车方向、速度控制程序段(续)

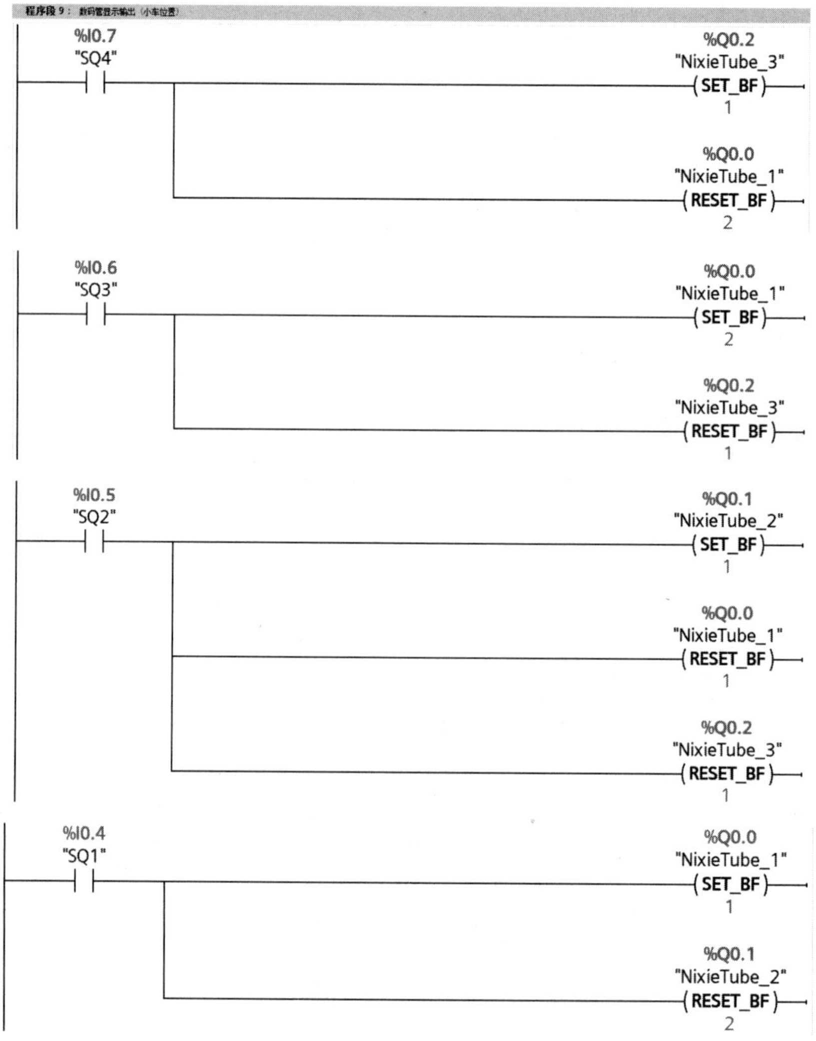

程序段 9：数码管显示输出（小车位置）

```
%I0.7                                          %Q0.2
"SQ4"                                          "NixieTube_3"
──┤├──────────┬───────────────────────────────(SET_BF)──
              │                                    1
              │                                %Q0.0
              │                                "NixieTube_1"
              └───────────────────────────────(RESET_BF)──
                                                   2

%I0.6                                          %Q0.0
"SQ3"                                          "NixieTube_1"
──┤├──────────┬───────────────────────────────(SET_BF)──
              │                                    2
              │                                %Q0.2
              │                                "NixieTube_3"
              └───────────────────────────────(RESET_BF)──
                                                   1

%I0.5                                          %Q0.1
"SQ2"                                          "NixieTube_2"
──┤├──────────┬───────────────────────────────(SET_BF)──
              │                                    1
              │                                %Q0.0
              │                                "NixieTube_1"
              ├───────────────────────────────(RESET_BF)──
              │                                    1
              │                                %Q0.2
              │                                "NixieTube_3"
              └───────────────────────────────(RESET_BF)──
                                                   1

%I0.4                                          %Q0.0
"SQ1"                                          "NixieTube_1"
──┤├──────────┬───────────────────────────────(SET_BF)──
              │                                    1
              │                                %Q0.1
              │                                "NixieTube_2"
              └───────────────────────────────(RESET_BF)──
                                                   2
```

图 9-28　小车位置显示

4) 分选子程序(FC2)

分选子程序(FC2)主要完成的任务：采集称重传感器，根据重量判断产品类型；根据产品类型和小车实际位置判断决策小车运行方向；判断小车是否运行到位。分选子程序流程如图 9-31 所示，梯形图程序如图 9-32 所示。

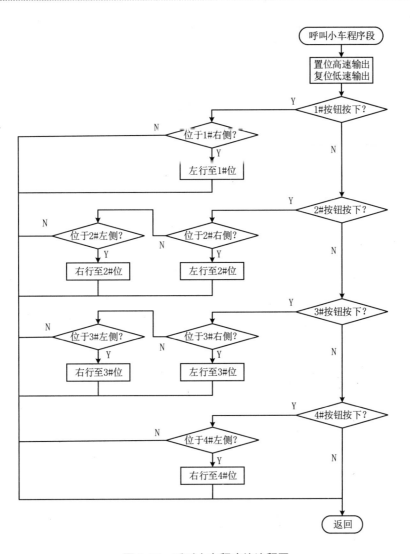

图 9-29　呼叫小车程序块流程图

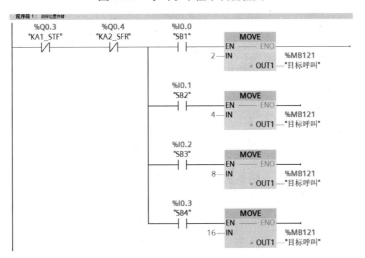

图 9-30　呼叫子程序(FC1)

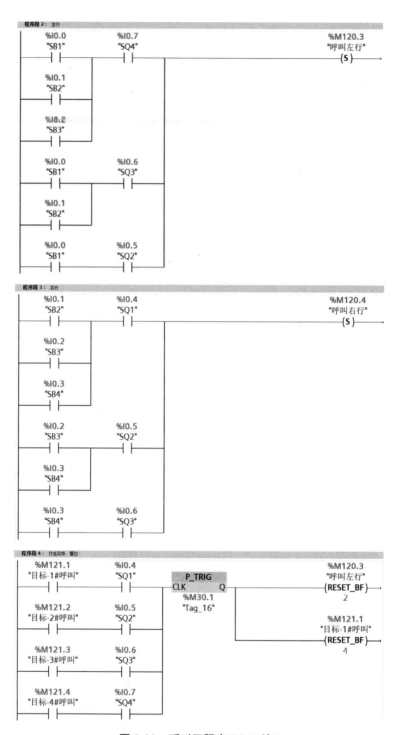

图 9-30 呼叫子程序(FC1)(续)

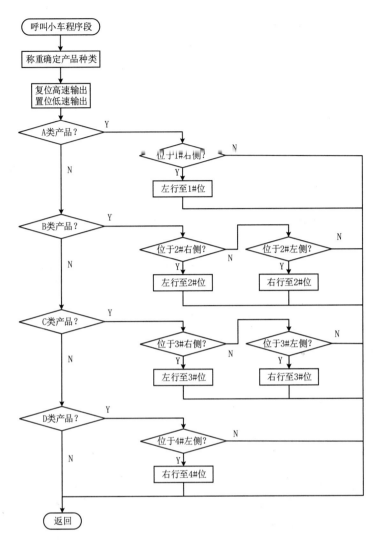

图 9-31 分选程序块的流程图

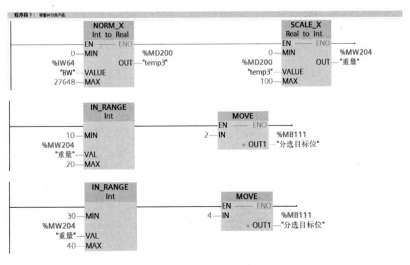

图 9-32 分选程序

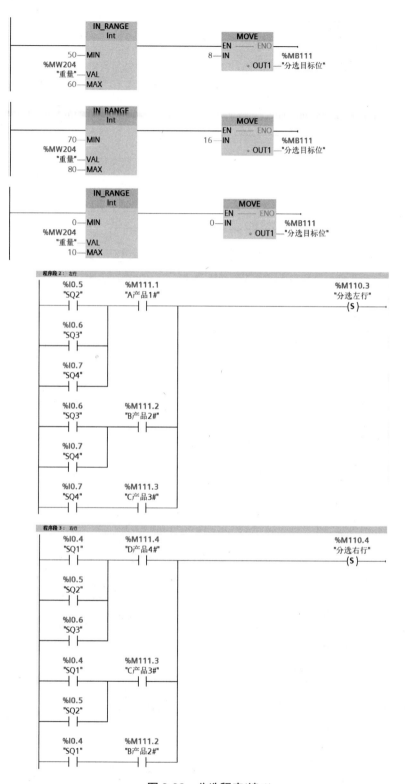

图 9-32　分选程序(续 1)

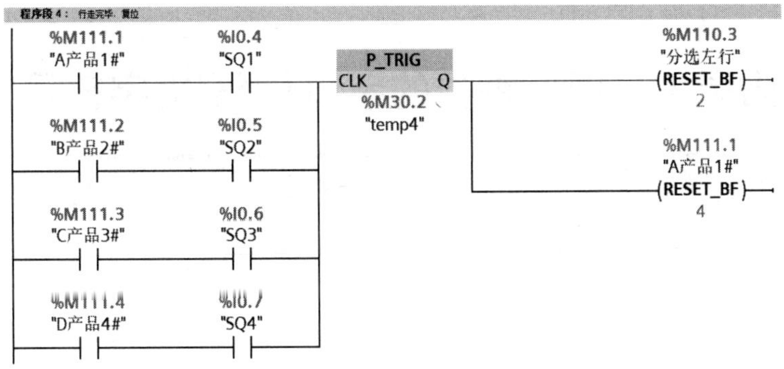

程序段 4： 行走完毕 复位

```
%M111.1        %I0.4                                           %M110.3
"A产品1#"      "SQ1"          ┌─────────┐                    "分选左行"
───┤├──────────┤├──────────  │ P_TRIG  │          ┌─────────(RESET_BF)───
                              ┤CLK    Q ├──────────┤              2
                              │         │          │
%M111.2        %I0.5          %M30.2    │          │
"B产品2#"      "SQ2"          "temp4"   │          │
───┤├──────────┤├─────────────────────────────────┤          %M111.1
                              └─────────┘          │          "A产品1#"
                                                   └─────────(RESET_BF)───
%M111.3        %I0.6                                              4
"C产品3#"      "SQ3"
───┤├──────────┤├────────────
                 
%M111.4        %I0.7
"D产品4#"      "SQ4"
───┤├──────────┤├────────────
```

图 9-32 分选程序(续 2)

附录A 项目种类的字母代码(文字符号)

种类	单字母	名称	多字母	名称	多字母
组件及部件	A	调节器		控制箱(屏、柜、台、站)	AC
		放大器		信号箱(屏)	AS
		电能计量柜	AM	接线端子箱子	AXT
		高压开关柜	AH	保护屏	AR
		交流配电屏(柜)	AA	励磁屏(柜)	AE
		直流配电屏(柜)	AD	电度表箱	AW
		电力配电箱	AP	插座箱	AX
		应急电力配电箱	APE	操作箱	
		照明配电箱	AL	插接箱(母线槽系统)	ACB
		应急照明配电箱	ALE	火灾报警控制器	AFC
		电源自动切换箱(柜)	AT	数字式保护装置	ADP
		并联电容器屏(柜、箱)	ACC	建筑自动化控制器	ABC
非电量到电量变换器或电量到非电量变换器	B	光电池、扬声器、送话器		旋转变换器(测速发电机)	BR
		热电传感器		流量测量传感器	BF
		模拟和多级数字		时间测量传感器	BT1
		压力变换器	BP	位置测量传感器	BQ
		温度变换器	BT	湿度测量传感器	BH
		速度变换器	BV	液位测量传感器	BL
电容器	C	电容器			
存储器件	D	磁带记录机		盘式记录机	
其他元器件	E	发热器件	EH	空气调节器	EV
		照明灯	EL	电加热器	EE
保护器件	F	过电压放电器件		熔断器	FU
		避雷器		跌落式熔断器	FU
		限压保护器件	FV	半导体器件保护用熔断器	FF
		热(过载)继电器	FR		
发电机、电源	G	同步发电机	GS	柴油发电机	GD
		异步发电机	GA	不间断电源	GU
		蓄电池	GB		
信号电器	H	声响指示器	HA	红色指示灯	HR
		光指示器	HL	绿色指示灯	HG
		指示灯	HL	黄色指示灯	HY
		电铃	HA	蓝色指示灯	HB
		蜂鸣器	HA	白色指示灯	HW

种类	单字母	名称	多字母	名称	多字母
接触器、继电器	K	接触器	KM	方向继电器	KD
		瞬时接触继电器	KA	接地继电器	KE
		双稳态继电器	KL	相位比较继电器	KPC
		闭锁接触继电器	KL	失步继电器	KOS
		簧片继电器	KR	频率继电器	KF
		延时继电器(时间继电器)	KT	瓦斯保护继电器	KB
		电流继电器	KI	温度继电器	KTE
		电压继电器	KV	压力继电器	KPR
		信号继电器	KS	液流继电器	KFl
		差动继电器	KD	半导体继电器(固态继电器)	KSE
		功率继电器	KP		
电感器、电抗器	L	感应线圈		消弧线圈	LF
		电抗器(并联和串联)		滤波电抗器	LA
电动机	M	电动机		异步电动机	MA
		同步电动机	MS	笼型感应电动机	MC
		可做发电机或电动机用的电机	MG	绕线转子感应电动机	MW
		力矩电动机	MT	直线伺服电动机	ML
		直流电动机	MD	伺服电动机	MS
		多速电动机	MM	步进电动机	MST
测量设备、试验设备	P	指示器件		无功电度表	PJR
		记录器件		最大需用量表	PM
		积算测量器件		有功功率表	PW
		信号发生器		功率因数表	PPF
		电流表	PA	无功电流表	PAR
		电压表	PV	频率表	PF
		(脉冲)计数器	PC	相位表	PPA
		电度表	PJ	转速表	PT
		记录仪器	PS	同步指示器	PS
		时钟、操作时间表	PT		
电力电路的开关器件	Q	断路器	QF	有载分接开关	QOT
		电动机保护开关	QM	转换开关	QCS
		隔离开关	QS	倒顺开关(双向开关)	QTS
		真空断路器	QV	启动器	QST
		漏电保护断路器	OR	综合启动器	QCS

续表

种类	单字母	名称	多字母	名称	多字母
电力电路的开关器件	Q	负荷开关	QL	星-三角启动器	QSD
		接地开关	QE	自耦减压启动器	QTS
		开关熔断器组(负荷开关)	QFS	转子变阻式启动器	QR
		熔断器式开关(熔断器式刀开关)	QFS	鼓形控制器	QD
		隔离开关	QS		
电阻	R	电阻器		压敏电阻器	RV
		变阻器		启动变阻器	RS
		电位器	RP	频敏变阻器	RF
		测量分路表	RS	调速变阻器	RSR
		热敏电阻器	RT	励磁变阻器	RFI
控制、记忆、信号电路的开关器件选择器	S	控制开关	SA	转数传感器	SR
		选择开关	SA	温度传感器	ST
		按钮开关	SB	电压表切换开关	SV
		液体标高传感器	SL	电流表切换开关	SA
		压力传感器	SP	位置开关(接近开关、限位开关)	SQ
		位置传感器(包括接近传感器)	SQ		
变压器	T	电流互感器	TA	隔离变压器	TI
		控制电路电源用变压器	TC	照明变压器	TL
		电力变压器	TM	有载调压变压器	TLC
		磁稳压器	TS	配电变压器	TD
		电压互感器	TV	试验变压器	TT
		整流变压器	TR		
调制器、变换器	U	鉴频器		变流器	
		解调器		逆交器	
		变频器		整流器	
		编码器			
电子管、晶体管	V	气体放电管		控制电路用电源的整流器	VC
		二极管			
传输通道波导天线	W	导线		应急电力线路	WPE
		电缆		应急照明线路	WLE
		母线	WB	控制线路	WC
		抛物线天线		信号线路	WS
		电力线路	WP	封闭母线槽	WB
		照明线路	WL	滑触线	WT

种类	单字母	名称	多字母	名称	多字母
端子、插头、插座	X	连接插头、插座、接线柱		插头	XP
		连接片	XB	端子板	XT
		插座	XS	信息插座	XTO
电气操作的机械器件	Y	电磁铁	YA	电磁锁	YL
		电磁阀	YV	跳闸线圈	YT
		电动阀	YM	合闸线圈	YC
		电磁制动器	YB	气动执行器	YPA
		排烟阀	YS	电动执行器	YE

附录 B　电气图形符号表

种类	名称	图形符号	说明	名称	图形符号	说明
触点	触点的一般符号		动合(常开)触点	断路器		断路器
			动断(常闭)触点			漏电断路器
			先断后合的转换触点	熔断器式开关		熔断器式开关
			中间断开的双向转换触点			熔断器式隔离开关
			固态开关一般符号			熔断器式负荷开关
	隔离开关		隔离开关	接触器		主触点(常开)主触点(常闭)
			双向隔离开关(中间断开)			半导体固态接触器
	负荷开关		负荷开关	按钮		自复位按钮开关(常开)
			自动释放功能的负荷开关			自动复位的按钮开关(常闭)
触点	时间继电器延时触点		常开延时闭合触点(通电延时)	热敏开关		热敏开关,动合触点
			常开延时断开触点(断电延时)			热敏开关,动断触点
			常闭延时断开触点(通电延时)			热敏开关(双金属片式)
			常闭延时闭合触点(断电延时)	热继电器		热继电器,动断触点
			常开延时闭合、断开触点(通断电)	液位开关		液位控制开关,动合触点
	手动开关		手动操作开关一般符号			液位控制开关,动断触点
	选择开关		无自动复位的旋转开关	多位置开关		多位置开关(例:四位置)
	蘑菇头按钮		旋转复位蘑菇头式按钮开关	接触敏感开关		接触敏感开关,动合触点

种类	名称	图形符号	说明	名称	图形符号	说明
触点	钥匙开关		钥匙操作的按钮开关	接近开关		接近开关，动合触点
	防误操作按钮		防止无意操作保护按钮开关	固态继电器		固态继电器一般符号
	行程开关		位置开关(行程开关)	万能转换开关		万能转换开关(例：三位四触点)
			位置开关(行程开关)			
线圈	线圈一般符号		接触器、继电器线圈一般符号	时间继电器		缓慢释放继电器的线圈
	电磁阀		电磁阀线圈			缓慢吸合继电器的线圈
	电压继电器		过电压继电器线圈			缓吸和缓放继电器的线圈
			欠电压继电器线圈	热继电器热元件		热继电器的驱动器件
	电流继电器		过电流继电器线圈	电子继电器的驱动器件		电子继电器的驱动器件
			欠电流继电器线圈	电磁制动器		电磁制动器
电机	电机一般符号		☆：C-旋转变流机；G-发电机；GS-同步发电机；M-电动机；MG-能作为发电机或电动机使用的电机	三相笼式感应电动机		☆：MS-同步电动机；SM-伺服电机；TG-测速发电机；TM-力矩电动机；IS-感应同步器
	直流串励电动机			三相绕线式感应电动机		
	直流并励电动机			三相永磁同步交流电动机		
	单相感应电动机			步进电机		
	双绕组变压器		形式1	三相自耦变压器，星形接线		形式1

种类	名称	图形符号	说明	名称	图形符号	说明
变压器、互感器			形式2			形式2
	星形-三角形连接的三相变压器		形式1	电压互感器		形式1
			形式2			形式2
	单相自耦变压器		形式1	电流互感器		形式1
			形式2			形式2
信号电器	指示灯			报警器		
	闪光型信号灯			蜂鸣器		
	电喇叭			电铃		
电阻、电容、电感、半导体	电阻			电感器线圈绕组扼流圈		形式1
	可变电阻					形式2
	电位器			二极管		
	压敏电阻器			单向击穿二极管		
	分流器		带分流和分压端子的电阻器	双向击穿二极管		
	电热元件			无指定形式晶闸管		
	电容器			双向晶闸管		
	极性电容器			三极管		PNP

种类	名称	图形符号	说明	名称	图形符号	说明
测量仪表	一般符号	⊛ / 方框内*	*为被测量的限定字母	温度计、高温计	(θ)	
	电压表	(V)		转速表	(n)	
	电流表	(A)		记录式功率表	⊢W⊣	
	无功电流表	(A/ISinφ)		组合式功率表和无功功率表	W var	
	无功功率表	(Var)		录波器	方框符号	
	功率因数表	(Cosφ)		电度表(瓦时计)	Wh	
	相位计	(φ)		复费率电度表	Wh	
	频率计	(HZ)		超量电度表	Wh P>	
	同步指示器	(⊤)		带发送器电度表	Wh →	
				无功电度表	Varh	
电机启动器	电动机启动器一般符号	◁		星—三角启动器	符号	
	调节—启动器	符号		自耦变压器式启动器	符号	
	可逆式电动机直接在线接触器式启动器	符号		可控整流器启动器	符号	
变流器	直流／直流变换器	== / ==		整流器／逆交器	符号	
	整流器	～ / ==		原电池或蓄电池组	⊣⊢	
	桥式全波整流器	符号		电能发生器一般符号	G	
	逆变器	== / ～		光电发生器	G	

续表

种类	名称	图形符号	说明	名称	图形符号	说明
传感器	传感器一般符号			应变计式力传感器		
	压阻式压力传感器			浮子式流量传感器		
	压电式压力传感器			热电偶式温度传感器		
端子连接器	端子	○		插头和插座		
	端子板			接通的连接片		
	插座			断开的连接片		
	插头					
导线			T 形连接			十字连接

参 考 文 献

[1]　西门子(中国)有限公司工业业务领域工业自动化与驱动技术集团. 深入浅出西门子 S7-1200 PLC[M].
北京：北京航空航天大学出版社，2009.

[2]　向晓汉，李润海. 西门子 S7-1200/1500PLC 学习手册-基于 LAD 和 SCL 编程[M]. 北京：化学工业出版社，2018.

[3]　廖常初. S7-1200 PLC 编程及应用(第 3 版)[M]. 北京：机械工业出版社，2017.

[4]　张万忠，刘明芹. 电器与 PLC 控制技术(第 3 版)[M]. 北京：化学工业出版社，2011.

[5]　阳宪惠. 工业数据通信与控制网络[M]. 北京：清华大学出版社，2003.

[6]　刘华波，刘丹，赵岩岭等. 西门子 S7-1200PLC 编程与应用[M]. 北京：机械工业出版社，2011.

[7]　王永华. 现代电气控制及 PLC 应用技术(第 3 版)[M]. 北京：北京航空航天大学出版社，2013.

[8]　西门子(中国)有限公司自动化与驱动集团. SIMATIC S7-1200 可编程控制器系统手册. 2009.

[9]　Karl-HeinzJohn，MichaelTiegelkamp. IEC61131-3：Programming Industrial Automation Systems. Springer.
Germany.2001.

[10] 中华人民共和国国家标准 GB/T15969.3-2005/IEC61131-3：2002.可编程序控制器第 3 部分：编程语言[M].
北京：中国标准出版社，2005.